华章图书

一本打开的书，
一扇开启的门，
通向科学殿堂的阶梯，
托起一流人才的基石。

Java
高并发编程详解
深入理解并发核心库

汪文君 著

图书在版编目（CIP）数据

Java 高并发编程详解：深入理解并发核心库 / 汪文君著．—北京：机械工业出版社，2020.6
（Java 核心技术系列）

ISBN 978-7-111-65770-5

I. J…　II. 汪…　III. JAVA 语言－程序设计　IV. TP312.8

中国版本图书馆 CIP 数据核字（2020）第 094119 号

Java 高并发编程详解：深入理解并发核心库

出版发行：机械工业出版社（北京市西城区百万庄大街 22 号　邮政编码：100037）
责任编辑：杨绣国　　责任校对：李秋荣
印　　刷：北京瑞德印刷有限公司　　版　　次：2020 年 7 月第 1 版第 1 次印刷
开　　本：186mm×240mm　1/16　　印　　张：25.75
书　　号：ISBN 978-7-111-65770-5　　定　　价：99.00 元

客服电话：（010）88361066　88379833　68326294　　投稿热线：（010）88379604
华章网站：www.hzbook.com　　读者信箱：hzit@hzbook.com

Foreword 推荐序一

恭喜汪文君老师又写新书了。

强烈推荐所有以成为 Java 高手、架构师为目标的读者阅读本书。本书深入讲述了 Java 高并发编程的相关内容，覆盖面广而全，可以将其看作 Java 高并发编程的一本百科全书。Java 高并发编程是 Java 编程比较高阶的部分，讲述这部分内容的书不多，这本书的出版可以看作一个里程碑。

在知识体系方面，本书既有广度又有深度。在广度方面，本书覆盖了 Java 高并发编程的语法、高级用法与 Profiler、类型详解、开发工具、高并发的数据机构及原理、实践编程的详细用法、框架的用法，以及典型场景下的应用案例。在深度方面，本书不仅对基于 Java 高并发编程的所有类的说明、用法与经典案例都进行了详尽的论述，而且对 Java 在这方面的最新发展与应用给出了深入浅出的解释。

随着近几年云原生、容器化、分布式计算的逐渐发展和普及，以及微服务架构的演进与兴起，Java 高并发编程在设计与编程中的地位越来越重要。Java 高并发编程已经成为架构师、资深编程人员进行分布式协作设计、服务设计、模块开发所必需的基本功，也是理解、使用、优化 Web 容器、JEE 容器、云原生基础设施组件所不可或缺的基本技能。

在本书中，大家不仅能够学到深度、专业的编程知识，还能感受到汪文君老师专注地提高编程技能的态度，始终如一地贡献、分享 Java 专业知识与经验的精神，以及持续学习、持续成长的进取精神。在这些方面，他同样是我学习的楷模。

我们在学习书中的内容时，一定要动手编码，实践书中的知识。理论上，成为专业人员要经历四个阶段：无意识无能、有意识无能、有意识能力、无意识能力。通过不断学习、持续地实践和编程，最终将编程能力内化为个人的无意识能力。让我们的专业之路从这本书开始吧！

东软集团移动互联网事业部首席技术官　徐景辉

推荐序二 Foreword

首先，我很荣幸可以再次受到邀请为Alex的新作写推荐序，Alex的第二本书《Java高并发编程详解：深入理解并发核心库》是一本内容非常全面的参考图书，该书可以帮助你充分了解和使用JVM生态圈中最重要的技术内容之一——Java并发核心库。

本书比较全面地探讨了并发核心库的各个方面，从基准测试JMH开始，到原子类型、并发工具、并发容器、ExecutorService、Java 8 Stream知识，以及最后的性能度量工具库Metrics，每一个细节的概念、使用方法、适合的应用场合、应避免使用的场合书中都进行了详细解释，并且都配备了非常详细的实例，可以帮助读者快速建立对其的理解和认识。

对于想学习Java并发编程的人或有一定经验的开发人员来说，如果他们希望有什么资料能在以后的工作中为自己提供专业的参考，那么我强烈推荐这本书。

OSL公司首席技术官　Andrew Davidson

Foreword 推荐序三

以我从事云计算平台研发架构及咨询近10年的经验来看，弹性云，以及服务组件免费、资源付费的模式将是一个成熟的模式，而这就要求开发人员在节省资源的前提下能够开发出高性能的应用程序，合理充分地利用软硬件的资源，并且以廉价的成本为企业创造高性能的服务产品。这看起来似乎很难，没错！这确实不太容易。想象一下，我们基于AWS lambda架构设计开发的Serverless程序，在同等CPU、内存等其他服务调用的情况下，如果程序员能够开发并受理更多的业务量、提供更多的并发量，势必会更多地受到老板的喜爱和公司的重视。

这一观点同样也适用于现在越来越多的基于物联网的硬件设备。一般情况下，基于物联网的硬件终端，其软硬件配置短时间内很难达到普通PC甚至用于生产环境的服务器的水平，那么在有限的资源上开发出响应速度快、运算能力强的计算程序就显得尤为重要了。

本书中所讲述的内容给出了部分解决之道，Alex非常详细地介绍了Java并发包中的并发知识及技术细节，通过对它们的学习与应用，相信普通的开发者也可以开发出高性能、高吞吐量的应用程序。

Alex是一个非常有耐心的人，本书内容的系统化组织、知识点的细致讲述深深地吸引了我，本书的完成将是非常耗费时间的一次写作之旅，我很佩服他对基准测试的深刻认识以及对原子类型的完美解读。

作为一个Java程序员，哦不，作为一个基于JVM语言开发程序的工程师，我强烈推荐此书作为你的参考书籍。

EY安永金融服务咨询部云总监　Srimanth Rudraraju

推荐序四 Foreword

“开发正确的程序是比较难的，开发正确的高并发多线程应用则更是难上加难。”我已经记不清这句话出自何处，但是我完全认同这句话所表达的观点。

我已经有 20 多年的软件开发经验，并且现在仍然乐于此道。正如 Alex 一样，我也喜欢琢磨和分析每一次软件开发过程中遇到的细节，这也是为什么我们彼此在仅有的几次社区探讨之后，就经常保持沟通与联络，我欣赏他愿意为了所从事的事业投入大量的热情和时间的精神。

让我们重新回到关于本书的话题中来。本书内容涵盖非常广泛，系统性地且有条理地讲述了 Java 并发包中的每一个常用工具及类。这些类与工具是全体 Java 从业人员多年的宝贵积累和产物，是通过无数次的探讨和实践总结归纳出的最佳实践。Alex 将它们悉数详细解释给读者，这是一件非常了不起的事情，他一定也为此牺牲了很多陪伴家人的时间。

开发正确的高并发多线程程序是极为困难的，不过不用担心，学习并且使用优秀的并发库就可以帮我们屏蔽这些令人担忧的问题，这也是本书的价值所在。

希望该书的读者在阅读和学习之后能有一定的收获。

软件架构师、Apache 软件基金会成员、开源软件 Tomcat PMC 成员　Igal

Preface 前　言

为什么写这本书

在我的第一本书《Java 高并发编程详解：多线程与架构设计》出版之后，我随即开始了第二本书《Java 高并发编程详解：深入理解并发核心库》的写作。这本书作为第一本书的延续，主要内容将围绕 Java 并发包的使用场景展开；同时还增加了 JMH 基准测试工具的内容（目前，最新的 JDK 版本中已经引入了该工具，并作为标准库之一发布）；引入了 Java 8 Stream 的相关内容，尤其是还分析了与高并发相关的并行流；在本书的最后还介绍了性能度量工具 Metrics（该类库目前已经成为业界实质上的度量标准，很多开源系统、商业软件中都会采用它）。

如果说我写作第一本书只是一次偶然性的尝试，那么这本书的写作则是一次必然性的使命，是对读者和出版社的一个交代与承诺。为了使得 Java 高并发编程的相关内容尽可能系统化和完善，必须完成对并发包的介绍。这里，我要向伟大的 Doug Lea 大师致敬，由于他孜孜不倦的努力、精益求精的敬业态度，Java 程序员才能以较低的成本和相对安全的方式来处理非常复杂的高并发多线程场景。

本书中的所有内容都来源于我的网络视频课程。每一套课程推出后都在交流群中引起热烈讨论，我将这些讨论、学习者提出的疑惑以及自己对内容的重新思考全部融入本书中，以使本书中所涉及的知识点尽可能完善与成熟。

读者对象

- 计算机相关专业的在校学生
- Java 开发工程师
- 从事 Java 系统架构的架构师
- 使用 Java 作为开发语言的公司与组织

- ❑ 开设 Java 课程的专业院校
- ❑ 开设 Java 课程的培训机构

如何阅读本书

本书共 7 章，逻辑上可分为四部分。第一部分（第 1 章）详细介绍了 JMH（Java Micro benchmark Harness）基准测试工具的使用细节。该工具是由 Oracle JVM 开发团队相关成员开发的，借助它，开发者将能足够了解自己所编写的程序代码，以及程序在运行期的精确性能表现。在本书的其他章节中，我们对 API 之间的性能进行对比时主要也是依赖于该工具，因此在学习本书的其他章节之前，最好能够先掌握该部分内容。笔者在此强烈推荐开发者将 JMH 纳入自己日常的“兵器库”中，以便随时随地使用。

第二部分（第 2 ～ 5 章）主要围绕 Java 并发包进行展开，内容包括：Java 的原子类型及其底层原理（第 2 章）；Java 的并发工具集（第 3 章），其中还穿插了 Google Guava 的部分内容；Java 的并发容器（第 4 章），包括阻塞队列 BlockingQueue 和并发容器等内容；Java 的 ExecutorService（第 5 章），以及 Future 家族成员的详解。

第三部分（第 6 章）主要介绍自 Java 8 引入的 Stream，并且重点解释了具备高并发能力的并行流原理，以及如何自定义并行流等相关内容。

第四部分（第 7 章）主要介绍 Metrics 这个比较小巧的度量工具集。目前 Metrics 已经成为事实上的度量标准，在很多开源软件、框架和平台中都能看到对它的使用，比如 Apache 的 Kafka、Spark、Storm、Spring Cloud 等都是使用 Metrics 作为系统运行性能指标收集的手段。

勘误和支持

由于作者的水平有限，写作时间仓促，书中难免会出现一些错误或者不准确的地方，恳请读者批评指正。如果你在阅读的过程中发现有任何问题，都欢迎将宝贵的意见发送到我的个人邮箱 532500648@qq.com。我真挚地期待着你的建议和反馈，由于个人时间有限，在反馈较多的情况下，如果不能第一时间回复你的邮件还望海涵。

致谢

首先，我要感谢我的父亲，即使我早已成年，但在父亲的心里我仍是个孩子，隔三差五地提醒我注意休息，按时吃饭，我每到一个新城市，他都会关注这个城市的天气预报。作为一个七十多岁的老人，自从得知我炒股之后，他甚至开始关注股市的涨跌，生怕大盘不好时我会想不开，真是可怜天下父母心。人到中年回到家中，可以痛痛快快地喊一声“爸”，这已经是老天对我最大的善意了。

感谢我的妻子照顾我的生活，打理家里的琐事，在小孩的养育中承担了太多的责任，将我们两岁的双胞胎宝宝培养得如此暖心和乖巧，使得我有更多的精力和时间投入事业之中。感谢我的妻子的支持和理解，感谢你倾心倾力的付出。

感谢我家的双胞胎宝贝汪子敬、汪子兮兄妹，你们的加入让整个家庭变得更加温暖与温馨，为我们这个家带来欢乐。希望时间慢点走，这样我就可以更多地与你们一起嬉戏、举高高、骑大马、打地鼠、躲猫猫……无论是在路途中还是在工作休息时，你们的视频、照片、欢声与笑语填充着我所有的碎片时间。

感谢徐景辉（东软集团移动互联网研发部技术总监）一如既往地为我提供帮助，在我的职业生涯中，你一直作为我的导师和榜样，给我启迪，给我思路。感谢你继续为我的新书写推荐序。

感谢 Andrew Davidson（定居在香港的澳大利亚人，OSL 公司首席技术官）在写作本书的过程中为我提供宝贵的建议和相关的资料，你对我的每次求助都是有求必应，能够耐心地听我用蹩脚的英语表达我遇到的问题。感谢你再次抽出宝贵的个人时间为本书写推荐序。

感谢 Srimanth Rudraraju（印度裔的英国人，EY 安永金融服务咨询部云总监）提出的宝贵建议，当我将部分章节翻译成英文版本发送给你审阅时，你不仅耐心地读完，而且与我讨论其中的一些细节，还提出了你的看法。同样感谢你为本书写推荐序。在与你共事的那段日子里，你旺盛的精力和强大的脑容量令我印象深刻。

感谢 Igal（来自美国加州，软件架构师，Apache 软件基金会成员，开源软件 Tomcat PMC 成员，出版了多本图书，发表了多篇论文，拥有个人专利发明，Stack overflow 的贡献者）。因在 Stack overflow 社区对相关问题进行讨论，得以与你相识，感谢你为我答疑解惑，同时感谢你耐心地阅读本书翻译成英文版的部分章节，并为本书写推荐序。

感谢我所在的公司，感谢我所在的团队，如此优秀的你们在工作中给了我很多支持和帮助，与你们共事我很荣幸，你们教会了我很多，也帮我分担了很多，感谢你们。

谨以此书，献给我最亲爱的家人，以及众多热爱 Java 开发的朋友们。

汪文君（Alex Wang）
2020 年 5 月于兰州

目　　录 *Contents*

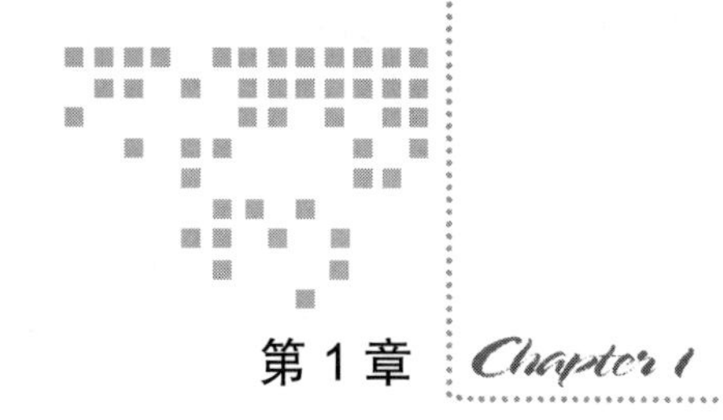

第 1 章 Chapter 1

JMH

1.1 JMH 简介

JMH 是 Java Micro Benchmark Harness 的简写，是专门用于代码微基准测试的工具集（toolkit）。JMH 是由实现 Java 虚拟机的团队开发的，因此他们非常清楚开发者所编写的代码在虚拟机中将会如何执行。

由于现代 JVM 已经变得越来越智能，在 Java 文件的编译阶段、类的加载阶段，以及运行阶段都可能进行了不同程度的优化，因此开发者编写的代码在运行中未必会像自己所预期的那样具有相同的性能体现，JVM 的开发者为了让普通开发者能够了解自己所编写的代码运行的情况，JMH 便因此而生。

JMH 的官网地址：http://openjdk.java.net/projects/code-tools/jmh/。

1.2 JMH 快速入门

在开始学习 JMH 之前，我们先来看一个不太严谨的性能测试方案（也许你平时就是这么做的），比较常见的 List 有 ArrayList 和 LinkedList，在选取这两个 API 作为你程序中的数据容器时，我们先对比一下这两者的 add 方法在性能上的差异，从而挑选出一个对性能较好的容器应用在程序开发之中。

1.2.1 用 main 方法进行测试

程序员通常会将一些简单的测试交给一个 main 函数来完成，比如对比两种 List 容器的 add 方法的性能时，我们将分别对其进行十组测试，每组测试都将会对 List 执行 1 000 000 次的 add 调用，然后通过最大值、最小值、平均值的方式对其进行对比（当然，这里并不考虑不同容器的内存开销，事实上，ArrayList 和 LinkedList 在使用的过程中，它们的内存开销肯定是不一样的）。

程序代码：ArrayListVSLinkedList.java

```
package com.wangwenjun.concurrent.jmh;

import com.google.common.base.Stopwatch;
import com.google.common.base.Strings;

import java.util.ArrayList;
import java.util.LinkedList;
import java.util.List;
import java.util.concurrent.TimeUnit;

public class ArrayListVSLinkedList
{

    private final static String DATA = "DUMMY DATA";

    private final static int MAX_CAPACITY = 1_000_000;

    private final static int MAX_ITERATIONS = 10;

    private static void test(List<String> list)
    {
        for (int i = 0; i < MAX_CAPACITY; i++)
        {
            list.add(DATA);
        }
    }

    private static void arrayListPerfTest(int iterations)
    {
        for (int i = 0; i < iterations; i++)
        {
            final List<String> list = new ArrayList<>();
            final Stopwatch stopwatch = Stopwatch.createStarted();
            test(list);
            System.out.println(stopwatch.stop()
                  .elapsed(TimeUnit.MILLISECONDS));
        }
    }

    private static void linkedListPerfTest(int iterations)
    {
        for (int i = 0; i < iterations; i++)
        {
            final List<String> list = new LinkedList<>();
            final Stopwatch stopwatch = Stopwatch.createStarted();
            test(list);
            System.out.println(stopwatch.stop()
                      .elapsed(TimeUnit.MILLISECONDS));
        }
    }

    public static void main(String[] args)
    {
        arrayListPerfTest(MAX_ITERATIONS);
```

```
        System.out.println(Strings.repeat("#", 100));
        linkedListPerfTest(MAX_ITERATIONS);
    }
}
```

运行上面的程序，我们会得出如下的数据（如图 1-1 所示）。

- ArrayList：最大耗时 304 毫秒，最小耗时 18 毫秒，平均耗时 83.2 毫秒。
- LinkedList：最大耗时 455 毫秒，最小耗时 21 毫秒，平均耗时 104 毫秒。

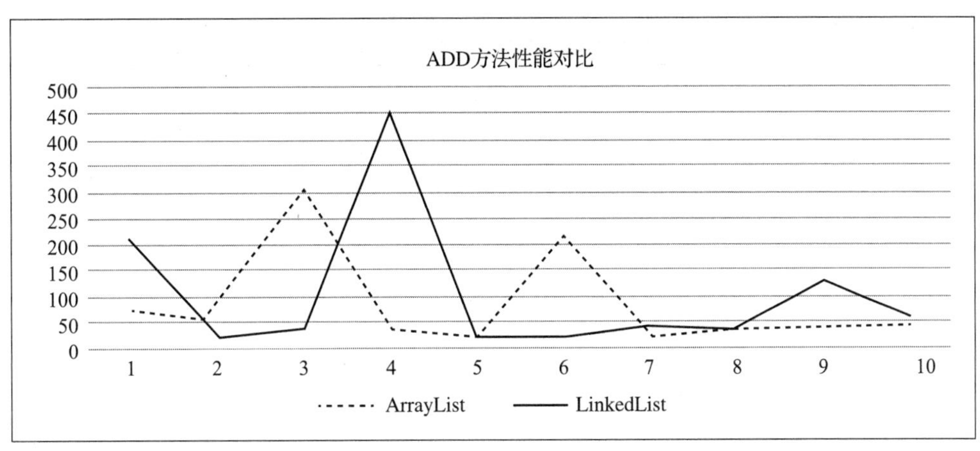

图 1-1 ArrayList vs LinkedList add 方法性能

乍一看 ArrayList 的 add 方法性能要好于 LinkedList 的 add 方法，事实上，ArrayList 的随机读写性能确实要好于 LinkedList（尤其是在 ArrayList 不进行内部扩容数组复制的情况下），LinkedList 由于链表的设计，其 delete 操作的性能会好于 ArrayList，无论怎样，我们的这种测试仍旧存在诸多问题，具体列举如下。

- 使用 Stopwatch 进行时间计算，其实是在 Stopwatch 内部记录了方法执行的开始纳秒数，这种操作本身会导致一些 CPU 时间的浪费。
- 在代码的运行过程中，JVM 可能会对其进行运行时的优化，比如循环展开、运行时编译等，这样会导致某组未经优化的性能数据参与统计计算。
- arrayListPerfTest 方法和 linkedListPerfTest 的运行环境并不公平，比如，在第一个测试方法执行的过程中或者执行结束后，其所在的 JVM 进程或许已经进行了 profiler 的优化，还有第一个测试方法所开辟的内存有可能也未被释放。

1.2.2 用 JMH 进行微基准测试

经过 1.2.1 节中的讨论，我们大体上知道要做一个严谨的基准测试并不是一件容易的事情，幸运的是，JMH 的开发者已经为我们提供了对应的解决方案，本节就来看一下如何使用 JMH 对 LinkedList 和 ArrayList 的 add 方法进行性能测试。

首先，要将 JMH 的依赖加入我们的工程之中，笔者使用的是 JMH 的 1.19 版本，截至本书写作的时候，JMH 最新最稳定的版本为 1.19 版。

```
<dependency>
    <groupId>org.openjdk.jmh</groupId>
    <artifactId>jmh-core</artifactId>
    <version>1.19</version>
</dependency>
<dependency>
    <groupId>org.openjdk.jmh</groupId>
    <artifactId>jmh-generator-annprocess</artifactId>
    <version>1.19</version>
    <scope>provided</scope>
</dependency>
```

程序代码：JMHExample01.java

```
package com.wangwenjun.concurrent.jmh;

import org.openjdk.jmh.annotations.*;
import org.openjdk.jmh.runner.Runner;
import org.openjdk.jmh.runner.RunnerException;
import org.openjdk.jmh.runner.options.Options;
import org.openjdk.jmh.runner.options.OptionsBuilder;

import java.util.ArrayList;
import java.util.LinkedList;
import java.util.List;
import java.util.concurrent.TimeUnit;

@BenchmarkMode(Mode.AverageTime)
@OutputTimeUnit(TimeUnit.MICROSECONDS)
@State(Scope.Thread)
public class JMHExample01
{
    private final static String DATA = "DUMMY DATA";

    private List<String> arrayList;
    private List<String> linkedList;

    @Setup(Level.Iteration)
    public void setUp()
    {
        this.arrayList = new ArrayList<>();
        this.linkedList = new LinkedList<>();
    }

    @Benchmark
    public List<String> arrayListAdd()
    {
        this.arrayList.add(DATA);
        return arrayList;
    }

    @Benchmark
    public List<String> linkedListAdd()
    {
        this.linkedList.add(DATA);
        return this.linkedList;
    }

    public static void main(String[] args) throws RunnerException
    {
        final Options opts = new
     OptionsBuilder().include(JMHExample01.class.getSimpleName())
```

```
                .forks(1)
                .measurementIterations(10)
                .warmupIterations(10)
                .build();
        new Runner(opts).run();
    }
}
```

上面的程序中，我们使用了大量的JMH API，也许暂时你还不太熟悉甚至还不知道它们的用法，不过不必担心，后文中会逐一进行讲解。首先运行上面的程序，会得到非常多的信息输出，程序输出如下所示。

程序输出：JMHExample01.java

```
# JMH version: 1.19
# VM version: JDK 1.8.0_40-ea, VM 25.40-b11
# VM invoker: D:\Program Files\Java\jdk1.8.0_40\jre\bin\java.exe
# VM options: -javaagent:C:\Program Files\JetBrains\IntelliJ IDEA Community Edition 2017.2\lib\idea_rt.jar=52719:C:\Program Files\JetBrains\IntelliJ IDEA Community Edition 2017.2\bin -Dfile.encoding=UTF-8
# Warmup: 10 iterations, 1 s each
# Measurement: 10 iterations, 1 s each
# Timeout: 10 min per iteration
# Threads: 1 thread, will synchronize iterations
# Benchmark mode: Average time, time/op
# Benchmark: com.wangwenjun.concurrent.jmh.JMHExample01.arrayListAdd

# Run progress: 0.00% complete, ETA 00:00:40
# Fork: 1 of 1
# Warmup Iteration   1: 0.074 us/op
# Warmup Iteration   2: 0.412 us/op
# Warmup Iteration   3: 0.163 us/op
# Warmup Iteration   4: 0.492 us/op
# Warmup Iteration   5: 0.058 us/op
# Warmup Iteration   6: 0.057 us/op
# Warmup Iteration   7: 0.042 us/op
# Warmup Iteration   8: 0.092 us/op
# Warmup Iteration   9: 0.042 us/op
# Warmup Iteration  10: 0.056 us/op
Iteration   1: 0.043 us/op
Iteration   2: 0.083 us/op
Iteration   3: 0.046 us/op
Iteration   4: 0.038 us/op
Iteration   5: 0.034 us/op
Iteration   6: 0.085 us/op
Iteration   7: 0.037 us/op
Iteration   8: 0.042 us/op
Iteration   9: 0.042 us/op
Iteration  10: 0.035 us/op


Result "com.wangwenjun.concurrent.jmh.JMHExample01.arrayListAdd":
  0.048 ±(99.9%) 0.029 us/op [Average]
  (min, avg, max) = (0.034, 0.048, 0.085), stdev = 0.019
  CI (99.9%): [0.020, 0.077] (assumes normal distribution)


# JMH version: 1.19
# VM version: JDK 1.8.0_40-ea, VM 25.40-b11
# VM invoker: D:\Program Files\Java\jdk1.8.0_40\jre\bin\java.exe
```

```
    # VM options: -javaagent:C:\Program Files\JetBrains\IntelliJ IDEA Community Edition 2017.2\lib\idea_rt.jar=52719:C:\Program Files\JetBrains\IntelliJ IDEA Community Edition 2017.2\bin -Dfile.encoding=UTF-8
    # Warmup: 10 iterations, 1 s each
    # Measurement: 10 iterations, 1 s each
    # Timeout: 10 min per iteration
    # Threads: 1 thread, will synchronize iterations
    # Benchmark mode: Average time, time/op
    # Benchmark: com.wangwenjun.concurrent.jmh.JMHExample01.linkedListAdd

    # Run progress: 50.00% complete, ETA 00:00:27
    # Fork: 1 of 1
    # Warmup Iteration   1: 0.174 us/op
    # Warmup Iteration   2: 2.838 us/op
    # Warmup Iteration   3: 0.995 us/op
    # Warmup Iteration   4: 0.953 us/op
    # Warmup Iteration   5: 0.202 us/op
    # Warmup Iteration   6: 1.029 us/op
    # Warmup Iteration   7: 0.238 us/op
    # Warmup Iteration   8: 0.191 us/op
    # Warmup Iteration   9: 0.192 us/op
    # Warmup Iteration  10: 0.177 us/op
    Iteration   1: 1.040 us/op
    Iteration   2: 0.192 us/op
    Iteration   3: 1.067 us/op
    Iteration   4: 0.186 us/op
    Iteration   5: 1.107 us/op
    Iteration   6: 0.188 us/op
    Iteration   7: 1.023 us/op
    Iteration   8: 0.179 us/op
    Iteration   9: 1.041 us/op
    Iteration  10: 0.220 us/op


    Result "com.wangwenjun.concurrent.jmh.JMHExample01.linkedListAdd":
      0.624 ±(99.9%) 0.688 us/op [Average]
      (min, avg, max) = (0.179, 0.624, 1.107), stdev = 0.455
      CI (99.9%): [≈ 0, 1.313] (assumes normal distribution)


    # Run complete. Total time: 00:02:19

    Benchmark                      Mode  Cnt  Score   Error  Units
    JMHExample01.arrayListAdd      avgt   10  0.048 ± 0.029  us/op
    JMHExample01.linkedListAdd     avgt   10  0.624 ± 0.688  us/op
```

虽然输出的信息很多，但是目前我们只需要查看输出的最后两行，大体上，我们从这两行信息可以发现 arrayListAdd 方法的调用平均响应时间为 0.048 微秒，误差在 0.029 微秒，而 linkedListAdd 方法的调用平均响应时间为 0.624 微秒，误差在 0.688 微秒，很明显，前者的性能是要高于后者的，虽然从结果上来看，这与我们之前利用 main 函数的测试方法得出的结论是一致的，但是显然 JMH 要严谨科学很多。

1.3 JMH 的基本用法

本节将学习 JMH 的基本用法，让读者彻底掌握如何使用这套工具集进行代码基准测试的操作。

1.3.1 @Benchmark 标记基准测试方法

与 Junit4.x 版本需要使用 @Test 注解标记单元测试方法一样，JMH 对基准测试的方法需要使用 @Benchmark 注解进行标记，否则方法将被视为普通方法，并且不会对其执行基准测试。如果一个类中没有任何基准测试方法（被 @Benchmark 标记的方法），那么对其进行基准测试则会出现异常。下面的代码虽然被 include 为需要执行基准测试的 class，但是并没有一个方法被标注为 @Benchmark。

程序代码：JMHExample02.java

```
package com.wangwenjun.concurrent.jmh;

import org.openjdk.jmh.annotations.*;
import org.openjdk.jmh.runner.Runner;
import org.openjdk.jmh.runner.RunnerException;
import org.openjdk.jmh.runner.options.Options;
import org.openjdk.jmh.runner.options.OptionsBuilder;

import java.util.concurrent.TimeUnit;

/**
 * This class not contains any method that be annotated by @Benchmark
 */
@BenchmarkMode(Mode.AverageTime)
@OutputTimeUnit(TimeUnit.MICROSECONDS)
@State(Scope.Thread)
public class JMHExample02
{

    /**
     * normal instance method.
     */
    public void normalMethod()
    {
    }

    public static void main(String[] args)
        throws RunnerException
    {
        final Options opts = new OptionsBuilder()
                .include(JMHExample02.class.getSimpleName())
                .forks(1)
                .measurementIterations(10)
                .warmupIterations(10)
                .build();
        new Runner(opts).run();
    }
}
```

在 JMHExample02 中，并没有一个被 @Benchmark 标记的方法，运行该类的时候会出现异常，如下所示。

程序输出：JMHExample02.java

```
Exception in thread "main" No benchmarks to run; check the include/exclude regexps.
    at org.openjdk.jmh.runner.Runner.internalRun(Runner.java:261)
    at org.openjdk.jmh.runner.Runner.run(Runner.java:206)
    at com.wangwenjun.concurrent.jmh.JMHExample02.main(JMHExample02.java:35)
```

因此请务必使用 @Benchmark 标记需要进行基准测试的方法。

1.3.2 Warmup 以及 Measurement

Warmup 以及 Measurement 的比较与 1.2.1 节中的 ArrayListVSLinkedList 的思路是一样的，主要是分批次地执行基准测试方法。在每个批次中，调用基准测试方法的次数受两个因素影响，第一，要根据相关的参数进行设置，第二则是根据该方法具体的 CPU 时间而定，但是通常情况下，我们更多关注批次数量即可。

Warmup 可直译为“预热”的意思，在 JMH 中，Warmup 所做的就是在基准测试代码正式度量之前，先对其进行预热，使得代码的执行是经历过了类的早期优化、JVM 运行期编译、JIT 优化之后的最终状态，从而能够获得代码真实的性能数据。Measurement 则是真正的度量操作，在每一轮的度量中，所有的度量数据会被纳入统计之中（预热数据不会纳入统计之中）。好了，下面我们来看看 Warmup 和 Measurement 的用法。

1. 设置全局的 Warmup 和 Measurement

设置全局的 Warmup 和 Measurement 执行批次，既可以通过构造 Options 时设置，也可以在对应的 class 上用相应的注解进行设置。

（1）构造 Options 时设置 Warmup 和 Measurement 的执行批次

```
final Options opts = new OptionsBuilder()
        .include(JMHExample03.class.getSimpleName())
        .forks(1)
        .measurementIterations(5) // 度量执行的批次为 5，也就是
        // 说在这 5 个批次中，对基准方法的执行与调用将会纳入统计
        .warmupIterations(3)      // 在真正的度量之前，首先会对代码进行 3 个批次的热身，
        // 使代码的运行达到 JVM 已经优化的效果
        .build();
new Runner(opts).run();
```

除了在构造 Options 时设置 Warmup 和 Measurement，我们还可以通过注解的方式指定预热和度量各自的批次。

（2）使用 @Measurement 和 @Warmup 注解进行设置

```
@BenchmarkMode(Mode.AverageTime)
@OutputTimeUnit(TimeUnit.MICROSECONDS)
@State(Scope.Thread)
@Measurement(iterations = 5)     // 度量 5 个批次

@Warmup(iterations = 3)          // 预热 3 个批次
public class JMHExample03
```

2. 在基准测试方法上设置 Warmup 和 Measurement

我们除了可以设置全局的 Warmup 和 Measurement 参数之外，还可以在方法上设置对应基准测试方法的批次参数。

在 test2 方法上设置 Measurement 和 Warmup

```
@BenchmarkMode(Mode.AverageTime)
```

```
@OutputTimeUnit(TimeUnit.MILLISECONDS)
@State(Scope.Thread)
@Measurement(iterations = 5)
@Warmup(iterations = 2)
public class JMHExample03
{

    @Benchmark
    public void test()
            throws InterruptedException
    {
        TimeUnit.MILLISECONDS.sleep(10);
    }

    /**
    * 预热 5 个批次
    * 度量 10 个批次
    */
    @Measurement(iterations = 10)
    @Warmup(iterations = 5)
    @Benchmark
    public void test2()
            throws InterruptedException
    {
        TimeUnit.MILLISECONDS.sleep(1);
    }
```

运行基准测试我们会发现，test() 基准方法执行了 2 个批次的预热和 5 个批次的度量，而 test2() 方法则执行了 10 个批次的度量和 5 个批次的预热操作，也就是说 test2 通过注解的方式覆盖了全局的设置。

```
Benchmark              Mode  Cnt   Score    Error  Units
JMHExample03.test      avgt    5  10.228 ± 0.676   ms/op
JMHExample03.test2     avgt   10   1.146 ± 0.080   ms/op
```

注意 笔者经过测试发现，通过类注解的方式设置的全局 Measurement 和 Warmup 参数是可以被基准测试方法通过同样的方式覆盖的，但是通过 Options 进行的全局设置则无法被覆盖，也就是说，通过 Options 设置的参数会应用于所有的基准测试方法且无法被修改（当然不同的版本可能会存在差异）。

3. Warmup 和 Measurement 执行相关的输出

每次执行微基准测试都会输出有关 Warmup 和 Measurement 的详细信息，笔者对下面的输出信息增加了中文的描述（下面选取了 test() 方法的微基准测试执行输出）:

```
# 使用的 JMH 版本是 1.19
# JMH version: 1.19
# 下面是 JDK 的版本信息
# VM version: JDK 1.8.0_40-ea, VM 25.40-b11
# Java 命令的目录
# VM invoker: D:\Program Files\Java\jdk1.8.0_40\jre\bin\java.exe
# JVM 运行时指定的参数
# VM options: -javaagent:C:\Program Files\JetBrains\IntelliJ IDEA Community Edition
2017.2\lib\idea_rt.jar=53261:C:\Program Files\JetBrains\IntelliJ IDEA Community Edition
2017.2\bin -Dfile.encoding=UTF-8
```

```
# 热身的批次为 2，每一个批次都将会不断地调用 test 方法，每一个批次的执行时间均为 1 秒
# Warmup: 2 iterations, 1 s each
# 真正度量的批次为 5，这 5 个批次的调用产生的性能数据才会真正地纳入统计中，同样每一个批次的度量
执行的时间也为 1 秒
# Measurement: 5 iterations, 1 s each
# 每一个批次的超时时间（在后文中还会继续解释）
# Timeout: 10 min per iteration
# 执行基准测试的线程数量
# Threads: 1 thread, will synchronize iterations
# Benchmark 的 Mode，这里表明统计的是方法调用一次所耗费的单位时间
# Benchmark mode: Average time, time/op
# Benchmark 方法的绝对路径
# Benchmark: com.wangwenjun.concurrent.jmh.JMHExample03.test
# 执行进度
# Run progress: 0.00% complete, ETA 00:00:22
# Fork: 1 of 1
# 执行两个批次的热身，第一批次调用方法的平均耗时为 11.003 毫秒，第二批次调用方法的平均耗时为 10.306 毫秒
# Warmup Iteration   1: 11.003 ms/op
# Warmup Iteration   2: 10.306 ms/op
# 执行五个批次的度量
Iteration   1: 10.165 ms/op
Iteration   2: 10.404 ms/op
Iteration   3: 10.056 ms/op
Iteration   4: 10.426 ms/op
Iteration   5: 10.087 ms/op

# 最终的统计结果
Result "com.wangwenjun.concurrent.jmh.JMHExample03.test":
    10.228 ±(99.9%) 0.676 ms/op [Average]
    # 最小、平均、最大以及标准误差
  (min, avg, max) = (10.056, 10.228, 10.426), stdev = 0.176
  CI (99.9%): [9.551, 10.904] (assumes normal distribution)
```

1.3.3 四大 BenchmarkMode

JMH 使用 @BenchmarkMode 这个注解来声明使用哪一种模式来运行，JMH 为我们提供了四种运行模式，当然它还允许若干个模式同时存在，在笔者看来，Mode 无非就是统计基准测试数据的不同方式和纬度口径，本节将逐一探讨 JMH 为我们提供的四种运行模式。

1. AverageTime

AverageTime（平均响应时间）模式在前文中已经出现过几次了，它主要用于输出基准测试方法每调用一次所耗费的时间，也就是 elapsed time/operation。

程序代码：AverageTime Mode

```
@BenchmarkMode(Mode.AverageTime)
    @Benchmark
    public void testAverageTime() throws InterruptedException
    {
        TimeUnit.MILLISECONDS.sleep(1);
    }
```

运行上面的基准测试方法，我们会得出如下的测试结果。

程序输出：AverageTime Mode

```
Benchmark                       Mode  Cnt  Score    Error  Units
JMHExample04.testAverageTime    avgt    5  1.228 ± 0.971   ms/op
```

testAverageTime 方法的平均执行耗时为 1.228 毫秒。

2. Throughput

Throughput（方法吞吐量）则刚好与 AverageTime 相反，它的输出信息表明了在单位时间内可以对该方法调用多少次。

程序代码：Throughput Mode

```
@BenchmarkMode(Mode.Throughput)
@Benchmark
public void testThroughput() throws InterruptedException
{
    TimeUnit.MILLISECONDS.sleep(1);
}
```

运行上面的基准测试方法，我们将会得到如下的统计结果。

程序输出：Throughput Mode

```
Benchmark                        Mode   Cnt  Score    Error   Units
JMHExample04.testThroughput     thrpt    5  0.818 ± 0.673  ops/ms
```

可以看到在 1 毫秒内，testThroughput 方法只会被调用 0.818 次。

3. SampleTime

SampleTime（时间采样）的方式是指采用一种抽样的方式来统计基准测试方法的性能结果，与我们常见的 Histogram 图（直方图）几乎是一样的，它会收集所有的性能数据，并且将其分布在不同的区间中。

程序代码：SimpleTime Mode

```
@BenchmarkMode(Mode.SampleTime)
@Benchmark
public void testSampleTime() throws InterruptedException
{
    TimeUnit.MILLISECONDS.sleep(1);
}
```

运行上面的结果我们会看到非常多的统计数据，具体如下所示。

程序输出：SimpleTime Mode

```
Histogram, ms/op:
  [ 0.000,  2.500) = 4452
  [ 2.500,  5.000) = 68
  [ 5.000,  7.500) = 9
  [ 7.500, 10.000) = 5
  [10.000, 12.500) = 3
  [12.500, 15.000) = 3
  [15.000, 17.500) = 0
  [17.500, 20.000) = 2
  [20.000, 22.500) = 0
  [22.500, 25.000) = 2
  [25.000, 27.500) = 0
  [27.500, 30.000) = 0
  [30.000, 32.500) = 0
  [32.500, 35.000) = 0
```

```
    [35.000, 37.500) = 0

Percentiles, ms/op:
     p(0.0000) =      0.041 ms/op
     p(50.0000) =     0.996 ms/op
     p(90.0000) =     1.103 ms/op
     p(95.0000) =     1.485 ms/op
     p(99.0000) =     3.255 ms/op
     p(99.9000) =    17.721 ms/op
     p(99.9900) =    38.601 ms/op
     p(99.9990) =    38.601 ms/op
     p(99.9999) =    38.601 ms/op
    p(100.0000) =    38.601 ms/op


# Run complete. Total time: 00:00:10

Benchmark                                                Mode   Cnt   Score   Error  Units
JMHExample04.testSampleTime                            sample  4545   1.100 ± 0.051  ms/op
JMHExample04.testSampleTime:testSampleTime·p0.00       sample          0.041          ms/op
JMHExample04.testSampleTime:testSampleTime·p0.50       sample          0.996          ms/op
JMHExample04.testSampleTime:testSampleTime·p0.90       sample          1.103          ms/op
JMHExample04.testSampleTime:testSampleTime·p0.95       sample          1.485          ms/op
JMHExample04.testSampleTime:testSampleTime·p0.99       sample          3.255          ms/op
JMHExample04.testSampleTime:testSampleTime·p0.999      sample         17.721          ms/op
JMHExample04.testSampleTime:testSampleTime·p0.9999     sample         38.601          ms/op
JMHExample04.testSampleTime:testSampleTime·p1.00       sample         38.601          ms/op
```

从输出结果中不难发现，对 testSampleTime 方法总共进行了 4545 次的调用，该方法的平均响应时间为 1.100 毫秒，并且有 4452 次的性能数据落点在 0 ～ 2.5 毫秒这个区间之中。

4. SingleShotTime

SingleShotTime 主要可用来进行冷测试，不论是 Warmup 还是 Measurement，在每一个批次中基准测试方法只会被执行一次，一般情况下，我们会将 Warmup 的批次设置为 0。

程序代码：SingleShotTime Mode

```java
@Warmup(iterations = 0)
@BenchmarkMode(Mode.SingleShotTime)
@Benchmark
public void testSingleShotTime() throws InterruptedException
{
    TimeUnit.MILLISECONDS.sleep(1);
}
```

运行上面的基准测试代码，与 SampleTime 非常类似，Single Shot Time 也是采用 Histogram 的方式进行统计的。

程序输出：SingleShotTime Mode

```
    Histogram, ms/op:
    [0.200, 0.250) = 0
    [0.250, 0.300) = 1
    [0.300, 0.350) = 0
    [0.350, 0.400) = 0
    [0.400, 0.450) = 1
    [0.450, 0.500) = 1
```

```
    [0.500, 0.550) = 0
    [0.550, 0.600) = 0
    [0.600, 0.650) = 0
    [0.650, 0.700) = 0
    [0.700, 0.750) = 0
    [0.750, 0.800) = 0
    [0.800, 0.850) = 0
    [0.850, 0.900) = 0
    [0.900, 0.950) = 1
    [0.950, 1.000) = 0
    [1.000, 1.050) = 0

Percentiles, ms/op:
      p(0.0000)  =      0.257 ms/op
     p(50.0000)  =      0.486 ms/op
     p(90.0000)  =      1.052 ms/op
     p(95.0000)  =      1.052 ms/op
     p(99.0000)  =      1.052 ms/op
     p(99.9000)  =      1.052 ms/op
     p(99.9900)  =      1.052 ms/op
     p(99.9990)  =      1.052 ms/op
     p(99.9999)  =      1.052 ms/op
    p(100.0000)  =      1.052 ms/op


# Run complete. Total time: 00:00:02

Benchmark                          Mode  Cnt  Score    Error  Units
JMHExample04.testSingleShotTime      ss    5  0.629 ± 1.328  ms/op
```

5. 多Mode以及All

我们除了对某个基准测试方法设置上述四个模式中的一个之外，还可以为其设置多个模式的方式运行基准测试方法，如果你愿意，甚至可以设置全部的Mode。

程序代码：SingleShotTime Mode

```
@BenchmarkMode({Mode.AverageTime, Mode.Throughput})
@Benchmark
public void testThroughputAndAverageTime()
            throws InterruptedException
{
    TimeUnit.MILLISECONDS.sleep(1);
}

@BenchmarkMode(Mode.All)
@Benchmark
public void testAll()
            throws InterruptedException
{
    TimeUnit.MILLISECONDS.sleep(1);
}
```

BenchmarkMode既可以在class上进行注解设置，也可以在基准方法上进行注解设置，方法中设置的模式将会覆盖class注解上的设置，同样，在Options中也可以进行设置，它将会覆盖所有基准方法上的设置。

1.3.4 OutputTimeUnit

OutputTimeUnit 提供了统计结果输出时的单位，比如，调用一次该方法将会耗费多少个单位时间，或者在单位时间内对该方法进行了多少次的调用，同样，OutputTimeUnit 既可以设置在 class 上，也可以设置在 method 上，还可以在 Options 中进行设置，它们的覆盖次序与 BenchmarkMode 一致，这里就不再赘述了。

程序代码：JMHExample05.java

```
package com.wangwenjun.concurrent.jmh;

import org.openjdk.jmh.annotations.*;
import org.openjdk.jmh.runner.Runner;
import org.openjdk.jmh.runner.RunnerException;
import org.openjdk.jmh.runner.options.Options;
import org.openjdk.jmh.runner.options.OptionsBuilder;

import java.util.concurrent.TimeUnit;
// 在 class 上设置
@OutputTimeUnit(TimeUnit.MILLISECONDS)
@State(Scope.Thread)
@Measurement(iterations = 5)
@Warmup(iterations = 2)
public class JMHExample05
{
    // 在基准方法上设置
    @OutputTimeUnit(TimeUnit.MICROSECONDS)
    @Benchmark
    public void test()
            throws InterruptedException
    {
        TimeUnit.SECONDS.sleep(1);
    }

    public static void main(String[] args) throws RunnerException
    {
        final Options opts = new OptionsBuilder()
                .include(JMHExample05.class.getSimpleName())
                // 在 Options 上设置
                .timeUnit(TimeUnit.NANOSECONDS)
                .forks(1)
                .build();
        new Runner(opts).run();
    }
}
```

1.3.5 三大 State 的使用

在 JMH 中，有三大 State 分别对应于 Scope 的三个枚举值。

- Benchmark
- Thread
- Group

这三个 Scope 是非常重要的 State，在本节中，我们将对其逐一进行介绍，然后分析掌握每一个 State 的特性。

1. Thread 独享的 State

所谓线程独享的 State 是指，每一个运行基准测试方法的线程都会持有一个独立的对象实例，该实例既可能是作为基准测试方法参数传入的，也可能是运行基准方法所在的宿主 class，将 State 设置为 Scope.Thread 一般主要是针对非线程安全的类。

程序代码：JMHExample06.java

```
package com.wangwenjun.concurrent.jmh;

import org.openjdk.jmh.annotations.*;
import org.openjdk.jmh.runner.Runner;
import org.openjdk.jmh.runner.RunnerException;
import org.openjdk.jmh.runner.options.Options;
import org.openjdk.jmh.runner.options.OptionsBuilder;

import java.util.concurrent.TimeUnit;

@BenchmarkMode(Mode.AverageTime)
@Fork(1)
@Warmup(iterations = 5)
@Measurement(iterations = 10)
@OutputTimeUnit(TimeUnit.MICROSECONDS)
// 设置 5 个线程运行基准测试方法
@Threads(5)
public class JMHExample06
{
    // 5 个运行线程，每一个线程都会持有一个 Test 的实例
    @State(Scope.Thread)
    public static class Test
    {
        public Test()
        {
            System.out.println("create instance");
        }

        public void method()
        {
        }
    }

    // 通过基准测试将 State 引用传入
    @Benchmark
    public void test(Test test)
    {
        test.method();
    }

    public static void main(String[] args) throws RunnerException
    {
        final Options opts = new OptionsBuilder()
                .include(JMHExample06.class.getSimpleName())
                .build();
        new Runner(opts).run();
    }
}
```

运行上面的程序，我们会看到“create instance”字样出现了 5 次，由于此处不想占用太多篇幅，因此下面的程序输出将只展示关键的地方。

程序输出：JMHExample06.java

```
.................省略
# Threads: 5 threads, will synchronize iterations
# Benchmark mode: Average time, time/op
# Benchmark: com.wangwenjun.concurrent.jmh.JMHExample06.test

# Run progress: 0.00% complete, ETA 00:00:15
# Fork: 1 of 1
# Warmup Iteration   1: create instance
create instance
create instance
create instance
create instance
0.003 ±(99.9%) 0.004 us/op
# Warmup Iteration   2: 0.003 ±(99.9%) 0.007 us/op
# Warmup Iteration   3: 0.003 ±(99.9%) 0.004 us/op
.................省略
```

2. Thread共享的State

有时候，我们需要测试在多线程的情况下某个类被不同线程操作时的性能，比如，多线程访问某个共享数据时，我们需要让多个线程使用同一个实例才可以。因此JMH提供了多线程共享的一种状态Scope.Benchmark，下面来看具体的示例。

程序代码：JMHExample07.java

```java
package com.wangwenjun.concurrent.jmh;

import org.openjdk.jmh.annotations.*;
import org.openjdk.jmh.runner.Runner;
import org.openjdk.jmh.runner.RunnerException;
import org.openjdk.jmh.runner.options.Options;
import org.openjdk.jmh.runner.options.OptionsBuilder;

import java.util.concurrent.TimeUnit;

@BenchmarkMode(Mode.AverageTime)
@Fork(1)
@Warmup(iterations = 5)
@Measurement(iterations = 10)
@OutputTimeUnit(TimeUnit.MICROSECONDS)
// 设置5个线程运行基准测试方法
@Threads(5)
public class JMHExample07
{
// Test的实例将会被多个线程共享，也就是说只有一份Test的实例
    @State(Scope.Benchmark)
    public static class Test
    {
        public Test()
        {
            System.out.println("create instance");
        }

        public void method()
        {
```

```
        }
    }

    //通过基准测试将State引用传入
    @Benchmark
    public void test(Test test)
    {
        test.method();
    }

    public static void main(String[] args) throws RunnerException
    {
        final Options opts = new OptionsBuilder()
                .include(JMHExample07.class.getSimpleName())
                .build();
        new Runner(opts).run();
    }
}
```

运行上面的程序，我们会看到“create instance”字样只出现了1次，由于此处不想占用太多篇幅，因此下面的程序输出将只展示关键的地方。

程序输出：JMHExample07.java

```
................省略
# Threads: 5 threads, will synchronize iterations
# Benchmark mode: Average time, time/op
# Benchmark: com.wangwenjun.concurrent.jmh.JMHExample07.test

# Run progress: 0.00% complete, ETA 00:00:15
# Fork: 1 of 1
# Warmup Iteration   1: create instance
0.004 ±(99.9%) 0.005 us/op
.................省略
```

3. 线程组共享的State

截至目前，我们所编写的基准测试方法都会被JMH框架根据方法名的字典顺序排序后按照顺序逐个地调用执行，因此不存在两个方法同时运行的情况，如果想要测试某个共享数据或共享资源在多线程的情况下同时被读写的行为，是没有办法进行的，比如，在多线程高并发的环境中，多个线程同时对一个ConcurrentHashMap进行读写。

通过上面这段文字可以简单地归纳出我们的诉求，第一，是在多线程情况下的单个实例；第二，允许一个以上的基准测试方法并发并行地运行。

所幸的是，Scope.Group可以帮助我们实现这一点，先来看一个简单的例子，后文在针对BlockingQueue进行测试时，还会使用Scope.Group来实现，所以在本节中，我们知道其大概的用法即可。

程序代码：JMHExample08.java

```
package com.wangwenjun.concurrent.jmh;

import org.openjdk.jmh.annotations.*;
import org.openjdk.jmh.runner.Runner;
```

```
import org.openjdk.jmh.runner.RunnerException;
import org.openjdk.jmh.runner.options.Options;
import org.openjdk.jmh.runner.options.OptionsBuilder;

import java.util.concurrent.TimeUnit;

@BenchmarkMode(Mode.AverageTime)
@Fork(1)
@Warmup(iterations = 5)
@Measurement(iterations = 10)
@OutputTimeUnit(TimeUnit.MICROSECONDS)
public class JMHExample08
{
    // 将Test设置为线程组共享的
    @State(Scope.Group)
    public static class Test
    {
        public Test()
        {
            System.out.println("create instance");
        }

        public void write()
        {
            System.out.println("write");
        }

        public void read()
        {
            System.out.println("read");
        }
    }

    // 在线程组"test"中，有三个线程将不断地对Test实例的write方法进行调用
    @GroupThreads(3)
    @Group("test")
    @Benchmark
    public void testWrite(Test test)
{
        // 调用write方法
        test.write();
    }

    // 在线程组"test"中，有三个线程将不断地对Test实例的read方法进行调用
    @GroupThreads(3)
    @Group("test")
    @Benchmark
    public void testRead(Test test)
{
        // 调用read方法
        test.read();
    }

    public static void main(String[] args) throws RunnerException
    {
        final Options opts = new OptionsBuilder()
                .include(JMHExample08.class.getSimpleName())
                .build();
        new Runner(opts).run();
    }
}
```

执行上面的基准测试，我们会得到一些比较关键的信息输出，由于篇幅有限，下面只展示部分输出，并且笔者在输出的信息上添加了相关的说明以便理解。

程序输出：JMHExample07.java

```
................省略
# Warmup: 5 iterations, 1 s each
# Measurement: 10 iterations, 1 s each
# Timeout: 10 min per iteration
总共6个线程会执行基准测试方法，这6个线程都在同一个group中，其中，testRead方法会被3个线程执行，testWrite方法会被3个线程执行
# Threads: 6 threads (1 group; 3x "testRead", 3x "testWrite" in each group),
will synchronize iterations
# Benchmark mode: Average time, time/op
# Benchmark: com.wangwenjun.concurrent.jmh.JMHExample08.test

# Run progress: 0.00% complete, ETA 00:00:15
# Fork: 1 of 1
# Warmup Iteration   1: create instance
read和write分别交替输出，因此testRead和testWrite是交替执行的
.................
read
read
read
write
write
.................
write
write
read
read
read
read
.................

Benchmark                      Mode  Cnt  Score    Error  Units
JMHExample08.test              avgt   10  0.003 ±  0.001  us/op
JMHExample08.test:testRead     avgt   10  0.003 ±  0.001  us/op
JMHExample08.test:testWrite    avgt   10  0.003 ±  0.001  us/op
```

1.3.6 @Param的妙用

假设你在编写代码的过程中需要用到一个Map容器，第一，需要保证使用过程中线程的安全性，第二，该容器需要有比较好的性能，比如，执行put方法最快，执行get方法最快等。作为Java程序员，JDK可供我们选择的方案其实有不少，比如ConcurrentHashMap、Hashtable、ConcurrentSkipListMap以及SynchronizedMap等，虽然它们都能够保证在多线程操作下的数据一致性，但是各自的性能表现又是怎样的呢？这就需要我们对其进行微基准测试（我们的测试相对来说比较片面，只在多线程的情况下对其进行put操作，也就是说并未涉及读取以及删除的操作）。

1. 对比ConcurrentHashMap和SynchronizedMap的性能

根据前面所学的知识，我们只需要写两个基准测试方法，其中第一个针对ConcurrentHashMap，第二个针对SynchronizedMap即可，代码如下所示。

程序代码：JMHExample09.java

```
package com.wangwenjun.concurrent.jmh;

import org.openjdk.jmh.annotations.*;
import org.openjdk.jmh.runner.Runner;
import org.openjdk.jmh.runner.RunnerException;
import org.openjdk.jmh.runner.options.Options;
import org.openjdk.jmh.runner.options.OptionsBuilder;

import java.util.Collections;
import java.util.HashMap;
import java.util.Map;
import java.util.concurrent.ConcurrentHashMap;
import java.util.concurrent.TimeUnit;

@BenchmarkMode(Mode.AverageTime)
@Fork(1)
@Warmup(iterations = 5)
@Measurement(iterations = 10)
@OutputTimeUnit(TimeUnit.MICROSECONDS)
// 5 个线程同时对共享资源进行操作
@Threads(5)
// 设置为线程间共享的资源
@State(Scope.Benchmark)
public class JMHExample09
{

    private Map<Long, Long> concurrentMap;
    private Map<Long, Long> synchronizedMap;

    // 关于 Setup 详见 1.3.7 节
    @Setup
    public void setUp()
    {
        concurrentMap = new ConcurrentHashMap<>();
        synchronizedMap = Collections.synchronizedMap(
                                  new HashMap<>());
    }

    @Benchmark
    public void testConcurrencyMap()
    {
        this.concurrentMap.put(System.nanoTime(),
                                    System.nanoTime());
    }

    @Benchmark
    public void testSynchronizedMap()
    {
        this.synchronizedMap.put(System.nanoTime(),
                                System.nanoTime());
    }

public static void main(String[] args)
                throws RunnerException
    {
        final Options opts = new OptionsBuilder()
                .include(JMHExample09.class.getSimpleName())
                .build();
        new Runner(opts).run();
    }
}
```

上面的代码足够简单，关键的地方笔者也添加了注释进行说明，那么我们来看一下最终这两个方法所得出的结果会是怎样的呢？

程序输出：JMHExample09.java

```
Benchmark                          Mode  Cnt    Score      Error  Units
JMHExample09.testConcurrencyMap    avgt   10   26.209 ±   40.517  us/op
JMHExample09.testSynchronizedMap   avgt   10  316.254 ± 1451.240  us/op
```

通过基准测试，我们不难发现，ConcurrentHashMap比SynchronizedMap的表现要优秀很多（在多线程同时对其进行put操作时）。

2. 使用@Param

正如本节开始时所说的那样，Java提供的具备线程安全的Map接口实现并非只有ConcurrentHashMap和SynchronizedMap，同样，ConcurrentSkipListMap和Hashtable也可供我们选择，如果我们要对其进行测试，那么这里需要再增加两个不同类型的Map和两个针对这两个Map实现的基准测试方法。但是很显然，这种方式存在大量的代码冗余，因此JMH为我们提供了一个@Param的注解，它使得参数可配置，也就是说一个参数在每一次的基准测试时都会有不同的值与之对应。

程序代码：JMHExample10.java

```java
package com.wangwenjun.concurrent.jmh;

import org.openjdk.jmh.annotations.*;
import org.openjdk.jmh.runner.Runner;
import org.openjdk.jmh.runner.RunnerException;
import org.openjdk.jmh.runner.options.Options;
import org.openjdk.jmh.runner.options.OptionsBuilder;

import java.util.Collections;
import java.util.HashMap;
import java.util.Hashtable;
import java.util.Map;
import java.util.concurrent.ConcurrentHashMap;
import java.util.concurrent.ConcurrentSkipListMap;
import java.util.concurrent.TimeUnit;

@BenchmarkMode(Mode.AverageTime)
@Fork(1)
@Warmup(iterations = 5)
@Measurement(iterations = 5)
@OutputTimeUnit(TimeUnit.MICROSECONDS)
// 5个线程通知对共享资源进行操作
@Threads(5)
// 多个线程使用同一个实例
@State(Scope.Benchmark)
public class JMHExample10
{

    // 为type提供了四种可配置的参数值
    @Param({"1", "2", "3", "4"})
    private int type;

    private Map<Long, Long> map;
```

```
    @Setup
    public void setUp()
    {
        switch (type)
        {
            case 1:
                this.map = new ConcurrentHashMap<>();
                break;
            case 2:
                this.map = new ConcurrentSkipListMap<>();
                break;
            case 3:
                this.map = new Hashtable<>();
                break;
            case 4:
                this.map = Collections.synchronizedMap(
                                    new HashMap<>());
                break;
            default:
                throw new IllegalArgumentException("Illegal map type.");
        }
    }

   // 只需要一个基准测试方法即可
    @Benchmark
    public void test()
    {
        this.map.put(System.nanoTime(), System.nanoTime());
    }

    public static void main(String[] args) throws RunnerException
    {
        final Options opts = new OptionsBuilder()
                .include(JMHExample10.class.getSimpleName())
                .build();
        new Runner(opts).run();
    }
}
```

如上述代码所示，由于引进了 @Param 对变量的可配置化，因此我们只需要写一个基准测试方法即可，JMH 会根据 @Param 所提供的参数值，对 test 方法分别进行基准测试的运行与统计，这样我们就不需要为每一个 map 容器都写一个基准测试方法了。

在 setUp 方法中，我们分别实例化了四种不同类型的 Map 实现类，分别对应于 @Param 的不同参数。Param 与不同类型 Map 的对应关系具体见表 1-1。

表 1-1 Param 与不同类型 Map 的对应关系

Param 值	Map 接口的实现
1	ConcurrentHashMap
2	ConcurrentSkipListMap
3	Hashtable
4	SynchronizedMap

运行上面的基准测试，我们会发现输出结果中多了 type 这样一列信息。

程序输出：JMHExample10.java

```
Benchmark              (type)  Mode  Cnt   Score     Error   Units
JMHExample10.test           1  avgt    5  25.787 ± 143.674  us/op
JMHExample10.test           2  avgt    5  20.273 ± 121.357  us/op
JMHExample10.test           3  avgt    5  42.431 ± 170.285  us/op
JMHExample10.test           4  avgt    5  25.513 ± 150.516  us/op
```

在本节中我们对所有线程安全Map的基准测试都是基于put方法进行的，也就是说并没有同时进行读写、修改、删除等动作，因此单凭对一个方法的基准测试就下定论说哪个性能好，哪个性能不好这种说法是不够严谨的，希望读者能够注意到这一点。

@Param与TestNg所提供的DDD（Data Driven Development）非常类似，如果大家对TestNg比较了解的话相信下面的代码会很容易看懂。

程序代码：TestNG的DDD

```
import org.testng.annotations.DataProvider;
import org.testng.annotations.Test;

public class SameClassDataProvider
{
    @DataProvider(name = "data-provider")
    public Object[][] dataProviderMethod() {
        return new Object[][] { { "data one" }, { "data two" } };
    }

    @Test(dataProvider = "data-provider")
    public void testMethod(String data) {
        System.out.println("Data is: " + data);
    }
}
```

运行上面的TestNG单元测试，testMethod方法会被运行两次，这取决于data provider所提供的数据。

程序输出：TestNG的输出结果

```
Data is: data one
Data is: data two

PASSED: testMethod("data one")
PASSED: testMethod("data two")
```

1.3.7 JMH的测试套件（Fixture）

在使用Junit编写单元测试的时候，我们可以使用的套件有@Before、@After、@BeforeClass、@AfterClass等。在JMH中，有没有哪些套件方法可以支持对基准测试方法的初始化以及资源回收呢？答案是有的，本节将为大家介绍一下JMH有哪些测试套件以及具体的用法。

1. Setup以及TearDown

JMH提供了两个注解@Setup和@TearDown用于套件测试，其中@Setup会在每一个基准测试方法执行前被调用，通常用于资源的初始化，@TearDown则会在基准测试方法被执行之后被调用，通常可用于资源的回收清理工作，下面我们来看具体的示例。

程序代码：JMHExample11.java

```
package com.wangwenjun.concurrent.jmh;

import org.openjdk.jmh.annotations.*;
import org.openjdk.jmh.runner.Runner;
import org.openjdk.jmh.runner.RunnerException;
import org.openjdk.jmh.runner.options.Options;
import org.openjdk.jmh.runner.options.OptionsBuilder;

import java.util.ArrayList;
import java.util.List;
import java.util.concurrent.TimeUnit;

@BenchmarkMode(Mode.AverageTime)
@Fork(1)
@Warmup(iterations = 5)
@Measurement(iterations = 5)
@OutputTimeUnit(TimeUnit.MICROSECONDS)
@State(Scope.Thread)
public class JMHExample11
{
    // 定义了一个 List<String>，但是没有对其进行初始化
    private List<String> list;

    // 将方法标记为 @Setup，执行初始化操作
    @Setup
    public void setUp()
    {
        this.list = new ArrayList<>();
    }

    // 简单地调用 list 的 add 方法
    @Benchmark
    public void measureRight()
    {
        this.list.add("Test");
    }

    // 该方法什么都不做
    @Benchmark
    public void measureWrong()
    {
        // do nothing
    }

    // 将方法标记为 @TearDown，运行资源回收甚至断言的操作
    @TearDown
    public void tearDown()
{
    // 断言 list 中的元素个数大于 0，很明显，measureWrong 基准测试将会失败
        assert this.list.size() > 0 : "The list elements must greater than zero";
    }

    public static void main(String[] args) throws RunnerException
    {
        final Options opts = new OptionsBuilder()
                .include(JMHExample11.class.getSimpleName())
                .jvmArgs("-ea") // 激活断言，enable assertion 的意思
```

```
                .build();
        new Runner(opts).run();
    }
}
```

运行上面的基准测试程序，我们会发现 measureRight 基准测试方法能够正确地执行，但是 measureWrong 却会失败。

程序输出：JMHExample11.java

```
    java.lang.AssertionError: The list elements must greater than zero
        at com.wangwenjun.concurrent.jmh.JMHExample11.tearDown(JMHExample11.java:44)
        at com.wangwenjun.concurrent.jmh.generated.JMHExample11_measureWrong_jmhTest.
measureWrong_AverageTime(JMHExample11_measureWrong_jmhTest.java:165)
        at sun.reflect.NativeMethodAccessorImpl.invoke0(Native Method)
        at sun.reflect.NativeMethodAccessorImpl.invoke(NativeMethodAccessorImpl.java:62)
        at sun.reflect.DelegatingMethodAccessorImpl.invoke(DelegatingMethodAccessorImpl.
java:43)
        at java.lang.reflect.Method.invoke(Method.java:497)
        at org.openjdk.jmh.runner.BenchmarkHandler$BenchmarkTask.call(BenchmarkHandler.java:453)
        at org.openjdk.jmh.runner.BenchmarkHandler$BenchmarkTask.call(BenchmarkHandler.
java:437)
        at java.util.concurrent.FutureTask.run(FutureTask.java:266)
        at java.util.concurrent.Executors$RunnableAdapter.call(Executors.java:511)
        at java.util.concurrent.FutureTask.run(FutureTask.java:266)
        at java.util.concurrent.ThreadPoolExecutor.runWorker(ThreadPoolExecutor.java:1142)
        at java.util.concurrent.ThreadPoolExecutor$Worker.run(ThreadPoolExecutor.java:617)
        at java.lang.Thread.run(Thread.java:745)


    Result "com.wangwenjun.concurrent.jmh.JMHExample11.measureWrong":
      0.001 ±(99.9%) 0.001 us/op [Average]
      (min, avg, max) = (0.001, 0.001, 0.002), stdev = 0.001
      CI (99.9%): [≈ 10^-4, 0.003] (assumes normal distribution)


    # Run complete. Total time: 00:01:52

    Benchmark                      Mode  Cnt  Score    Error  Units
    JMHExample11.measureRight      avgt    2  4.171           us/op
    JMHExample11.measureWrong      avgt    4  0.001 ± 0.001   us/op
```

2. Level

1.3.7 节使用 Setup 和 TearDown 时，在默认情况下，Setup 和 TearDown 会在一个基准方法的所有批次执行前后分别执行，如果需要在每一个批次或者每一次基准方法调用执行的前后执行对应的套件方法，则需要对 @Setup 和 @TearDown 进行简单的配置。

- Trial：Setup 和 TearDown 默认的配置，该套件方法会在每一个基准测试方法的所有批次执行的前后被执行。

```
@Setup(Level.Trial)
public void setUp()
```

- Iteration：由于我们可以设置 Warmup 和 Measurement，因此每一个基准测试方法都会被执行若干个批次，如果想要在每一个基准测试批次执行的前后调用套件方法，则可以将 Level 设置为 Iteration。

```
@Setup(Level.Iteration)
public void setUp()
```

- Invocation：将 Level 设置为 Invocation 意味着在每一个批次的度量过程中，每一次对基准方法的调用前后都会执行套件方法。

```
@Setup(Level.Invocation)
public void setUp()
```

需要注意的是，套件方法的执行也会产生 CPU 时间的消耗，但是 JMH 并不会将这部分时间纳入基准方法的统计之中，这一点更进一步地说明了 JMH 的严谨之处。

1.3.8 CompilerControl

讲到这里，相信大家应该能够知道如何使用 JMH 对某些 API 方法进行微基准测试了吧，也许有些读者还会存在这样的疑惑：JVM 真的会对我们的代码进行相关的优化吗？下面通过一个简单的例子来验证一下优化是否存在。

程序代码：JMHExample12.java

```
package com.wangwenjun.concurrent.jmh;

import org.openjdk.jmh.annotations.*;
import org.openjdk.jmh.runner.Runner;
import org.openjdk.jmh.runner.RunnerException;
import org.openjdk.jmh.runner.options.Options;
import org.openjdk.jmh.runner.options.OptionsBuilder;

import java.util.concurrent.TimeUnit;

import static java.lang.Math.PI;
import static java.lang.Math.log;

@BenchmarkMode(Mode.AverageTime)
@Fork(1)
@Warmup(iterations = 5)
@Measurement(iterations = 5)
@OutputTimeUnit(TimeUnit.MICROSECONDS)
@State(Scope.Thread)
public class JMHExample12
{

    @Benchmark
    public void test1()
    {
    }

    @Benchmark
    public void test2()
    {
        log(PI);
    }

    public static void main(String[] args) throws RunnerException
    {
```

```
        final Options opts = new OptionsBuilder()
                .include(JMHExample12.class.getSimpleName())
                .build();
        new Runner(opts).run();
    }
}
```

JMHExample12包含两个基准测试方法test1和test2，但是test1方法中并未运行任何计算，而test2方法中进行了Math.log的运算，根据我们的常识很明显可以知道，Math.log方法的CPU耗时肯定要高于一个空方法，但是运行上面的基准测试方法之后得出的性能数据表明的结果是两者几乎不相上下。

程序输出：JMHExample12.java

```
Benchmark            Mode  Cnt  Score    Error  Units
JMHExample12.test1   avgt    5  0.001 ±  0.001  us/op
JMHExample12.test2   avgt    5  0.001 ±  0.001  us/op
```

由于test2方法中存在Dead Code（关于Dead Code，我们会在1.4.1节的第1小节中进行详细的介绍），JVM在运行test2方法时对我们的程序进行了优化，具体来说就是将log运算的相关代码进行了运行期擦除，下面我们通过CompilerControl禁止JVM运行时优化和编译之后再来执行一下基准测试方法，然后进行对比。

```
//禁止优化
@CompilerControl(CompilerControl.Mode.EXCLUDE)
@Benchmark
public void test1()
{
}
//禁止优化
@CompilerControl(CompilerControl.Mode.EXCLUDE)
@Benchmark
public void test2()
{
    log(PI);
}
```

运行上面的基准测试方法之后，结果表明两者的差别就很大了（2.5倍的差距了）。

```
Benchmark            Mode  Cnt  Score   Error  Units
JMHExample12.test1   avgt    5  0.042 ± 0.009  us/op
JMHExample12.test2   avgt    5  0.109 ± 0.058  us/op
```

如果你想在自己的应用程序中杜绝JVM运行期的优化，那么我们可以通过如下的方式来实现（虽然这种情况我们并不推荐）。

- 通过编写程序的方式禁止JVM运行期动态编译和优化java.lang.Compiler.disable();
- 在启动JVM时增加参数-Djava.compiler=NONE。

1.4 编写正确的微基准测试以及高级用法

虽然JMH可以帮我们更好地了解我们所编写的代码，但是如果我们所编写的JMH基准测试方法本身就有问题，那么就会很难起到指导的作用，甚至还会可能会产生误导，本节将介绍如何避免编写错误的微基准测试方法，同时学习一些较为高级的基准测试案例。

1.4.1 编写正确的微基准测试用例

现代的Java虚拟机已经发展得越来越智能了，它在类的早期编译阶段、加载阶段以及后期的运行时都可以为我们的代码进行相关的优化，比如Dead Code的擦除、常量的折叠，还有循环的打开，甚至是进程Profiler的优化，等等，因此要掌握如何编写良好的微基准测试方法，首先我们要知道什么样的基准测试代码是有问题的。

1. 避免DCE（Dead Code Elimination）

所谓Dead Code Elimination是指JVM为我们擦去了一些上下文无关，甚至经过计算之后确定压根不会用到的代码，比如下面这样的代码片段。

```
public void test(){
    int x=10;
    int y=10;
    int z=x+y;
}
```

我们在test方法中分别定义了x和y，并且经过相加运算得到了z，但是在该方法的下文中再也没有其他地方使用到z（既没有对z进行返回，也没有对其进行二次使用，z甚至不是一个全局的变量），JVM很有可能会将test()方法当作一个空的方法来看待，也就是说会擦除对x、y的定义，以及计算z的相关代码。下面通过一个基准测试来验证一下在Java代码的执行过程中虚拟机是否会擦除与上下文无关的代码。

程序代码：JMHExample13.java

```
package com.wangwenjun.concurrent.jmh;

import org.openjdk.jmh.annotations.*;
import org.openjdk.jmh.runner.Runner;
import org.openjdk.jmh.runner.RunnerException;
import org.openjdk.jmh.runner.options.Options;
import org.openjdk.jmh.runner.options.OptionsBuilder;

import java.util.concurrent.TimeUnit;

import static java.lang.Math.PI;
import static java.lang.Math.log;

@BenchmarkMode(Mode.AverageTime)
@Fork(1)
@Warmup(iterations = 5)
@Measurement(iterations = 5)
@OutputTimeUnit(TimeUnit.MICROSECONDS)
@State(Scope.Thread)
public class JMHExample13
{

    @Benchmark
    public void baseline(){
       // 空的方法
```

```
    }

    @Benchmark
    public void measureLog1(){
        //进行数学运算，但是在局部方法内
        Math.log(PI);
    }

    @Benchmark
    public void measureLog2(){
        //result是通过数学运算所得并且在下一行代码中得到了使用
        double result = Math.log(PI);
        //对result进行数学运算，但是结果既不保存也不返回，更不会进行二次运算
        Math.log(result);
    }

    @Benchmark
    public double measureLog3(){
        //返回数学运算结果
        return Math.log(PI);
    }

    public static void main(String[] args) throws RunnerException
    {
        final Options opts = new OptionsBuilder()
                .include(JMHExample13.class.getSimpleName())
                .build();
        new Runner(opts).run();
    }
}
```

- baseline 方法作为一个空的方法，主要用于做基准数据。
- measureLog1 中虽然进行了 log 运算，但是结果既没有再进行二次使用，也没有进行返回。
- measureLog2 中同样进行了 log 运算，虽然第一次的运算结果是作为第二次入参来使用的，但是第二次执行结束后也再没有对其有更进一步的使用。
- measureLog3 方法与 measureLog1 的方法类似，但是该方法对运算结果进行了返回操作。

下面就来运行一下这段 JMHExample13，将会得到如下的输出结果。

程序输出：JMHExample13.java

```
Benchmark                     Mode  Cnt  Score     Error  Units
JMHExample13.baseline         avgt    5  0.001 ±  0.001  us/op
JMHExample13.measureLog1      avgt    5  0.001 ±  0.001  us/op
JMHExample13.measureLog2      avgt    5  0.001 ±  0.001  us/op
JMHExample13.measureLog3      avgt    5  0.010 ±  0.012  us/op
```

从输出结果可以看出，measureLog1 和 measureLog2 方法的基准性能与 baseline 几乎完全一致，因此我们可以肯定的是，这两个方法中的代码进行过擦除操作，这样的代码被称为 Dead Code（死代码，其他地方都没有用到的代码片段），而 measureLog3 则与上述两个方法不同，由于它对结果进行了返回，因此 Math.log(PI) 不会被认为它是 Dead Code，因此它将占用一定的 CPU 时间。

通过这个例子我们可以发现，若想要编写性能良好的微基准测试方法，则不要让方法存在Dead Code，最好每一个基准测试方法都有返回值。

2. 使用Blackhole

假设在基准测试方法中，需要将两个计算结果作为返回值，那么我们该如何去做呢？我们第一时间想到的可能是将结果存放到某个数组或者容器当中作为返回值，但是这种对数组或者容器的操作会对性能统计造成干扰，因为对数组或者容器的写操作也是需要花费一定的CPU时间的。

JMH提供了一个称为Blackhole的类，可以在不作任何返回的情况下避免Dead Code的发生，Blackhole直译为“黑洞”，与Linux系统下的黑洞设备/dev/null非常相似，请看下面的代码示例。

程序代码：JMHExample14.java

```
package com.wangwenjun.concurrent.jmh;

import org.openjdk.jmh.annotations.*;
import org.openjdk.jmh.infra.Blackhole;
import org.openjdk.jmh.runner.Runner;
import org.openjdk.jmh.runner.RunnerException;
import org.openjdk.jmh.runner.options.Options;
import org.openjdk.jmh.runner.options.OptionsBuilder;

import java.util.concurrent.TimeUnit;

@BenchmarkMode(Mode.AverageTime)
@Fork(1)
@Warmup(iterations = 5)
@Measurement(iterations = 5)
@OutputTimeUnit(TimeUnit.NANOSECONDS)
@State(Scope.Thread)
public class JMHExample14
{

    double x1 = Math.PI;
    double x2 = Math.PI * 2;

    @Benchmark
    public double baseline()
{
        // 不是 Dead Code，因为对结果进行了返回
        return Math.pow(x1, 2);
    }

    @Benchmark
    public double powButReturnOne()
    {
        // Dead Code 会被擦除
        Math.pow(x1, 2);
        // 不会被擦除，因为对结果进行了返回
        return Math.pow(x2, 2);
    }

    @Benchmark
    public double powThenAdd()
```

```
    {
        // 通过加法运算对两个结果进行了合并，因此两次的计算都会生效
        return Math.pow(x1, 2) + Math.pow(x2, 2);
    }

    @Benchmark
    public void useBlackhole(Blackhole hole)
    {
        // 将结果存放至 black hole 中，因此两次 pow 操作都会生效
        hole.consume(Math.pow(x1, 2));
        hole.consume(Math.pow(x2, 2));
    }

    public static void main(String[] args) throws RunnerException
    {
        final Options opts = new OptionsBuilder()
                .include(JMHExample14.class.getSimpleName())
                .build();
        new Runner(opts).run();
    }
}
```

- baseline 方法中对 x1 进行了 pow 运算，之后返回，因此这个基准测试方法是非常合理的。
- powButReturnOne 方法中的第一个 pow 运算仍然避免不了被当作 Dead Code 的命运，因此我们很难得到两次 pow 计算的方法耗时，但是对 x2 的 pow 运算会作为返回值返回，因此不是 dead code。
- powThenAdd 方法就比较聪明，它同样会有返回值，两次 pow 操作也会被正常执行，但是由于采取的是加法运算，因此相加操作的 CPU 耗时也被计算到了两次 pow 操作中。
- useBlackhole 方法中两次 pow 方法都会被执行，但是我们并没有对其进行返回操作，而是将其写入了 black hole 之中。

下面我们来看一下执行结果。

程序输出：JMHExample14.java

```
Benchmark                        Mode  Cnt   Score    Error  Units
JMHExample14.baseline            avgt    5   8.219 ±  0.697  ns/op
JMHExample14.powButReturnOne     avgt    5   8.597 ±  1.712  ns/op
JMHExample14.powThenAdd          avgt    5  12.206 ± 10.492  ns/op
JMHExample14.useBlackhole        avgt    5  18.971 ±  6.608  ns/op
```

输出结果表明，baseline 和 putButReturnOne 方法的性能几乎是一样的，powThenAdd 的性能相比前两个方法占用 CPU 的时间要稍微长一些，原因是该方法执行了两次 pow 操作。在 useBlackhole 中虽然没有对两个参数进行任何的合并操作，但是由于执行了 black hole 的 consume 方法，因此也会占用一定的 CPU 资源。虽然 blackhole 的 consume 方法会占用一定的 CPU 资源，但是如果在无返回值的基准测试方法中针对局部变量的使用都统一通过 blackhole 进行 consume，那么就可以确保同样的基准执行条件，就好比拳击比赛时，对抗的拳手之间需要统一的体重量级一样。

总结起来，Blackhole 可以帮助你在无返回值的基准测试方法中避免 DC（Dead Code）情况的发生。

3. 避免常量折叠（Constant Folding）

常量折叠是 Java 编译器早期的一种优化——编译优化。在 javac 对源文件进行编译的过程中，通过词法分析可以发现某些常量是可以被折叠的，也就是可以直接将计算结果存放到声明中，而不需要在执行阶段再次进行运算。比如：

```
private final int x = 10;
private final int y = x*20;
```

在编译阶段，y 的值将被直接赋予 200，这就是所谓的常量折叠，我们来看一下下面的基准测试代码示例。

程序代码：JMHExample15.java

```
package com.wangwenjun.concurrent.jmh;

import org.openjdk.jmh.annotations.*;
import org.openjdk.jmh.runner.Runner;
import org.openjdk.jmh.runner.RunnerException;
import org.openjdk.jmh.runner.options.Options;
import org.openjdk.jmh.runner.options.OptionsBuilder;

import java.util.concurrent.TimeUnit;

import static java.lang.Math.log;

@BenchmarkMode(Mode.AverageTime)
@Fork(1)
@Warmup(iterations = 5)
@Measurement(iterations = 5)
@OutputTimeUnit(TimeUnit.NANOSECONDS)
@State(Scope.Thread)
public class JMHExample15
{
    // x1 和 x2 是使用 final 修饰的常量
    private final double x1 = 124.456;
    private final double x2 = 342.456;

    // y1 和 y2 则是普通的成员变量
    private double y1 = 124.456;
    private double y2 = 342.456;


   // 直接返回 124.456×342.456 的计算结果，主要用它来作基准
    @Benchmark
    public double returnDirect()
    {
        return 42_620.703936d;
    }

    // 两个常量相乘，我们需要验证在编译器的早期优化阶段是否直接计算出了 x1 乘以 x2 的值
    @Benchmark
    public double returnCaculate_1()
    {
        return x1 * x2;
    }

   // 较为复杂的计算，计算两个未被 final 修饰的变量，主要也是用它来作为对比的基准
    @Benchmark
```

```
    public double returnCaculate_2()
    {
        return log(y1) * log(y2);
    }

    // 较为复杂的计算，操作的同样是final修饰的常量，查看是否在编译器优化阶段进行了常量的折叠行为
    @Benchmark
    public double returnCaculate_3()
    {
        return log(x1) * log(x2);
    }

    public static void main(String[] args) throws RunnerException
    {
        final Options opts = new OptionsBuilder()
                .include(JMHExample15.class.getSimpleName())
                .build();
        new Runner(opts).run();
    }
}
```

执行上面的基准测试代码，会得到如下的性能统计数据。

程序输出：JMHExample15.java

```
Benchmark                         Mode  Cnt    Score    Error  Units
JMHExample15.returnCaculate_1     avgt    5    7.858 ±  1.057  ns/op
JMHExample15.returnCaculate_2     avgt    5  133.570 ± 93.166  ns/op
JMHExample15.returnCaculate_3     avgt    5    8.077 ±  1.578  ns/op
JMHExample15.returnDirect         avgt    5   10.353 ± 11.582  ns/op
```

我们可以看到，1、3、4三个方法的统计数据几乎相差无几，这也就意味着在编译器优化的时候发生了常量折叠，这些方法在运行阶段根本不需要再进行计算，直接将结果返回即可，而第二个方法的统计数据就没那么好看了，因为早期的编译阶段不会对其进行任何的优化。

4. 避免循环展开（Loop Unwinding）

我们在编写JMH代码的时候，除了要避免Dead Code以及减少对常量的引用之外，还要尽可能地避免或者减少在基准测试方法中出现循环，因为循环代码在运行阶段（JVM后期优化）极有可能被“痛下杀手”进行相关的优化，这种优化被称为循环展开，下面我们来看一下什么是循环展开（Loop Unwinding）。

```
int sum=0;
for(int i = 0;i<100;i++){
    sum+=i;
}
```

上面的例子中，sum=sum+i这样的代码会被执行100次，也就是说，JVM会向CPU发送100次这样的计算指令，这看起来并没有什么，但是JVM的设计者们会认为这样的方式可以被优化成如下形式（可能）。

```
int sum=0;
for(int i = 0;i<20; i+=5){
    sum+=i;
    sum+=i+1;
```

```
        sum+=i+2;
        sum+=i+3;
        sum+=i+4;
    }
```

优化后将循环体中的计算指令批量发送给 CPU，这种批量的方式可以提高计算的效率，假设 1+2 这样的运算执行一次需要 1 纳秒的 CPU 时间，那么在一个 10 次循环的计算中，我们觉得它可能是 10 纳秒的 CPU 时间，但是真实的计算情况可能不足 10 纳秒甚至更低，下面来看一下 JMH 的代码示例。

程序代码：JMHExample16.java

```
package com.wangwenjun.concurrent.jmh;

import org.openjdk.jmh.annotations.*;
import org.openjdk.jmh.runner.Runner;
import org.openjdk.jmh.runner.RunnerException;
import org.openjdk.jmh.runner.options.Options;
import org.openjdk.jmh.runner.options.OptionsBuilder;

import java.util.concurrent.TimeUnit;

@BenchmarkMode(Mode.AverageTime)
@State(Scope.Thread)
@Warmup(iterations = 5)
@Measurement(iterations = 10)
@OutputTimeUnit(TimeUnit.NANOSECONDS)
@Fork(1)
public class JMHExample16
{
    private int x = 1;
    private int y = 2;

    @Benchmark
    public int measure()
    {
        return (x + y);
    }

    private int loopCompute(int times)
    {
        int result = 0;
        for (int i = 0; i < times; i++)
        {
            result += (x + y);
        }
        return result;
    }

    @OperationsPerInvocation
    @Benchmark
    public int measureLoop_1()
    {
        return loopCompute(1);
    }

    @OperationsPerInvocation(10)
    @Benchmark
    public int measureLoop_10()
```

```
    {
        return loopCompute(10);
    }

    @OperationsPerInvocation(100)
    @Benchmark
    public int measureLoop_100()
    {
        return loopCompute(100);
    }

    @OperationsPerInvocation(1000)
    @Benchmark
    public int measureLoop_1000()
    {
        return loopCompute(1000);
    }

    public static void main(String[] args) throws RunnerException
    {
        final Options opts = new OptionsBuilder()
                .include(JMHExample16.class.getSimpleName())
                .build();
        new Runner(opts).run();
    }
}
```

在上面的代码中，measure() 方法进行了 x+y 的计算，measureLoop_1() 方法与 measure() 方法几乎是等价的，也是进行了 x+y 的计算，但是 measureLoop_10() 方法对 result+=（x+y）进行了 10 次这样的操作，其实说白了就是调用了 10 次 measure() 或者 loopCompute（times=1）。但是我们肯定不能直接拿 10 次的运算和 1 次运算所耗费的 CPU 时间去做比较，因此 @OperationsPerInvocation（10）注解的作用就是在每一次对 measureLoop_10() 方法进行基准调用的时候将 op 操作记为 10 次。下面来看一下 JMH 执行后的性能数据。

程序输出：JMHExample16.java

```
Benchmark                         Mode  Cnt  Score   Error  Units
JMHExample16.measure              avgt   10  8.291 ± 2.982  ns/op
JMHExample16.measureLoop_1        avgt   10  7.227 ± 0.204  ns/op
JMHExample16.measureLoop_10       avgt   10  1.298 ± 0.339  ns/op
JMHExample16.measureLoop_100      avgt   10  0.153 ± 0.054  ns/op
JMHExample16.measureLoop_1000     avgt   10  0.106 ± 0.003  ns/op
```

通过 JMH 的基准测试我们不难发现，在循环次数多的情况下，折叠的情况也比较多，因此性能会比较好，说明 JVM 在运行期对我们的代码进行了优化。

5. Fork 用于避免 Profile-guided optimizations

我们在所有的基准测试代码中几乎都使用到了 Fork，那么它到底是用来干什么的呢？似乎前文一直没有交代，这是笔者故意这样安排的，本节将会为大家介绍 Fork 的作用以及 JVM 的 Profile-guided optimizations。

在开始解释 Fork 之前，我们想象一下平时是如何进行应用性能测试的，比如我们要测试一下 Redis 分别在 50、100、200 个线程中同时进行共计一亿次的写操作时的响应速度，一般会怎样做？首先，我们会将 Redis 库清空，尽可能地保证每一次测试的时候，不同的测试用例站在同样的起跑线上，比如，服务器内存的大小、服务器磁盘的大小、服务器 CPU 的大小等基本上相同，这样的对比才是有意义的，然后根据测试用例对其进行测试，接着清理 Redis 服务器资源，使其回到测试之前的状态，最后统计测试结果做出测试报告。

Fork 的引入也是考虑到了这个问题，虽然 Java 支持多线程，但是不支持多进程，这就导致了所有的代码都在一个进程中运行，相同的代码在不同时刻的执行可能会引入前一阶段对进程 profiler 的优化，甚至会混入其他代码 profiler 优化时的参数，这很有可能会导致我们所编写的微基准测试出现不准确的问题。对于这种说法大家可能会觉得有些抽象，下面我们还是通过代码实例为大家进行演示。

程序代码：JMHExample17.java

```
package com.wangwenjun.concurrent.jmh;

import org.openjdk.jmh.annotations.*;
import org.openjdk.jmh.runner.Runner;
import org.openjdk.jmh.runner.RunnerException;
import org.openjdk.jmh.runner.options.Options;
import org.openjdk.jmh.runner.options.OptionsBuilder;

import java.util.concurrent.TimeUnit;

@BenchmarkMode(Mode.AverageTime)
// 将 Fork 设置为 0
@Fork(0)
@Warmup(iterations = 5)
@Measurement(iterations = 5)
@OutputTimeUnit(TimeUnit.MICROSECONDS)
@State(Scope.Thread)
public class JMHExample17
{
    // Inc1 和 Inc2 的实现完全一样
    interface Inc
    {
        int inc();
    }

    public static class Inc1 implements Inc
    {

        private int i = 0;

        @Override
        public int inc()
        {
            return ++i;
        }
    }

    public static class Inc2 implements Inc
    {

        private int i = 0;

        @Override
        public int inc()
```

```
        {
            return ++i;
        }
    }

    private Inc inc1 = new Inc1();
    private Inc inc2 = new Inc2();

    private int measure(Inc inc)
    {
        int result = 0;
        for (int i = 0; i < 10; i++)
        {
            result += inc.inc();
        }
        return result;
    }

    @Benchmark
    public int measure_inc_1()
    {
        return this.measure(inc1);
    }

    @Benchmark
    public int measure_inc_2()
    {
        return this.measure(inc2);
    }

    @Benchmark
    public int measure_inc_3()
    {
        return this.measure(inc1);
    }

    public static void main(String[] args)
        throws RunnerException
    {
        final Options opts = new OptionsBuilder()
                .include(JMHExample17.class.getSimpleName())
                .build();
        new Runner(opts).run();
    }
}
```

将 Fork 设置为 0，每一个基准测试方法都将会与 JMHExample17 使用同一个 JVM 进程，因此基准测试方法可能会混入 JMHExample17 进程的 Profiler，运行基准测试将会得出如下的结果。

程序输出：JMHExample17.java

```
Benchmark                    Mode  Cnt  Score   Error  Units
JMHExample17.measure_inc_1   avgt    5  0.008 ± 0.001  us/op
JMHExample17.measure_inc_2   avgt    5  0.048 ± 0.012  us/op
JMHExample17.measure_inc_3   avgt    5  0.042 ± 0.001  us/op
```

measure_inc_1 和 measure_inc_2 的实现方式几乎是一致的，它们的性能却存在着较大的差距，虽然 measure_inc_1 和 measure_inc_3 的代码实现完全相同，但还是存在着不同的性能数据，这其实就是 JVM Profiler-guided optimizations 导致的，由于我们所有的基准测试方法都与 JMHExample17 的 JVM 进程共享，因此难免在其中混入 JMHExample17 进程的 Profiler，但是在将 Fork 设置为 1 的时候，也就是说每一次运行基准测试时都会开辟一个全新的 JVM 进程对其进行测试，那么多个基准测试之间将不会再存在干扰。

程序输出：JMHExample17.java（将 Fork 设置为 1）

```
Benchmark                      Mode  Cnt  Score   Error  Units
JMHExample17.measure_inc_1     avgt    5  0.014 ± 0.001  us/op
JMHExample17.measure_inc_2     avgt    5  0.013 ± 0.001  us/op
JMHExample17.measure_inc_3     avgt    5  0.013 ± 0.001  us/op
```

以上输出是将 Fork 设置为 1 的结果，是不是合理了很多，若将 Fork 设置为 0，则会与运行基准测试的类共享同样的进程 Profiler，若设置为 1 则会为每一个基准测试方法开辟新的进程去运行，当然，你可以将 Fork 设置为大于 1 的数值，那么它将多次运行在不同的进程中，不过一般情况下，我们只需要将 Fork 设置为 1 即可。

1.4.2 一些高级的用法

1. Asymmetric Benchmark

除了 1.3.5 节之外，我们编写的所有基准测试都会被 JMH 框架根据方法名的字典顺序排序之后串行执行，然而有些时候我们会想要对某个类的读写方法并行执行，比如，我们想要在修改某个原子变量的时候又有其他线程对其进行读取操作，下面来看一个示例代码。

程序代码：JMHExample18.java

```java
package com.wangwenjun.concurrent.jmh;

import org.openjdk.jmh.annotations.*;
import org.openjdk.jmh.runner.Runner;
import org.openjdk.jmh.runner.RunnerException;
import org.openjdk.jmh.runner.options.Options;
import org.openjdk.jmh.runner.options.OptionsBuilder;

import java.util.concurrent.TimeUnit;
import java.util.concurrent.atomic.AtomicInteger;

@BenchmarkMode(Mode.AverageTime)
@Fork(1)
@Warmup(iterations = 5)
@Measurement(iterations = 5)
@OutputTimeUnit(TimeUnit.MICROSECONDS)
@State(Scope.Group)
public class JMHExample18
{
    private AtomicInteger counter;

    @Setup
    public void init()
    {
        this.counter = new AtomicInteger();
    }
```

```
    @GroupThreads(5)
    @Group("q")
    @Benchmark
    public void inc()
    {
        this.counter.incrementAndGet();
    }

    @GroupThreads(5)
    @Group("q")
    @Benchmark
    public int get()
    {
        return this.counter.get();
    }

    public static void main(String[] args)
        throws RunnerException
    {
        final Options opts = new OptionsBuilder()
                .include(JMHExample18.class.getSimpleName())
                .build();
        new Runner(opts).run();
    }
}
```

我们在对 AtomicInteger 进行自增操作的同时又会对其进行读取操作，这就是我们经常见到的高并发环境中某些 API 的操作方式，同样也是线程安全存在隐患的地方。下面我们来看看 5 个线程对 AtomicInteger 执行自增操作，5 个线程对 AtomicInteger 执行读取时的性能是怎样的。

程序输出：JMHExample18.java

```
Benchmark             Mode  Cnt  Score   Error  Units
JMHExample18.q        avgt    5  0.052 ± 0.014  us/op
JMHExample18.q:get    avgt    5  0.033 ± 0.010  us/op
JMHExample18.q:inc    avgt    5  0.072 ± 0.025  us/op
```

输出说明：

- group q（5 个读线程，5 个写线程）的平均响应时间为 0.052us，误差为 0.014。
- group q（5 个读线程）同时读取 atomicintoger 变量的速度为 0.033us，误差为 0.010。
- group q（5 个写线程）同时修改 atomicintoger 变量的速度为 0.072us，误差为 0.025。

2. Interrupts Benchmark

前面的例子中为大家演示了多线程情况下同时对 AtomicInteger 执行读写操作的情况，虽然基准测试能够顺利地运行，但是有些时候我们想要执行某些容器的读写操作时可能会引起阻塞，这种阻塞并不是容器无法保证线程安全问题引起的，而是由 JMH 框架的机制引起的，下面我们来看一下代码示例。

程序代码：JMHExample19.java

```
package com.wangwenjun.concurrent.jmh;

import org.openjdk.jmh.annotations.*;
import org.openjdk.jmh.runner.Runner;
```

```
import org.openjdk.jmh.runner.RunnerException;
import org.openjdk.jmh.runner.options.Options;
import org.openjdk.jmh.runner.options.OptionsBuilder;

import java.util.concurrent.ArrayBlockingQueue;
import java.util.concurrent.BlockingQueue;
import java.util.concurrent.TimeUnit;

@BenchmarkMode(Mode.AverageTime)
@Fork(1)
@Warmup(iterations = 5)
@Measurement(iterations = 5)
@OutputTimeUnit(TimeUnit.MICROSECONDS)
@State(Scope.Group)
public class JMHExample19
{

    private BlockingQueue<Integer> queue;

    private final static int VALUE = Integer.MAX_VALUE;

    @Setup
    public void init()
    {
        this.queue = new ArrayBlockingQueue<>(10);
    }

    @GroupThreads(5)
    @Group("blockingQueue")
    @Benchmark
    public void put()
        throws InterruptedException
    {
        this.queue.put(VALUE);
    }

    @GroupThreads(5)
    @Group("blockingQueue")
    @Benchmark
    public int take()
        throws InterruptedException
    {
        return this.queue.take();
    }

    public static void main(String[] args)
        throws RunnerException
    {
        final Options opts = new OptionsBuilder()
                .include(JMHExample19.class.getSimpleName())
                .build();
        new Runner(opts).run();
    }
}
```

在 JMHExample19.java 中我们针对 BlockingQueue 同时进行读（take）和写（put）的操作，但是很遗憾，在某些情况下（或许是第一次运行时）程序会出现长时间的阻塞，对于每一批次的 Measurement，当然也包括 Warmup 中，put 和 take 方法都会同时被多线程执行。想象一下，假设 put 方法最先执行结束，take 方法无法再次从 blocking queue 中获取元素的时候将会一直阻塞下去，同样，take方法最先执行结束后，put方法在放满10个元素后再也无法存入新的元素，进而进入了阻塞状态，这两种情况都会等到每一次iteration（批次）超时（默认是10分钟）后才能继续往下执行。

难道我们就没有办法测试高并发容器在线程挂起（详见《Java高并发编程详解：多线程与架构设计》一书中的第20章“Guarded Suspension设计模式”）时的性能了吗？事实上，JMH的设计者们早就为我们想好了对应的解决方案，我们可以通过设置Options的timeout来强制让每一个批次的度量超时，超时的基准测试数据将不会被纳入统计之中，这也是JMH的另外一个严谨之处，下面对JMHExample19.java进行简单的修改。

程序代码：增加超时参数的JMHExample19.java

```
package com.wangwenjun.concurrent.jmh;

import org.openjdk.jmh.annotations.*;
import org.openjdk.jmh.runner.Runner;
import org.openjdk.jmh.runner.RunnerException;
import org.openjdk.jmh.runner.options.Options;
import org.openjdk.jmh.runner.options.OptionsBuilder;

import java.util.concurrent.ArrayBlockingQueue;
import java.util.concurrent.BlockingQueue;
import java.util.concurrent.TimeUnit;

@BenchmarkMode(Mode.AverageTime)
@Fork(1)
@Warmup(iterations = 5)
@Measurement(iterations = 5)
@OutputTimeUnit(TimeUnit.MICROSECONDS)
@State(Scope.Thread)
public class JMHExample19
{

    private BlockingQueue<Integer> queue;

    private final static int VALUE = Integer.MAX_VALUE;

    @Setup
    public void init()
    {
        this.queue = new ArrayBlockingQueue<>(10);
    }

    @GroupThreads(5)
    @Group("blockingQueue")
    @Benchmark
    public void put()
            throws InterruptedException
    {
        this.queue.put(VALUE);
    }

    @GroupThreads(5)
    @Group("blockingQueue")
    @Benchmark
    public int take()
            throws InterruptedException
    {
```

```
            return this.queue.take();
        }

        public static void main(String[] args)
                throws RunnerException
        {
            final Options opts = new OptionsBuilder()
                    .include(JMHExample19.class.getSimpleName())
                    // 将每个批次的超时时间设置为 10 秒
                    .timeout(TimeValue.seconds(10))
                    .build();
            new Runner(opts).run();
        }
    }
```

好了，我们再来执行增加了超时设置的基准测试，观察输出结果会发现当出现阻塞时，jmh最多等待指定的超时时间会继续执行而不是像之前那样陷入长时间的阻塞。

程序输出：JMHExample19.java

```
    # Warmup: 5 iterations, 1 s each
    # Measurement: 5 iterations, 1 s each
    # 经过修改后的超时时间为 10 秒
    # Timeout: 10 s per iteration
    # Threads: 10 threads (1 group; 5x "put", 5x "take" in each group), will synchronize
iterations
    # Benchmark mode: Average time, time/op
    # Benchmark: com.wangwenjun.concurrent.jmh.JMHExample19.blockingQueue

    # Run progress: 0.00% complete, ETA 00:00:10
    # Fork: 1 of 1
    # Warmup Iteration   1: 9398.321 ±(99.9%) 43512.136 us/op
    # Warmup Iteration   2: 646.275 ±(99.9%) 2700.579 us/op
    # Warmup Iteration   3: 142.994 ±(99.9%) 122.541 us/op
    # Warmup Iteration   4: 201.472 ±(99.9%) 434.094 us/op
    # Warmup Iteration   5: 75839.559 ±(99.9%) 362113.018 us/op
    # 第一个批次的执行由于阻塞超时被中断，但是阻塞所耗费的 CPU 时间并未纳入统计
    Iteration   1: (*interrupt*) 33.928 ±(99.9%) 44.357 us/op
                   put:  49.706 ±(99.9%) 125.505 us/op
                   take: 18.150 ±(99.9%) 61.137 us/op

    Iteration   2: 34077.674 ±(99.9%) 161932.262 us/op
                   put:  160.946 ±(99.9%) 663.212 us/op
                   take: 67994.403 ±(99.9%) 583171.944 us/op

    Iteration   3: 227371.340 ±(99.9%) 709173.365 us/op
                   put:  160945.927 ±(99.9%) 884624.490 us/op
                   take: 293796.752 ±(99.9%) 2528733.979 us/op

    Iteration   4: 60.196 ±(99.9%) 77.277 us/op
                   put:  82.283 ±(99.9%) 257.164 us/op
                   take: 38.109 ±(99.9%) 54.278 us/op

    Iteration   5: 170459.751 ±(99.9%) 814010.180 us/op
                   put:  340725.138 ±(99.9%) 2932016.811 us/op
                   take: 194.365 ±(99.9%) 866.759 us/op


    Result "com.wangwenjun.concurrent.jmh.JMHExample19.blockingQueue":
        86400.578 ±(99.9%) 406558.740 us/op [Average]
        (min, avg, max) = (33.928, 86400.578, 227371.340), stdev = 105582.014
```

```
    CI (99.9%): [≈ 0, 492959.317] (assumes normal distribution)

Secondary result "com.wangwenjun.concurrent.jmh.JMHExample19.blockingQueue:put":
    100392.800 ±(99.9%) 582719.851 us/op [Average]
    (min, avg, max) = (49.706, 100392.800, 340725.138), stdev = 151330.495
    CI (99.9%): [≈ 0, 683112.651] (assumes normal distribution)

Secondary result "com.wangwenjun.concurrent.jmh.JMHExample19.blockingQueue:take":
    72408.356 ±(99.9%) 489823.099 us/op [Average]
    (min, avg, max) = (18.150, 72408.356, 293796.752), stdev = 127205.503
    CI (99.9%): [≈ 0, 562231.454] (assumes normal distribution)


# Run complete. Total time: 00:00:39

Benchmark                           Mode  Cnt       Score        Error  Units
JMHExample19.blockingQueue          avgt    5   86400.578 ± 406558.740  us/op
JMHExample19.blockingQueue:put      avgt    5  100392.800 ± 582719.851  us/op
JMHExample19.blockingQueue:take     avgt    5   72408.356 ± 489823.099  us/op
```

3. 几大线程安全 Map 的性能对比

好了，现在可以根据学习到的 JMH 的知识来重新对比一下 1.3.6 节中关于几大 Map 的多线程下的读写性能了。

程序代码：JMHExample20.java

```java
package com.wangwenjun.concurrent.jmh;

import org.openjdk.jmh.annotations.*;
import org.openjdk.jmh.runner.Runner;
import org.openjdk.jmh.runner.RunnerException;
import org.openjdk.jmh.runner.options.Options;
import org.openjdk.jmh.runner.options.OptionsBuilder;

import java.util.Collections;
import java.util.HashMap;
import java.util.Hashtable;
import java.util.Map;
import java.util.concurrent.ConcurrentHashMap;
import java.util.concurrent.ConcurrentSkipListMap;
import java.util.concurrent.TimeUnit;

@BenchmarkMode(Mode.AverageTime)
@Fork(1)
@Warmup(iterations = 5)
@Measurement(iterations = 5)
@OutputTimeUnit(TimeUnit.MICROSECONDS)
@State(Scope.Group)
public class JMHExample20
{

    @Param({"1", "2", "3", "4"})
    private int type;

    private Map<Integer, Integer> map;

    @Setup
    public void setUp()
    {
        switch (type)
```

```
        {
            case 1:
                this.map = new ConcurrentHashMap<>();
                break;
            case 2:
                this.map = new ConcurrentSkipListMap<>();
                break;
            case 3:
                this.map = new Hashtable<>();
                break;
            case 4:
                this.map = Collections.synchronizedMap(
                    new HashMap<>());
                break;
            default:
                throw new IllegalArgumentException("Illegal map type.");
        }
    }

    @Group("g")
    @GroupThreads(5)
    @Benchmark
    public void putMap()
    {
        int random = randomIntValue();
        this.map.put(random, random);
    }

    @Group("g")
    @GroupThreads(5)
    @Benchmark
    public Integer getMap()
    {
        return this.map.get(randomIntValue());
    }
    // 计算一个随机值用作 Map 中的 Key 和 Value
    private int randomIntValue()
    {
        return (int) Math.ceil(Math.random() * 600000);
    }

    public static void main(String[] args)
            throws RunnerException
    {
        final Options opts = new OptionsBuilder()
                .include(JMHExample20.class.getSimpleName())
                .build();
        new Runner(opts).run();
    }
}
```

大家可以看到，在 putMap 和 getMap 方法中，通过随机值的方式将取值作为 key 和 value 存入 map 中，同样也是通过随机值的方式将取值作为 key 从 map 中进行数据读取（当然读取的值可能并不存在）。还有我们在基准方法中进行了随机值的运算，虽然随机值计算所耗费的 CPU 时间也会被纳入基准结果的统计中，但是每一个 map 都进行了相关的计算，因此，我们可以认为大家还是站在了同样的起跑线上，故而可以对其忽略不计。运行上面的基准测试将会得到如下的结果。

程序输出：JMHExample20.java

```
JMHExample20.g              1  avgt    5   2.524 ±  0.171  us/op
JMHExample20.g:getMap       1  avgt    5   2.519 ±  0.870  us/op
JMHExample20.g:putMap       1  avgt    5   2.530 ±  0.821  us/op
JMHExample20.g              2  avgt    5  13.162 ±  5.167  us/op
JMHExample20.g:getMap       2  avgt    5  13.672 ±  9.094  us/op
JMHExample20.g:putMap       2  avgt    5  12.652 ±  2.736  us/op
JMHExample20.g              3  avgt    5   8.140 ±  2.245  us/op
JMHExample20.g:getMap       3  avgt    5  12.362 ±  5.691  us/op
JMHExample20.g:putMap       3  avgt    5   3.917 ±  1.915  us/op
JMHExample20.g              4  avgt    5  11.080 ± 11.900  us/op
JMHExample20.g:getMap       4  avgt    5  18.726 ± 25.655  us/op
JMHExample20.g:putMap       4  avgt    5   3.433 ±  2.079  us/op
```

基准测试的数据可以表明，在5个线程同时进行map写操作，5个线程同时进行读操作时，参数type=1的性能是最佳的，也就是ConcurrentHashMap。

1.5 JMH的Profiler

JMH提供了一些非常有用的Profiler可以帮助我们更加深入地了解基准测试，甚至还能帮助开发者分析所编写的代码，JMH目前提供了如表1-2所示的一些Profiler以供使用。

表1-2 JMH所提供的Profiler

Profiler名称	Profiler描述
CL	分析执行Benchmark方法时的类加载情况
COMP	通过Standard MBean进行Benchmark方法的JIT编译器分析
GC	通过Standard MBeans进行Benchmark方法的GC分析
HS_CL	HotSpot ™类加载器通过特定于实现的MBean进行分析
HS_COMP	HotSpot ™ JIT通过特定于实现的MBean编译分析
HS_GC	HotSpot ™内存管理器（GC）通过特定于实现的MBean进行分析
HS_RT	通过Implementation-Specific MBean进行HotSpot ™运行时分析
HS_THR	通过Implementation-Specific MBean进行HotSpot ™线程分析
STACK	JVM线程栈信息分析

关于Profiler，这里并没有逐一进行介绍，只是介绍Stack、GC、CL、COMP这几个Profiler，其他的Profiler读者可以自行尝试。

1.5.1 StackProfiler

StackProfiler不仅可以输出线程堆栈的信息，还能统计程序在执行的过程中线程状态的数据，比如RUNNING状态、WAIT状态所占用的百分比等，下面对1.4.2节中所列举的例子稍加改造。

程序代码：JMHExample21.java

```
package com.wangwenjun.concurrent.jmh;

import org.openjdk.jmh.annotations.*;
import org.openjdk.jmh.profile.StackProfiler;
import org.openjdk.jmh.runner.Runner;
import org.openjdk.jmh.runner.RunnerException;
import org.openjdk.jmh.runner.options.Options;
import org.openjdk.jmh.runner.options.OptionsBuilder;
import org.openjdk.jmh.runner.options.TimeValue;

import java.util.concurrent.ArrayBlockingQueue;
import java.util.concurrent.BlockingQueue;
import java.util.concurrent.TimeUnit;

@BenchmarkMode(Mode.AverageTime)
@Fork(1)
@Warmup(iterations = 5)
@Measurement(iterations = 5)
@OutputTimeUnit(TimeUnit.MICROSECONDS)
@State(Scope.Group)
public class JMHExample21
{

    private BlockingQueue<Integer> queue;

    private final static int VALUE = Integer.MAX_VALUE;

    @Setup
    public void init()
    {
        this.queue = new ArrayBlockingQueue<>(10);
    }

    @GroupThreads(5)
    @Group("blockingQueue")
    @Benchmark
    public void put() throws InterruptedException
    {
        this.queue.put(VALUE);
    }

    @GroupThreads(5)
    @Group("blockingQueue")
    @Benchmark
    public int take() throws InterruptedException
    {
        return this.queue.take();
    }

    public static void main(String[] args) throws RunnerException
    {
        final Options opts = new OptionsBuilder()
                .include(JMHExample21.class.getSimpleName())
                .timeout(TimeValue.seconds(10))
                .addProfiler(StackProfiler.class)// 增加 StackProfiler
                .build();
        new Runner(opts).run();
    }
}
```

我们在 Options 中增加了 StackProfiler 用于分析线程的堆栈情况，还可以输出线程状态的分布情况，下面是 JMHExample20.java 的 JMH 运行输出结果。

程序输出：JMHExample21.java

```
Secondary result "com.wangwenjun.concurrent.jmh.JMHExample21.blockingQueue:·stack":
Stack profiler:

....[Thread state distributions]....................................................
89.3%         WAITING
10.7%         RUNNABLE

....[Thread state: WAITING].........................................................
89.3% 100.0% sun.misc.Unsafe.park

....[Thread state: RUNNABLE]........................................................
  9.1%   84.8% java.net.SocketInputStream.socketRead0
  1.2%   11.1% sun.misc.Unsafe.unpark
  0.3%    2.9% sun.misc.Unsafe.park
  0.0%    0.3% java.util.concurrent.locks.AbstractQueuedSynchronizer$ConditionO
bject.await
  0.0%    0.2% com.wangwenjun.concurrent.jmh.JMHExample21.take
  0.0%    0.2% com.wangwenjun.concurrent.jmh.JMHExample21.put
  0.0%    0.2% java.util.concurrent.ArrayBlockingQueue.put
  0.0%    0.1% java.util.concurrent.ArrayBlockingQueue.take
  0.0%    0.1% java.util.concurrent.locks.AbstractQueuedSynchronizer.findNodeFromTail
  0.0%    0.1% java.util.concurrent.locks.AbstractQueuedSynchronizer.isOnSyncQueue


# Run complete. Total time: 00:00:47

Benchmark                           Mode  Cnt       Score         Error  Units
JMHExample21.blockingQueue          avgt    5  184387.755 ± 1070466.289  us/op
JMHExample21.blockingQueue:put      avgt    5   45540.153 ±  298845.887  us/op
JMHExample21.blockingQueue:take     avgt    5  323235.357 ± 2244498.836  us/op
JMHExample21.blockingQueue:·stack   avgt              NaN                  ---
```

通过上面的输出结果可以看到，线程状态的分布情况为 WAITING：89.3%，RUNNABLE: 10.7%，考虑到我们使用的是 BlockingQueue，因此这种分布应该还算合理。

1.5.2 GcProfiler

GcProfiler 可用于分析出在测试方法中垃圾回收器在 JVM 每个内存空间上所花费的时间，本节将使用自定义的类加载器进行类的加载。

程序代码：AlexClassLoader.java

```
package com.wangwenjun.concurrent.jmh;

import java.net.URL;
import java.net.URLClassLoader;

public class AlexClassLoader extends URLClassLoader
{
    private final byte[] bytes;

    public AlexClassLoader(byte[] bytes)
```

```
    {
        super(new URL[0], ClassLoader.getSystemClassLoader());
        this.bytes = bytes;
    }

    @Override
    protected Class<?> findClass(String name) throws ClassNotFoundException
    {
        return defineClass(name, bytes, 0, bytes.length);
    }
}
```

接下来的程序将使用这个类加载器进行相关类的加载，比如下面的 Alex 类，非常简单。

程序代码：Alex.java

```
public class Alex
{
    private String name = "Alex Wang";
    private int age = 33;
    private byte[] data = new byte[1024 * 10];
}
```

将 Alex.java 源文件编译成 Alex.class 字节码文件之后，我们将使用前面定义的类加载器对该字节码进行加载，然后用 JMH 对该类的加载进行基准测试，并且增加 GcProfiler 查看 Gc 的情况。

程序代码：JMHExample22.java

```
package com.wangwenjun.concurrent.jmh;

import org.openjdk.jmh.annotations.*;
import org.openjdk.jmh.profile.GCProfiler;
import org.openjdk.jmh.profile.StackProfiler;
import org.openjdk.jmh.runner.Runner;
import org.openjdk.jmh.runner.RunnerException;
import org.openjdk.jmh.runner.options.Options;
import org.openjdk.jmh.runner.options.OptionsBuilder;
import org.openjdk.jmh.runner.options.TimeValue;

import java.io.IOException;
import java.nio.file.Files;
import java.nio.file.Paths;
import java.util.concurrent.ArrayBlockingQueue;
import java.util.concurrent.BlockingQueue;
import java.util.concurrent.TimeUnit;

@BenchmarkMode(Mode.AverageTime)
@Fork(1)
@Warmup(iterations = 5)
@Measurement(iterations = 5)
@OutputTimeUnit(TimeUnit.MICROSECONDS)
@State(Scope.Thread)
public class JMHExample22
{

    private byte[] alexBytes;

    private AlexClassLoader classLoader;
```

```
        @Setup
        public void init() throws IOException
        {
            this.alexBytes = Files.readAllBytes(
                    Paths.get("C:\\Users\\wangwenjun\\IdeaProjects\\java-concurrency-
book2\\target\\classes\\Alex.class")
            );
            this.classLoader = new AlexClassLoader(alexBytes);
        }

        @Benchmark
        public Object testLoadClass()
                throws ClassNotFoundException,
                IllegalAccessException,
                InstantiationException
        {
            Class<?> alexClass = Class.forName("Alex", true, classLoader);
            return alexClass.newInstance();
        }

        public static void main(String[] args) throws RunnerException
        {
            final Options opts = new OptionsBuilder()
                    .include(JMHExample22.class.getSimpleName())
                    // add GcProfiler 输出基准方法执行过程中的 GC 信息
                    .addProfiler(GCProfiler.class)
                    // 将最大堆内存设置为 128MB，会有多次的 GC 发生
                    .jvmArgsAppend("-Xmx128M")
                    .build();
            new Runner(opts).run();
        }
    }
```

运行上面的基准测试方法，我们除了得到 testLoadClass() 方法的基准数据之外，还会得到 GC 相关的信息。

程序输出：JMHExample22.java

```
    Iteration   1: 6.500 us/op
                      ·gc.alloc.rate:                     1006.907 MB/sec
                      ·gc.alloc.rate.norm:                10280.003 B/op
                      ·gc.churn.PS_Eden_Space:            1009.727 MB/sec
                      ·gc.churn.PS_Eden_Space.norm:       10308.789 B/op
                      ·gc.churn.PS_Survivor_Space:        0.164 MB/sec
                      ·gc.churn.PS_Survivor_Space.norm:  1.678 B/op
                      ·gc.count:                          37.000 counts
                      ·gc.time:                           209.000 ms

    Iteration   2: 6.677 us/op
                      ·gc.alloc.rate:                     978.181 MB/sec
                      ·gc.alloc.rate.norm:                10280.003 B/op
                      ·gc.churn.PS_Eden_Space:            1004.544 MB/sec
                      ·gc.churn.PS_Eden_Space.norm:       10557.057 B/op
                      ·gc.churn.PS_Survivor_Space:        0.143 MB/sec
                      ·gc.churn.PS_Survivor_Space.norm:  1.504 B/op
                      ·gc.count:                          37.000 counts
                      ·gc.time:                           321.000 ms

    Iteration   3: 5.484 us/op
                      ·gc.alloc.rate:                     1191.701 MB/sec
```

```
                    ·gc.alloc.rate.norm:              10280.002 B/op
                    ·gc.churn.PS_Eden_Space:          1184.606 MB/sec
                    ·gc.churn.PS_Eden_Space.norm:     10218.794 B/op
                    ·gc.churn.PS_Survivor_Space:      0.207 MB/sec
                    ·gc.churn.PS_Survivor_Space.norm: 1.790 B/op
                    ·gc.count:                        43.000 counts
                    ·gc.time:                         217.000 ms

Iteration   4: 4.833 us/op
                    ·gc.alloc.rate:                   1349.548 MB/sec
                    ·gc.alloc.rate.norm:              10280.002 B/op
                    ·gc.churn.PS_Eden_Space:          1362.911 MB/sec
                    ·gc.churn.PS_Eden_Space.norm:     10381.792 B/op
                    ·gc.churn.PS_Survivor_Space:      0.287 MB/sec
                    ·gc.churn.PS_Survivor_Space.norm: 2.189 B/op
                    ·gc.count:                        50.000 counts
                    ·gc.time:                         159.000 ms

Iteration   5: 5.763 us/op
                    ·gc.alloc.rate:                   1134.138 MB/sec
                    ·gc.alloc.rate.norm:              10280.002 B/op
                    ·gc.churn.PS_Eden_Space:          1143.449 MB/sec
                    ·gc.churn.PS_Eden_Space.norm:     10364.396 B/op
                    ·gc.churn.PS_Survivor_Space:      0.308 MB/sec
                    ·gc.churn.PS_Survivor_Space.norm: 2.787 B/op
                    ·gc.count:                        42.000 counts
                    ·gc.time:                         233.000 ms


Result "com.wangwenjun.concurrent.jmh.JMHExample22.testLoadClass":
    5.851 ±(99.9%) 2.909 us/op [Average]
    (min, avg, max) = (4.833, 5.851, 6.677), stdev = 0.755
    CI (99.9%): [2.943, 8.760] (assumes normal distribution)

Secondary result "com.wangwenjun.concurrent.jmh.JMHExample22.testLoadClass:·gc.
alloc.rate":
    1132.095 ±(99.9%) 578.252 MB/sec [Average]
    (min, avg, max) = (978.181, 1132.095, 1349.548), stdev = 150.170
    CI (99.9%): [553.843, 1710.347] (assumes normal distribution)

Secondary result "com.wangwenjun.concurrent.jmh.JMHExample22.testLoadClass:·gc.
alloc.rate.norm":
    10280.003 ±(99.9%) 0.001 B/op [Average]
    (min, avg, max) = (10280.002, 10280.003, 10280.003), stdev = 0.001
    CI (99.9%): [10280.001, 10280.004] (assumes normal distribution)

Secondary result "com.wangwenjun.concurrent.jmh.JMHExample22.testLoadClass:·gc.
churn.PS_Eden_Space":
    1141.047 ±(99.9%) 567.904 MB/sec [Average]
    (min, avg, max) = (1004.544, 1141.047, 1362.911), stdev = 147.483
    CI (99.9%): [573.143, 1708.951] (assumes normal distribution)

Secondary result "com.wangwenjun.concurrent.jmh.JMHExample22.testLoadClass:·gc.
churn.PS_Eden_Space.norm":
    10366.166 ±(99.9%) 478.230 B/op [Average]
    (min, avg, max) = (10218.794, 10366.166, 10557.057), stdev = 124.195
    CI (99.9%): [9887.936, 10844.395] (assumes normal distribution)

Secondary result "com.wangwenjun.concurrent.jmh.JMHExample22.testLoadClass:·gc.
churn.PS_Survivor_Space":
```

```
        0.222 ±(99.9%) 0.281 MB/sec [Average]
        (min, avg, max) = (0.143, 0.222, 0.308), stdev = 0.073
        CI (99.9%): [≈ 0, 0.503] (assumes normal distribution)

    Secondary result "com.wangwenjun.concurrent.jmh.JMHExample22.testLoadClass:·gc.
churn.PS_Survivor_Space.norm":
        1.990 ±(99.9%) 1.972 B/op [Average]
        (min, avg, max) = (1.504, 1.990, 2.787), stdev = 0.512
        CI (99.9%): [0.018, 3.961] (assumes normal distribution)

    Secondary result "com.wangwenjun.concurrent.jmh.JMHExample22.testLoadClass:·gc.
count":
        209.000 ±(99.9%) 0.001 counts [Sum]
        (min, avg, max) = (37.000, 41.800, 50.000), stdev = 5.357
        CI (99.9%): [209.000, 209.000] (assumes normal distribution)

    Secondary result "com.wangwenjun.concurrent.jmh.JMHExample22.testLoadClass:·gc.
time":
        1139.000 ±(99.9%) 0.001 ms [Sum]
        (min, avg, max) = (159.000, 227.800, 321.000), stdev = 58.985
        CI (99.9%): [1139.000, 1139.000] (assumes normal distribution)


    # Run complete. Total time: 00:00:20

    Benchmark                                                            Mode  Cnt
Score      Error   Units
    JMHExample22.testLoadClass                                           avgt    5
5.851 ±    2.909   us/op
    JMHExample22.testLoadClass:·gc.alloc.rate                             avgt    5
1132.095 ± 578.252  MB/sec
    JMHExample22.testLoadClass:·gc.alloc.rate.norm                        avgt    5
10280.003 ±   0.001     B/op
    JMHExample22.testLoadClass:·gc.churn.PS_Eden_Space                    avgt    5
1141.047 ± 567.904  MB/sec
    JMHExample22.testLoadClass:·gc.churn.PS_Eden_Space.norm               avgt    5
10366.166 ± 478.230     B/op
    JMHExample22.testLoadClass:·gc.churn.PS_Survivor_Space                avgt    5
0.222 ±    0.281   MB/sec
    JMHExample22.testLoadClass:·gc.churn.PS_Survivor_Space.norm           avgt    5
1.990 ±    1.972     B/op
    JMHExample22.testLoadClass:·gc.count                                  avgt    5
209.000              counts
    JMHExample22.testLoadClass:·gc.time                                   avgt    5
1139.000                 ms
```

根据 GcProfiler 的输出信息可以看到，在这个基准方法执行的过程之中，gc 总共出现过 209 次，这 209 次总共耗时 1139 毫秒，在此期间也发生了多次的堆内存的申请，比如，每秒钟大约会有 1132.095MB 的数据被创建，若换算成对 testLoadClass 方法的每次调用，那么我们会发现大约有 10280.003 Byte 的内存使用。

1.5.3 ClassLoaderProfiler

ClassLoaderProfiler 可以帮助我们看到在基准方法的执行过程中有多少类被加载和卸载，但是考虑到在一个类加载器中同一个类只会被加载一次的情况，因此我们需要将 Warmup 设置为 0，以避免在热身阶段就已经加载了基准测试方法所需的所有类。

程序代码：JMHExample23.java

```
package com.wangwenjun.concurrent.jmh;

import org.openjdk.jmh.annotations.*;
import org.openjdk.jmh.profile.ClassloaderProfiler;
import org.openjdk.jmh.profile.GCProfiler;
import org.openjdk.jmh.runner.Runner;
import org.openjdk.jmh.runner.RunnerException;
import org.openjdk.jmh.runner.options.Options;
import org.openjdk.jmh.runner.options.OptionsBuilder;

import java.io.IOException;
import java.nio.file.Files;
import java.nio.file.Paths;
import java.util.concurrent.TimeUnit;

@BenchmarkMode(Mode.AverageTime)
@Fork(1)
// 将热身批次设置为 0
@Warmup(iterations = 0)
@Measurement(iterations = 5)
@OutputTimeUnit(TimeUnit.MICROSECONDS)
@State(Scope.Thread)
public class JMHExample23
{

    private byte[] alexBytes;

    private AlexClassLoader classLoader;

    @Setup
    public void init() throws IOException
    {
        this.alexBytes = Files.readAllBytes(
                Paths.get("C:\\Users\\wangwenjun\\IdeaProjects\\java-concurrency-
book2\\target\\classes\\Alex.class")
        );
        this.classLoader = new AlexClassLoader(alexBytes);
    }

    @Benchmark
    public Object testLoadClass()
            throws ClassNotFoundException,
            IllegalAccessException,
            InstantiationException
    {
        Class<?> alexClass = Class.forName("Alex", true, classLoader);
        return alexClass.newInstance();
    }

    public static void main(String[] args) throws RunnerException
    {
        final Options opts = new OptionsBuilder()
                .include(JMHExample23.class.getSimpleName())
                // 增加 CL Profiler，输出类的加载、卸载信息
                .addProfiler(ClassloaderProfiler.class)
                .build();
        new Runner(opts).run();
    }
}
```

运行上面的基准测试方法，我们将会看到在第一个批次的度量时加载了大量的类，在余下的几次度量中将不会再进行类的加载了，这也符合 JVM 类加载器的基本逻辑。

程序输出：JMHExample23.java

```
Iteration   1: 10.966 us/op
                 ·class.load:          107.141 classes/sec
                 ·class.load.norm:     0.001 classes/op
                 ·class.unload:        ≈ 0 classes/sec
                 ·class.unload.norm:  ≈ 0 classes/op

Iteration   2: 6.536 us/op
                 ·class.load:          ≈ 0 classes/sec
                 ·class.load.norm:     ≈ 0 classes/op
                 ·class.unload:        ≈ 0 classes/sec
                 ·class.unload.norm:  ≈ 0 classes/op

Iteration   3: 5.551 us/op
                 ·class.load:          ≈ 0 classes/sec
                 ·class.load.norm:     ≈ 0 classes/op
                 ·class.unload:        ≈ 0 classes/sec
                 ·class.unload.norm:  ≈ 0 classes/op

Iteration   4: 2.955 us/op
                 ·class.load:          ≈ 0 classes/sec
                 ·class.load.norm:     ≈ 0 classes/op
                 ·class.unload:        ≈ 0 classes/sec
                 ·class.unload.norm:  ≈ 0 classes/op

Iteration   5: 2.971 us/op
                 ·class.load:          ≈ 0 classes/sec
                 ·class.load.norm:     ≈ 0 classes/op
                 ·class.unload:        ≈ 0 classes/sec
                 ·class.unload.norm:  ≈ 0 classes/op


Result "com.wangwenjun.concurrent.jmh.JMHExample23.testLoadClass":
    5.796 ±(99.9%) 12.682 us/op [Average]
    (min, avg, max) = (2.955, 5.796, 10.966), stdev = 3.294
    CI (99.9%): [≈ 0, 18.478] (assumes normal distribution)

Secondary result "com.wangwenjun.concurrent.jmh.JMHExample23.testLoadClass:·class.load":
    21.428 ±(99.9%) 184.504 classes/sec [Average]
    (min, avg, max) = (≈ 0, 21.428, 107.141), stdev = 47.915
    CI (99.9%): [≈ 0, 205.932] (assumes normal distribution)

Secondary result "com.wangwenjun.concurrent.jmh.JMHExample23.testLoadClass:·class.
load.norm":
    ≈ 10⁻⁴ classes/op

Secondary result "com.wangwenjun.concurrent.jmh.JMHExample23.testLoadClass:·class.
unload":
    ≈ 0 classes/sec

Secondary result "com.wangwenjun.concurrent.jmh.JMHExample23.testLoadClass:·class.
unload.norm":
    ≈ 0 classes/op


# Run complete. Total time: 00:00:07
```

```
Benchmark                                      Mode  Cnt   Score       Error    Units
JMHExample23.testLoadClass                     avgt  5     5.796  ± 12.682   us/op
JMHExample23.testLoadClass:·class.load         avgt  5    21.428  ± 184.504  classes/sec
JMHExample23.testLoadClass:·class.load.norm    avgt  5     ≈ 10⁻⁴             classes/op
JMHExample23.testLoadClass:·class.unload       avgt  5     ≈ 0                classes/sec
JMHExample23.testLoadClass:·class.unload.norm  avgt  5     ≈ 0                classes/op
```

我们可以看到，在 testLoadClass 方法的执行过程中，每秒大约会有 21 个类的加载。

1.5.4 CompilerProfiler

CompilerProfiler 将会告诉你在代码的执行过程中 JIT 编译器所花费的优化时间，我们可以打开 verbose 模式观察更详细的输出。

程序代码：JMHExample24.java

```
package com.wangwenjun.concurrent.jmh;

import org.openjdk.jmh.annotations.*;
import org.openjdk.jmh.profile.ClassloaderProfiler;
import org.openjdk.jmh.profile.CompilerProfiler;
import org.openjdk.jmh.runner.Runner;
import org.openjdk.jmh.runner.RunnerException;
import org.openjdk.jmh.runner.options.Options;
import org.openjdk.jmh.runner.options.OptionsBuilder;
import org.openjdk.jmh.runner.options.VerboseMode;

import java.io.IOException;
import java.nio.file.Files;
import java.nio.file.Paths;
import java.util.concurrent.TimeUnit;

@BenchmarkMode(Mode.AverageTime)
@Fork(1)
@Warmup(iterations = 5)
@Measurement(iterations = 5)
@OutputTimeUnit(TimeUnit.MICROSECONDS)
@State(Scope.Thread)
public class JMHExample24
{

    private byte[] alexBytes;

    private AlexClassLoader classLoader;

    @Setup
    public void init() throws IOException
    {
        this.alexBytes = Files.readAllBytes(
                Paths.get("C:\\Users\\wangwenjun\\IdeaProjects\\java-concurrency-
book2\\target\\classes\\Alex.class")
        );
        this.classLoader = new AlexClassLoader(alexBytes);
    }

    @Benchmark
    public Object testLoadClass()
```

```
            throws ClassNotFoundException,
            IllegalAccessException,
            InstantiationException
    {
        Class<?> alexClass = Class.forName("Alex", true, classLoader);
        return alexClass.newInstance();
    }

    public static void main(String[] args) throws RunnerException
    {
        final Options opts = new OptionsBuilder()
                .include(JMHExample24.class.getSimpleName())
                .addProfiler(CompilerProfiler.class)
                .verbosity(VerboseMode.EXTRA)
                .build();
        new Runner(opts).run();
    }
}
```

运行上面的基准测试，我们将得出 JIT 在整个过程中的优化耗时，输出结果具体如下。

程序输出：JMHExample24.java

```
Iteration   1: 4.174 us/op
                 ·compiler.time.profiled: ≈ 0 ms
                 ·compiler.time.total:    1212.000 ms

Iteration   2: 3.968 us/op
                 ·compiler.time.profiled: 20.000 ms
                 ·compiler.time.total:    1233.000 ms

Iteration   3: 3.338 us/op
                 ·compiler.time.profiled: ≈ 0 ms
                 ·compiler.time.total:    1235.000 ms

Iteration   4: 2.793 us/op
                 ·compiler.time.profiled: ≈ 0 ms
                 ·compiler.time.total:    1236.000 ms

Iteration   5: 2.584 us/op
                 ·compiler.time.profiled: ≈ 0 ms
                 ·compiler.time.total:    1237.000 ms


Result "com.wangwenjun.concurrent.jmh.JMHExample24.testLoadClass":
    3.372 ±(99.9%) 2.692 us/op [Average]
    (min, avg, max) = (2.584, 3.372, 4.174), stdev = 0.699
    CI (99.9%): [0.679, 6.064] (assumes normal distribution)

Secondary result "com.wangwenjun.concurrent.jmh.JMHExample24.testLoadClass:·compiler.
time.profiled":
    20.000 ±(99.9%) 0.001 ms [Sum]
    (min, avg, max) = (≈ 0, 4.000, 20.000), stdev = 8.944
    CI (99.9%): [20.000, 20.000] (assumes normal distribution)

Secondary result "com.wangwenjun.concurrent.jmh.JMHExample24.testLoadClass:·compiler.
time.total":
    1237.000 ±(99.9%) 0.001 ms [Maximum]
    (min, avg, max) = (1212.000, 1230.600, 1237.000), stdev = 10.502
```

```
    CI (99.9%): [1237.000, 1237.000] (assumes normal distribution)

# Run complete. Total time: 00:00:12

Benchmark                                               Mode Cnt    Score    Error  Units
JMHExample24.testLoadClass                              avgt   5    3.372 ± 2.692  us/op
JMHExample24.testLoadClass:·compiler.time.profiled avgt   5   20.000              ms
JMHExample24.testLoadClass:·compiler.time.total      avgt   5 1237.000              ms
```

我们可以看到，在整个方法的执行过程中，profiled 的优化耗时为 20 毫秒，total 的优化耗时为 1237 毫秒。

1.6 本章总结

在实际工作，笔者主要是将 JMH 用在对某些 API 的性能调研（investigation）上，比如，在实现某个功能时需要某线程安全的类，但是该类却有不同的实现方式，难以取舍之中，唯有请 JMH 提供一个比较精准的参考。想象一下笔者在日常的开发工作中，同时打开两个项目工程，一个是开发中的项目工程，另一个是 JMH 工程的情景，这样做主要用于帮助笔者更好地了解所编写的代码。在本书的其他章节中，有关性能测试比较的地方都会使用 JMH 这个工具，可以说 JMH 会贯穿整本书的内容。

参考之 Java 性能调优：http://java-performance.info/introduction-jmh-profilers/

参考之 JIT：https://advancedweb.hu/2016/05/27/jvm_jit_optimization_techniques

参考之 JMH 官网代码 http://hg.openjdk.java.net/code-tools/jmh/file/66fb723292d4/jmh-samples/src/main/java/org/openjdk/jmh/samples

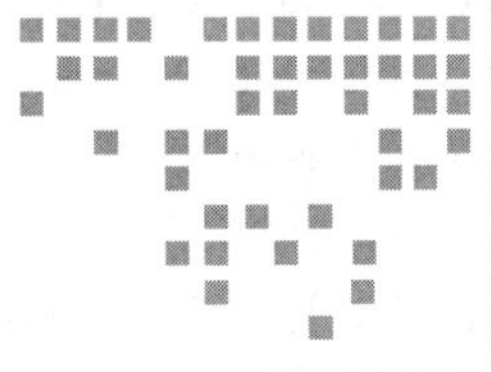

第2章 Chapter 2

Java并发包之原子类型详解

在笔者的第一本书《Java高并发编程详解：多线程与架构设计》中详细分析了关键字volatile，无论是基本数据类型还是引用类型的变量，只要被volatile关键字修饰，从JMM（Java Memory Model）的角度分析，该变量就具备了有序性和可见性这两个语义特质，但是它还是无法保证原子性。那么，什么是原子性呢？原子性是指某个操作或者一系列操作要么都成功，要么都失败，不允许出现因中断而导致的部分成功或部分失败的情况。

比如，对int类型的加法操作就是原子性的，如x+1。但是我们在使用的过程中往往会将x+1的结果赋予另一个变量甚至是x变量本身，即进行x=x+1或者x++这样的操作，而这样的语句事实上是由若干个原子性的操作组合而来的，因此它们就不具备原子性。这样的语句的具体实现步骤如下。

1）将主内存中x的值读取到CPU Cache中。

2）对x进行加一运算。

3）将结果写回到CPU Cache中。

4）将x的值刷新到主内存中。

再比如，long类型的加法x+1的操作就不是原子性的。在Brian Goetz、Tim Peierls、Joshua Bloch、Joseph Bowbeer、David Holmes、Doug Lea合著的《Java Concurrency in Practice》一书的Nonatomic 64-bit operations章节中提到过：“a 64-bit write operation is basically performed as two separate 32-bit operations. This behavior can result in indeterminate values being read in code and that lacks atomicity.”（一个64位写操作实际上将会被拆分为2个32位的操作，这一行为的直接后果将会导致最终的结果是不确定的并且缺少原子性的保证。）在Java虚拟机规范中同样也有类似的描述：“For the purposes of the Java programming language memory model, a single write to a non-volatile long or double value is treated as two separate writes: one to each 32-

bit half. This can result in a situation where a thread sees the first 32 bits of a 64-bit value from one write, and the second 32 bits from another write.”详见虚拟机官方网址，地址如下：

https://docs.oracle.com/javase/specs/jls/se8/html/jls-17.html#jls-17.7

在 JDK 1.5 版本之前，为了确保在多线程下对某基本数据类型或者引用数据类型运算的原子性，必须依赖于关键字 synchronized，但是自 JDK 1.5 版本以后这一情况发生了改变，JDK 官方为开发者提供了原子类型的工具集，比如 AtomicInteger、AtomicBoolean 等，这些原子类型都是 Lock-Free 及线程安全的，开发者将不再为一个数据类型的自增运算而增加 synchronized 的同步操作。本章将为大家详细介绍 Java 的各种原子类型（实际上在 Java 推出原子工具集之前，很多第三方库也提供了类似的解决方案，比如 Google 的 Guava，甚至于 JDK 自身的原子类工具集也是来自 Doug Lea 的个人项目）。

在本章乃至本书中关于性能基准测试的所有方式都将依赖于 JMH（Java Micro benchmark Harness）这一基准测试工具，因此建议读者认真阅读 JMH 的相关章节，并且掌握如何使用 JMH 进行基准测试。

2.1 AtomicInteger 详解

本节首先对比一下被 synchronized 关键字和显式锁 Lock（将在 2.2 节详细讲解）进行同步的 int 类型和 AtomicInteger 类型在多线程场景下的性能表现，然后再介绍 AtomicInteger 的内部原理和使用方法。

2.1.1 性能测试对比

任何新工具的出现，都是为了解决某个具体问题而诞生的，否则就没有存在的必要了，原子类型就是一种无锁的、线程安全的、使用基本数据类型和引用类型的很好的解决方案。在学习使用它之前，我们先来对比一下不同同步手段的性能表现。

程序代码：SynchronizedVsLockVsAtomicInteger.java

```
package com.wangwenjun.concurrent.juc.automic;

import org.openjdk.jmh.annotations.*;
import org.openjdk.jmh.profile.StackProfiler;
import org.openjdk.jmh.runner.Runner;
import org.openjdk.jmh.runner.RunnerException;
import org.openjdk.jmh.runner.options.Options;
import org.openjdk.jmh.runner.options.OptionsBuilder;
import org.openjdk.jmh.runner.options.TimeValue;

import java.util.concurrent.TimeUnit;
import java.util.concurrent.atomic.AtomicInteger;
import java.util.concurrent.locks.Lock;
import java.util.concurrent.locks.ReentrantLock;

// 度量批次为 10 次
@Measurement(iterations = 10)
// 预热批次为 10 次
```

```
@Warmup(iterations = 10)
// 采用平均响应时间作为度量方式
@BenchmarkMode(Mode.AverageTime)
// 时间单位为微秒
@OutputTimeUnit(TimeUnit.MICROSECONDS)
public class SynchronizedVsLockVsAtomicInteger
{
    @State(Scope.Group)
    public static class IntMonitor
    {
        private int x;
        private final Lock lock = new ReentrantLock();
        // 使用显式锁 Lock 进行共享资源同步
        public void lockInc()
        {
            lock.lock();
            try
            {
                x++;
            } finally
            {
                lock.unlock();
            }
        }

        // 使用 synchronized 关键字进行共享资源同步
        public void synInc()
        {
            synchronized (this)
            {
                x++;
            }
        }
    }

    // 直接采用 AtomicInteger
    @State(Scope.Group)
    public static class AtomicIntegerMonitor
    {
        private AtomicInteger x = new AtomicInteger();

        public void inc()
        {
            x.incrementAndGet();
        }
    }

    // 基准测试方法
    @GroupThreads(10)
    @Group("sync")
    @Benchmark
    public void syncInc(IntMonitor monitor)
    {
        monitor.synInc();
    }

    // 基准测试方法
    @GroupThreads(10)
    @Group("lock")
    @Benchmark
    public void lockInc(IntMonitor monitor)
```

```
    {
        monitor.lockInc();
    }

    // 基准测试方法
    @GroupThreads(10)
    @Group("atomic")
    @Benchmark
    public void atomicIntegerInc(AtomicIntegerMonitor monitor)
    {
        monitor.inc();
    }

    public static void main(String[] args) throws RunnerException
    {
        Options opts = new OptionsBuilder()
                .include(SynchronizedVsLockVsAtomicInteger.class.getSimpleName())
                .forks(1)
                .timeout(TimeValue.seconds(10))
                .addProfiler(StackProfiler.class)
                .build();
        new Runner(opts).run();
    }
}
```

运行上面的基准测试方法将很容易对比出哪种解决方案的效率更高。

基准测试结果输出

```
Benchmark      Mode  Cnt  Score    Error  Units
atomic          avgt   10  0.436 ± 0.034  us/op
lock            avgt   10  0.714 ± 0.026  us/op
sync            avgt   10  0.933 ± 0.035  us/op
```

AtomicInteger> 显式锁 Lock>synchronized 关键字

从基准测试的结果不难看出，AtomicInteger 的表现更优，在该基准测试的配置中，我们增加了 StackProfiler，因此很容易窥探出 AtomicInteger 表现优异的原因。

```
synchronized 关键字的线程堆栈
 68.5%         BLOCKED
 30.4%         RUNNABLE
  1.1%         WAITING

显式锁 Lock 的线程堆栈
 79.2%         WAITING
 20.8%         RUNNABLE

AtomicInteger 的线程堆栈
 91.0%         RUNNABLE
  9.0%         WAITING
```

AtomicInteger 线程的 RUNNABLE 状态高达 91%，并且没有 BLOCKED 状态，而 synchronized 关键字则相反，BLOCKED 状态高达 68.5%，因此 AtomicInteger 高性能的表现也就不足为奇了。

2.1.2　AtomicInteger 的基本用法

与 int 的引用类型 Integer 继承 Number 类一样，AtomicInteger 也是 Number 类的一个子类，除此之外，AtomicInteger 还提供了很多原子性的操作方法，本节将为大家逐一介绍。在 AtomicInteger 的内部有一个被 volatile 关键字修饰的成员变量 value，实际上，AtomicInteger 所提供的所有方法主要都是针对该变量 value 进行的操作。

1. AtomicInteger 的创建

- public AtomicInteger()：创建 AtomicInteger 的初始值为 0。
- public AtomicInteger(int initialValue)：创建 AtomicInteger 并且指定初始值，无参的 AtomicInteger 对象创建等价于 AtomicInteger(0)。

2. AtomicInteger 的 Incremental 操作

x++ 或者 x=x+1 这样的操作是非原子性的，要想使其具备原子性的特性，我们可以借助 AtomicInteger 中提供的原子性 Incremental 的操作方法。

- int getAndIncrement()：返回当前 int 类型的 value 值，然后对 value 进行自增运算（在 2.1.3 节中我们将学习到该方法的内部原理），该操作方法能够确保对 value 的原子性增量操作。

```
public static void main(String[] args)
{
    final AtomicInteger ai = new AtomicInteger(5);
    // 返回 AtomicInteger 的 int 值，然后自增（在多线程的情况下，下面的断言未必正确）
    assert ai.getAndIncrement() == 5;
    // 获取自增后的结果（在多线程的情况下，下面的断言未必正确）
    assert ai.get() == 6;
}
```

- int incrementAndGet()：直接返回自增后的结果，该操作方法能够确保对 value 的原子性增量操作。

```
public static void main(String[] args)
{
    // 定义 AtomicInteger，初值为 5
    final AtomicInteger ai = new AtomicInteger(5);
    // 返回 value 自增后的结果
    assert ai.incrementAndGet() == 6;
    assert ai.get() == 6;
}
```

3. AtomicInteger 的 Decremental 操作

x-- 或者 x=x-1 这样的自减操作同样也是非原子性的，要想使其具备原子性的特性，我们可以借助 AtomicInteger 中提供的原子性 Decremental 的操作方法。

- int getAndDecrement()：返回当前 int 类型的 value 值，然后对 value 进行自减运算（在 2.1.3 节中我们将学习到该方法的内部原理），该操作方法能够确保对 value 的原子性减量操作。

```
AtomicInteger ai = new AtomicInteger(5);
```

```
assert ai.getAndDecrement() == 5;
assert ai.get() == 4;
```

- int decrementAndGet()：直接返回自减后的结果，该操作方法能够确保对value的原子性减量操作。

```
AtomicInteger ai = new AtomicInteger(5);
assert ai.decrementAndGet() == 4;
assert ai.get() == 4;
```

4. 原子性地更新value值

- boolean compareAndSet(int expect, int update)：原子性地更新AtomicInteger的值，其中expect代表当前的AtomicInteger数值，update则是需要设置的新值，该方法会返回一个boolean的结果：当expect和AtomicInteger的当前值不相等时，修改会失败，返回值为false；若修改成功则会返回true。

```
// 定义一个AtomicInteger类型的对象ai并且指定初值为10
AtomicInteger ai = new AtomicInteger(10);
// 调用compareAndSet方法，expect的值为100，修改肯定会失败
assert !ai.compareAndSet(100, 12);
// 修改并未成功，因此新值不等于12
assert ai.get() != 12;
// 执行了compareAndSet更新方法之后，ai的返回值依然为10，因为修改失败
assert ai.get() == 10;

// 调用compareAndSet方法，expect的值为10，修改成功（多线程情况下并不能担保百分之百成功，
// 关于这一点，在2.1.3节中会为大家讲解）
assert ai.compareAndSet(10, 12);
// 断言成功
assert ai.get() == 12;
```

- boolean weakCompareAndSet(int expect, int update)：目前版本JDK中的该方法与compareAndSet完全一样，源码如下所示。

```
// compareAndSet方法源码
public final boolean compareAndSet(int expect, int update) {
    return unsafe.compareAndSwapInt(this, valueOffset, expect, update);
}
// weakCompareAndSet方法源码
public final boolean weakCompareAndSet(int expect, int update) {
    return unsafe.compareAndSwapInt(this, valueOffset, expect, update);
}
```

通过源码我们不难发现两个方法的实现完全一样，那么为什么要有这两个方法呢？其实在JDK 1.6版本以前双方的实现是存在差异的，compareAndSet方法的底层主要是针对Intel x86架构下的CPU指令CAS:cmpxchg（sparc-TSO，ia64的CPU架构也支持），但是ARM CPU架构下的类似指令为LL/SC:ldrex/strex（ARM架构下的CPU主要应用于当下的移动互联网设备，比如在智能手机终端设备中，高通骁龙、华为麒麟等系列都是基于ARM架构和指令集下的CPU产品），或许在运行Android的JVM设备上这两个方法底层存在着差异。

- int getAndAdd(int delta)：原子性地更新AtomicInteger的value值，更新后的value

为value和delta之和，方法的返回值为value的前一个值，该方法实际上是基于自旋+CAS算法实现的（Compare And Swap）原子性操作。

```
//定义一个AtomicInteger类型的对象ai并且指定初始值为10
AtomicInteger ai = new AtomicInteger(10);
//调用getAndAdd方法，返回value的前一个值为10
assert ai.getAndAdd(2) == 10;
//调用get方法返回AtomicInteger的value值，当前返回值为12
assert ai.get() == 12;
```

- int addAndGet(int delta)：该方法与*getAndAdd(int delta)*一样，也是原子性地更新AtomicInteger的value值，更新后的结果value为value和delta之和，但是该方法会立即返回更新后的value值。

```
//定义一个AtomicInteger类型的对象ai并且指定初始值为10
AtomicInteger ai = new AtomicInteger(10);
//调用addAndGet方法，返回当前value的值
assert ai.addAndGet(2)==12;
//调用get方法返回AtomicInteger的value值，当前返回值为12
assert ai.get() == 12;
```

5. AtomicInteger与函数式接口

自JDK1.8增加了函数式接口之后，AtomicInteger也提供了对函数式接口的支持。

- int getAndUpdate(IntUnaryOperator updateFunction)：原子性地更新AtomicInteger的值，方法入参为IntUnaryOperator接口，返回值为value更新之前的值。

```
@FunctionalInterface
public interface IntUnaryOperator {
    //入参为被操作数，对应于AtomicInteger的当前value值
    int applyAsInt(int operand);
}
```

IntUnaryOperator为函数式接口，有且仅有一个接口方法（非静态，非default），接口方法的返回值即AtomicInteger被更新后的value的最新值。

```
//定义一个AtomicInteger类型的对象ai并且指定初始值为10
AtomicInteger ai = new AtomicInteger(10);
//调用getAndUpdate方法并且传入lambda表达式，返回结果为value的前一个值
assert ai.getAndUpdate(x -> x + 2) == 10;
//调用get方法返回AtomicInteger的value值，当前返回值为12
assert ai.get() == 12;
```

- int updateAndGet(IntUnaryOperator updateFunction)：原子性地更新AtomicInteger的值，方法入参为IntUnaryOperator接口，该方法会立即返回更新后的value值。

```
//定义一个AtomicInteger类型的对象ai并且指定初始值为10
AtomicInteger ai = new AtomicInteger(10);
//调用updateAndGet方法并且传入lambda表达式，返回结果为value更新后的值
assert ai.updateAndGet(x -> x + 2) == 12;
//调用get方法返回AtomicInteger的value值，当前返回值为12
assert ai.get() == 12;
```

- int getAndAccumulate(int x, IntBinaryOperator accumulatorFunction)：原子性地更新

AtomicInteger 的值，方法入参为 IntBinaryOperator 接口和 delta 值 x，返回值为 value 更新之前的值。

```
@FunctionalInterface
public interface IntBinaryOperator {
    // 该接口在 getAndAccumulate 方法中，left 为 AtomicInteger value 的当前值，
    // right 为 delta 值，返回值将被用于更新 AtomicInteger 的 value 值
    int applyAsInt(int left, int right);
}
```

IntBinaryOperator 为函数式接口，有且仅有一个接口方法（非静态，非 default），接口方法的返回值即 AtomicInteger 被更新后的 value 的最新值。

```
// 定义一个 AtomicInteger 类型的对象 ai 并且指定初值为 10
AtomicInteger ai = new AtomicInteger(10);
int result = ai.getAndAccumulate(5, new IntBinaryOperator()
{
    @Override
    public int applyAsInt(int left, int right)
    {
        assert left == 10;
        assert right == 5;
        return left + right;
    }
});
assert result == 10;
assert ai.get() == 15;
```

上面的代码片段可以用 lambda 表达式简化，简写后的代码如下。

```
// 定义一个 AtomicInteger 类型的对象 ai 并且指定初值为 10
AtomicInteger ai = new AtomicInteger(10);
int result = ai.getAndAccumulate(5, Integer::sum);
assert result == 10;
assert ai.get() == 15;
```

- int accumulateAndGet(int x, IntBinaryOperator accumulatorFunction)：该方法与 getAndAccumulate 类似，只不过会立即返回 AtomicInteger 的更新值。

```
// 定义一个 AtomicInteger 类型的对象 ai 并且指定初值为 10
AtomicInteger ai = new AtomicInteger(10);
int result = ai.accumulateAndGet(5, Integer::sum);
assert result == 15;
assert ai.get() == 15;
```

6. 其他方法

- void set(int newValue)：为 AtomicInteger 的 value 设置一个新值，通过对前面内容的学习，我们知道在 AtomicInteger 中有一个被 volatile 关键字修饰的 value 成员属性，因此调用 set 方法为 value 设置新值后其他线程就会立即看见。
- void lazySet(int newValue)：set 方法修改被 volatile 关键字修饰的 value 值会被强制刷新到主内存中，从而立即被其他线程看到，这一切都应该归功于 volatile 关键字底层的内存屏障。内存屏障虽然足够轻量，但是毕竟还是会带来性能上的开销，比如，在单线程中对 AtomicInteger 的 value 进行修改时没有必要保留内存屏障，而 value 又是被

volatile关键字修饰的，这似乎是无法调和的矛盾。幸好追求性能极致的JVM开发者们早就考虑到了这一点，lazySet方法的作用正在于此。

程序代码：LazySetVsSet.java

```
package com.wangwenjun.concurrent.juc.automic;

import org.openjdk.jmh.annotations.*;
import org.openjdk.jmh.runner.Runner;
import org.openjdk.jmh.runner.RunnerException;
import org.openjdk.jmh.runner.options.Options;
import org.openjdk.jmh.runner.options.OptionsBuilder;

import java.util.concurrent.TimeUnit;
import java.util.concurrent.atomic.AtomicInteger;

/**
 * 当对性能有异议的时候，JMH这把瑞士军刀总能帮我们找到答案，在该类中，我们写
 * 了两个基准测试方法用于对比set方法和lazyset方法的性能表现
 */
@Measurement(iterations = 10)
@Warmup(iterations = 10)
@BenchmarkMode(Mode.AverageTime)
@OutputTimeUnit(TimeUnit.MICROSECONDS)
@State(Scope.Thread)
public class LazySetVsSet
{
    private AtomicInteger ai;

    @Setup(Level.Iteration)
    public void setUp()
    {
        this.ai = new AtomicInteger(0);
    }

    @Benchmark
    public void testSet()
    {
        this.ai.set(10);
    }

    @Benchmark
    public void testLazySet()
    {
        this.ai.lazySet(10);
    }

    public static void main(String[] args) throws RunnerException
    {
        Options opts = new OptionsBuilder()
                .include(LazySetVsSet.class.getSimpleName())
                .forks(1)
                .build();
        new Runner(opts).run();
    }
}
```

运行上面的基准测试代码，我们很容易就能得到合理的判断，运行结果如下。

```
Benchmark                    Mode  Cnt  Score    Error  Units
```

```
LazySetVsSet.testLazySet     avgt   10  0.003 ±  0.001  us/op
LazySetVsSet.testSet         avgt   10  0.028 ±  0.006  us/op
```

- int get()：返回 AtomicInteger 的 value 当前值。

2.1.3 AtomicInteger 内幕

经过了详细的 AtomicInteger 的使用方法的学习，本节就来看看 AtomicInteger 类的内部原理，以更加深入地了解 AtomicInteger 的内幕。

```
//Unsafe 是由 C++ 实现的，其内部存在着大量的汇编 CPU 指令等代码，JDK 实现的
//Lock Free 几乎完全依赖于该类
private static final Unsafe unsafe = Unsafe.getUnsafe();
//valueOffset 将用于存放 value 的内存地址偏移量
private static final long valueOffset;
static {
    try {
        //获取 value 的内存地址偏移量
        valueOffset = unsafe.objectFieldOffset
            (AtomicInteger.class.getDeclaredField("value"));
    } catch (Exception ex) { throw new Error(ex); }
}
//我们不止一次地说过，在 AtomicInteger 的内部有一个 volatile 修饰的 int 类型成员属性 value
private volatile int value;
```

1. compareAndSwapInt 源码分析——CAS 算法

CAS 包含 3 个操作数：内存值 V、旧的预期值 A、要修改的新值 B。当且仅当预期值 A 与内存值 V 相等时，将内存值 V 修改为 B，否则什么都不需要做。

compareAndSwapInt 方法是一个 native 方法，提供了 CAS（Compare And Swap）算法的实现，AtomicInteger 类中的原子性方法几乎都借助于该方法实现。

```
...
public final boolean weakCompareAndSet(int expect, int update) {
    return unsafe.compareAndSwapInt(this, valueOffset, expect, update);
}
...
public final boolean compareAndSet(int expect, int update) {
    return unsafe.compareAndSwapInt(this, valueOffset, expect, update);
}
...
public final int getAndIncrement() {
    return unsafe.getAndAddInt(this, valueOffset, 1);
}
...
//Unsafe 内部方法 getAndAddInt 源码
public final int getAndAddInt(Object var1, long var2, int var4) {
    int var5;
    do {
        var5 = this.getIntVolatile(var1, var2);
    } while(!this.compareAndSwapInt(var1, var2, var5, var5 + var4));
    return var5;
}
```

进入 Unsafe 源码中我们会看到 *compareAndSwapInt* 源码。

```
/**
* 由于该方法无法正常反编译，因此笔者在此将方法的入参名进行了一下修改，也许与大家看到的
```

```
* 的源码存在一些出入
* object: 该入参是地址偏移量所在的宿主对象
* valueOffSet: 该入参是 object 对象某属性的地址偏移量，是由 Unsafe 对象获得的
* expectValue: 该值是我们期望 value 当前的值，如果 expectValue 与实际的当前
*              值不相等，那么对 value 的修改将会失败，方法的返回值也会变为 false
* newValue: 新值
*/
public final native boolean compareAndSwapInt(Object object, long valueOffSet,
    int expectValue, int newValue);
```

通过对*compareAndSwapInt*方法的简单分析，我们不禁会产生一个疑问，既然可以通过AtomicInteger获得当前值，那么为什么还会出现expectValue和AtomicInteger当前值不相等的情况呢？比如下面的代码片段。

```
AtomicInteger ai = new AtomicInteger(2);
ai.compareAndSet(ai.get(),10);
```

原因是相对于synchronized关键字、显式锁Lock，AtomicInteger所提供的方法不具备排他性，当A线程通过get()方法获取了AtomicInteger value的当前值后，B线程对value的修改已经顺利完成；A线程试图再次修改的时候就会出现expectValue与value的当前值不相等的情况，因此会出现修改失败，这种方式也被称为乐观锁。对数据进行修改的时候，首先需要进行比较。

由于*compareAndSwapInt*是本地方法，因此我们必须打开JDK的源码才能看到相关的C++源码，打开openjdk-jdk8u/hotspot/src/share/vm/prims/unsafe.cpp文件我们会找到相关的C++代码。

```
UNSAFE_ENTRY(jboolean, Unsafe_CompareAndSwapInt(JNIEnv *env, jobject unsafe,
            jobject obj, jlong offset, jint e, jint x))
    UnsafeWrapper("Unsafe_CompareAndSwapInt");
    oop p = JNIHandles::resolve(obj);
    // 根据地址偏移量获取内存地址
    jint* addr = (jint *) index_oop_from_field_offset_long(p, offset);
    // 调用 Atomic 的成员方法
    return (jint)(Atomic::cmpxchg(x, addr, e)) == e;
UNSAFE_END
```

在C++代码中，我们不难发现Unsafe_CompareAndSwapInt方法依赖于Atomic::cmpxchg方法，该方法实际上会调用不同CPU架构下的汇编代码（汇编代码主要用于执行相关的CPU指令）。下面打开基于x86架构的Atomic::cmpxchg源码文件openjdk-jdk8u/hotspot/src/os_cpu/bsd_x86/vm/atomic_bsd_x86.inline.hpp。

```
  inline jint     Atomic::cmpxchg    (jint     exchange_value, volatile jint*     dest, jint
compare_value) {
     int mp = os::is_MP();
     __asm__ volatile (LOCK_IF_MP(%4) "cmpxchgl %1,(%3)"
                      : "=a" (exchange_value)
                      : "r" (exchange_value), "a" (compare_value), "r" (dest), "r" (mp)
                      : "cc", "memory");
     return exchange_value;
  }
```

cmpxchg是C++的一个内联函数，在其内部主要执行相关的汇编指令cmpxchgl，对汇编

指令感兴趣的读者可以参阅 Intel 的 CPU 指令手册，其中就有对该指令的详细说明，地址如下：

http://heather.cs.ucdavis.edu/~matloff/50/PLN/lock.pdf

2. 自旋方法 addAndGet 源码分析

由于 *compareAndSwapInt* 方法的乐观锁特性，会存在对 value 修改失败的情况，但是有些时候对 value 的更新必须要成功，比如调用 *incrementAndGet*、*addAndGet* 等方法，本节就来分析一下 *addAndGet* 方法的实现。

```
public final int addAndGet(int delta) {
    //调用 Unsafe 的 getAndAddInt 方法
    return unsafe.getAndAddInt(this, valueOffset, delta) + delta;
}

//Unsafe 类中的 getAndAddInt 方法
public final int getAndAddInt(Object object, long valueOffset, int delta) {
    int currentValue;
    do {
        //①
        currentValue= this.getIntVolatile(object, valueOffset);
        //②
    } while(!this.compareAndSwapInt(object, valueOffset, currentValue,
                                   currentValue+ delta));
    return currentValue;
}
```

- 在 *getAndAddInt* 方法中有一个直到型 do..while 循环控制语句，首先在注释①处获取当前被 volatile 关键字修饰的 value 值（通过内存偏移量的方式读取内存）。
- 在注释②处执行 *compareAndSwapInt* 方法，如果执行成功则直接返回，如果执行失败则再次执行下一轮的 *compareAndSwapInt* 方法。

通过上面源码的分析，*incrementAndGet* 的执行结果有可能是 11 也有可能是比 11 更大的值。

```
AtomicInteger ai = new AtomicInteger(10);
//这句断言在多线程的情况下未必会成功
assert ai.incrementAndGet() == 11;
```

自旋方法 addAndGet 的执行步骤如图 2-1 所示。

2.1.4 AtomicInteger 总结

本节学习了 AtomicInteger 的使用方法，并且为大家揭露了 AtomicInteger 的内部实现原理，本节中所涉及的断言代码 assertion 是基于 JDK 的断言语句的，要想使断言语句生效，需要在 JVM 参数中增加 -ea（enable assertion）参数。

本节对于 AtomicInteger 的讲解非常细致甚至有些啰嗦，其主要目的是想让读者对原子类型的原理有一个比较深入的理解。由于后文中的原子类型原理几乎与此一致，因此后续将不会再占用大量的篇幅进行细致的讲解。

另外，所有原子类型其内部都依赖于 Unsafe 类，2.8 节将为大家介绍如何获取 Unsafe 实例，如何进行 Java 与 C++ 的混合编程，以及如何使用 Unsafe 实现一些不可思议的功能。

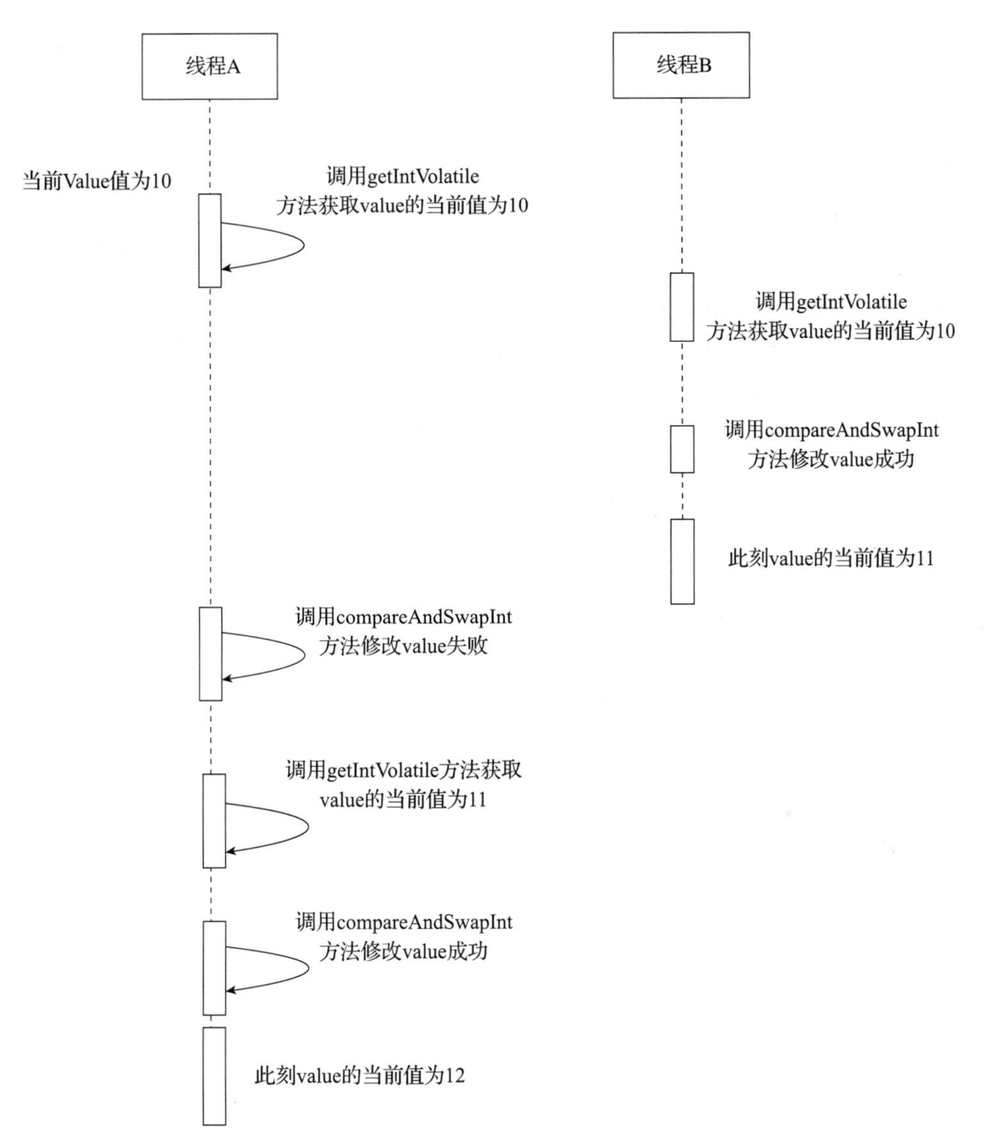

图 2-1　自旋方法 addAndGet

2.2　AtomicBoolean 详解

AtomicBoolean 提供了一种原子性地读写布尔类型变量的解决方案，通常情况下，该类将被用于原子性地更新状态标识位，比如 flag。

2.2.1　AtomicBoolean 的基本用法

AtomicBoolean 提供的方法比较少也比较简单，本节只对其做简单介绍，其基本原理与

AtomicInteger 极为类似。

（1）AtomicBoolean 的创建

```
//AtomicBoolean 无参构造
AtomicBoolean ab = new AtomicBoolean();
assert !ab.get();
//AtomicBoolean 无参构造，等价于 AtomicBoolean(false)
ab = new AtomicBoolean(false);
assert !ab.get();
```

（2）AtomicBoolean 值的更新

- compareAndSet(boolean expect, boolean update)：对比并且设置 boolean 最新的值，类似于 AtomicInteger 的 *compareAndSet* 方法，期望值与 Atomic Boolean 的当前值一致时执行新值的设置动作，若设置成功则返回 true，否则直接返回 false。

```
//无参构造 AtomicBoolean，默认为 false
AtomicBoolean ab = new AtomicBoolean();
//更改失败
assert !ab.compareAndSet(true, false);

//ab.get()==false
assert !ab.get();
//更改成功
assert ab.compareAndSet(false, true);
//更改后的值为 true
assert ab.get();
```

- weakCompareAndSet(boolean expect, boolean update)：同上。
- set(boolean newValue)：设置 AtomicBoolean 最新的 value 值，该新值的更新对其他线程立即可见。

```
//无参构造 AtomicBoolean，默认为 false
AtomicBoolean ab = new AtomicBoolean();
assert !ab.get();
//设置新值，AtomicBoolean 的最新值为 true
ab.set(true);

assert ab.get();
```

- getAndSet(boolean newValue)：返回 AtomicBoolean 的前一个布尔值，并且设置新的值。

```
//无参构造 AtomicBoolean，默认值为 false
AtomicBoolean ab = new AtomicBoolean();
assert !ab.get();
//前值依然为 false
assert !ab.getAndSet(true);
//更新后的结果为 true
assert ab.get();
```

- lazySet(boolean newValue)：设置 AtomicBoolean 的布尔值，关于 lazySet 方法的原理已经在 2.1 节中介绍过了，这里不再赘述。

（3）其他方法

- get()：获取 AtomicBoolean 的当前布尔值。

2.2.2 AtomicBoolean 内幕

AtomicBoolean 的实现方式比较类似于 AtomicInteger 类，实际上 AtomicBoolean 内部的 value 本身就是一个 volatile 关键字修饰的 int 类型的成员属性。

```
public class AtomicBoolean implements java.io.Serializable {
    private static final long serialVersionUID = 4654671469794556979L;
    // setup to use Unsafe.compareAndSwapInt for updates
private static final Unsafe unsafe = Unsafe.getUnsafe();
// valueOffset 将用于存放 value 的内存地址偏移量
private static final long valueOffset;
static {
    try {
        // 获取 value 的内存地址偏移量
        valueOffset = unsafe.objectFieldOffset
            (AtomicInteger.class.getDeclaredField("value"));
    } catch (Exception ex) { throw new Error(ex); }
}
private volatile int value;
```

2.2.3 Try Lock 显式锁的实现

在《Java 高并发编程详解：多线程与架构设计》一书的第 4 章和第 5 章两个章节中，我们分别详细介绍了 synchronized 关键字的使用以及 synchronized 关键字存在的缺陷，其中，当某个线程在争抢对象监视器（object monitor）的时候将会进入阻塞状态，并且是无法被中断的，也就是说 synchronized 关键字并未提供一种获取 monitor 锁失败的通知机制，执行线程只能等待其他线程释放该 monitor 的锁进而得到一次机会，本节将借助于 AtomicBoolean 实现一个可立即返回并且退出阻塞的显式锁 Lock。

程序代码：TryLock.java

```
package com.wangwenjun.concurrent.juc.automic;

import java.util.concurrent.atomic.AtomicBoolean;

public class TryLock
{
    //①在 TryLock 内部，我们借助于 AtomicBoolean 的布尔原子性操作方法
    // 因此需要先定义一个 AtomicBoolean 并且使其初值为 false
    private final AtomicBoolean ab = new AtomicBoolean(false);
    //②线程保险箱，用于存放与线程上下文关联的数据副本
    private final ThreadLocal<Boolean> threadLocal = ThreadLocal.withInitial(() -> false);

    // 可立即返回的 lock 方法
    public boolean tryLock()
    {
        //③借助于 AtomicBoolean 的 CAS 操作对布尔值进行修改
        boolean result = ab.compareAndSet(false, true);
        if (result)
        {
            //④当修改成功时，同步更新 threadLocal 的数据副本值
            threadLocal.set(true);
        }
        return result;
    }
```

```
    //锁的释放
    public boolean release()
    {
        //⑤判断调用release方法的线程是否成功获得了该锁
        if (threadLocal.get())
        {
            //⑥标记锁被释放，并且原子性地修改布尔值为false
            threadLocal.set(false);
            return ab.compareAndSet(true, false);
        } else
        {
            //直接返回
            return false;
        }
    }
}
```

上述代码虽然非常简短，但是其借助于AtomicBoolean的原子性布尔值更新操作的方法*compareAndSet*可以以Lock Free的方式进行方法同步操作。下面就来简单分析一下操作的过程。

- 在注释①处，我们定义了一个AtomicBoolean类型的属性ab，其初始值为false，表明当前的锁未被任何线程获得，也就是说某线程可以成功获得对该锁的持有。
- 在注释②处，我们定义了一个ThreadLocal<Boolean>，并且重写其初始化方法返回false，该ThreadLocal的使用在TryLock中非常关键，我们都知道显式锁为了确保锁能够被正确地释放，一般会借助于try..finally语句块以确保release方法能够被执行，因此为了防止某些未能成功获取锁的线程在执行release方法的时候改变ab的值，我们需要借助于ThreadLocal<Boolean>中的数据副本进行标记和判断。
- 在注释③处，我们使用AtomicBoolean的*compareAndSet*方法对ab当前的布尔值进行CAS操作，当预期值与ab当前值一致时操作才能成功，否则操作将直接失败，因此执行该方法的线程不会进入阻塞，这一点很关键。
- 如果某线程成功执行了对ab当前布尔值的修改，那么我们需要将其在（注释④处）ThreadLocal<Boolean>关联的数据副本标记为true，以标明当前线程成功获取了对TryLock的持有。
- release方法需要秉承一个原则，那就是只有成功获得该锁的线程才有资格对其进行释放，反映到我们的代码中就是执行对ab当前值布尔值的更新动作，详见注释⑤。
- 在注释⑥处确认当前有资格进行锁的释放以后，就可以对ab当前布尔值进行更新操作了，并且标记当前线程已将锁释放。

完成了TryLock代码的开发及详细分析之后，我们就需要使用它了，并且能够验证在同一时刻是否只有一个线程才能成功获得TryLock显式锁。

程序代码：TryLockExample.java

```
package com.wangwenjun.concurrent.juc.automic;

import java.util.concurrent.TimeUnit;
```

```
import static java.lang.Thread.currentThread;
import static java.util.concurrent.ThreadLocalRandom.current;

public class TryLockExample
{
    private final static Object VAL_OBJ = new Object();

    public static void main(String[] args)
    {
        // 定义 TryLock 锁
        final TryLock lock = new TryLock();
        final List<Object> validation = new ArrayList<>();
        // 启动 10 个线程，并且不断地进行锁的获取和释放动作
        for (int i = 0; i < 10; i++)
        {
            new Thread(() ->
            {
                while (true)
                {
                    try
                    {
                        // 尝试获取该锁，该方法并不会导致当前线程进入阻塞
                        if (lock.tryLock())
                        {
                            System.out.println(currentThread() + ": get the lock.");
                            // 进行校验，以确保 validation 中只存在一个元素
                            if (validation.size() > 1)
                            {
                                throw new IllegalStateException("validation failed.");
                            }
                            validation.add(VAL_OBJ);
                            TimeUnit.MILLISECONDS.sleep(current().nextInt(10));
                        } else
                        {
                           // 未获得锁，简单做个休眠，以防止出现 CPU 过高电脑死机的情况发生
                           TimeUnit.MILLISECONDS.sleep(current().nextInt(10));
                        }
                    } catch (InterruptedException e)
                    {
                        e.printStackTrace();
                    } finally
                    {
                        // 在 finally 语句块中进行锁的释放操作
                        if (lock.release())
                        {
                            System.out.println(currentThread() + ": release the lock.");
                            validation.remove(VAL_OBJ);
                        }
                    }
                }
            }).start();
        }
    }
}
```

在上面的代码中，我们启动的 10 个线程在一个 while 死循环中不断地进行锁的获得以及释放过程，运行上面的代码不难看出，在同一时刻只会有一个线程能够成功获得对该锁的持有。

程序输出：TryLockExample.java

```
...省略
Thread[Thread-3,5,main]: get the lock.
Thread[Thread-3,5,main]: release the lock.
Thread[Thread-3,5,main]: get the lock.
Thread[Thread-3,5,main]: release the lock.
Thread[Thread-0,5,main]: get the lock.
Thread[Thread-0,5,main]: release the lock.
Thread[Thread-0,5,main]: get the lock.
Thread[Thread-0,5,main]: release the lock.
Thread[Thread-0,5,main]: get the lock.
Thread[Thread-0,5,main]: release the lock.
Thread[Thread-9,5,main]: get the lock.
Thread[Thread-9,5,main]: release the lock.
Thread[Thread-2,5,main]: get the lock.
Thread[Thread-2,5,main]: release the lock.
Thread[Thread-2,5,main]: get the lock.
Thread[Thread-2,5,main]: release the lock.
...省略
```

2.2.4 AtomicBoolean 总结

本节学习了 AtomicBoolean 的使用方法，通常情况下，我们可以使用 AtomicBoolean 来进行某个 flag 的开关控制。为了加深大家对 AtomicBoolean 的理解，我们借助于 AtomicBoolean 实现了一个 Try Lock，该显式锁旨在提供线程获取锁失败立即返回的解决方案，本章中的显式锁 Lock、ReentrantLock、StampedLock 等都提供了 Try Lock 的方法。

2.3 AtomicLong 详解

与 AtomicInteger 非常类似，AtomicLong 提供了原子性操作 long 类型数据的解决方案，AtomicLong 同样也继承自 Number 类，AtomicLong 所提供的原子性方法在使用习惯上也与 AtomicInteger 非常一致。为了节约篇幅，本节将不会详细解释每一个方法如何使用，也不会给出代码示例，读者可以根据 2.1 节中的代码示例方式去实操 AtomicLong 的具体用法。

AtomicInteger 类中最为关键的方法为 *compareAndSwapInt*，对于该方法，2.1.3 节的第 1 小节中已经进行了非常详细的分析，同样，在 AtomicLong 类中也提供了类似的方法 *compareAndSwapLong*，但是该方法要比 *compareAndSwapInt* 复杂很多。

```
// AtomicLong.java 中的 compareAndSet 方法
public final boolean compareAndSet(long expect, long update) {
    return unsafe.compareAndSwapLong(this, valueOffset, expect, update);
}
// 对应于 Unsafe.java 中的 compareAndSwapLong 方法
public final native boolean compareAndSwapLong(Object var1, long var2,
    long var4, long var6);
```

打开 openjdk 的 unsafe.cpp 文件，具体路径为 openjdk-jdk8u/hotspot/src/share/vm/prims/unsafe.cpp。

```
UNSAFE_ENTRY(jboolean, Unsafe_CompareAndSwapLong(JNIEnv *env, jobject unsafe,
```

```
    jobject obj, jlong offset, jlong e, jlong x))
    UnsafeWrapper("Unsafe_CompareAndSwapLong");
    Handle p (THREAD, JNIHandles::resolve(obj));
    jlong* addr = (jlong*)(index_oop_from_field_offset_long(p(), offset));
#ifdef SUPPORTS_NATIVE_CX8
    return (jlong)(Atomic::cmpxchg(x, addr, e)) == e;
#else
    if (VM_Version::supports_cx8())
        return (jlong)(Atomic::cmpxchg(x, addr, e)) == e;
    else {
        jboolean success = false;
        MutexLockerEx mu(UnsafeJlong_lock, Mutex::_no_safepoint_check_flag);
        jlong val = Atomic::load(addr);
        if (val == e) { Atomic::store(x, addr); success = true; }
        return success;
    }
#endif
UNSAFE_END
```

相对于 *compareAndSwapInt* 方法，在 unsafe.cpp 中，*compareAndSwapLong* 方法多了条件编译 SUPPORTS_NATIVE_CX8。SUPPORTS_NATIVE_CX8 主要用于判断机器硬件是否支持 8 字节数字的 cmpxchg CPU 指令，如果机器硬件不支持，比如 32 位的 CPU 肯定不支持 8 字节 64 位数字的 cmpxchg CPU 指令，那么此时就需要判断当前 JVM 版本是否支持 8 字节数字的 cmpxchg 操作；如果机器硬件与当前 JVM 的版本都不支持，那么实际上针对 long 型数据的原子性操作将不会是 Lock Free 的，而是需要采用加锁的方式确保原子性。

openjdk-jdk8u/hotspot/src/os_cpu/bsd_x86/vm/atomic_bsd_x86. inline.hpp 中提供了 cmpxchg 的重载方法，同样也是使用汇编语言实现的 CPU 操作。

```
    inline jlong    Atomic::cmpxchg    (jlong    exchange_value, volatile jlong*
dest, jlong   compare_value) {
        bool mp = os::is_MP();
        __asm__ __volatile__ (LOCK_IF_MP(%4) "cmpxchgq %1,(%3)"
                            : "=a" (exchange_value)
                            : "r" (exchange_value), "a" (compare_value), "r" (dest), "r" (mp)
                            : "cc", "memory");
        return exchange_value;
    }
```

我们再回过头来看看 AtomicLong 的部分源码，不难发现 VM_SUPPORTS_LONG_CAS 在 AtomicLong 中的定义，其作用与 SUPPORTS_NATIVE_CX8 及 VM_Version::supports_cx8() 是一致的。（条件编译，在编译 JDK 版本的时候就已经可以根据不同的硬件环境以及操作系统进行不同 JDK 版本的编译，因此在 JDK 的编译阶段就已经知道当前的 JDK 版本是否支持 AtomicLong Lock Free 的 CAS 操作了。）

```
/**
 * Records whether the underlying JVM supports lockless
 * compareAndSwap for longs. While the Unsafe.compareAndSwapLong
 * method works in either case, some constructions should be
 * handled at Java level to avoid locking user-visible locks.
 */
static final boolean VM_SUPPORTS_LONG_CAS = VMSupportsCS8();
/**
 * Returns whether underlying JVM supports lockless CompareAndSet
 * for longs. Called only once and cached in VM_SUPPORTS_LONG_CAS.
```

```
 */
 private static native boolean VMSupportsCS8();
```

通过下面的代码，我们将会看到自己机器上安装的 JDK 是否支持 8 字节数字（长整型）的 Lock Free CAS 操作。

```
public static void main(String[] args)
    throws NoSuchFieldException, IllegalAccessException
{
    Field vm_supports_long_cas = AtomicLong.class.getDeclaredField("VM_SUPPORTS_
LONG_CAS");
    vm_supports_long_cas.setAccessible(true);
    boolean isSupport = (boolean) vm_supports_long_cas.get(null);
    System.out.println(isSupport);
}
```

如果你的机器和 JDK 版本不支持 8 字节数字的 Lock Free CAS 操作，那么对它的原子性保证将由 synchronized 关键字来承担，比如，我们在 2.7 节中将要学到的 AtomicLongFieldUpdater 类中会首先判断 AtomicLong 是否支持 8 字节数字的 CAS 操作。

```
...省略
public static <U> AtomicLongFieldUpdater<U> newUpdater(Class<U> tclass,
                                                    String fieldName) {
    Class<?> caller = Reflection.getCallerClass();
    if (AtomicLong.VM_SUPPORTS_LONG_CAS)
        return new CASUpdater<U>(tclass, fieldName, caller);
    else
        return new LockedUpdater<U>(tclass, fieldName, caller);
}
...省略
// 下面是 LockedUpdater 的实现代码片段
public boolean compareAndSet(T obj, long expect, long update) {
    if (obj == null || obj.getClass() != tclass || cclass != null) fullCheck(obj);
    // synchronized 关键字的使用
    synchronized(this) {
        long v = unsafe.getLong(obj, offset);
        if (v != expect)
            return false;
        unsafe.putLong(obj, offset, update);
        return true;
    }
}
...省略
```

2.4 AtomicReference 详解

AtomicReference 类提供了对象引用的非阻塞原子性读写操作，并且提供了其他一些高级的用法。众所周知，对象的引用其实是一个 4 字节的数字，代表着在 JVM 堆内存中的引用地址，对一个 4 字节数字的读取操作和写入操作本身就是原子性的，通常情况下，我们对对象引用的操作一般都是获取该引用或者重新赋值（写入操作），我们也没有办法对对象引用的 4 字节数字进行加减乘除运算，那么为什么 JDK 要提供 AtomicReference 类用于支持引用类型的原子性操作呢？

本节将结合实例为大家解释AtomicReference的用途，在某些场合下该类可以完美地替代synchronized关键字和显式锁，实现在多线程下的非阻塞操作。

2.4.1 AtomicReference的应用场景

这里通过设计一个个人银行账号资金变化的场景，逐渐引入AtomicReference的使用，该实例有些特殊，需要满足如下几点要求。

- 个人账号被设计为不可变对象，一旦创建就无法进行修改。
- 个人账号类只包含两个字段：账号名、现金数字。
- 为了便于验证，我们约定个人账号的现金只能增多而不能减少。

根据前两个要求，我们简单设计一个代表个人银行账号的Java类DebitCard，该类将被设计为不可变。

程序代码：DebitCard.java

```
package com.wangwenjun.concurrent.juc.automic;

public class DebitCard
{
    private final String account;
    private final int amount;

    public DebitCard(String account, int amount)
    {
        this.account = account;
        this.amount = amount;
    }

    public String getAccount()
    {
        return account;
    }

    public int getAmount()
    {
        return amount;
    }

    @Override
    public String toString()
    {
        return "DebitCard{" +
                "account='" + account + '\'' +
                ", amount=" + amount +
                '}';
    }
}
```

1. 多线程下增加账号金额

假设有10个人不断地向这个银行账号里打钱，每次都存入10元，因此这个个人账号在每次被别人存入钱之后都会多10元。下面用多线程代码实现一下这样的场景。

程序代码：AtomicReferenceExample1.java

```
package com.wangwenjun.concurrent.juc.automic;

import java.util.concurrent.TimeUnit;

import static java.util.concurrent.ThreadLocalRandom.current;

public class AtomicReferenceExample1
{
// volatile 关键字修饰，每次对 DebitCard 对象引用的写入操作都会被其他线程看到
// 创建初始 DebitCard，账号金额为 0 元
static volatile DebitCard debitCard = new DebitCard("Alex", 0);

    public static void main(String[] args)
    {
        for (int i = 0; i < 10; i++)
        {
            new Thread("T-" + i)
            {
                @Override
                public void run()
                {
                    while (true)
                    {
                        // 读取全局 DebitCard 对象的引用
                        final DebitCard dc = debitCard;
                        // 基于全局 DebitCard 的金额增加 10 元并且产生一个新的 DebitCard
                        DebitCard newDC = new DebitCard(dc.getAccount(),
                                                        dc.getAmount() + 10);
                        // 输出全新的 DebitCard
                        System.out.println(newDC);
                        // 修改全局 DebitCard 对象的引用
                        debitCard = newDC;

                        try
                        {
                            TimeUnit.MILLISECONDS.sleep(current().nextInt(20));
                        } catch (InterruptedException e)
                        {
                            e.printStackTrace();
                        }
                    }
                }
            }.start();
        }
    }
}
```

在上面的代码中，我们声明了一个全局的 DebitCard 对象的引用，并且用 volatile 关键字进行了修饰，其目的主要是为了使 DebitCard 对象引用的变化对其他线程立即可见，在每个线程中都会基于全局的 DebitCard 金额创建一个新的 DebitCard，并且用新的 DebitCard 对象引用更新全局 DebitCard 对象的引用。运行上面的程序，我们能够看到控制台输出存在的问题。

程序输出：AtomicReferenceExample1.java

```
... 省略
DebitCard{account='Alex', amount=10}
```

```
DebitCard{account='Alex', amount=10}
DebitCard{account='Alex', amount=10}
DebitCard{account='Alex', amount=20}
DebitCard{account='Alex', amount=30}
DebitCard{account='Alex', amount=40}
DebitCard{account='Alex', amount=50}
DebitCard{account='Alex', amount=60}
DebitCard{account='Alex', amount=70}
DebitCard{account='Alex', amount=80}
...省略
```

分明已有3个人向这个账号存入了10元钱，为什么账号的金额却少于30元呢？不明白的读者可以参考笔者在《Java高并发编程详解：多线程与架构设计》一书第4章中介绍的方法自行分析，这里给点小提示：虽然被volatile关键字修饰的变量每次更改都可以立即被其他线程看到，但是我们针对对象引用的修改其实至少包含了如下两个步骤，获取该引用和改变该引用（每一个步骤都是原子性的操作，但组合起来就无法保证原子性了）。

2. 多线程下加锁增加账号金额

那么我们该如何解决第1小节中出现的问题呢？相信很多人的第一反应是提出为共享数据加锁的解决方案，没错，通过加锁确实能够保证对DebitCard对象引用的原子性操作。下面简单修改一下第1小节中程序。

```
synchronized (AtomicReferenceExample2.class)
{
    final DebitCard dc = debitCard;
    DebitCard newDC = new DebitCard(dc.getAccount(), dc.getAmount() + 10);
    System.out.println(newDC);
    debitCard = newDC;
}
try
{
    TimeUnit.MILLISECONDS.sleep(current().nextInt(20));
} catch (InterruptedException e)
{
    e.printStackTrace();
}
```

相比较AtomicReferenceExample1.java，我们在AtomicReferenceExample2. Java中增加了同步代码块，用于确保同一时刻只能由一个线程对全局DebitCard的对象引用进行修改。运行修改之后的程序，我们会看到Alex的银行账号在以10作为步长逐渐递增。

```
...省略
DebitCard{account='Alex', amount=310}
DebitCard{account='Alex', amount=320}
DebitCard{account='Alex', amount=330}
DebitCard{account='Alex', amount=340}
DebitCard{account='Alex', amount=350}
DebitCard{account='Alex', amount=360}
DebitCard{account='Alex', amount=370}
DebitCard{account='Alex', amount=380}
DebitCard{account='Alex', amount=390}
DebitCard{account='Alex', amount=400}
DebitCard{account='Alex', amount=410}
DebitCard{account='Alex', amount=420}
```

```
DebitCard{account='Alex', amount=430}
DebitCard{account='Alex', amount=440}
...省略
```

3. AtomicReference 的非阻塞解决方案

第 2 小节中的方案似乎满足了我们的需求，但是它却是一种阻塞式的解决方案，同一时刻只能有一个线程真正在工作，其他线程都将陷入阻塞，因此这并不是一种效率很高的解决方案，这个时候就可以利用 AtomicReference 的非阻塞原子性解决方案提供更加高效的方式了。

基于 AtomicReferenceExample1.java 创建一个新的 java 文件，并且用 Atomic Reference 代替 volatile 关键字，代码如下所示。

程序代码：AtomicReferenceExample3.java

```
package com.wangwenjun.concurrent.juc.automic;

import java.util.concurrent.TimeUnit;
import java.util.concurrent.atomic.AtomicReference;

import static java.util.concurrent.ThreadLocalRandom.current;

public class AtomicReferenceExample3
{
// 定义 AtomicReference 并且初始值为 DebitCard("Alex", 0)
    private static AtomicReference<DebitCard> debitCardRef
            = new AtomicReference<>(new DebitCard("Alex", 0));

    public static void main(String[] args)
    {
        // 启动 10 个线程
        for (int i = 0; i < 10; i++)
        {
            new Thread("T-" + i)
            {
                @Override
                public void run()
                {
                    while (true)
                    {
                        // 获取 AtomicReference 的当前值
                        final DebitCard dc = debitCardRef.get();
                        // 基于 AtomicReference 的当前值创建一个新的 DebitCard
                        DebitCard newDC = new DebitCard(dc.getAccount(),
                        dc.getAmount() + 10);
                        // 基于 CAS 算法更新 AtomicReference 的当前值
                        if (debitCardRef.compareAndSet(dc, newDC))
                        {
                            System.out.println(newDC);
                        }

                        try
                        {
                            TimeUnit.MILLISECONDS.sleep(current().nextInt(20));
                        } catch (InterruptedException e)
                        {
                            e.printStackTrace();
                        }
                    }
                }
```

```
                }.start();
            }
        }
    }
```

在上面的程序代码中，我们使用了AtomicReference封装DebitCard的对象引用，每一次对AtomicReference的更新操作，我们都采用CAS这一乐观非阻塞的方式进行，因此也会存在对DebitCard对象引用更改失败的问题（更新时所持有的期望值引用有可能并不是AtomicReference所持有的当前引用，这也是第1小节中程序运行出现错误的根本原因。比如，A线程获得了DebitCard引用R1，在进行修改之前B线程已经将全局引用更新为R2，A线程仍然基于引用R1进行计算并且最终将全局引用更新为R1）。

CAS算法在此处就是要确保接下来要修改的对象引用是基于当前线程刚才获取的对象引用，否则更新将直接失败。运行上面的程序，我们再来分析一下控制台的输出。

程序输出：AtomicReferenceExample3.java

```
...省略
DebitCard{account='Alex', amount=20}
DebitCard{account='Alex', amount=10}
DebitCard{account='Alex', amount=30}
DebitCard{account='Alex', amount=40}
DebitCard{account='Alex', amount=50}
DebitCard{account='Alex', amount=60}
DebitCard{account='Alex', amount=70}
DebitCard{account='Alex', amount=80}
DebitCard{account='Alex', amount=90}
DebitCard{account='Alex', amount=100}
DebitCard{account='Alex', amount=120}
DebitCard{account='Alex', amount=130}
DebitCard{account='Alex', amount=110}
DebitCard{account='Alex', amount=140}
...省略
```

控制台的输出显示账号的金额按照10的步长在增长，由于非阻塞的缘故，数值20的输出有可能会出现在数值10的前面，数值130的输出则出现在了数值110的前面，但这并不妨碍amount的数值是按照10的步长增长的。

4. 性能大PK

AtomicReference所提供的非阻塞原子性对象引用读写解决方案，被应用在很多高并发容器中，比如ConcurrentHashMap。为了让读者更加直观地看到阻塞与非阻塞的性能对比，本节将使用JMH工具对比两者的性能，参赛双方分别是synchronized关键字和AtomicReference。

程序代码：AtomicReferenceExample4.java

```
package com.wangwenjun.concurrent.juc.automic;

import org.openjdk.jmh.annotations.*;
import org.openjdk.jmh.profile.StackProfiler;
import org.openjdk.jmh.runner.Runner;
import org.openjdk.jmh.runner.RunnerException;
import org.openjdk.jmh.runner.options.Options;
```

```
import org.openjdk.jmh.runner.options.OptionsBuilder;
import org.openjdk.jmh.runner.options.TimeValue;

import java.util.concurrent.TimeUnit;
import java.util.concurrent.atomic.AtomicReference;

@Measurement(iterations = 20)
@Warmup(iterations = 20)
@BenchmarkMode(Mode.AverageTime)
@OutputTimeUnit(TimeUnit.MICROSECONDS)
public class AtomicReferenceExample4
{
    @State(Scope.Group)
    public static class MonitorRace
    {
        private DebitCard debitCard = new DebitCard("Alex", 0);

        public void syncInc()
        {
            synchronized (AtomicReferenceExample4.class)
            {
                final DebitCard dc = debitCard;
                final DebitCard newDC = new DebitCard(dc.getAccount(),
                                                       dc.getAmount() + 10);
                this.debitCard = newDC;
            }
        }
    }

    @State(Scope.Group)
    public static class AtomicReferenceRace
    {
        private AtomicReference<DebitCard> ref
                = new AtomicReference<>(new DebitCard("Alex", 0));
        public void casInc()
        {
            final DebitCard dc = ref.get();
            final DebitCard newDC = new DebitCard(dc.getAccount(), dc.getAmount() + 10);
            ref.compareAndSet(dc, newDC);
        }
    }

    @GroupThreads(10)
    @Group("sync")
    @Benchmark
    public void syncInc(MonitorRace monitor)
    {
        monitor.syncInc();
    }

    @GroupThreads(10)
    @Group("cas")
    @Benchmark
    public void casInc(AtomicReferenceRace casRace)
    {
        casRace.casInc();
    }

    public static void main(String[] args) throws RunnerException
    {
        Options opts = new OptionsBuilder()
```

```
            .include(AtomicReferenceExample4.class.getSimpleName())
            .forks(1)
            .timeout(TimeValue.seconds(10))
            .addProfiler(StackProfiler.class)
            .build();
        new Runner(opts).run();
    }
}
```

对于基准测试的代码，此处不做过多解释，第 1 章已经非常详细地讲解了 JMH 的使用。执行上面的基准测试代码，会看到两者之间的性能差异。

```
Benchmark                          Mode  Cnt  Score   Error  Units
AtomicReferenceExample4.cas        avgt   20  0.638 ± 0.029  us/op
AtomicReferenceExample4.sync       avgt   20  0.980 ± 0.020  us/op
```

通过基准测试，我们可以看到 AtomicReference 的性能要高出 synchronized 关键字 30% 以上。下面进一步分析线程堆栈情况。

```
Synchronized 关键字的线程堆栈
 70.5%          BLOCKED
 28.5%          RUNNABLE
  1.1%          WAITING
AtomicReference 的线程堆栈
  92.0%         RUNNABLE
  8.0%          WAITING
```

2.4.2　AtomicReference 的基本用法

掌握了 AtomicReference 的使用场景之后，本节将详细介绍 AtomicReference 的其他方法。

- **AtomicReference 的构造**：AtomicReference 是一个泛型类，它的构造与其他原子类型的构造一样，也提供了无参和一个有参的构造函数。
- AtomicReference()：当使用无参构造函数创建 AtomicReference 对象的时候，需要再次调用 *set()* 方法为 AtomicReference 内部的 value 指定初始值。
- AtomicReference(V initialValue)：创建 AtomicReference 对象时顺便指定初始值。
- compareAndSet(V expect, V update)：原子性地更新 AtomicReference 内部的 value 值，其中 expect 代表当前 AtomicReference 的 value 值，update 则是需要设置的新引用值。该方法会返回一个 boolean 的结果，当 expect 和 AtomicReference 的当前值不相等时，修改会失败，返回值为 false，若修改成功则会返回 true。
- getAndSet(V newValue)：原子性地更新 AtomicReference 内部的 value 值，并且返回 AtomicReference 的旧值。
- getAndUpdate(UnaryOperator<V> updateFunction)：原子性地更新 value 值，并且返回 AtomicReference 的旧值，该方法需要传入一个 Function 接口。

```
AtomicReference<DebitCard> debitCardRef =
                new AtomicReference<>(new DebitCard("Alex", 0));
DebitCard preDC = debitCardRef.get();
DebitCard result = debitCardRef.getAndUpdate(dc -> new DebitCard(dc.getAccount(),
                                                  dc.getAmount() + 10));
//返回之前的旧值
```

```
assert preDC == result;
//debitCardRef 更新成功
assert result != debitCardRef.get();
```

- updateAndGet(UnaryOperator<V> updateFunction)：原子性地更新 value 值，并且返回 AtomicReference 更新后的新值，该方法需要传入一个 Function 接口。

```
AtomicReference<DebitCard> debitCardRef =
                new AtomicReference<>(new DebitCard("Alex", 0));
//原子性地更新 DebitCard
DebitCard newDC = debitCardRef.updateAndGet(dc -> new DebitCard(dc.getAccount(),
                                                dc.getAmount() + 10));
//更新成功
assert newDC == debitCardRef.get();
assert newDC.getAmount() == 10;
```

- getAndAccumulate(V x, BinaryOperator<V> accumulatorFunction)：原子性地更新 value 值，并且返回 AtomicReference 更新前的旧值。该方法需要传入两个参数，第一个是更新后的新值，第二个是 BinaryOperator 接口。

```
DebitCard initialVal = new DebitCard("Alex", 0);
AtomicReference<DebitCard> debitCardRef =
                new AtomicReference<>(initialVal);
DebitCard newValue = new DebitCard("Alex2", 10);
DebitCard result = debitCardRef.getAndAccumulate(newValue,
                                    (prev, newVal) -> newVal);
assert initialVal == result;
assert newValue == debitCardRef.get();
```

- accumulateAndGet(V x, BinaryOperator<V> accumulatorFunction)：原子性地更新 value 值，并且返回 AtomicReference 更新后的值。该方法需要传入两个参数，第一个是更新的新值，第二个是 BinaryOperator 接口。

```
DebitCard initialVal = new DebitCard("Alex", 0);
AtomicReference<DebitCard> debitCardRef =
                new AtomicReference<>(initialVal);
DebitCard newValue = new DebitCard("Alex2", 10);
DebitCard result = debitCardRef.accumulateAndGet(newValue,
                                    (prev, newVal) -> newVal);
assert newValue == result;
assert newValue == debitCardRef.get();
```

- get()：获取 AtomicReference 的当前对象引用值。
- set(V newValue)：设置 AtomicReference 最新的对象引用值，该新值的更新对其他线程立即可见。
- lazySet(V newValue)：设置 AtomicReference 的对象引用值。lazySet 方法的原理已经在 AtomicInteger 中介绍过了，这里不再赘述。

2.4.3 AtomicReference 的内幕

在 AtomicReference 类中，最关键的方法为 *compareAndSet()*，下面来一探该方法的内幕。

```
//AtomicReference.java 中的 compareAndSet 方法
public final boolean compareAndSet(V expect, V update) {
    return unsafe.compareAndSwapObject(this, valueOffset, expect, update);
}
//对应于 Unsafe.java 中的 compareAndSwapObject 方法
public final native boolean compareAndSwapObject(Object obj, long offset,
    Object exceptRef, Object newRef);
```

打开 openjdk 的 unsafe.cpp 文件，具体路径为 openjdk-jdk8u/hotspot/src/share/vm/prims/unsafe.cpp。

```
UNSAFE_ENTRY(jboolean, Unsafe_CompareAndSwapObject(JNIEnv *env, jobject
              unsafe, jobject obj, jlong offset, jobject e_h, jobject x_h))
    UnsafeWrapper("Unsafe_CompareAndSwapObject");
    oop x = JNIHandles::resolve(x_h);
    oop e = JNIHandles::resolve(e_h);
    oop p = JNIHandles::resolve(obj);
    HeapWord* addr = (HeapWord *)index_oop_from_field_offset_long(p, offset);
    oop res = oopDesc::atomic_compare_exchange_oop(x, addr, e, true);
    jboolean success  = (res == e);
    if (success)
        update_barrier_set((void*)addr, x);
    return success;
UNSAFE_END
```

在 unsafe.cpp 中，我们找到了对应的 Unsafe_CompareAndSwapObject 方法，该方法调用了另外一个 C++ 方法 oopDesc::atomic_compare_exchange_oop。

打开另外一个 C++ 文件，我们会发现在内联函数中，当 UseCompressedOops 为 true 时将会调用执行与 AtomicInteger 一样的 CAS 函数 Atomic::cmpxchg()，文件路径为 openjdk-jdk8u/hotspot/src/share/vm/oops/oop.inline.hpp。

```
inline oop oopDesc::atomic_compare_exchange_oop(oop exchange_value,
                                                volatile HeapWord *dest,
                                                oop compare_value,
                                                bool prebarrier) {
    if (UseCompressedOops) {
        if (prebarrier) {
            update_barrier_set_pre((narrowOop*)dest, exchange_value);
        }
        //encode exchange and compare value from oop to T
        narrowOop val = encode_heap_oop(exchange_value);
        narrowOop cmp = encode_heap_oop(compare_value);

        narrowOop old = (narrowOop) Atomic::cmpxchg(val, (narrowOop*)dest, cmp);
        //decode old from T to oop
        return decode_heap_oop(old);
    } else {
        if (prebarrier) {
            update_barrier_set_pre((oop*)dest, exchange_value);
        }
        return (oop)Atomic::cmpxchg_ptr(exchange_value, (oop*)dest, compare_value);
    }
}
```

UseCompressedOops 参数是 JVM 用于控制指针压缩的参数，一般情况下，64 位的 JDK 版本基本上都是默认打开的（对于 32 位 JDK 的版本，该参数无效），大家可以根据 jinfo -JPID 查看你自己运行的 JVM 参数。关于 Atomic::cmpxchg 方法，AtomicInteger 和 AtomicLong 中已经做过了介绍，这里不再赘述。

如果想要了解更多 JVM 参数，可以阅读 JDK 官网文档，地址如下：

https://www.oracle.com/technetwork/java/javase/tech/vmoptions-jsp-140102.html

2.4.4 AtomicReference 总结

虽然 AtomicReference 的使用非常简单，但是很多人依然很难理解它的使用场景，网上大量的文章也只是讲述 API 如何使用，容易让人疑惑它存在的价值。因此在本节的一开始，我们便通过一个应用场景的演进为大家展示 AtomicReference 原子性操作对象引用（在并发的场景之下）所带来的性能提升，进而说明 AtomicReference 存在的价值和意义，紧接着我们又详细介绍了 AtomicReference API 方法的使用，并重点介绍了 CAS 算法的底层 C++ 实现（其实在 64 位 JDK 版本中使用的汇编指令与 AtomicInteger 是完全一致的）。

2.5 AtomicStampedReference 详解

截至目前我们已经学习了 AtomicInteger、AtomicBoolean、AtomicLong、AtomicReference 这些原子类型，它们无一例外都采用了基于 volatile 关键字 +CAS 算法无锁的操作方式来确保共享数据在多线程操作下的线程安全性。

- volatile 关键字保证了线程间的可见性，当某线程操作了被 volatile 关键字修饰的变量，其他线程可以立即看到该共享变量的变化。
- CAS 算法，即对比交换算法，是由 UNSAFE 提供的，实质上是通过操作 CPU 指令来得到保证的。CAS 算法提供了一种快速失败的方式，当某线程修改已经被改变的数据时会快速失败。
- 当 CAS 算法对共享数据操作失败时，因为有自旋算法的加持，我们对共享数据的更新终究会得到计算。

总之，原子类型用自旋 +CAS 的无锁操作保证了共享变量的线程安全性和原子性。

绝大多数情况下，CAS 算法并没有什么问题，但是在需要关心变化值的操作中会存在 ABA 的问题，比如一个值原来是 A，变成了 B，后来又变成了 A，那么 CAS 检查时会发现它的值没有发生变化，但是实际上却是发生了变化的。

2.5.1 CAS 算法 ABA 问题

上文提到了 CAS 算法在需要关注变化的操作中将会存在 ABA 的问题，本节就将通过图示的方式详细地解释一下。

假设此时我们的 LinkedStack 有两个元素，经过了 push B 和 push A 的操作之后，栈的数据元素如图 2-2 所示。

假设此时线程 T1 想要将栈顶元素 A 弹出，实际上就是用 A.next(B) 替换 top，在线程 T1 即将用 A.next(B) 替换 A 时，线程 T2 进入了执行，线程 T2 对 A、B 元素分别进行了弹出操作，然后又执行了 D、C、A 元素的 push 操作，线程 T2 执行成功之后的 LinkedStack 元素如图 2-3

所示。

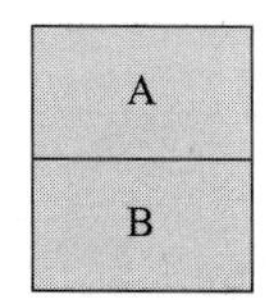

图 2-2 Stack 有 A、B 两个元素

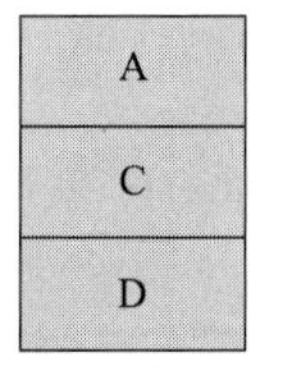

图 2-3 Stack 有 A、C、D 三个元素

B 元素去哪里了呢？很明显，B 元素此时已经变成了游离状态，但是栈顶元素仍然还是 A，此时线程 T1 成功执行了将 A 元素替换为 A.next(B) 元素的操作，因此 LinkedStack 中的元素如图 2-4 所示。

此时栈顶元素成为了 B，但是 B.next=null，也就是说，C 元素不再被栈顶元素引用，C 元素和 D 元素就这样无辜地被去掉了。

这就是所谓的 ABA 问题，也是在 CAS 操作中 ABA 问题带来的潜在危害。

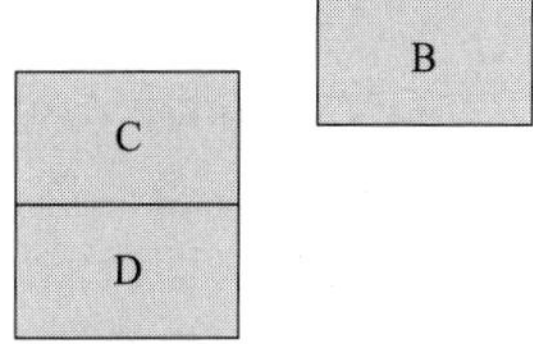

图 2-4 B 元素成为栈顶

2.5.2 AtomicStampedReference 详解

如何避免 CAS 算法带来的 ABA 问题呢？针对乐观锁在并发情况下的操作，我们通常会增加版本号，比如数据库中关于乐观锁的实现方式，以此来解决并发操作带来的 ABA 问题。在 Java 原子包中也提供了这样的实现 AtomicStampedReference<E>。

AtomicStampedReference 在构建的时候需要一个类似于版本号的 int 类型变量 stamped，每一次针对共享数据的变化都会导致该 stamped 的增加（stamped 的自增维护需要应用程序自身去负责，AtomicStampedReference 并不提供），因此就可以避免 ABA 问题的出现，AtomicStampedReference 的使用也是极其简单的，创建时我们不仅需要指定初始值，还需要设定 stamped 的初始值，在 AtomicStampedReference 的内部会将这两个变量封装成 Pair 对象，代码如下所示。

```
private static class Pair<T> {
    final T reference;
    final int stamp;
    private Pair(T reference, int stamp) {
        this.reference = reference;
        this.stamp = stamp;
    }
    static <T> Pair<T> of(T reference, int stamp) {
        return new Pair<T>(reference, stamp);
    }
}
private volatile Pair<V> pair;

public AtomicStampedReference(V initialRef, int initialStamp) {
    pair = Pair.of(initialRef, initialStamp);
}
```

- **AtomicStampedReference 构造函数**：在创建 AtomicStampedReference 时除了指定引

用值的初始值之外还要给定初始的 stamp。

```
AtomicStampedReference<String> reference =
               new AtomicStampedReference<>("Hello", 1);
```

- getReference()：获取当前引用值，等同于其他原子类型的 get 方法。

```
AtomicStampedReference<String> reference =
                new AtomicStampedReference<>("Hello", 1);
assert reference.getReference().equals("Hello");
```

- getStamp()：获取当前引用值的 stamp 数值。

```
AtomicStampedReference<String> reference =
                new AtomicStampedReference<>("Hello", 1);
assert reference.getStamp()==1;
```

- V get(int[] stampHolder)：这个方法的意图是获取当前值以及 stamp 值，但是 Java 不支持多值的返回，并且在 AtomicStampedReference 内部 Pair 被定义为私有的，因此这里就采用了传参的方式来解决（个人觉得这样的方法设计不算优雅，作者如果不想暴露 Pair，完全可以再定义一个专门用于返回 value 和 stamp 对的 public 对象）。

```
AtomicStampedReference<String> reference =
                new AtomicStampedReference<>("Hello", 1);
int[] holder = new int[1];
String value = reference.get(holder);
assert value.equals("Hello");
assert holder[0] == 1;
```

- compareAndSet(V expectedReference, V newReference,int expectedStamp, int newStamp)：对比并且设置当前的引用值，这与其他的原子类型 CAS 算法类似，只不过多了 expectedStamp 和 newStamp，只有当 expectedReference 与当前的 Reference 相等，且 expectedStamp 与当前引用值的 stamp 相等时才会发生设置，否则 set 动作将会直接失败。

```
AtomicStampedReference<String> reference =
                new AtomicStampedReference<>("Hello", 1);
// 更新失败，原因是 stamp 与期望值不一样
assert !reference.compareAndSet("Hello", "World", 2, 3);
// 更新成功
assert reference.compareAndSet("Hello", "World", 1, 2);
// 验证成功
assert reference.getReference().equals("World");
```

- weakCompareAndSet (V expectedReference, V newReference, int expectedStamp, int newStamp)：同上。
- set(V newReference, int newStamp)：设置新的引用值以及 stamp。

```
AtomicStampedReference<String> reference =
                new AtomicStampedReference<>("Hello", 1);
reference.set("World", reference.getStamp() + 1);
assert reference.getReference().equals("World");
```

❑ attemptStamp(V expectedReference, int newStamp)：该方法的主要作用是为当前的引用值设置一个新的stamp，该方法为原子性方法。

```
AtomicStampedReference<String> reference =
                new AtomicStampedReference<>("Hello", 1);

// 设置成功，但是stamp并未发生变化
assert reference.attemptStamp("Hello", 1);

// 设置失败，原因是期望的引用值不等于当前的引用值
assert !reference.attemptStamp("World", 2);
// stamp并未发生变化
assert reference.getStamp() == 1;
// 设置成功
assert reference.attemptStamp("Hello", 2);
// 验证通过
assert reference.getStamp() == 2;
```

2.5.3 AtomicStampedReference总结

本节学习了AtomicStampedReference，该类的使用比较简单，其源码也是非常容易理解的，读者可以自行阅读。AtomicStampedReference的出现是为了解决CAS算法中的ABA问题，它通过为引用值增加一个stamp戳的方式来避免ABA问题的发生，熟悉数据库开发的朋友肯定知道在多线程或者多系统中，同时对数据库的某条记录进行更改的时候，我们一般是采用乐观锁的方式，即为该记录增加版本号字段，比如如下的更新操作，其实AtomicStampedReference的实现原理也是这样的。

```
    UPDATE TABLE TAB SET X=newValue, VERSION=VERSION+1 WHERE X=oldValue AND
VERSION=expectedVersion
```

2.6 AtomicArray详解

int类型的数据可以封装成AtomicInteger类型，从此便可以通过原子性方法对int类型进行操作，如果高并发应用程序想要原子性地操作一个int类型数组中的int数据时，那么该如何操做呢？

或许你的第一反应是我们可以创建一个AtomicInteger类型的数组，其中的每一个元素都是AtomicInteger类型的，这样在高并发的应用程序中就可以原子性地操作数组中的某个元素了。

事实上我们并不需要这样做，因为在Java原子包中提供了相应的原子性操作数组元素相关的类（如图2-5所示）。

❑ AtomicIntegerArray：提供了原子性操作int数据类型数组元素的操作。

❑ AtomicLongArray：提供了原子性操作long数据类型数组元素的操作。

❑ AtomicReferenceArray：提供了原子性操作对象引用数组元素的操作。

AtomicArray的使用方法比较简单，下面仅以AtomicIntegerArray为例简单地示范一下相关用法即可，为了节约篇幅避免重复内容，对上面三个原子数序类的操作方法希望读者能够自行学习。

```
// 定义int类型的数组并且初始化
```

```
int[] intArray = {1, 2, 3, 4, 5, 6, 7, 8, 9, 10};
// 创建 AtomicIntegerArray 并且传入 int 类型的数组
AtomicIntegerArray intAtomicArr = new AtomicIntegerArray(intArray);

// 原子性地为 intAtomicArr 的第二个元素加 10
assert intAtomicArr.addAndGet(1, 10) == 12;

// 第二个元素更新后值为 12
assert intAtomicArr.get(1) == 12;
```

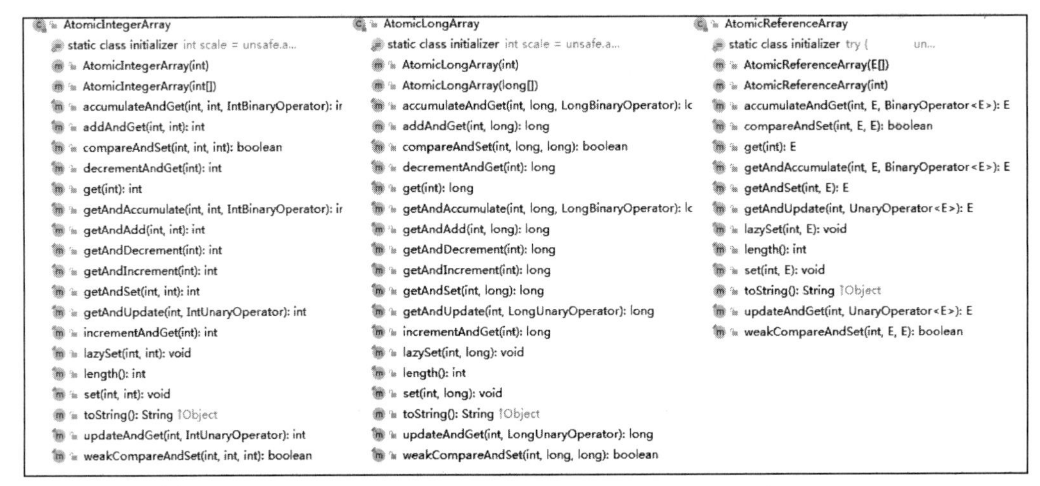

图 2-5 AtomicIntegerArray&AtomicLongArray&AtomicReferenceArray

2.7 AtomicFieldUpdater 详解

截至目前我们已经知道，要想使得共享数据的操作具备原子性，目前有两种方案，第一，使用关键字 synchronized 进行加锁；第二，将对应的共享数据定义成原子类型，比如将 Int 定义成 AtomicInteger，其他数据类型则没有与之直接对应的原子类型，我们可以借助于 AtomicReference 进行封装。前者提供了互斥的机制来保证在同一时刻只能有一个线程对共享数据进行操作，所以说它是一种悲观的同步方式；后者采用 CAS 算法提供的 Lock Free 方式，允许多个线程同时进行共享数据的操作，相比较 synchronized 关键字，原子类型提供了乐观的同步解决方案。

但是如果你既不想使用 synchronized 对共享数据的操作进行同步，又不想将数据类型声明成原子类型的，那么这个时候应该如何进行操作呢？不用担心，在 Java 的原子包中提供了原子性操作对象属性的解决方案。在该解决方案中，开发者无须使用 synchronized 关键字对共享数据的操作进行同步，也无须将对应的数据类型声明成原子类型，在本节中，我们就来认识一下这种解决方案。

2.7.1 原子性更新对象属性

在 Java 的原子包中提供了三种原子性更新对象属性的类，分别如下所示。

- AtomicIntegerFieldUpdater：原子性地更新对象的 int 类型属性，该属性无须被声明成 AtomicInteger。

- AtomicLongFieldUpdater：原子性地更新对象的long类型属性，该属性无须被声明成AtomicLong。
- AtomicReferenceFieldUpdater：原子性地更新对象的引用类型属性，该属性无须被声明成AtomicReference<T>。

下面将通过示例的方式来演示使用原子性更新对象属性的操作，就以Atomic IntegerFieldUpdater为例。

```
//定义一个简单的类
static class Alex
{
    //int类型的salary，并不具备原子性的操作
    volatile int salary;
    public int getSalary()
    {
        return this.salary;
    }
}

public static void main(String[] args)
{
    //① 定义AtomicIntegerFieldUpdater，通过newUpdater方法创建
    AtomicIntegerFieldUpdater<Alex> updater =
    AtomicIntegerFieldUpdater.newUpdater(Alex.class, "salary");
    //② 实例化Alex
    Alex alex = new Alex();
    //③ 原子性操作Alex类中的salary属性
    int result = updater.addAndGet(alex, 1);
    assert result == 1;
}
```

- 在注释①处，我们定义了AtomicIntegerFieldUpdater，在构造时传入class对象和需要原子更新的属性名。
- 在注释②处，我们正常创建Alex对象实例。
- 在注释③处，我们就可以使用原子性方法操作Alex对象的salary属性了。

在AtomicIntegerFieldUpdater通过静态方法*newUpdater*成功创建之后，就可以使用AtomicIntegerFieldUpdater的实例来实现对应class属性的原子性操作了，就像我们直接使用原子类型一样。

2.7.2　注意事项

AtomicFieldUpdater在使用上非常简单，其内部实现原理也是很容易理解的，但是并不是所有的成员属性都适合被原子性地更新，本节将通过单元测试的方式来演示一下。

（1）未被volatile关键字修饰的成员属性无法被原子性地更新

```
package com.wangwenjun.concurrent.juc.automic.internal;

public class Alex
{
    public int salary;
}
```

```
... 省略
@Test(expected = IllegalArgumentException.class)
public void test()
{
    AtomicIntegerFieldUpdater<Alex> updater =
    AtomicIntegerFieldUpdater
            .newUpdater(Alex.class, "salary");
    Alex alex = new Alex();
    updater.addAndGet(alex, 10);
    fail("should not process to here");
}
... 省略
```

通过运行这个单元测试，我们会发现要使成员属性可被原子性地更新，必须对该属性进行volatile关键字的修饰，否则将会抛出IllegalArgumentException异常。

（2）类变量无法被原子性地更新

```
package com.wangwenjun.concurrent.juc.automic.internal;

public class Alex
{
    public static volatile int salary;
}

... 省略
@Test(expected = IllegalArgumentException.class)
public void test()
{
    AtomicIntegerFieldUpdater<Alex> updater =
        AtomicIntegerFieldUpdater
            .newUpdater(Alex.class, "salary");
    Alex alex = new Alex();
    updater.addAndGet(alex, 10);
    fail("should not process to here");
}
... 省略
```

虽然salary是受volatile关键字修饰的，但是该变量不是对象的成员属性，而是类变量，也就是被static修饰的变量，因此该变量也是无法支持被原子性更新的。

（3）无法直接访问的成员属性不支持原子性地更新

```
package com.wangwenjun.concurrent.juc.automic.internal;

public class Alex
{
    // salary为包可见
    volatile int salary;
}

... 省略
@Test(expected = RuntimeException.class)
public void test()
{
    AtomicIntegerFieldUpdater<Alex> updater =
        AtomicIntegerFieldUpdater
            .newUpdater(Alex.class, "salary");
...
    fail("should not process to here");
```

```
}... 省略
```

Class Alex 所属的包为 *com.wangwenjun.concurrent.juc.automic.internal*，而单元测试所属的包为 *com.wangwenjun.concurrent.juc.automic*，也就是说在单元测试中是无法直接访问 Alex 类中的 salary 属性的，因此其不支持原子性更新。

（4）final 修饰的成员属性无法被原子性地更新

这一点很容易理解，因为 final 修饰的是成员常量，不存在被更新这么一说，何况 final 修饰的属性也无法被 volatile 关键字修饰。

（5）父类的成员属性无法被原子性地更新

```
package com.wangwenjun.concurrent.juc.automic.internal;

public class Parent
{
    public volatile int age;
}

package com.wangwenjun.concurrent.juc.automic.internal;

public class Alex extends Parent
{
    public  volatile int salary;
}
... 省略
@Test(expected = RuntimeException.class)
public void test()
{
    AtomicIntegerFieldUpdater<Alex> updater = AtomicIntegerFieldUpdater
            .newUpdater(Alex.class, "age");
...
    fail("should not process to here");
}... 省略
```

虽然 Alex 继承自 Parent，并且可以通过 Alex 的实例正常访问 Parent 的 age 属性，age 属性同时又符合可被原子化更新的所有条件，但是 AtomicIntegerFieldUpdater <Alex> 是不允许用来操作父类的成员属性的。

2.7.3　AtomicFieldUpdater 总结

本节学习了如何在不使用原子类型声明的情况下，使得某个对象的成员属性可以被原子性地操作，并且为大家介绍了在使用 AtomicFieldUpdater 时需要注意的地方。

一般在什么情况下，我们才会使用这样的方式为成员属性提供原子性的操作呢？比如，使用的第三方类库某个属性不是被原子性修饰的，在多线程的环境中若不想通过加锁的方式则可以采用这种方式（当然这对第三方类库的成员属性要求是比较苛刻的，最起码得满足可被原子性更新的所有条件），另外，AtomicFieldUpdater 的方式相比较直接使用原子类型更加节省应用程序的内存。

2.8　sun.misc.Unsafe 详解

Java 是一种安全的开发语言，Java 的设计者在设计之初就想将一些危险的操作屏蔽掉。比如对内存的手动管理，但是本章所学习的原子类型，甚至在接下来的章节中将要学习到的并发工具、并发容器等在其底层都依赖于一个特殊的类 sun.misc.Unsafe，该类是可以直接对内存进行相关操作的，甚至还可以通过汇编指令直接进行 CPU 的操作。

sun.misc.Unsafe 提供了非常多的底层操作方法，这些方法更加接近机器硬件（CPU/ 内存），因此效率会更高。不仅 Java 本身提供的很多 API 都对其有严重依赖，而且很多优秀的第三方库 / 框架都对它有着严重的依赖，比如 LMAX Disruptor，不熟悉系统底层，不熟悉 C/C++ 汇编等的开发者没有必要对它进行深究，但是这并不妨碍我们直接使用它。在使用的过程中，如果使用不得当，那么代价将是非常高昂的，因此该类被命名为 Unsafe 也就在情理之中了，总之一句话，你可以用，但请慎用！

2.8.1 如何获取 Unsafe

使用的前提是首先要进行获取，本节先从如何获取入手，为大家展示一下如何实例化 Unsafe，既然说原子包下面的原子类型都依赖于 Unsafe，那么我们参考它就可以了，随便打开一个原子类型的源码（以 AtomicInteger 源码为例），如下。

```
...
private static final Unsafe unsafe = Unsafe.getUnsafe();
...
```

看起来很简单，通过调用静态方法 Unsafe.getUnsafe() 就可以获取一个 Unsafe 的实例，但是在我们自己的类中执行同样的代码却会抛出 SecurityException 异常。

```
Exception in thread "main" java.lang.SecurityException: Unsafe
    at sun.misc.Unsafe.getUnsafe(Unsafe.java:90)
    at com.wangwenjun.concurrent.juc.automic.UnsafeExample.main(UnsafeExample.java:9)
```

为什么在 AtomicInteger 中可以，在我们自己的代码中就不行呢？下面深入源码一探究竟。

```
@CallerSensitive
public static Unsafe getUnsafe() {
    Class var0 = Reflection.getCallerClass();
    // 如果对 getUnsafe 方法的调用类不是由系统类加载器加载的，则会抛出异常
    if (!VM.isSystemDomainLoader(var0.getClassLoader())) {
        throw new SecurityException("Unsafe");
    } else {
        return theUnsafe;
    }
}
```

通过 *getUnsafe()* 方法的源码，我们可以得知，如果调用该方法的类不是被系统类加载器加载的就会抛出异常，通常情况下开发者所开发的 Java 类都会被应用类加载器进行加载。

在 Unsafe 类中存在一个 Unsafe 的实例 *theUnsafe*，该实例是类私有成员，并且在 Unsafe 类的静态代码块中已经被初始化了，因此我们可以通过反射的方式尝试获取该成员的属性，代码如下所示。

```
private static Unsafe getUnsafe()
{
    try
```

```
        {
            Field f = Unsafe.class.getDeclaredField("theUnsafe");
            f.setAccessible(true);
            return (Unsafe) f.get(null);
        } catch (Exception e)
        {
            throw new RuntimeException("can't initial the unsafe instance.", e);
        }
    }
```

2.8.2 JNI、Java 和 C/C++ 混合编程

在 Unsafe 类中，几乎所有的方法都是 native（本地）方法，本地方法是由 C/C++ 实现的，在 Java 中提供了使用 C/C++ 代码的接口，该接口称为 JNI（Java Native Interface），本节将为大家展示如何使用 Java 调用 C/C++ 的代码。

注意 本节中的代码都是在笔者的 Linux 环境下完成的，C/C++ 代码的编译工具为 G++，代码编辑工具为 VIM。

1. 编写包含本地方法的 Java 类

第一步，我们需要开发包含本地方法的 Java 类，定义本地方法接口，并且在该类中加载稍后生成的 so 库文件，代码如下所示。

程序代码：HelloJNI.java

```
public class HelloJNI
{
    static
    {
        //加载 so 库文件，注意该名称需要根据规范命名，后面会说到
        System.loadLibrary("helloJNI");
    }
    //定义本地方法
    public native void sayHello(String name);
}
```

Native 方法的定义与普通的接口方法定义极为类似，只不过多了一个 native 关键字用于对该方法进行修饰，在 Unsafe 类中有大量类似的方法声明。

2. 使用 javah 命令生成 C++ 头文件

如果你对 JNI 很熟悉，那么你可以自行手动编写 C++ 头文件，即使不熟悉也没关系，我们可以借助于 JDK 提供的 javah 命令生成 C++ 头文件，但是在生成头文件之前，首先应该编译我们在第一步编写的 java 文件，将其编译成 class 文件。

```
javac HelloJNI.java
javah -jni HelloJNI
```

执行了 javah 命令之后，你会发现在当前目录下多了一个 HelloJNI.h 这样一个头文件，代码如下所示。

程序代码：HelloJNI.h

```
/* DO NOT EDIT THIS FILE - it is machine generated */
#include <jni.h>
/* Header for class HelloJNI */

#ifndef _Included_HelloJNI
#define _Included_HelloJNI
#ifdef __cplusplus
extern "C" {
#endif
/*
 * Class:     HelloJNI
 * Method:    sayHello
 * Signature: (Ljava/lang/String;)V
 */
JNIEXPORT void JNICALL Java_HelloJNI_sayHello
  (JNIEnv *, jobject, jstring);

#ifdef __cplusplus
}
#endif
#endif
```

该头文件是javah命令生成的，可以看到其中引入了另外一个头文件jni.h以及很多条件编译，最重要的是，javah将Java的方法声明翻译成了C++的方法声明，请注意在翻译的过程中需要符合方法的命名规范**Java_JAVA类名_方法名**。

3. 实现C++代码

头文件已经有了，接下来就需要我们自己开发对应的C++程序了，代码如下所示。

程序代码：HelloJNI.c

```
#include <iostream>
#include <complex>
#include "HelloJNI.h"

JNIEXPORT void JNICALL Java_HelloJNI_sayHello
    (JNIEnv *env, jobject obj, jstring name)
{
        //将jstring转换为string，使用UTF8格式
        std::string s = env->GetStringUTFChars(name, NULL);
        //控制台输出
        std::cout<<"Hello "<<s <<std::endl;
}
```

在该C++文件中，我们不仅需要引入HelloJNI.h这个头文件，还需要引入C++的输入输出流头文件iostream，然后实现Java_HelloJNI_sayHello方法，简单做一个打印输出即可。

4. 生成（shared objects）so文件

一切准备就绪，这个时候就可以使用G++（笔者的G++版本为7.0）命令对我们所开发的C++程序进行编译以及生成so文件的操作了。

- 编译 C++ 文件，下面的命令执行成功后会多出来一个目标 (.o) 文件。

```
g++ -c HelloJNI.c -fPIC -D_REENTRANT -I”$JAVA_HOME/include” -I”$JAVA_HOME/
include/linux”
```

- 生成 so 文件。

```
g++ -shared HelloJNI.o -o libhelloJNI.so
```

注意　so 文件的命名为 lib+，我们在 HelloJNI.java 静态代码块中加载库名称，在生成了 .so 文件以后千万不要忘记为 .so 文件分配可执行权限。

5. 在 Java 中调用 C++ 程序

一切准备就绪，现在可以编写另外一个 Java 类，然后在 main 方法中调用 HelloJNI 的本地方法，就如同我们使用普通的 Java 类一样。

程序代码：HelloExample.java

```java
public class HelloExample
{
        public static void main(String[] args)
        {
                HelloJNI jni=new HelloJNI();
                jni.sayHello("alex");
        }
}
```

编译 HelloExample.java 文件并且运行，你会发现出现了链接库找不到的问题。

```
wangwenjun@wangwenjun:~/jni$ java HelloExample
Exception in thread "main" java.lang.UnsatisfiedLinkError: no helloJNI in java.
library.path
    at java.lang.ClassLoader.loadLibrary(ClassLoader.java:1867)
    at java.lang.Runtime.loadLibrary0(Runtime.java:870)
    at java.lang.System.loadLibrary(System.java:1122)
    at HelloJNI.<clinit>(HelloJNI.java:3)
    at HelloExample.main(HelloExample.java:6)
```

根据提示，你需要设置 JVM 系统属性 java.library.path 指明链接库所在的地址，但是一般情况下，我们会采用配置操作系统变量的方式来完成。

```
export LD_LIBRARY_PATH=”.”
```

将链接库的地址设置为当前路径，再次运行 HelloExample，会得到正常的输出，但是该输出来自我们的 C++ 代码，而不是 Java 程序。

```
wangwenjun@wangwenjun:~/jni$ java HelloExample
Hello alex
```

好了，我们已经顺利地完成了 Java 程序调用 C++ 接口的编程实践，相信通过本节内容的学习，大家应该明白了 Unsafe 中声明的本地方法是如何被其他 Java 程序所使用的了。本地方法涉及的所有文件如图 2-6 所示。

```
wangwenjun@wangwenjun:~/jni$ ls -lrt
total 48
-rw-r--r-- 1 wangwenjun wangwenjun   133 Aug 17 15:47 HelloExample.java
-rw-r--r-- 1 wangwenjun wangwenjun   365 Aug 17 15:47 HelloExample.class
-rw-r--r-- 1 wangwenjun wangwenjun   352 Aug 17 15:47 HelloJNI.class
-rw-r--r-- 1 wangwenjun wangwenjun   400 Aug 17 15:47 HelloJNI.h
-rwxr-xr-x 1 wangwenjun wangwenjun 13560 Aug 17 16:25 libhelloJNI.so
-rw-r--r-- 1 wangwenjun wangwenjun   125 Aug 17 16:40 HelloJNI.java
-rw-r--r-- 1 wangwenjun wangwenjun   245 Aug 17 16:53 HelloJNI.c
-rw-r--r-- 1 wangwenjun wangwenjun  4752 Aug 17 16:58 HelloJNI.o
```

图 2-6　本地方法涉及的所有文件

2.8.3　危险的 Unsafe

Unsafe 非常强大，它可以帮助我们获得某个变量的内存偏移量，获取内存地址，在其内部更是运行了汇编指令，为我们在高并发编程中提供 Lock Free 的解决方案，提高并发程序的执行效率。但是 Unsafe 正如它的名字一样是很不安全的，如果使用错误则会出现很多灾难性的问题（本地代码所属的内存并不在 JVM 的堆栈中），本节就来看一下借助于 Unsafe 可以实现哪些功能呢？

1. 绕过类构造函数完成对象创建

我们都知道，主动使用某个类会引起类的加载过程发生直到该类完成初始化，最典型的例子是当我们通过关键字 new 进行对象的创建时，对应的构造函数肯定会被执行，这是毫无疑问的，但是 Unsafe 可以绕过构造函数完成对象的创建，我们来看下面的例子。

```
public static void main(String[] args)
        throws IllegalAccessException, InstantiationException
{
    // ① new 关键字
    Example example1 = new Example();
    assert example1.getX() == 10;

    // ② 反射
    Example example2 = Example.class.newInstance();
    assert example2.getX() == 10;

    // ③使用 Unsafe
    Example example3 =
            (Example) getUnsafe().allocateInstance(Example.class);
    assert example3.getX() == 0;
}
static class Example
{
    private int x;
    public Example()
    {
        this.x = 10;
    }
    private int getX()
    {
        return x;
    }
}
```

❑ 注释①和注释②处，我们分别使用 new 关键字以及反射获得了 Example 对象的实例，这会触发无参构造函数的执行，x 的值将会被赋予 10，因此断言肯定能够顺利通过。

- 在注释③处，我们借助于 Unsafe 的 *allocateInstance* 方法获得了 Example 的实例，该操作并不会导致 Example 构造函数的执行，因此 x 将不会被赋予 10。

2. 直接修改内存数据

我们来看下面这样一段程序代码。

```
public static void main(String[] args)
{
    Guard guard = new Guard();
    assert !guard.canAccess(10);
}
static class Guard
{
    private int accessNo = 1;
    public boolean canAccess(int no)
    {
        return this.accessNo == no;
    }
}
```

非常简单，是吧？没错！ Guard 提供了一个方法 *canAccess()* 用于校验传入的数值是否与 accessNo 相等，如果不相等则我们会拒绝某些事情的发生，通常情况下，为了使得 *canAccess()* 返回 true，我们只需要传入与 accessNo 相等的数值即可，但是 Unsafe 可以直接修改 accessNo 在内存中的值。

```
Guard guard = new Guard();
assert !guard.canAccess(10);
assert guard.canAccess(1);

Unsafe unsafe = getUnsafe();
// 获取 accessNo
Field f = guard.getClass().getDeclaredField("accessNo");
// 使用 unsafe 首先获得 f 的内存偏移量
// 然后直接进行内存操作，将 accessNo 的值修改为 20
unsafe.putInt(guard, unsafe.objectFieldOffset(f), 20);
// 断言成功
assert guard.canAccess(20);
```

3. 类的加载

借助于 Unsafe 还可以实现对类的加载，下面我们先来看一个比较简单的类，然后将其编译生成 class 字节码文件。

```
package com.wangwenjun.concurrent.juc.automic;

public class A
{
    private int i = 0;
    public A(){
        this.i = 10;
    }
    public int getI()
    {
```

```
        return i;
    }
}
```

使用 Unsafe 的 defineClass 方法完成对类的加载，代码如下。

程序代码：HelloExample.java

```
package com.wangwenjun.concurrent.juc.automic;

import java.io.File;
import java.io.FileInputStream;

import static com.wangwenjun.concurrent.juc.automic.UnsafeExample1.getUnsafe;

public class UnsafeExample3
{
    public static void main(String[] args)
            throws Exception
    {
        byte[] classContents = getClassContent();
        //调用 defineClass 方法完成对 A 的加载
        Class c = getUnsafe().defineClass(null, classContents,
                0, classContents.length, null, null);
        Object result = c.getMethod("getI").invoke(c.newInstance(),
                null);
        assert (Integer) result == 10;
    }
//读取 class 文件的二进制数组
    private static byte[] getClassContent() throws Exception
    {
        File f = new File("C:\\Users\\wangwenjun\\IdeaProjects\\java-concurrency-
book2\\target\\classes\\com\\wangwenjun\\concurrent\\juc\\automic\\A.class");
        try (FileInputStream input = new FileInputStream(f))
        {
            byte[] content = new byte[(int) f.length()];
            input.read(content);
            return content;
        }
    }
}
```

2.8.4 sun.misc.Unsafe 总结

本节学习了如何获取 Unsafe 对象实例，并且通过一个简单的 JNI 编程详细描述了 Java 调用 C/C++ 程序的全过程，以便让大家清晰地了解 Unsafe 是如何工作的，最后借助于 Unsafe 的其他方法完成了危险的操作，如果你对 Linux C/C++ 编程非常熟悉，那么不妨打开 JVM 源码阅读一下 Unsafe 的源码，不仅对提高 Java 有帮助，对提高 C/C++ 的水平也是大有裨益。

2.9 本章总结

本章非常详细地讲解了 Java 原子类型包中的所有原子类型的原理以及用法，原子类型包为我们提供了一种无锁的原子性操作共享数据的方式，无锁的操作方式可以减少线程的阻塞，减少CPU上下文的切换，提高程序的运行效率，但是这并不是一条放之四海皆准的规律，比如，同样被synchronized关键字同步的共享数据和原子类型的数据在单线程运行的情况下，synchronized关键字的效率却要高很多，究其原因是synchronized关键字是由JVM提供的相关指令所保证的，因此在Java程序运行期优化时可以将同步擦除，而原子类是由本地方法和汇编指令来提供保障的，在Java程序运行期间是没有办法被优化的。

本章的最后顺便为大家解密了Java和C/C++程序的混合编程，即在Java程序中如何调用C/C++程序，Java程序员没有必要掌握C/C++程序如何开发，也不用在日常的开发中使用这种混合编程的方式，但是了解Java本地方法接口（Java Native Interface）的原理对于进一步了解Unsafe也是有一定的好处的。

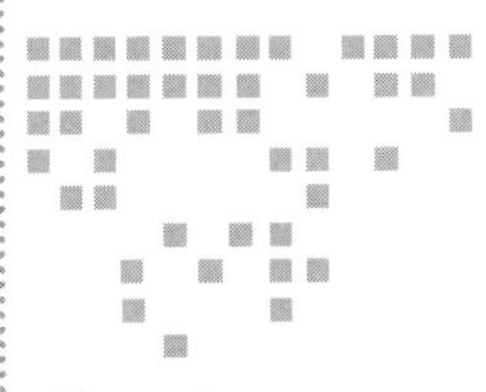

Chapter 3 第3章

Java并发包之工具类详解

在日常的开发工作中，多线程高并发程序的开发固然是必不可少的，但是想要对多线程技术应用得当并不是一件容易的事情。随着Java版本的不断迭代，越来越多的并发工具逐渐被引入，尤其是从JDK1.5版本开始，这一方面极大地减轻了开发者的负担，另一方面又提高了高并发程序执行的效率，这些并发工具都能够很好地完成在某些特定场景下的特定功能。

本章将为读者详细讲解Java并发包中包含的所有工具类的用法、使用场景，并且还会为读者介绍Google Guava所提供的一些并发工具类。相信通过对本章的学习，大家不仅能够开发出优雅高效的高并发程序，还可减少程序运行错误的发生概率。

在笔者的第一本书《Java高并发编程详解：多线程与架构设计》高并发设计模式中详细解读了十几种常用的设计技巧，它们同样也可以应用在一些特定的场景中，但是笔者还是推荐如果能够直接使用Java并发包中的工具就直接使用，毕竟它们足够稳定，而且会随着JDK版本的升级不断优化和发展。

3.1 CountDownLatch工具详解

在《Java高并发编程详解：多线程与架构设计》一书的第23章“Latch设计模式”中非常清晰地讲解了Latch（门阀）设计模式的相关知识，当某项工作需要由若干项子任务并行地完成，并且只有在所有的子任务结束之后（正常结束或者异常结束），当前主任务才能进入下一阶段，CountDownLatch工具将是非常好用的工具，并且其所提供的操作方法还是线程安全的。

CountDownLatch（Count Down Latch，直译为倒计数门阀），它的作用就与其名字所表达的意思一样，是指有一个门阀在等待着倒计数，直到计数器为0的时候才能打开，当然我们可以在门阀等待打开的时候指定超时时间。

```
    A synchronization aid that allows one or more threads to wait until a set of
operations being performed in other threads completes.
```

这段文字来自 JDK 官方："CountDownLatch 是一个同步助手，允许一个或者多个线程等待一系列的其他线程执行结束"。

3.1.1　等待所有子任务结束

考虑一下这样一个场景，我们需要调用某个品类的商品，然后针对活动规则、会员等级、商品套餐等计算出陈列在页面的最终价格（这个计算过程可能会比较复杂、耗时较长，因为可能要调用其他系统的接口，比如 ERP、CRM 等），最后将计算结果统一返回给调用方，如图 3-1 所示。

图 3-1　串行化任务执行

虽然在真实的电商应用中也许不会存在这样的设计，但是笔者就以这个作为案例，演示当接口调用者向服务端传递了某品类 ID 后，服务端需要进行的一系列复杂的动作。在图 3-1 中，假设根据商品品类 ID 获取到了 10 件商品，然后分别对这 10 件商品进行复杂的划价计算，最后统一将结果返回给调用者。想象一下，即使忽略网络调用的开销时间，整个结果最终将耗时 $T = M$（M 为获取品类下商品的时间）$+ 10 \times N$（N 为计算每一件商品价格的平均时间开销），整个串行化的过程中，总体的耗时还会随着 N 的数量增多而持续增长。

那么，如果想要提高接口调用的响应速度应该如何操作呢？很明显，将某些串行化的任务并行化处理是一种非常不错的解决方案（这些串行化任务在整体的运行周期中彼此之间互相独立）。改进之后的设计方案将变成如图 3-2 所示的样子。

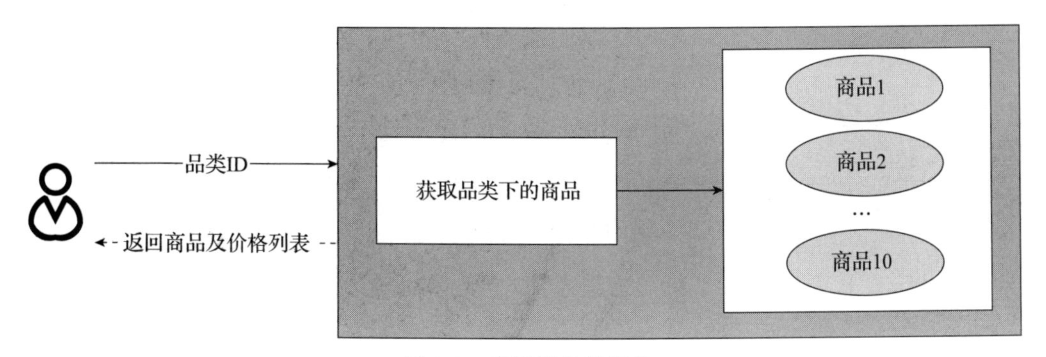

图 3-2　串行任务并行化

经过改进之后，接口响应的最终耗时 $T = M$（M 为获取品类下商品的时间）+ Max（N）（N 为计算每一件商品价格的开销时间），简单开发程序模拟一下这样的一个场景，代码如下，在代码中读者将会看到 CountDownLatch 的基本使用方法。

程序代码：CountDownLatchExample1.java

```
package com.wangwenjun.concurrent.juc.utils;

import java.util.Arrays;
import java.util.List;
import java.util.concurrent.CountDownLatch;
import java.util.concurrent.TimeUnit;
import java.util.stream.IntStream;

import static java.util.concurrent.ThreadLocalRandom.current;
import static java.util.stream.Collectors.toList;

public class CountDownLatchExample1
{
    public static void main(String[] args)
                        throws InterruptedException
    {
        //首先获取商品编号的列表
        final int[] products = getProductsByCategoryId();

        //通过stream的map运算将商品编号转换为ProductPrice
        List<ProductPrice> list = Arrays.stream(products)
                .mapToObj(ProductPrice::new)
                .collect(toList());
        //① 定义CountDownLatch，计数器数量为子任务的个数
        final CountDownLatch latch =
                new CountDownLatch(products.length);
        list.forEach(pp ->
                //② 为每一件商品的计算都开辟对应的线程
                new Thread(() ->
                {
                    System.out.println(pp.getProdID() + "-> start calculate price.");
                    try
                    {
                        //模拟其他的系统调用，比较耗时，这里用休眠替代
                TimeUnit.SECONDS.sleep(current().nextInt(10));
                        //计算商品价格
                        if (pp.prodID % 2 == 0)
                        {
                            pp.setPrice(pp.prodID * 0.9D);
                        } else
                        {
                            pp.setPrice(pp.prodID * 0.71D);
                        }
                        System.out.println(pp.getProdID() + "-> price calculate
completed.");
                    } catch (InterruptedException e)
                    {
                        e.printStackTrace();
                    } finally
                    {
                        //③ 计数器count down，子任务执行完成
                        latch.countDown();
                    }
                }).start()
```

```
        );

        // ④主线程阻塞等待所有子任务结束，如果有一个子任务没有完成则会一直等待
        latch.await();
        System.out.println("all of prices calculate finished.");
        list.forEach(System.out::println);
    }
    // 根据品类 ID 获取商品列表
    private static int[] getProductsByCategoryId()
    {
        // 商品列表编号为从 1 ~ 10 的数字
        return IntStream.rangeClosed(1, 10).toArray();
    }

    // 商品编号与所对应的价格，当然真实的电商系统中不可能仅存在这两个字段
    private static class ProductPrice
    {
        private final int prodID;
        private double price;

        private ProductPrice(int prodID)
        {
            this(prodID, -1);
        }

        private ProductPrice(int prodID, double price)
        {
            this.prodID = prodID;
            this.price = price;
        }

        int getProdID()
        {
            return prodID;
        }

        void setPrice(double price)
        {
            this.price = price;
        }

        @Override
        public String toString()
        {
            return "ProductPrice{" +
                    "prodID=" + prodID +
                    ", price=" + price +
                    '}';
        }
    }
}
```

代码比较简单，而且在关键的地方笔者都增加了注释，我们将每一个商品的划价运算都交给了一个独立的子线程去执行，主线程等待最后所有子线程的执行全部结束，在上面的代码中，我们首次接触到了CountDownLatch的使用。

- 注释①处构造CountDownLatch时需要给定一个不能小于0的int类型数字，数字的取值一般是我们给定子任务的数量。
- 注释②处为每一件商品的划价运算开辟了对应的线程，使其能够并行并发运算（当然

这里不太建议直接使用创建线程的方式，可以使用 ExecutorService 代替，在本书的第 5 章中会有详细的讲解）。

- 注释③处，执行 countDown() 方法，使计数器减一，表明子任务执行结束。**这里需要注意的是，任务的结束并不一定代表着正常的结束，有可能是在运算的过程中出现错误，因此为了能够正确地执行 countDown()，需要将该方法的调用放在 finally 代码块中，否则就会出现主线程（任务）await() 方法永远不会退出阻塞的问题。**
- 注释④处调用 await() 方法，主（父）线程（main）将会被阻塞，直到所有的子线程完成了工作（计数器变为 0）。

程序输出：CountDownLatchExample1.java

```
1-> start calculate price.
2-> start calculate price.
4-> start calculate price.
7-> start calculate price.
5-> start calculate price.
3-> start calculate price.
6-> start calculate price.
9-> start calculate price.
10-> start calculate price.
8-> start calculate price.
3-> price calculate completed.
1-> price calculate completed.
7-> price calculate completed.
5-> price calculate completed.
2-> price calculate completed.
6-> price calculate completed.
9-> price calculate completed.
8-> price calculate completed.
4-> price calculate completed.
10-> price calculate completed.
all of prices calculate finished.
ProductPrice{prodID=1, price=0.71}
ProductPrice{prodID=2, price=1.8}
ProductPrice{prodID=3, price=2.13}
ProductPrice{prodID=4, price=3.6}
ProductPrice{prodID=5, price=3.55}
ProductPrice{prodID=6, price=5.4}
ProductPrice{prodID=7, price=4.97}
ProductPrice{prodID=8, price=7.2}
ProductPrice{prodID=9, price=6.39}
ProductPrice{prodID=10, price=9.0}
```

3.1.2 CountDownLatch 的其他方法及总结

CountDownLatch 使用起来非常简单，但是就是这个简单的工具类，可以帮助我们很优雅地解决主任务等待所有子任务都执行结束之后再进行下一步工作的场景。在《Java 高并发编程详解：多线程与架构设计》一书中，我们为了开发 Latch 也是编写了不少代码，现在好了，直接使用 CountDownLatch 就可以帮助我们完成相关的工作，具体步骤如下。

1）CountDownLatch 的构造非常简单，需要给定一个不能小于 0 的 int 数字。

2）countDown() 方法，该方法的主要作用是使得构造 CountDownLatch 指定的 count 计数器减一。如果此时 CountDownLatch 中的计数器已经是 0，这种情况下如果再次调用 countDown() 方法，则会被忽略，也就是说 count 的值最小只能为 0。

3）await() 方法会使得当前的调用线程进入阻塞状态，直到 count 为 0，当然其他线程可以将当前线程中断。同样，当 count 的值为 0 的时候，调用 await 方法将会立即返回，当前线程将不再被阻塞。

```
// 定义一个计数器为 2 的 Latch
CountDownLatch latch = new CountDownLatch(2);
// 调用 countDown 方法，此时 count=1
latch.countDown();
// 调用 countDown 方法，此时 count=0
latch.countDown();
// 调用 countDown 方法，此时 count 仍然为 0
latch.countDown();
// count 已经为 0，那么执行 await 将会被直接返回，不再进入阻塞
latch.await();
```

4）await（long timeout, TimeUnit unit）是一个具备超时能力的阻塞方法，当时间达到给定的值以后，计数器 count 的值若还大于 0，则当前线程会退出阻塞。

```
// 定义一个计数器为 2 的 Latch
CountDownLatch latch = new CountDownLatch(2);
// 调用 await 超时方法，10 秒以后，如果 latch 的 count 仍旧大于 0，那么当前线程将退出阻塞状态
latch.await(10, TimeUnit.SECONDS);
```

5）getCount() 方法，该方法将返回 CountDownLatch 当前的计数器数值，该返回值的最小值为 0。

3.2　CyclicBarrier 工具详解

CyclicBarrier（循环屏障），它也是一个同步助手工具，它允许多个线程在执行完相应的操作之后彼此等待共同到达一个障点（barrier point）。CyclicBarrier 也非常适合用于某个串行化任务被分拆成若干个并行执行的子任务，当所有的子任务都执行结束之后再继续接下来的工作。从这一点来看，Cyclic Barrier 与 CountDownLatch 非常类似，但是它们之间的运行方式以及原理还是存在着比较大的差异的，并且 CyclicBarrier 所能支持的功能 CountDownLatch 是不具备的。比如，CyclicBarrier 可以被重复使用，而 CountDownLatch 当计数器为 0 的时候就无法再次利用。

3.2.1　等待所有子任务结束

同样，我们还是使用 3.1.1 节中的例子演示如何使用 CyclicBarrier，相同的场景下使用不同的工具还可以有助于理解它们之间的相同点和不同之处。

程序代码：CyclicBarrierExample1.java

```
package com.wangwenjun.concurrent.juc.utils;

import java.util.ArrayList;
```

```
import java.util.Arrays;
import java.util.List;
import java.util.concurrent.BrokenBarrierException;
import java.util.concurrent.CyclicBarrier;
import java.util.concurrent.TimeUnit;
import java.util.stream.IntStream;

import static java.util.concurrent.ThreadLocalRandom.current;
import static java.util.stream.Collectors.toList;

public class CyclicBarrierExample1
{
    public static void main(String[] args)
            throws InterruptedException
    {
        //根据商品品类获取一组商品 ID
        final int[] products = getProductsByCategoryId();
       //通过转换将商品编号转换为 ProductPrice
        List<ProductPrice> list = Arrays.stream(products)
                        .mapToObj(ProductPrice::new)
                        .collect(toList());
       //① 定义 CyclicBarrier ，指定 parties 为子任务数量
        final CyclicBarrier barrier = new CyclicBarrier(list.size());
       //② 用于存放线程任务的 list
        final List<Thread> threadList = new ArrayList<>();
        list.forEach(pp ->
        {
             Thread thread = new Thread(() ->
             {
                 System.out.println(pp.getProdID() + "start calculate price.");
                 try
                 {
                     TimeUnit.SECONDS.sleep(current().nextInt(10));
                     if (pp.prodID % 2 == 0)
                     {
                         pp.setPrice(pp.prodID * 0.9D);
                     } else
                     {
                         pp.setPrice(pp.prodID * 0.71D);
                     }
                     System.out.println(pp.getProdID() + "->price calculate
completed.");
                 } catch (InterruptedException e)
                 {
                    //ignore exception
                 } finally
                 {
                     try
                     {
                         //③ 在此等待其他子线程到达 barrier point
                         barrier.await();
                     } catch (InterruptedException
                             | BrokenBarrierException e)
                     {
                     }
                 }
             });
             threadList.add(thread);
             thread.start();
        }
       );
```

```
        //④ 等待所有子任务线程结束
        threadList.forEach(t ->
        {
            try
            {
                t.join();
            } catch (InterruptedException e)
            {
                e.printStackTrace();
            }
        });
        System.out.println("all of prices calculate finished.");
        list.forEach(System.out::println);
    }
... 省略，其余代码与3.1.1节中的CountDownLatchExample1代码一致
```

运行上面的代码，其输出结果与3.1.1节中的运行结果完全一致，虽然同样都是进行子任务并行化的执行并且等待所有子任务结束，但是它们的执行方式却存在着很大的差异。在子任务线程中，当执行结束后调用await方法使当前的子线程进入阻塞状态，直到其他所有的子线程都结束了任务的运行之后，它们才能退出阻塞，下面来解释一下代码注释中几个关键的地方。

- 在注释①处定义了一个CyclicBarrier，虽然要求传入大于0的int数字，但是它所代表的含义是“分片”而不再是计数器，虽然它的作用与计数器几乎类似。
- 在注释②处定义了一个Thread List，用于存放已经被启动的线程，其主要作用就是为了后面等待所有的任务结束而做准备。
- 在注释③处，子任务线程运行（正常/异常）结束后，调用await方法等待其他子线程也运行结束到达一个共同的barrier point，该await方法还会返回一个int的值，该值所代表的意思是当前任务到达的次序（说白了就是这个线程是第几个运行完相关逻辑单元的）。
- 在注释④处，逐一调用每一个子线程的join方法，使当前线程进入阻塞状态等待所有的子线程运行结束。

注释④处给出的等待子任务线程运行结束的方案虽然能够达到目的，但是这种方式不太优雅，我们可以通过一个小技巧使代码变得更加简洁。

```
... 省略
List<ProductPrice> list = Arrays.stream(products)
            .mapToObj(ProductPrice::new)
            .collect(toList());

//在定义CyclicBarrier给定parties时，使parties的数量多一个
final CyclicBarrier barrier = new CyclicBarrier(list.size()+1);
...
//在主线程中调用await方法，等待其他子任务线程也到达barrier point
barrier.await();
... 省略
```

通过为barrier的数量多加一个分片的方式，将主线程也当成子任务线程，这个时候，主线程就可以调用await线程，等待其他线程运行结束并且到达barrier point，进而退出阻塞进入

下一个运算逻辑中。

3.2.2 CyclicBarrier 的循环特性

CyclicBarrier 的另一个很好的特性是可以被循环使用，也就是说当其内部的计数器为 0 之后还可以在接下来的使用中重置而无须重新定义一个新的。下面我们看一个简单的例子，想必每个人都是非常喜欢旅游的，旅游的时候不可避免地需要加入某些旅行团。在每一个旅行团中都至少会有一个导游为我们进行向导和解说，由于游客比较多，为了安全考虑导游经常会清点人数以防止个别旅客由于自由活动出现迷路、掉队的情况。

Cyclic Barrier 的循环使用图示如图 3-3 所示。

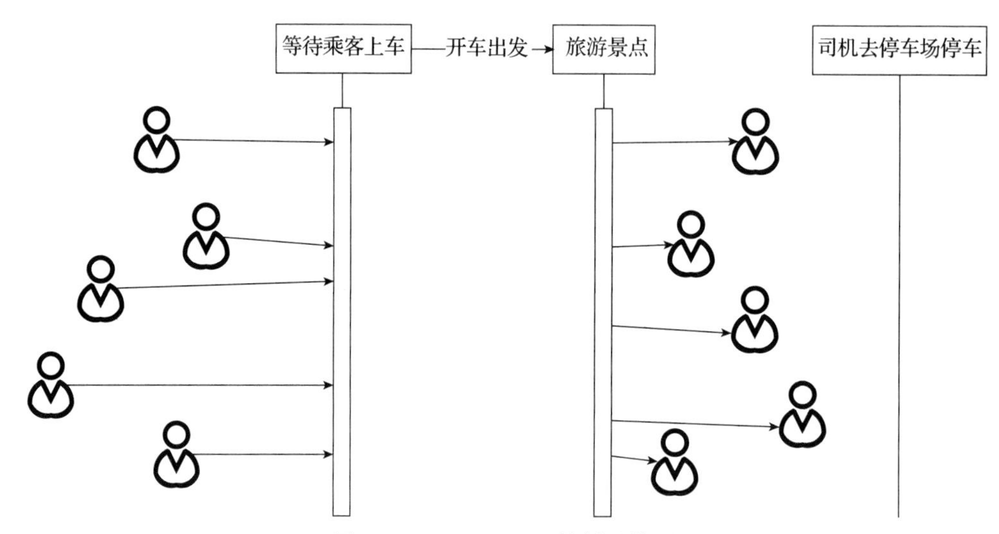

图 3-3　CyclicBarrier 的循环使用

通过图 3-3，我们可以看到，只有在所有的旅客都上了大巴之后司机才能将车开到下一个旅游景点，当大巴到达旅游景点之后，导游还会进行人数清点以确认车上没有旅客由于睡觉而逗留，车才能开去停车场，进而旅客在该景点游玩。由此我们可以看出，所有乘客全部上车和所有乘客在下一个景点全部下车才能开始进一步地统一行动，下面写一个程序简单模拟一下。

程序代码：CyclicBarrierExample2.java

```
package com.wangwenjun.concurrent.juc.utils;

import java.util.concurrent.BrokenBarrierException;
import java.util.concurrent.CyclicBarrier;
import java.util.concurrent.TimeUnit;

import static java.util.concurrent.ThreadLocalRandom.current;

public class CyclicBarrierExample2
{
    public static void main(String[] args)
```

```
            throws BrokenBarrierException, InterruptedException
    {
        //定义CyclicBarrier，注意这里的parties值为11
        final CyclicBarrier barrier = new CyclicBarrier(11);
        //创建10个线程
        for (int i = 0; i < 10; i++)
        {
            //定义游客线程，传入游客编号和barrier
            new Thread(new Tourist(i, barrier)).start();
        }
       //主线程也进入阻塞，等待所有游客都上了旅游大巴
        barrier.await();
        System.out.println("Tour Guider:all of Tourist get on the bus.");
        //主线程进入阻塞，等待所有游客都下了旅游大巴
        barrier.await();
        System.out.println("Tour Guider:all of Tourist get off the bus.");
    }

    private static class Tourist implements Runnable
    {
        private final int touristID;
        private final CyclicBarrier barrier;

        private Tourist(int touristID, CyclicBarrier barrier)
        {
            this.touristID = touristID;
            this.barrier = barrier;
        }

        @Override
        public void run()
        {
            System.out.printf("Tourist:%d by bus\n", touristID);
            //模拟乘客上车的时间开销
            this.spendSeveralSeconds();
            //上车后等待其他同伴上车
            this.waitAndPrint("Tourist:%d Get on the bus, and wait other people 
reached.\n");
            System.out.printf("Tourist:%d arrival the destination\n", touristID);
            //模拟乘客下车的时间开销
            this.spendSeveralSeconds();
            //下车后稍作等待，等待其他同伴全部下车
            this.waitAndPrint("Tourist:%d Get off the bus, and wait other people 
get off.\n");
        }

        private void waitAndPrint(String message)
        {
            System.out.printf(message, touristID);
            try
            {
                barrier.await();
            } catch (InterruptedException | BrokenBarrierException e)
            {
               //ignore
            }
        }

       //random sleep
        private void spendSeveralSeconds()
        {
            try
```

```
                {
                    TimeUnit.SECONDS.sleep(current().nextInt(10));
                } catch (InterruptedException e)
                {
                   //ignore
                }
            }
        }
    }
```

在上面的程序中，我们根据前文描述对游客上车后的统一发车，以及到达目的地下车后的统一行动进行了控制。自始至终我们都是使用同一个CyclicBarrier来进行控制的，在这里需要注意的是，在主线程中的两次await中间为何没有对barrier进行reset的操作，那是因为在CyclicBarrier内部维护了一个count。当所有的await调用导致其值为0的时候，reset相关的操作会被默认执行。下面来看一下CyclicBarrier的await方法调用的相关源码，代码如下。

```
public int await()
    throws InterruptedException, BrokenBarrierException
{
    ...
        //所有的await调用，事实上执行的是dowait方法
        return dowait(false, 0L);
    ...
}

private int dowait(boolean timed, long nanos)
    throws InterruptedException, BrokenBarrierException,
           TimeoutException {
...省略
        int index = --count;
       //当count为0的时候
        if (index == 0) {  //tripped
            boolean ranAction = false;
            try {
                final Runnable command = barrierCommand;
                if (command != null)
                    command.run();
                ranAction = true;
                //生成新的Generation，并且直接返回
                nextGeneration();
                return 0;
            } finally {
                if (!ranAction)
                    breakBarrier();
            }
        }
...省略
    }
}

private void nextGeneration() {
    //唤醒阻塞中的所有线程
    trip.signalAll();
    //set up next generation
    //修改count的值使其等于构造CyclicBarrier转入的parties值
    count = parties;
```

```
        //创建新的 Generation
        generation = new Generation();
    }
```

通过上面的代码片段，我们可以很清晰地看出，当 count 的值为 0 的时候，最后会重新生成新的 Generation，并且将 count 的值设定为构造 CyclicBarrier 转入的 parties 值。

那么在调用了 reset 方法之后呢？我们同样也可以看一下 CyclicBarrier reset 的源码片段。

```
public void reset() {
    final ReentrantLock lock = this.lock;
    lock.lock();
    try {
        //调用 break barrier 方法
        breakBarrier();    //break the current generation
        //重新生成新的 generation
        nextGeneration(); //start a new generation
    } finally {
        lock.unlock();
    }
}

private void breakBarrier() {
    //generation 的 broken 设置为 true，标识该 barrier 已经被 broken 了
    generation.broken = true;
    //重置 count 的值
    count = parties;
    //唤醒阻塞的其他线程
    trip.signalAll();
}
```

由于所有的子任务线程都已经顺利完成，虽然在 reset 方法中调用了 breakBarrier 方法和唤醒其他新阻塞线程，但是它们都会被忽略掉，根本不会影响到 dowait 方法中的线程（因为执行该方法的线程已经没有了），紧接着 generation 又会被重新创建，因此在本节的例子中，主线程的两次 await 方法调用之间完全可以不用调用 reset 方法，当然你加入了 reset 方法也不会有什么影响，好了，下面来看一下 CyclicBarrierExample2 程序的输出。

程序输出：CyclicBarrierExample2.java

```
Tourist:0 by bus
Tourist:8 by bus
Tourist:9 by bus
Tourist:5 by bus
Tourist:7 by bus
Tourist:6 by bus
Tourist:4 by bus
Tourist:3 by bus
Tourist:2 by bus
Tourist:1 by bus
Tourist:3 Get on the bus, and wait other people reached.
Tourist:2 Get on the bus, and wait other people reached.
Tourist:9 Get on the bus, and wait other people reached.
Tourist:1 Get on the bus, and wait other people reached.
Tourist:8 Get on the bus, and wait other people reached.
Tourist:4 Get on the bus, and wait other people reached.
```

```
Tourist:6 Get on the bus, and wait other people reached.
Tourist:0 Get on the bus, and wait other people reached.
Tourist:7 Get on the bus, and wait other people reached.
Tourist:5 Get on the bus, and wait other people reached.
Tour Guider:all of Tourist get on the bus.
Tourist:3 arrival the destination
Tourist:5 arrival the destination
Tourist:5 Get off the bus, and wait other people get off.
Tourist:2 arrival the destination
Tourist:9 arrival the destination
Tourist:1 arrival the destination
Tourist:4 arrival the destination
Tourist:8 arrival the destination
Tourist:6 arrival the destination
Tourist:7 arrival the destination
Tourist:0 arrival the destination
Tourist:9 Get off the bus, and wait other people get off.
Tourist:1 Get off the bus, and wait other people get off.
Tourist:8 Get off the bus, and wait other people get off.
Tourist:0 Get off the bus, and wait other people get off.
Tourist:3 Get off the bus, and wait other people get off.
Tourist:2 Get off the bus, and wait other people get off.
Tourist:7 Get off the bus, and wait other people get off.
Tourist:4 Get off the bus, and wait other people get off.
Tourist:6 Get off the bus, and wait other people get off.
Tour Guider:all of Tourist get off the bus.
```

在程序运行的输出结果中，笔者用黑体下划线标注出了需要我们关注的两句非常重要的输出。通过输出可以发现，在不同的阶段控制中，一个CyclicBarrier就可以很好地实现我们的要求。

3.2.3 CyclicBarrier的其他方法以及总结

通过前面两个章节的学习，读者应该已经掌握了CyclicBarrier的基本用法，当然它还提供了一些其他的方法和构造方式，本节将统一进行整理和讲解。

- CyclicBarrier(int parties)构造器：构造CyclicBarrier并且传入parties。
- CyclicBarrier(int parties, Runnable barrierAction)构造器：构造CyclicBarrier不仅传入parties，而且指定一个Runnable接口，当所有的线程到达barrier point的时候，该Runnable接口会被调用，有时我们需要在所有任务执行结束之后执行某个动作，这时就可以使用这种CyclicBarrier的构造方式了。
- int getParties()方法：获取CyclicBarrier在构造时的parties，该值一经CyclicBarrier创建将不会被改变。
- await()方法：我们使用最多的一个方法，调用该方法之后，当前线程将会进入阻塞状态，等待其他线程执行await()方法进入barrier point，进而全部退出阻塞状态，当CyclicBarrier内部的count为0时，调用await()方法将会直接返回而不会进入阻塞状态。

```
final CyclicBarrier barrier = new CyclicBarrier(1);
barrier.await(); //barrier的count为0
barrier.await(); //直接返回
barrier.await(); //直接返回
```

- await(long timeout, TimeUnit unit)方法：该方法与无参的await方法类似，只不过增加了超时的功能，当其他线程在设定的时间内没有到达barrier point时，当前线程也会退出阻塞状态。
- isBroken()：返回barrier的broken状态，某个线程由于执行await方法而进入阻塞状态，如果该线程被执行了中断操作，那么isBroken()方法将会返回true。

```
final CyclicBarrier barrier = new CyclicBarrier(2);
Thread thread = new Thread(() ->
{
    try
    {
        //thread将会进入阻塞状态
        barrier.await();
    } catch (InterruptedException | BrokenBarrierException e)
    {
        e.printStackTrace();
    }
});
thread.start();
//两秒后在main线程中执行thread的中断操作
TimeUnit.SECONDS.sleep(2);
//调用中断
thread.interrupt();
//短暂休眠，确保thread的执行动作发生在main线程读取broken状态之前
TimeUnit.SECONDS.sleep(2);
//输出barrier的broken状态，这种情况下该返回值肯定为true
System.out.println(barrier.isBroken());
```

当一个线程在执行CyclicBarrier的await方法进入阻塞而被中断时，CyclicBarrier会被broken这一点我们已经通过上面的代码证明过了，但是需要注意如下几点（非常重要）。

1）当一个线程由于在执行CyclicBarrier的await方法而进入阻塞状态时，这个时候对该线程执行中断操作会导致CyclicBarrier被broken。

2）被broken的CyclicBarrier此时已经不能再直接使用了，如果想要使用就必须使用reset方法对其重置。

3）如果有其他线程此时也由于执行了await方法而进入阻塞状态，那么该线程会被唤醒并且抛出BrokenBarrierException异常。

- getNumberWaiting()方法：该方法返回当前barrier有多少个线程执行了await方法而不是还有多少个线程未到达barrier point，这一点需要注意。
- reset()方法：前面已经详细地介绍过这个方法，其主要作用是中断当前barrier，并且重新生成一个generation，还有将barrier内部的计数器count设置为parties值，但是需要注意的是，如果还有未到达barrier point的线程，则所有的线程将会被中断并且退出阻塞，此时isBroken()方法将返回false而不是true。

```
final CyclicBarrier barrier = new CyclicBarrier(3);

Thread thread = new Thread(() ->
{
    try
    {
        barrier.await();
```

```
        } catch (InterruptedException | BrokenBarrierException e)
        {
            e.printStackTrace();
        }
    });
    thread.start();
    TimeUnit.SECONDS.sleep(2);
    // 执行 reset 方法，thread 线程将会被中断
    barrier.reset();
    // 此时 isBroken() 为 false 而不是 true
    assert !barrier.isBroken() : "broken state must false.";
```

3.2.4 CyclicBarrier VS. CountDownLatch

截至目前，我们已经详细学习了 CyclicBarrier 和 CoundDownLatch 的作用和用法，两者都可用于管理和控制子任务线程的执行，在某些场景下，它们都可以实现类似的功能，但是它们在本质上存在着很多差别，包括但不限于下列差别。

- CoundDownLatch 的 await 方法会等待计数器被 count down 到 0，而执行 CyclicBarrier 的 await 方法的线程将会等待其他线程到达 barrier point。
- CyclicBarrier 内部的计数器 count 是可被重置的，进而使得 CyclicBarrier 也可被重复使用，而 CoundDownLatch 则不能。
- CyclicBarrier 是由 Lock 和 Condition 实现的，而 CountDownLatch 则是由同步控制器 AQS（AbstractQueuedSynchronizer）来实现的。
- 在构造 CyclicBarrier 时不允许 parties 为 0，而 CountDownLatch 则允许 count 为 0。

3.3 Exchanger 工具详解

Exchanger（交换器），从字面意思来看它的主要作用就是用于交换，那么它是用来交换什么的？是由谁和谁进行交换？交换怎样的数据？本节将介绍 Java 并发工具包中的 Exchanger 工具类。

Exchanger 简化了两个线程之间的数据交互，并且提供了两个线程之间的数据交换点，Exchanger 等待两个线程调用其 exchange() 方法。调用此方法时，交换机会交换两个线程提供给对方的数据。

3.3.1 一对线程间的数据交换

Exchanger 在某种程度上可以看成是生产者和消费者模式的实现，但是它重点关注的是数据交换，所谓交换就是我给了你 A，你会给我 B，而生产者消费者模式中间使用队列将其解耦。生产者只需要在队列中放入元素，它并不在乎是否会有消费者的存在，同样消费者也只是从队列中获取元素，并不关心生产者是否存在，如图 3-4 所示。

下面我们来快速地看一个例子，通过示例来感受如何使用 Exchanger，下面的代码中定义了两个线程 T1 和 T2，分别调用 Exchanger 的 exchange 方法将各自的数据传递给对方，在这里需要注意的是，每个线程在构造数据时的开销是不一样的，因此调用方法 exchange 的时机

并不是同一时刻，当 T1 线程在执行 exchange 方法的时候，如果 T2 方法没有执行 exchange 方法，那么 T1 线程会进入阻塞状态等待 T2 线程执行 exchange 方法，只有当两个线程都执行了 exchange 方法之后，它们才会退出阻塞。

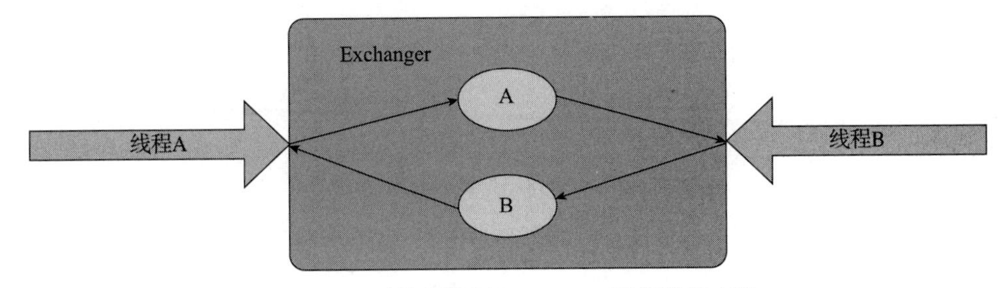

图 3-4　一对线程使用 Exchanger 进行数据交换

程序代码：ExchangerExample1.java

```
package com.wangwenjun.concurrent.juc.utils;

import java.util.concurrent.Exchanger;
import java.util.concurrent.TimeUnit;

import static java.lang.Thread.currentThread;
import static java.util.concurrent.ThreadLocalRandom.current;

public class ExchangerExample1
{
    public static void main(String[] args)
    {
// 定义 Exchanger 类，该类是一个泛型类，String 类型标明一对线程交换的数据只能是 String 类型
        final Exchanger<String> exchanger = new Exchanger<>();
        // 定义线程 T1
        new Thread(() ->
        {
            System.out.println(currentThread() + " start.");
            try
            {
               // 随机休眠 1 ~ 10 秒钟
                randomSleep();
                // ①执行 exchange 方法，将对应的数据传递给 T2 线程，同时从 T2 线程获取交换的数据
                String data = exchanger.exchange("I am from T1");
// data 就是从 T2 线程中返回的数据
                System.out.println(currentThread() + " received: " + data);
            } catch (InterruptedException e)
            {
                e.printStackTrace();
            }
            System.out.println(currentThread() + " end.");
        }, "T1").start();

// 原理同 T1 线程，省略注释内容 ...
        new Thread(() ->
        {
            System.out.println(currentThread() + " start.");
            try
            {
                randomSleep();
```

```
                String data = exchanger.exchange("I am from T2");
                System.out.println(currentThread() + " received: " + data);
            } catch (InterruptedException e)
            {
                e.printStackTrace();
            }
            System.out.println(currentThread() + " end.");
        }, "T2").start();
    }

    private static void randomSleep()
    {
        try
        {
            TimeUnit.SECONDS.sleep(current().nextInt(10));
        } catch (InterruptedException e)
        {
            // ignore
        }
    }
}
```

上面这段代码的关键在于Exchanger的exchange方法，该方法是一个阻塞方法，只有成对的线程执行了exchange调用之后才会退出阻塞，我们通过随机休眠的方式模拟T1和T2线程不同程度的时间开销。调用exchange方法需要传递交换的数据，该数据的类型在定义Exchanger时就已经确立了，同时exchange方法的返回值代表着对方线程所交换过来的内容，运行上面的代码将会得到如下的结果输出。

程序输出：ExchangerExample1.java

```
Thread[T1,5,main] start.
Thread[T2,5,main] start.
#T2线程退出阻塞的同时得到了来自T1线程交换过来的数据
Thread[T2,5,main] received: I am from T1
#T1线程退出阻塞的同时得到了来自T2线程交换过来的数据
Thread[T1,5,main] received: I am from T2
Thread[T2,5,main] end.
Thread[T1,5,main] end.
```

在定义Exchanger类的时候必须指定对应的数据类型（Exchanger是一个泛型类），同时在调用exchange方法的时候也必须传递对应类型的数据，如果我们只希望一个线程生成数据，另外一个线程处理数据。也就是说其中A线程会用到B线程交换过来的数据，而B线程压根不会用到（忽略）A线程交换过来的数据，该怎么做呢？请看下面的示例。

程序代码：ExchangerExample2.java

```
package com.wangwenjun.concurrent.juc.utils;

import java.util.concurrent.Exchanger;
import java.util.concurrent.TimeUnit;

import static java.util.concurrent.ThreadLocalRandom.current;

public class ExchangerExample2
{
```

```
    public static void main(String[] args)
            throws InterruptedException
    {
        //定义数据类型为 String 的 Exchanger
        final Exchanger<String> exchanger = new Exchanger<>();
        //定义 StringGenerator 线程，并将该线程命名为 Generator
        StringGenerator generator =
                new StringGenerator(exchanger, "Generator");
        //定义 StringConsumer 线程，并将该线程命名为 Consumer
        StringConsumer consumer =
                new StringConsumer(exchanger, "Consumer");
        //分别启动线程
        consumer.start();
        generator.start();

        //休眠1分钟后，将 Generator 和 Consumer 线程关闭
        TimeUnit.MINUTES.sleep(1);
        consumer.close();
        generator.close();
    }

    //定义 Closable 接口
    private interface Closable
{
        //关闭方法
        void close();
        //判断当前线程是否被关闭
        boolean closed();
    }

    private abstract static class ClosableThread
            extends Thread implements Closable
    {
        protected final Exchanger<String> exchanger;

        private volatile boolean closed = false;

        private ClosableThread(Exchanger<String> exchanger,
                               final String name)
        {
            super(name);
            this.exchanger = exchanger;
        }

        @Override
        public void run()
        {
           //当前线程未关闭时不断执行 doExchange() 方法
            while (!closed())
            {
               this.doExchange();
            }
        }

      //抽象方法
        protected abstract void doExchange();

      //关闭当前线程
        @Override
        public void close()
        {
```

```
            System.out.println(currentThread() + " will be closed.");
            this.closed = true;
            this.interrupt();
        }

        // 当前线程是否被关闭
        @Override
        public boolean closed()
        {
            return this.closed||this.isInterrupted();
        }
    }

    private static class StringGenerator extends ClosableThread
    {
        private char initialChar = 'A';

        private StringGenerator(Exchanger<String> exchanger, String name)
        {
            super(exchanger, name);
        }

        @Override
        protected void doExchange()
        {
            // 模拟复杂的数据生成过程
            String str = "";
            for (int i = 0; i < 3; i++)
            {
                randomSleep();
                str += (initialChar++);
            }

            try
            {
                //① 如果当前线程未关闭，则执行Exchanger的exchange方法
                if (!this.closed())
                    exchanger.exchange(str);
            } catch (InterruptedException e)
            {
                // 如果closed()方法之后执行了close方法，那么执行中断操作时此处会捕获到中断信号
                System.out.println(currentThread() + "received the close signal.");
            }
        }
    }

    private static class StringConsumer extends ClosableThread
    {

        private StringConsumer(Exchanger<String> exchanger, String name)
        {
            super(exchanger, name);
        }

        @Override
        protected void doExchange()
        {
            try
            {
                //②如果当前线程未关闭，则执行Exchanger的exchange方法
                if (!this.closed())
```

```
                {
                    String data = exchanger.exchange(null);
                    System.out.println("received the data: " + data);
                }
            } catch (InterruptedException e)
            {
                System.out.println(currentThread() + " received the close signal.");
            }
        }
    }
    //随机休眠
    private static void randomSleep()
    {
        try
        {
            TimeUnit.SECONDS.sleep(current().nextInt(5));
        } catch (InterruptedException e)
        {
            //ignore
        }
    }
}
```

分析上面的代码可以看到在注释①处，Generator线程虽然进行了数据交换，但是它并不关心另外一个Consumer线程所交换过来的数据，同样在注释②处，Consumer线程直接使用null值作为exchange的数据对象，运行上面的程序会看到Generator线程和Consumer线程之间的协同工作过程以及关闭的过程。

程序输出：ExchangerExample2.java

```
received the data: ABC
received the data: DEF
received the data: GHI
received the data: JKL
received the data: MNO
received the data: PQR
received the data: STU
received the data: VWX
received the data: YZ[
Thread[main,5,main] will be closed.
Thread[main,5,main] will be closed.
Thread[Consumer,5,main] received the close signal.
```

3.3.2 Exchanger的方法详解

通过在3.3.1节中对Exchanger的讲解以及两个示例的加持，相信读者应该能够理解和掌握Exchanger的基本用法了，Exchanger对外提供的方法非常简单，仅有两个方法，但是如果使用不得当将会出现问题，比如整个线程阻塞进而导致整个JVM进程的阻塞，本节将说明使用Exchanger时需要注意的问题有哪些。

- public V exchange(V x) throws InterruptedException：数据交换方法，该方法的作用是将数据x交换至搭档线程，执行该方法后，当前线程会进入阻塞状态，只有当搭档线程也执行了exchange方法之后，该当前线程才会退出阻塞状态进行下一步的工作，与此同时，该方法的返回值代表着搭档线程所传递过来的交换数据。

- public V exchange(V x, long timeout, TimeUnit unit) throws InterruptedException, TimeoutException：该方法的作用与前者类似，只不过增加了超时的功能，也就是说在指定的时间内搭档线程没有执行 exchange 方法，当前线程会退出阻塞，并且返回值为 null。

Exchanger 用于数据交换的前提基本上是 exchange 方法被成对调用。另外，我们虽然可以在 exchange 方法中传入 null 值，但是 Exchanger 会为我们提供一个默认的 Object（NULL_ITEM）值，在最后返回值时会根据交换数据与 NULL_ITEM 进行匹配，并将交换数据重新返回为 null，具体请看如下源码。

```
public V exchange(V x) throws InterruptedException {
    Object v;
    //如果x为null，则使用NULL_ITEM替代，NULL_ITEM其实就是一个new object
    Object item = (x == null) ? NULL_ITEM : x; //translate null args
    if ((arena != null ||
         (v = slotExchange(item, false, 0L)) == null) &&
         ((Thread.interrupted() || //disambiguates null return
         (v = arenaExchange(item, false, 0L)) == null)))
         throw new InterruptedException();
    //匹配v值，如果v值与NULL_ITEM相等，则说明对方线程交换了null值，因此重新还原为null
    return (v == NULL_ITEM) ? null : (V)v;
}
```

如果使用 Exchanger 的两个线程，其中一个由于某种原因意外退出，那么此时另外一个线程将会永远处于阻塞状态，进而导致 JVM 进程出现假死的情况。当然使用了超时功能的 exchange 在设定时间到达时会退出阻塞，因此在使用 Exchanger 时中断数据交换线程的操作是非常重要的，下面来看一下如何中断数据交换线程。

```
Thread t = new Thread(() ->
{
    try
    {
        //线程进入阻塞
        exchanger.exchange(null);
    } catch (InterruptedException e)
    {
        //当有外部线程执行了该线程的中断操作时，此处会捕获到中断信号
        System.out.println("An interrupt signal was caught");
    }
});
t.start();
//一秒之后t线程将会被中断
TimeUnit.SECONDS.sleep(1);
//中断线程
t.interrupt();
```

上面的程序片段会将执行了 exchange 方法的线程从阻塞中中断，但是这还远远不够，我们来看下面的示例代码，即使执行了中断方法，线程仍然会被阻塞。

```
Thread t = new Thread(() ->
{
    try
    {
```

```
        //模拟线程执行某些可捕获中断信号的方法，比如sleep方法
            TimeUnit.SECONDS.sleep(2);
        } catch (InterruptedException e)
        {
        }
        try
        {
            exchanger.exchange(null);
        } catch (InterruptedException e)
        {
            System.out.println("An interrupt signal was caught");
        }
    });
    t.start();
    TimeUnit.SECONDS.sleep(1);
    t.interrupt();
```

运行上面的代码片段，线程t将永远不会被中断，原因是在线程t的休眠代码块中捕获到了中断信号并未做任何处理，因此中断信号被擦除。当线程再次进入exchange方法时就会进入阻塞，因此该线程将会导致JVM出现假死的情况（关于线程的中断请参阅《Java高并发编程详解：多线程与架构设计》一书中的3.7节“线程interrupt”）。

如果当前线程被执行过中断方法，并且从未捕获过中断信号，那么在执行exchange方法的时候会立即被中断，请看下面的代码片段。

```
Thread t = new Thread(() ->
{
    //模拟复杂的计算，等待主线程执行对该线程的中断操作
    String s = "";
    for (int i = 0; i < 10000; i++)
    {
        s += "exchanger";
    }
    try
    {
    //执行该方法会被立即中断，因为中断信号并未被擦除
        exchanger.exchange(s);
    } catch (InterruptedException e)
    {
        System.out.println("An interrupt signal was caught");
    }
});
t.start();
TimeUnit.SECONDS.sleep(1);
//中断t线程。
t.interrupt();
```

3.3.3　Exchanger总结

Exchanger在类似于生产者-消费者的情况下可能会非常有用。在生产者-消费者问题中，拥有一个公共的数据缓冲区（队列）、一个或多个数据生产者和一个或多个数据消费者。由于交换器类只涉及两个线程，因此如果你想要在两个线程之间同步数据或者交换数据，那么这种情况就可以使用Exchanger这个工具，当然在使用它的时候请务必做好线程的管理工作，否则将会出现线程阻塞，程序无法继续执行的假死情况。

3.4 Semaphore 工具详解

Semaphore（信号量）是一个线程同步工具，主要用于在一个时刻允许多个线程对共享资源进行并行操作的场景。通常情况下，使用 Semaphore 的过程实际上是多个线程获取访问共享资源许可证的过程，下面是 Semaphore 的内部处理逻辑。

- 如果此时 Semaphore 内部的计数器大于零，那么线程将可以获得小于该计数器数量的许可证，同时还会导致 Semaphore 内部的计数器减少所发放的许可证数量。
- 如果此时 Semaphore 内部的计数器等于 0，也就是说没有可用的许可证，那么当前线程有可能会被阻塞（使用 tryAcquire 方法时不会阻塞）。
- 当线程不再使用许可证时，需要立即将其释放以供其他线程使用，所以建议将许可证的获取以及释放动作写在 try..finally 语句块中。

Semaphore 的基本流程如图 3-5 所示。

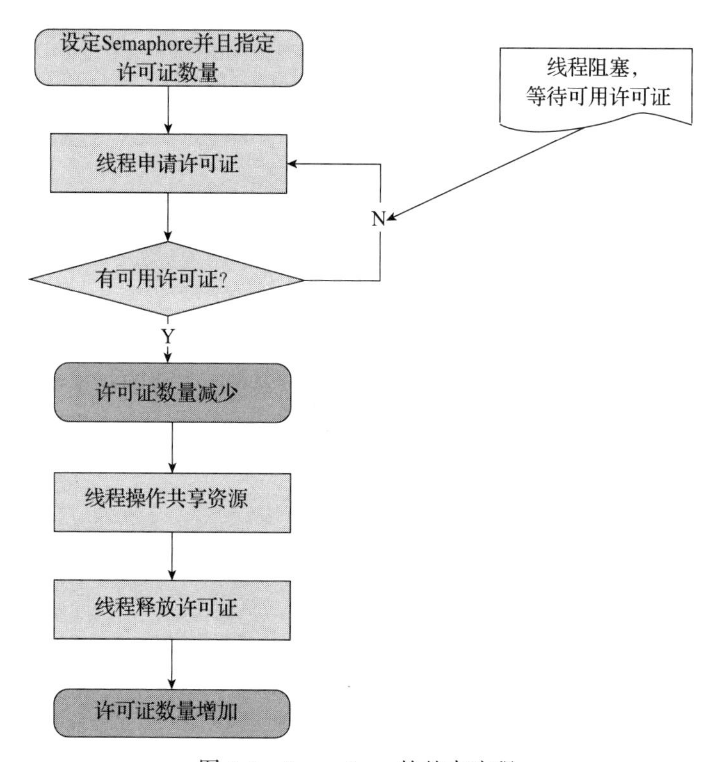

图 3-5 Semaphore 的基本流程

3.4.1 Semaphore 限制同时在线的用户数量

了解了 Semaphore 的工作流程以及原理之后，我们再来看看 Semaphore 该如何使用，并且适用于何种场景之下。在本节的示例代码中，我们模拟某个登录系统，最多限制给定数量的人员同时在线，如果所能申请的许可证不足，那么将告诉用户无法登录，稍后重试。

程序代码：SemaphoreExample1.java

```
package com.wangwenjun.concurrent.juc.utils;

import java.util.concurrent.Semaphore;
import java.util.concurrent.TimeUnit;
import java.util.stream.IntStream;

import static java.lang.Thread.currentThread;
import static java.util.concurrent.ThreadLocalRandom.current;

public class SemaphoreExample1
{
    public static void main(String[] args)
    {
        //定义许可证数量，最多同时只能有10个用户登录成功并且在线
        final int MAX_PERMIT_LOGIN_ACCOUNT = 10;

        final LoginService loginService =
             new LoginService(MAX_PERMIT_LOGIN_ACCOUNT);

        //启动20个线程
        IntStream.range(0, 20).forEach(i ->
                new Thread(() ->
                {
                    //登录系统，实际上是一次许可证的获取操作
                    boolean login = loginService.login();
                    //如果登录失败，则不再进行其他操作
                    if (!login)
                    {
                        System.out.println(currentThread() + " is refused due
to exceed max online account.");
                        return;
                    }

                    try
                    {
                      //简单模拟登录成功后的系统操作
                        simulateWork();
                    } finally
                    {
                        //退出系统，实际上是对许可证资源的释放
                        loginService.logout();
                    }
                }, "User-" + i).start()
        );
    }
    //随机休眠
    private static void simulateWork()
    {
        try
        {
            TimeUnit.SECONDS.sleep(current().nextInt(10));
        } catch (InterruptedException e)
        {
            //ignore
        }
    }

    private static class LoginService
    {
        private final Semaphore semaphore;
```

```
        public LoginService(int maxPermitLoginAccount)
        {
            //初始化 Semaphore
            this.semaphore =
                    new Semaphore(maxPermitLoginAccount, true);
        }

        public boolean login()
        {
           //获取许可证，如果获取失败该方法会返回 false，tryAcquire 不是一个阻塞方法
            boolean login = semaphore.tryAcquire();
            if (login)
                System.out.println(currentThread() + " login success.");
            return login;
        }

       //释放许可证
        public void logout()
        {
            semaphore.release();
            System.out.println(currentThread() + " logout success.");
        }
    }
}
```

在上面的代码中，我们定义了 Semaphore 的许可证数量为 10，这就意味着当前的系统最多只能有 10 个用户同时在线，如果其他线程在 Semaphore 许可证数量为 0 的时候尝试申请，就将会出现申请不成功的情况，运行上面的代码输出如下。

程序输出：SemaphoreExample1.java

```
Thread[User-3,5,main] login success.
Thread[User-2,5,main] login success.
Thread[User-0,5,main] login success.
Thread[User-4,5,main] login success.
Thread[User-8,5,main] login success.
Thread[User-12,5,main] login success.
Thread[User-16,5,main] login success.
Thread[User-1,5,main] login success.
Thread[User-14,5,main] login success.
Thread[User-6,5,main] login success.
Thread[User-10,5,main] is refused due to exceed max online account.
Thread[User-5,5,main] is refused due to exceed max online account.
Thread[User-9,5,main] is refused due to exceed max online account.
Thread[User-13,5,main] is refused due to exceed max online account.
Thread[User-17,5,main] is refused due to exceed max online account.
Thread[User-18,5,main] is refused due to exceed max online account.
Thread[User-7,5,main] is refused due to exceed max online account.
Thread[User-11,5,main] is refused due to exceed max online account.
Thread[User-15,5,main] is refused due to exceed max online account.
Thread[User-19,5,main] is refused due to exceed max online account.
Thread[User-3,5,main] logout success.
Thread[User-14,5,main] logout success.
Thread[User-16,5,main] logout success.
Thread[User-0,5,main] logout success.
Thread[User-2,5,main] logout success.
Thread[User-6,5,main] logout success.
Thread[User-12,5,main] logout success.
```

```
Thread[User-4,5,main] logout success.
Thread[User-8,5,main] logout success.
Thread[User-1,5,main] logout success.
```

如果将tryAcquire方法修改为阻塞方法acquire，那么我们会看到所有的未登录成功的用户在其他用户退出系统后会陆陆续续登录成功（修改后的login方法）。

```
public boolean login()
{
    try
    {
        //acquire为阻塞方法，会一直等待有可用的许可证并且获取之后才会退出阻塞
        semaphore.acquire();
        System.out.println(currentThread() + " login success.");
    } catch (InterruptedException e)
    {
        //在阻塞过程中有可能被其他线程中断
        return false;
    }
    return true;
}
```

为了节约篇幅，读者可以自行修改代码并且检查程序的执行结果，这里就不再赘述了。

3.4.2　使用Semaphore定义try lock

无论是synchronized关键字，还是笔者在《Java高并发编程详解：多线程与架构设计》一书中定义的若干显式锁，都存在一个问题，那就是，当某个时刻获取不到锁的时候，当前线程会进入阻塞状态。这种状态有些时候并不是我们所期望的，如果获取不到锁线程还可以进行其他的操作，而不一定非得将其阻塞（事实上，Lock接口中就提供了try lock的方法，当某个线程获取不到对共享资源执行的权限时将会立即返回，而不是使当前线程进入阻塞状态），本节将借助Semaphore提供的方法实现一个显式锁，该锁的主要作用是try锁，若获取不到锁就会立即返回。

程序代码：SemaphoreExample2.java

```
package com.wangwenjun.concurrent.juc.utils;

import java.util.concurrent.Semaphore;
import java.util.concurrent.TimeUnit;

import static java.lang.Thread.currentThread;
import static java.util.concurrent.ThreadLocalRandom.current;

public class SemaphoreExample2
{
    public static void main(String[] args)
    {
        final TryLock tryLock = new TryLock();
        //启动一个线程，尝试获取tryLock，如果获取不成功则将进行其他的操作，该线程不用进入阻
塞状态
        new Thread(() ->
        {
            boolean gotLock = tryLock.tryLock();
            if (!gotLock)
```

```
                {
                    System.out.println(currentThread() + "can't get the lock, will
do other thing.");
                    return;
                }
                try
                {
                    simulateWork();
                } finally
                {
                    tryLock.unlock();
                }
            }).start();
    //main 线程也会参与 trylock 的争抢，同样，如果抢不到 trylock，则 main 线程不会进入阻塞状态
            boolean gotLock = tryLock.tryLock();
            if (!gotLock)
            {
                System.out.println(currentThread() + " can't get the lock, will do
other thing.");

            } else
            {
                try
                {
                    simulateWork();
                } finally
                {
                    tryLock.unlock();
                }
            }
        }
        //定义 trylock 类
        private static class TryLock
        {
            //定义 permit 为 1 的 semaphore
            private final Semaphore semaphore = new Semaphore(1);

            public boolean tryLock()
            {
                return semaphore.tryAcquire();
            }

            public void unlock()
            {
                semaphore.release();
                System.out.println(currentThread() + " release lock");
            }
        }

        private static void simulateWork()
        {
            try
            {
                System.out.println(currentThread() + " get the lock and do working...");
                TimeUnit.SECONDS.sleep(current().nextInt(10));
            } catch (InterruptedException e)
            {
                //ignore
            }
        }
    }
```

上面的代码非常简单，其核心思想是借助于只有一个许可证的 Semaphore 进行 tryAcquire 的操作，运行代码我们可以看到如下的结果，没有抢到锁的线程也会立即返回，并不会导致当前线程进入阻塞状态中。

程序输出：SemaphoreExample2.java

```
Thread[main,5,main] get the lock and do working...
Thread[Thread-0,5,main]can't get the lock, will do other thing.
Thread[main,5,main] release lock
```

3.4.3　Semaphore 其他方法详解

相对于前面三个并发工具类（CountDownLatch、CyclicBarrier、Exchanger），Semaphore 提供的方法更多更丰富一些，本节将详细介绍 Semaphore 的每一个方法应该如何使用。

1. Semaphore 的构造

Semaphore 包含了两个构造方法，具体如下所示。

- **public Semaphore(int permits)**：定义 Semaphore 指定许可证数量，并且指定非公平的同步器，因此 new Semaphore(n) 实际上是等价于 new Semaphore(n，false) 的。
- **public Semaphore(int permits, boolean fair)**：定义 Semaphore 指定许可证数量的同时给定非公平或是公平同步器。

2. tryAcquire 方法

tryAcquire 方法尝试向 Semaphore 获取许可证，如果此时许可证的数量少于申请的数量，则对应的线程会立即返回，结果为 false 表示申请失败，tryAcquire 包含如下四种重载方法。

- **tryAcquire()**：尝试获取 Semaphore 的许可证，该方法只会向 Semaphore 申请一个许可证，在 Semaphore 内部的可用许可证数量大于等于 1 的情况下，许可证将会获取成功，反之获取许可证则会失败，并且返回结果为 false。

```
// 定义只有一个 permit 的 Semaphore
final Semaphore semaphore = new Semaphore(1, true);
// 第一次获取许可证成功
assert semaphore.tryAcquire() : "acquire permit successfully.";
// 第二次获取失败
assert !semaphore.tryAcquire() : "acquire permit failure.";
```

- boolean tryAcquire(long timeout, TimeUnit unit) throws InterruptedException：该方法与 tryAcquire 无参方法类似，同样也是尝试获取一个许可证，但是增加了超时参数。如果在超时时间内还是没有可用的许可证，那么线程就会进入阻塞状态，直到到达超时时间或者在超时时间内有可用的证书（被其他线程释放的证书），或者阻塞中的线程被其他线程执行了中断。

```
final Semaphore semaphore = new Semaphore(1, true);
// 定义一个线程
new Thread(() ->
{
    // 获取许可证
    boolean gotPermit = semaphore.tryAcquire();
```

```
            //如果获取成功就休眠10秒的时间
            if (gotPermit)
            {
                try
                {
                    System.out.println(currentThread() + " get one permit.");
                    TimeUnit.SECONDS.sleep(10);
                } catch (InterruptedException e)
                {
                    e.printStackTrace();
                } finally
                {
                    //10秒以后将释放Semaphore的许可证
                    semaphore.release();
                }
            }
        }).start();
        //短暂休眠1秒的时间，确保上面的线程能够启动，并且顺利获取许可证
        TimeUnit.SECONDS.sleep(1);
        //主线程在3秒之内肯定是无法获取许可证的，那么主线程将在阻塞3秒之后返回获取许可证失败
        assert !semaphore.tryAcquire(3, TimeUnit.SECONDS) : "can't get the permit";
```

从上面的代码片段中，我们很清晰地可以看到匿名线程首先获取到了仅有的一个许可证之后休眠了10秒的时间，紧接着主线程想要尝试获取许可证，并且指定了3秒的超时时间，很显然主线程在被阻塞了3秒的时间之后退出阻塞，但还是不能够获取到许可证书，因为匿名线程并未释放，如果将主线程的超时时间修改为30秒，那么主线程肯定能够在10秒以后获取到许可证。

```
assert semaphore.tryAcquire(30, TimeUnit.SECONDS) : "get the permit";
```

- boolean tryAcquire(int permits)：在使用无参的tryAcquire时只会向Semaphore尝试获取一个许可证，但是该方法会向Semaphore尝试获取指定数目的许可证。

```
//定义许可证数量为5的Semaphore
final Semaphore semaphore = new Semaphore(5, true);
//尝试获取5个许可证，成功
assert semaphore.tryAcquire(5) : "acquire permit successfully.";
//此时Semaphore中已经没有可用的许可证了，尝试获取将会失败
assert !semaphore.tryAcquire() : "acquire permit failure.";
```

既然在该方法的使用中可以传入我们期望获取的许可证数量，那么传入的数量能否大于Semaphore中许可证的数量呢？这一点在代码的编写中当然是允许的，但是事实却是无法成功获取许可证，**运行下面的代码块将会出现断言失败的错误。**

```
//定义许可证数量为5的Semaphore
final Semaphore semaphore = new Semaphore(5, true);
//尝试获取10个许可证，这里的断言将会失败，并且抛出断言错误的异常
assert semaphore.tryAcquire(10) : "acquire permit successfully.";
```

- boolean tryAcquire(int permits, long timeout, TimeUnit unit)：该方法与第二个方法类似，只不过其可以指定尝试获取许可证数量的参数，这里就不再赘述了，读者可以自行测试。

3. acquire方法

acquire方法也是向Semaphore获取许可证，但是该方法比较偏执一些，获取不到就会一

直等（陷入阻塞状态），Semaphore为我们提供了acquire方法的两种重载形式。

- void acquire()：该方法会向Semaphore获取一个许可证，如果获取不到就会一直等待，直到Semaphore有可用的许可证为止，或者被其他线程中断。当然，如果有可用的许可证则会立即返回。
- void acquire(int permits)：该方法会向Semaphore获取指定数量的许可证，如果获取不到就会一直等待，直到Semaphore有可用的相应数量的许可证为止，或者被其他线程中断。同样，如果有可用的permits个许可证则会立即返回。

```
// 定义permit=1的Semaphore
final Semaphore semaphore = new Semaphore(1, true);
// 主线程直接抢先申请成功
semaphore.acquire();
Thread t = new Thread(() ->
{
    try
    {
        // 线程t会进入阻塞，等待当前有可用的permit
        semaphore.acquire();
        System.out.println("The thread t acquired permit from semaphore.");
    } catch (InterruptedException e)
    {
        System.out.println("The thread t is interrupted");
    }
});
t.start();
TimeUnit.SECONDS.sleep(10);
// 主线程休眠10秒后释放permit，线程t才能获取到permit
semaphore.release();
```

通过上面的程序代码片段，我们可以看到acquire方法在没有可用许可证（permit）时将会一直等待，直到出现可用的许可证（permit）为止，同时该方法允许被中断，但是上面的代码处理方式存在着非常严重的问题，甚至是灾难性的，关于这个问题我们会在3.4.3节继续探讨。

4. acquireUninterruptibly

如果说acquire的获取方式比较“倔犟”，但最起码还是可以“听得进别人的劝阻”中途放弃等待（中断该线程），那么acquireUninterruptibly的获取方式就“固执得可怕”了，其不仅会在没有可用许可证的情况下执着地等待，而且对于“别人的劝阻”它还会直接无视，因此在使用这一类方法进行操作时请务必小心。因为该方法很容易出现大规模的线程阻塞进而导致Java进程出现假死的情况，Semaphore中提供了acquireUninterruptibly方法的两种重载形式。

- void acquireUninterruptibly()：该方法会向Semaphore获取一个许可证，如果获取不到就会一直等待，与此同时对该线程的任何中断操作都会被无视，直到Semaphore有可用的许可证为止。当然，如果有可用的许可证则会立即返回。
- void acquireUninterruptibly(int permits)：该方法会向Semaphore获取指定数量的许可证，如果获取不到就会一直等待，与此同时对该线程的任何中断操作都会被无视，直到Semaphore有可用的许可证为止，或者被其他线程中断。同样，如果有可用的permits个许可证则会立即返回。

```
//创建一个 permit 为 1 的 Semaphore
final Semaphore semaphore = new Semaphore(1, true);
//主线程抢先得到仅有的一个许可证
semaphore.acquire();
//创建线程，并且使用 acquireUninterruptibly 方法获取 permit
Thread thread = new Thread(semaphore::acquireUninterruptibly);
thread.start();

TimeUnit.SECONDS.sleep(10);
//执行线程 thread 的中断
thread.interrupt();
```

运行上面的代码，你会发现 thread 无法被中断，直到 main 线程（主线程）在稍后释放了许可证的持有 thread 才能继续工作，下面是执行上述代码的线程堆栈信息。

```
...省略
"Thread-0" #11 prio=5 os_prio=0 tid=0x000000000c195000 nid=0x9b0 waiting on condition
[0x000000000c05e000]
        java.lang.Thread.State: WAITING (parking)
        at sun.misc.Unsafe.park(Native Method)
        - parking to wait for  <0x000000078b98ce20> (a java.util.concurrent.Semaphore
$FairSync)
        at java.util.concurrent.locks.LockSupport.park(LockSupport.java:175)
        at java.util.concurrent.locks.AbstractQueuedSynchronizer.parkAndCheckInter
rupt(AbstractQueuedSynchronizer.java:836)
        at java.util.concurrent.locks.AbstractQueuedSynchronizer.doAcquireShared(A
bstractQueuedSynchronizer.java:967)
        at java.util.concurrent.locks.AbstractQueuedSynchronizer.acquireShared(Abs
tractQueuedSynchronizer.java:1283)
        at java.util.concurrent.Semaphore.acquireUninterruptibly(Semaphore.java:335)
        at com.wangwenjun.concurrent.juc.utils.SemaphoreExample3$$Lambda$1/764977973.
run(Unknown Source)
        at java.lang.Thread.run(Thread.java:745)
...省略
```

5. 正确使用 release

在一个 Semaphore 中，许可证的数量可用于控制在同一时间允许多少个线程对共享资源进行访问，所以许可证的数量是非常珍贵的。因此当每一个线程结束对 Semaphore 许可证的使用之后应该立即将其释放，允许其他线程有机会争抢许可证，下面是 Semaphore 提供的许可证释放方法。

- void release()：释放一个许可证，并且在 Semaphore 的内部，可用许可证的计数器会随之加一，表明当前有一个新的许可证可被使用。
- void release(int permits)：释放指定数量（permits）的许可证，并且在 Semaphore 内部，可用许可证的计数器会随之增加 permits 个，表明当前又有 permits 个许可证可被使用。

release 方法非常简单，是吧？**但是该方法往往是很多程序员容易出错的地方**，而且一旦出现错误在系统运行起来之后，排查是比较困难的，为了确保能够释放已经获取到的许可证，我们的第一反应是将其放到 try...finally... 语句块中，这样无论在任何情况下都能确保将已获得的许可证释放，但是恰恰是这样的操作会导致对 Semaphore 的使用不当，我们一起来看一下下面的例子。

```
//定义只有一个许可证的Semaphore
final Semaphore semaphore = new Semaphore(1, true);
//创建线程t1
Thread t1 = new Thread(() ->
{
    try
    {
        //获取Semaphore的许可证
        semaphore.acquire();
        System.out.println("The thread t1 acquired permit from semaphore.");
        //霸占许可证一个小时
        TimeUnit.HOURS.sleep(1);
    } catch (InterruptedException e)
    {
        System.out.println("The thread t1 is interrupted");
    } finally
    {
        //在finally语句块中释放许可证
        semaphore.release();
    }
});
//启动线程t1
t1.start();
//为确保线程t1已经启动，在主线程中休眠1秒稍作等待
TimeUnit.SECONDS.sleep(1);
//创建线程t2
Thread t2 = new Thread(() ->
{
    try
    {
        //阻塞式地获取一个许可证
        semaphore.acquire();
        System.out.println("The thread t2 acquired permit from semaphore.");
    } catch (InterruptedException e)
    {
        System.out.println("The thread t2 is interrupted");
    } finally
    {
        //同样在finally语句块中释放已经获取的许可证
        semaphore.release();
    }
});
//启动线程t2
t2.start();
//休眠2秒后
TimeUnit.SECONDS.sleep(2);
//对线程t2执行中断操作
t2.interrupt();
//主线程获取许可证
semaphore.acquire();
System.out.println("The main thread acquired permit.");
```

先不要急着运行上面的代码，我们根据所学的知识一起来分析一下上述程序的执行流程，首先可以百分之百地确认当前的 JVM 有三个非守护线程（t1、t2 以及主线程（main 线程）)，根据上面代码片段的注释我们可以肯定，线程 t1 将会首先获取 Semaphore 的一个许可证，并且在一个小时之后将其释放，线程 t2 启动之后将会被阻塞（由于当前没有可用的许可证，因此执行 acquire() 方法的 t2 线程将会陷入阻塞等待可用的许可证)，很快，在主线程中线程 t2 被中断，那么此时在主线程中执行 acquire() 方法获取许可证是否会成功呢？

理论上是不会成功的，或者最起码根据我们的期望，无论线程t2是被中断还是在阻塞中，主线程都不应该成功获取到许可证，但是由于我们对release方法的错误使用，导致了主线程成功获取了许可证，这个时候再来运行上述代码会看到如下的输出结果。

```
The thread t1 acquired permit from semaphore.
The thread t2 is interrupted
The main thread acquired permit.
```

天呐！什么！主线程竟然获取到了一个许可证，可是我们的许可证书仅有一个，而且其已经被线程t1获取了，为什么主线程还会成功获取许可证呢？一切看起来似乎并不受我们的控制，试想一下如果这一切发生在正在运行的系统中，由于上述程序不会出现错误，不会出现死锁，并且还会正常地运行，那么在海量的代码面前我们该如何排查呢？很明显在定位问题的时候将会困难重重，比较好的方式是在编码开发阶段就规避掉发生这种情况的可能性，正确地使用release方法。看到这里想必不用详细分析，大家应该也能看出什么问题了吧，对！就是finally语句块导致的问题，当线程t2被其他线程中断或者因自身原因出现异常的时候，它释放了原本不属于自己的许可证，导致在Semaphore内部的可用许可证计数器增多，其他线程才有机会获取到原本不该属于它的许可证。

这难道是Semaphore的设计缺陷？其实并不是，打开Semaphore的官方文档，其中对release方法的描述如下："*There is no requirement that a thread that releases a permit must have acquired that permit by calling acquire(). Correct usage of a semaphore is established by programming convention in the application.*"由此可以看出，设计并未强制要求执行release操作的线程必须是执行了acquire的线程才可以，而是需要开发人员自身具有相应的编程约束来确保Semaphore的正确使用，不管怎样，我们对上面的代码稍作修改，具体如下。

```
...省略
Thread t2 = new Thread(() ->
{
    try
    {
        //获取许可证
        semaphore.acquire();
    } catch (InterruptedException e)
    {
        System.out.println("The thread t2 is interrupted");
        //若出现异常则不再往下进行
        return;
    }
    //程序运行到此处，说明已经成功获取了许可证，因此在finally语句块中对其进行释放就是理所当然的了
    try
    {
        System.out.println("The thread t2 acquired permit from semaphore.");
    } finally
    {
        semaphore.release();
    }
});
t2.start();
...省略
```

程序修改之后再次运行，当线程t2被中断之后，它就无法再进行许可证的释放操作了，

因此主线程也将不会再意外获取到许可证，这种方式是确保能够解决许可证被正确释放的思路之一，同样在 3.4.4 节中将会通过扩展 Semaphore 的方式增强 release 方法。

6. 其他方法

本节进行到这里，关于 Semaphore 的主要方法基本上已经介绍完毕，其还包含一些其他的方法，我们在这里做个简单介绍即可。

- boolean isFair()：对 Semaphore 许可证的争抢采用公平还是非公平的方式，对应到内部的实现类为 FairSync（公平）和 NonfairSync（非公平）。
- int availablePermits()：当前的 Semaphore 还有多少个可用的许可证。
- int drainPermits()：排干 Semaphore 的所有许可证，以后的线程将无法获取到许可证，已经获取到许可证的线程将不受影响。
- boolean hasQueuedThreads()：当前是否有线程由于要获取 Semaphore 许可证而进入阻塞？（该值为预估值。）
- int getQueueLength()：如果有线程由于获取 Semaphore 许可证而进入阻塞，那么它们的个数是多少呢？（该值为预估值。）

3.4.4　扩展 Semaphore 增强 release

在笔者的《Java 高并发编程详解：多线程与架构设计》一书中，很多例子都给出过与之相关的解决方案，比如该书的 5.4 节"自定义显式锁 BooleanLock"，以及在本书的第一部分我们都有相关知识细节的介绍，本节将通过扩展 Semaphore 来实现优雅的许可证资源释放操作。

程序代码：MySemaphore.java

```
package com.wangwenjun.concurrent.juc.utils;

import java.util.concurrent.ConcurrentLinkedQueue;
import java.util.concurrent.Semaphore;
import java.util.concurrent.TimeUnit;

import static java.lang.Thread.currentThread;
// 通过继承的方式扩展 Semaphore
public class MySemaphore extends Semaphore
{
    // 定义线程安全的、存放 Thread 类型的队列
    private final ConcurrentLinkedQueue<Thread> queue =
            new ConcurrentLinkedQueue<>();

    public MySemaphore(int permits)
    {
        super(permits);
    }

    public MySemaphore(int permits, boolean fair)
    {
        super(permits, fair);
    }

    @Override
    public void acquire() throws InterruptedException
```

```
{
    super.acquire();
    //线程成功获取许可证，将其放入队列中
    this.queue.add(currentThread());
}

@Override
public void acquireUninterruptibly()
{
    super.acquireUninterruptibly();
    //线程成功获取许可证，将其放入队列中
    this.queue.add(currentThread());
}

@Override
public boolean tryAcquire()
{
    final boolean acquired = super.tryAcquire();
    if (acquired)
    {
        //线程成功获取许可证，将其放入队列中
        this.queue.add(currentThread());
    }
    return acquired;
}

@Override
public boolean tryAcquire(long timeout, TimeUnit unit)
            throws InterruptedException
{
    final boolean acquired = super.tryAcquire(timeout, unit);
    if (acquired)
    {
//线程成功获取许可证，将其放入队列中
        this.queue.add(currentThread());
    }
    return acquired;
}

@Override
public void release()
{
    final Thread currentThread = currentThread();
    //当队列中不存在该线程时，调用release方法将会被忽略
    if (!this.queue.contains(currentThread))
        return;

    super.release();
    //成功释放，并且将当前线程从队列中剔除
    this.queue.remove(currentThread);
}

@Override
public void acquire(int permits) throws InterruptedException
{
    super.acquire(permits);
    //线程成功获取许可证，将其放入队列中
    this.queue.add(currentThread());
}

@Override
```

```
    public void acquireUninterruptibly(int permits)
    {
        super.acquireUninterruptibly(permits);
        //线程成功获取许可证，将其放入队列中
        this.queue.add(currentThread());
    }

    @Override
    public boolean tryAcquire(int permits)
    {
        boolean acquired = super.tryAcquire(permits);
        if (acquired)
        {
            //线程成功获取许可证，将其放入队列中
            this.queue.add(currentThread());
        }
        return acquired;
    }

    @Override
    public boolean tryAcquire(int permits, long timeout, TimeUnit unit)
            throws InterruptedException
    {
        boolean acquired = super.tryAcquire(permits, timeout, unit);
        if (acquired)
        {
            //线程成功获取许可证，将其放入队列中
            this.queue.add(currentThread());
        }
        return acquired;
    }

    @Override
    public void release(int permits)
    {
        final Thread currentThread = currentThread();
        //当队列中不存在该线程时，调用release方法将会被忽略
        if (!this.queue.contains(currentThread))
            return;

        super.release(permits);
        //成功释放，并且将当前线程从队列中剔除
        this.queue.remove(currentThread);
    }
}
```

MySemaphore类是扩展自Semaphore的一个子类，该类中有一个重要的队列，该队列为线程安全的队列，那么，为什么要使用线程安全的队列呢？因为对MySemaphore的操作是由多个线程进行的。该队列主要用于管理操作Semaphore的线程引用，成功获取到许可证的线程将会被加入该队列之中，同时只有在该队列中的线程才有资格进行许可证的释放动作。这样你就不用担心try...finally语句块的使用会引起没有获取到许可证的线程释放许可证的逻辑错误了。

注意　通常情况下，我们扩展的Semaphore的确可以进行正确释放许可证的操作，但是仍然存在一些违规操作（无论是从语法还是API的调用上看都没问题，但是仍会导致出现

错误）导致 release 错误的情况发生，比如下面的场景。
某线程获取了一个许可证，但是它在释放的过程中释放了多于一个数量的许可证，当然通常情况下我们不会编写这样错漏百出的代码。由于篇幅的原因，这里就不再进行进一步的扩充了，希望读者可以自己去完成这样一个功能。

3.4.5 Semaphore 总结

Semaphore（信号量）是一个非常好的高并发工具类，它允许最多可以有多少个线程同时对共享数据进行访问，本节首先通过一个登录系统的例子介绍了 Semaphore 该如何使用，然后又发现在许可证数量为 1 的情况下我们可以将 Semaphore 当成锁来使用，并且借助 Semaphore 的方法创建了一个显式锁——try 锁。同时本节还非常详细地讲解了 Semaphore 的每一个方法，当然 release 方法的合理使用也是至关重要的，如果使用不得当将会出现很严重的后果，本节也通过一个示例演示了 release 不正确的使用方式并且提出了不同的解决方案。

最后需要说明的一点是，虽然 Semaphore 可以控制多个线程对共享资源进行访问，但是对于共享资源的临界区以及线程安全性，Semaphore 并不会提供任何保证。比如，你有 5 个线程想要同时操作某个资源，那么该资源的操作线程安全性则需要额外的实现。另外，如果采取尝试的方式也就是不阻塞的方式获取许可证，务必要做到对结果的判断，否则就会出现尝试失败但程序依然去执行对共享资源的操作，这样做的后果也是非常严重的。

3.5 Phaser 工具详解

本章前面所学的 CountDownLatch、CyclicBarrier、Exchanger、Semaphore 这几个同步工具都是 JDK 在 1.5 版本中引入的，而本节将要学习到的 Phaser 是在 JDK 1.7 版本中才加入的。Phaser 同样也是一个多线程的同步助手工具，它是一个可被重复使用的同步屏障，它的功能非常类似于本章已经学习过的 CyclicBarrier 和 CountDownLatch 的合集，但是它提供了更加灵活丰富的用法和方法，同时它的使用难度也要略微大于前两者。

3.5.1 Phaser 的基本用法

CountDownLatch 可以很好地控制等待多个线程执行完子任务，但是它有一个缺点，那就是内部的计数器无法重置，也就是说 CountDownLatch 属于一次性的，使用结束后就不能再次使用。CyclicBarrier 倒是可以重复使用，但是一旦 parties 在创建的时候被指定，就无法再改变。Phaser 则取百（两）家之所长于一身引入了两者的特性。本节将通过使用 Phaser 来实现 CountDownLatch 和 CyclicBarrier 的主要功能，从而帮助读者熟悉 Phaser 的基本用法。

1. 将 Phaser 当作 CountDownLatch 来使用

CountDownLatch 所能完成的任务，在 Phaser 中照样可以很好地完成，我们看下面的代码。

程序代码：PhaserExample1.java

```
package com.wangwenjun.concurrent.juc.utils;
```

```
import java.util.Date;
import java.util.concurrent.Phaser;
import java.util.concurrent.TimeUnit;

import static java.lang.Thread.currentThread;
import static java.util.concurrent.ThreadLocalRandom.current;

public class PhaserExample1
{
public static void main(String[] args)
                            throws InterruptedException
{
// ① 定义一个Phaser，并未指定分片数量parties，此时在Phaser内部分片的数量parties默认为
0，后面可以通过register方法动态增加
        final Phaser phaser = new Phaser();
    //定义10个线程
        for (int i = 0; i < 10; i++)
        {
            new Thread(() ->
            {
        //② 首先调用phaser的register方法使得phaser内部的parties加一
                phaser.register();
                try
                {
        //采取随机休眠的方式模拟线程的运行时间开销
                    TimeUnit.SECONDS.sleep(current().nextInt(20));
        //③线程任务结束，执行arrive方法
                    phaser.arrive();
                    System.out.println(new Date() + ":" + currentThread() + "
completed the work.");
                } catch (InterruptedException e)
                {
                    e.printStackTrace();
                }
            }, "T-" + i).start();
        }
        TimeUnit.SECONDS.sleep(10);
        //④主线程也调用注册方法，此时parties的数量为11=10+1
        phaser.register();
          // ⑤主线程也arrive，但是它要等待下一个阶段，等待下一个阶段的前提是所有的线程都
arrive，也就是phaser内部当前phase的unarrived数量为0
        phaser.arriveAndAwaitAdvance();
//通过下面的assertion就可以断言我们上面的判断
assert phaser.getRegisteredParties() == 11 : "total 11 parties is registered.";
        System.out.println(new Date() + ": all of sub task completed work.");
    }
}
```

运行完毕上面的代码之后，我们再来详细说明一下这段代码的执行过程。

程序输出：PhaserExample1.java

```
Tue Jul 02 22:37:05 CST 2019:Thread[T-1,5,main] completed the work.
Tue Jul 02 22:37:06 CST 2019:Thread[T-0,5,main] completed the work.
Tue Jul 02 22:37:07 CST 2019:Thread[T-3,5,main] completed the work.
Tue Jul 02 22:37:08 CST 2019:Thread[T-5,5,main] completed the work.
Tue Jul 02 22:37:10 CST 2019:Thread[T-6,5,main] completed the work.
Tue Jul 02 22:37:10 CST 2019:Thread[T-9,5,main] completed the work.
Tue Jul 02 22:37:17 CST 2019:Thread[T-4,5,main] completed the work.
Tue Jul 02 22:37:18 CST 2019:Thread[T-2,5,main] completed the work.
```

```
Tue Jul 02 22:37:19 CST 2019:Thread[T-8,5,main] completed the work.
Tue Jul 02 22:37:22 CST 2019:Thread[T-7,5,main] completed the work.
Tue Jul 02 22:37:22 CST 2019: all of sub task completed work.
```

从执行结果上来看，主线程等待所有的子线程运行结束之后，才会接着执行下一步的任务，这看起来是不是非常类似于 CountDownLatch 呢？很显然是的，就目前这样的情况来看，使用 Phaser 可以完全替代 CountDownLatch 了。我们再来分析 PhaserExample1 中的代码执行过程（关键的地方都已经标明了注释）。

1）在注释①处定义了一个 Phaser，该 Phaser 内部也维护了一个类似于 CyclicBarrier 的 parties，但是我们在定义的时候并未指定分片 parties，因此默认情况下就是 0，但是这个值是可以在随后的使用过程中更改的，这就是 Phaser 的灵活之处了。

2）紧接着创建了 10 个线程，并且在线程的执行单元中第一行代码（注释②处）就调用了 Phaser 的 register 方法，该方法的作用其实是让 Phaser 内部的分片 parties 加一，也就是说待 10 个线程分别执行了 register 方法之后，此时的分片 parties 就成了 10。

3）如果我们采用当前线程随机休眠的方式来模拟线程真正的执行，那么每一个线程的运行时间开销肯定是不一样的。待每一个线程执行完相应的业务逻辑之后（在我们的代码中是休眠）会调用 phaser 的 arrive() 方法（注释③处），该方法的作用与 CountDownLatch 的 countdown() 方法的语义一样，代表着当前线程已经到达了这个屏障，但是它不需要等待其他线程也到达该屏障。因此该方法不是阻塞方法，执行之后会立即返回，同时该方法会返回一个整数类型的数字，代表当前已经到达的 Phase（阶段）编号，这个数字默认是从 0 开始的，后文中会专门针对 Phase（阶段）编号进行讲解。

4）在注释④处，主线程也执行了 register 方法，此刻 Phaser 的 parties 就为 11 了，紧接着主线程执行了 phaser 的 arriveAndAwaitAdvance 方法（注释⑤处），该方法的作用除了表示当前线程已经到达了这个屏障之外，它还会等待其他线程也到达这个屏障，然后继续前行。因此该方法是一个阻塞方法，这就非常类似于 CountDownLatch 的 await 方法了，即等待所有子线程完成任务。

注意 在主线程进行 register 操作之前，请务必保证所有的子线程都能够顺利 register，否则就会出现 phaser 只注册了一个 parties，并且很快 arrive 的情况，这会导致后面的断言语句出现失败的情况，因此我们在主线程进行 register 操作之前，需要通过休眠的方式确保所有的子线程顺利 register（当然这并不是一种非常严谨的方式，给出的休眠时间也是来自我们日常的经验值，更加合理的方式是在定义 Phaser 的时候指定 parties 的值，关于这一点，后文中会为大家详细介绍）。

2. 将 Phaser 当作 CyclicBarrier 来使用

上文中，通过 Phaser 实现了类似于 CountDownLatch 的功能，既然说 Phaser 吸取了 CyclicBarrier 和 CountDownLatch 的特点，那么我们也可以借助于 Phaser 来完成 CyclicBarrier 的主要功能，即所有的子线程共同到达一个 barrier point。示例代码如下：

程序代码：PhaserExample2.java

```
package com.wangwenjun.concurrent.juc.utils;

import java.util.Date;
import java.util.concurrent.Phaser;
import java.util.concurrent.TimeUnit;

import static java.lang.Thread.currentThread;
import static java.util.concurrent.ThreadLocalRandom.current;

public class PhaserExample2
{
    public static void main(String[] args)
            throws InterruptedException
    {
        //定义一个分片 parties 为 0 的 Phaser
        final Phaser phaser = new Phaser();
        for (int i = 0; i < 10; i++)
        {
            new Thread(() ->
            {
    //子线程调用注册方法，当 10 个子线程都执行了 register，parties 将为 10
                phaser.register();
                try
                {
    //随机休眠
                    TimeUnit.SECONDS.sleep(current().nextInt(20));
        //调用 arriveAndAwaitAdvance 方法等待所有线程 arrive，然后继续前行
                    phaser.arriveAndAwaitAdvance();
                    System.out.println(new Date() + ":" + currentThread() + "
completed the work.");
                } catch (InterruptedException e)
                {
                    e.printStackTrace();
                }
            }, "T-" + i).start();
        }
        //休眠以确保其他子线程顺利调用 register 方法
        TimeUnit.SECONDS.sleep(10);
        //主线程调用 register 方法，此时 phaser 内部的 parties 为 11
        phaser.register();
        phaser.arriveAndAwaitAdvance();
        assert phaser.getRegisteredParties() == 11 : "total 11 parties is registered.";
        System.out.println(new Date() + ": all of sub task completed work.");
    }
}
```

上面的程序代码与3.5.1节中的代码基本类似，只不过在子线程中，我们将不再使用arrive方法表示当前线程已经完成任务，取而代之的是arriveAndAwaitAdvance方法，该方法会等待在当前Phaser中所有的part（子线程）都完成了任务才能使线程退出阻塞，当然也包括主线程自身，因为主线程也进行了register操作。运行上面的程序我们会发现，几乎所有的输出语句都是在同一时间输出的，这也就完全符合CyclicBarrier等待所有的子线程都到达barrier point这一特性了。

程序输出：PhaserExample2.java

```
Sun Jul 07 17:58:08 CST 2019:Thread[T-0,5,main] completed the work.
```

```
Sun Jul 07 17:58:08 CST 2019:Thread[T-7,5,main] completed the work.
Sun Jul 07 17:58:08 CST 2019:Thread[T-2,5,main] completed the work.
Sun Jul 07 17:58:08 CST 2019:Thread[T-6,5,main] completed the work.
Sun Jul 07 17:58:08 CST 2019:Thread[T-3,5,main] completed the work.
Sun Jul 07 17:58:08 CST 2019: all of sub task completed work.
Sun Jul 07 17:58:08 CST 2019:Thread[T-1,5,main] completed the work.
Sun Jul 07 17:58:08 CST 2019:Thread[T-5,5,main] completed the work.
Sun Jul 07 17:58:08 CST 2019:Thread[T-9,5,main] completed the work.
Sun Jul 07 17:58:08 CST 2019:Thread[T-8,5,main] completed the work.
Sun Jul 07 17:58:08 CST 2019:Thread[T-4,5,main] completed the work.
```

3. 重写 onAdvance 方法

在构造 CyclicBarrier 的时候，如果给定一个 Runnable 作为回调，那么待所有的任务线程都到达 barrier point 之后，该 Runnable 接口的 run 方法将会被调用。同样，我们可以通过重写 Phaser 的 onAdvance 方法来实现类似的功能。在 Phaser 中，onAdvance 方法是非常重要的，它在每一个 Phase（阶段）中除了会在所有的分片都到达之后执行一次调用之外，更重要的是，它还会决定该 Phaser 是否被终止（当 onAdvance 方法的返回值为 true 时，则表明该 Phaser 将被终止，接下来将不能再使用）。我们先来看一个比较简单的例子，该例会让 Phaser 也支持 CyclicBarrier 式的回调操作。

程序代码：PhaserExample3.java

```
package com.wangwenjun.concurrent.juc.utils;

import java.util.Date;
import java.util.concurrent.Phaser;
import java.util.concurrent.TimeUnit;

import static java.lang.Thread.currentThread;
import static java.util.concurrent.ThreadLocalRandom.current;

public class PhaserExample3
{
    public static void main(String[] args)
            throws InterruptedException
    {
        //使用我们自定义的 Phaser，并且在构造时传入回调函数
        final Phaser phaser = new MyPhaser(() ->
                System.out.println(new Date() + ": all of sub task completed work.")
        );

        for (int i = 0; i < 10; i++)
        {
            new Thread(() ->
            {
                phaser.register();
                try
                {
                    TimeUnit.SECONDS.sleep(current().nextInt(20));
                    phaser.arriveAndAwaitAdvance();
                    System.out.println(new Date() + ":" + currentThread() + "
completed the work.");
                } catch (InterruptedException e)
                {
                    e.printStackTrace();
                }
```

```
            }, "T-" + i).start();
        }
    }
    //继承Phaser
    private static class MyPhaser extends Phaser
    {
        private final Runnable runnable;
        //在构造函数中传入Runnable接口作为回调函数使用
        private MyPhaser(Runnable runnable)
        {
            super();
            this.runnable = runnable;
        }

        //重写onAdvance方法，当parties个任务都到达某个phase时该方法将被调用执行
        @Override
        protected boolean onAdvance(int phase, int registeredParties)
        {
            this.runnable.run();
            return super.onAdvance(phase, registeredParties);
        }
    }
}
```

上面程序的运行结果与3.5.1节的完全一样，只不过这里无须再将主线程注册到Phaser中，当然这只是Phaser onAdvance方法的使用场景之一，就像前文中所描述的那样，该方法更重要的作用其实是决定Phaser的生死，下面来看一个简单的示例代码片段。

```
//定义Phaser的同时指定了2个分片(parties)
final Phaser phaser = new Phaser(2)
{
//重写onAdvance方法
    @Override
    protected boolean onAdvance(int phase, int registeredParties)
    {
        //当Phase(阶段)编号超过1的时候，该Phaser将会被销毁
        return phase >= 1;
    }
};
//调用两次arrive方法，表示两个分片均已到达
phaser.arrive();
phaser.arrive();
//此时phase为1
assert phaser.getPhase() == 1 : "so far, the phase number is 1.";
//但是此时phaser并未销毁，原因是Phaser首次的phase编号为0，在执行了onAdvance方法之后，
才会产生新的Phase(阶段)编号
assert !phaser.isTerminated() : "phaser is not terminated.";
//再次调用两次arrive方法，表示两个分片均已到达
phaser.arrive();
phaser.arrive();
//在所有的分片都arrive之后，onAdvance方法会被调用，此时返回值很明显为true，这就表明目前的
Phaser已经不可用了，同样再次获取phase编号时会为负数
assert phaser.getPhase() < 0 : "so far, the phase number is negative value.";
assert phaser.isTerminated() : "phaser is terminated now.";
//①下面的方法将不会再工作
//invoke below method will not work.
phaser.arriveAndAwaitAdvance();
```

上述代码很清晰地为大家演示了通过重写onAdvance方法可以控制Phaser是否被终止

（生死）。在 Phaser 被终止之后，调用相关的方法不会出现异常，但是也并不会工作。比如，我们在注释①处调用 arriveAndAwaitAdvance() 方法并不会等待其他分区任务到达，而是直接返回，这一点非常重要，如果想要借助于 Phaser 进行资源访问控制，则需要重点留意类似于这样的情况。

3.5.2 Phase（阶段）以及 Phaser 方法详解

在 Phaser 中可以有多个 Phase（阶段），为了更好地对每一个 Phase 进行管理和监控，Phaser 为每一个 Phase 都提供了对应的编号，这一点与 CyclicBarrier 是不一样的，后者更加注重的是循环。CyclicBarrier 在所有的线程都到达 barrier point 之后，它才会重新开始，而 Phaser 则不然，只要某一个 Phase 的所有关联 parties 都 arrive（到达）了，它就会从下一个 Phase 继续开始，除非 Phaser 本身已经被终止或者销毁，下面来看一下具体的图示（如图 3-6 所示）。

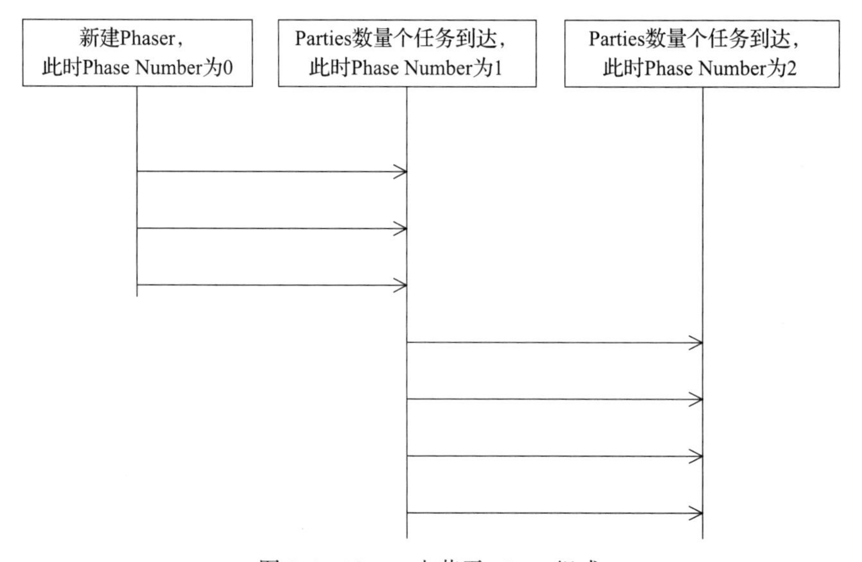

图 3-6　Phaser 由若干 Phase 组成

在图 3-6 中，我们通过图示的方式为大家展示了随着 Phaser 的创建，每一个 Phase（阶段）中所有关联的 parties 个任务到达之后，Phase 编号的变化。为了观察图 3-6 中 Phase（阶段）编号的数值，我们通过程序的方式对其进行验证。

```
// 定义 Phaser 指定初始 parties 为 3
final Phaser phaser = new Phaser(3);
// 新定义的 Phaser，Phase（阶段）编号为 0
assert phaser.getPhase() == 0 : "current phase number is 0";
// 调用三次 arrive 方法，使得所有任务都 arrive
phaser.arrive();
phaser.arrive();
phaser.arrive();
// 当 parties 个任务 arrive 之后，Phase（阶段）的编号就变为 1
assert phaser.getPhase() == 1 : "current phase number is 1";
```

```
//新增一个parties，bulkRegister(1)的方法等价于register()方法
phaser.bulkRegister(1);
//调用四次arrive方法，使得所有任务都arrive
phaser.arrive();
phaser.arrive();
phaser.arrive();
phaser.arrive();
//当parties个任务arrive之后，Phase（阶段）编号就变为2
assert phaser.getPhase() == 2 : "current phase number is 2";
```

为了使得程序的执行步骤看起来更简单一些，我们直接使用非阻塞arrive方法，运行上面的程序你会发现所有的assertion语句都能顺利通过。在上面的这段代码片段中，我们使用了getPhase方法获取Phaser当前的Phase（阶段）编号。根据官方文档对该方法的描述：“getPhase()方法获取当前Phaser的Phase（阶段）编号，最大的Phase（阶段）编号为Integer.MAX_VALUE，如果到达Integer.MAX_VALUE这个值，那么Phase编号将会又从0开始；当Phaser被终止的时候，调用getPhase()将返回负数，如果我们想要获得Phaser终止前的前一个Phase（阶段）编号，则可以通过getPhase()+Integer.MAX_VALUE进行计算和获取”。Phase编号在Phaser中比较重要，正因为如此，除了getPhase()方法会返回Phase（阶段）编号之外，在Phaser中，几乎所有方法的返回值都是Phase（阶段）编号，本节将为大家介绍其中一些Phase编号。

1. register 方法

register方法的主要作用是为Phaser新增一个未到达的分片，并且返回Phase（阶段）的编号，该编号与Phaser当前的Phase（阶段）编号数字是一样的，但是调用该方法时，有些时候会陷入阻塞之中。比如前一个Phase（阶段）在执行onAdvance方法时耗时较长，那么此时若有一个新的分片想要通过register方法加入到Phaser中就会陷入阻塞，如以下代码片段所示。

```
//定义Phaser
final Phaser phaser = new Phaser();
//当前线程调用注册方法，返回当前Phaser的Phase（阶段）编号
int phaseID = phaser.register();
//由于当前Phaser首次定义且未到达下一个Phase（阶段），因此register()会返回当前Phaser的
Phase（阶段）编号
assert phaseID == 0 : "The register phase ID is 0";
assert phaser.getPhase() == 0 : "The phaser phase ID is 0";
//调用arrive方法到达下一个Phase（阶段），但是arrive方法会返回当前的Phase编号
phaseID = phaser.arrive();
assert phaseID == 0 : "The phaser arrived phase ID is 0";
//再次调用注册方法，当前的parties（分片）数量为2，且处于新的Phase（阶段）
phaseID = phaser.register();

//phaseId则为第二个Phase（阶段），即Phase number=1
assert phaseID == phaser.getPhase() && phaseID == 1 : "current phase number is 1";
```

运行上面的代码，所有的assertion语句应该都能通过。我们在前面也说过，有些时候在调用register方法时会进入阻塞等待状态，原因是Phaser的onAdvance方法恰好被调用且耗时较长，那么register方法就只有等待onAdvance方法完全结束后才能执行，下面通过一个代码片段验证一下。

```
//定义只有一个parties（分片）的Phaser，并且重写onAdvance方法
```

```
    final Phaser phaser = new Phaser(1)
    {
        @Override
        protected boolean onAdvance(int phase, int registeredParties)
        {
            try
            {
                // 休眠 1 分钟的时间
                TimeUnit.MINUTES.sleep(1);
            } catch (InterruptedException e)
            {
                e.printStackTrace();
            }
            return super.onAdvance(phase, registeredParties);
        }
    };
    // 启动一个新的线程，该线程的逻辑非常简单，就是调用一下 arrive 方法使得 onAdvance 方法能够执行，
因为当前 Phase (阶段) 的所有分片任务均已到达
    new Thread(phaser::arrive).start();
    // 休眠，确保线程先启动
    TimeUnit.SECONDS.sleep(2);

    // 再次调用 register 方法，该方法将会陷入等待
    long startTimestamp = System.currentTimeMillis();
    int phaseNumber = phaser.register();
    assert phaseNumber == 1 : "current phase number is 1";
    System.out.println("register ELT: " + (System.currentTimeMillis() -
startTimestamp));
```

运行上面的程序，第二次的 register 调用会进入等待阻塞，其中耗时大概在 58 秒左右，加上前面休眠的 2 秒刚好是 1 分钟左右，大家可以思考一下，为什么在调用 register 方法的时候会进入阻塞等待状态呢？其实原因很简单，我们都知道，当 Phaser 的某个 Phase（阶段）的所有分片任务全都抵达时，会触发 onAdvance 方法的调用。如果在 onAdvance 方法执行的过程中有新的线程要求加入 Phaser，比较合理的做法就是 Phaser 做好收尾工作之后再接纳新的分片任务进来，否则就会出现矛盾。比如，新的分区进来返回了当前的 Phase（阶段）编号，但是当前阶段在进行结束收尾操作时却没有新的分区任务什么事，所以等待是一个比较合理的设计，但是有一点需要注意的是：如果有一个线程因为执行了 Phaser 的 register 方法而进入阻塞等待状态，尤其是**该线程还无法被其他线程执行中断操作**，那么尽可能不要在 onAdvance 方法中写入过多复杂且耗时的逻辑。

2. bulkRegister 方法

该方法返回的 Phase（阶段）编号同 register 方法，但是该方法允许注册零个或者一个以上的分片（Parties）到 Phaser，其实无论是 register 方法还是 bulkRegister 方法，背后调用的都是 doRegister 方法，因此 register 方法的特点 bulkRegister 方法都会具备。

3. arrive 和 arriveAndAwaitAdvance 方法

arrive 和 arriveAndAwaitAdvance 方法都是到达 Phaser 的下一个 Phase（阶段），前者不会等待其他分片（part），后者则会等待所有未到达的分片（part）到达，除了这个区别以外，更重要的一个区别在于，arrive 方法返回的 Phase（阶段）编号为当前的 Phase（阶段）编号，原理很好理解，因为它自身不清楚其他分片（part）是否到达也无须等待其他分片（part）到达下

一个Phase（阶段），因此返回Phaser当前的Phase（阶段）编号即可。但是在使用这两个方法的过程中会有一些让人疑惑的地方，我们看一下下面的例子。

```
// 定义只有两个分片（parties）的Phaser
final Phaser phaser = new Phaser(2);
// 毫无疑问当前的Phase（阶段）编号为0
assert phaser.getPhase() == 0 : "phaser current phase number is 0";
//① 第一次调用arrive方法返回当前Phaser的Phase（阶段）编号
assert phaser.arrive() == 0 : "arrived phase number is 0";
//② 第二次调用arrive方法返回当前Phaser的Phase（阶段）编号还是0？
assert phaser.arrive() == 0 : "arrived phase number is 0";
//③ 当前的Phaser已经处于另外一个Phase（阶段）了
assert phaser.getPhase() == 1 : "phaser current phase number is 1";
```

上面的代码非常简单，由于Phaser设定了两个分片（parties），在注释①处调用了arrive方法返回当前的Phase（阶段）编号，这比较符合arrive方法的语义，毕竟当前的Phaser还处在Phase（阶段）0，因为还有其他的分片未到达。当程序运行到注释②处时，所有的分片（parties）均已到达，此时Phaser的Phase（阶段）应该为1，但是我们的断言语句能够顺利通过，这一点看起来会有些矛盾。当然了，注释③更进一步验证了当前的Phase（阶段）处于1这个位置，因此这块需要注意一下。

无论有没有其他的任务分片到达，调用arriveAndAwaitAdvance方法都会返回下一个Phase（阶段）的编号，这一点很好理解，不管怎样，当前任务分片到达的肯定是下一个Phase(阶段)。

4. arriveAndDeregister方法

该方法的作用除了到达下一个Phase（阶段）之外，它还会将当前Phaser的分区（parties）数量减少一个。该方法也是Phaser灵活性的一个体现，即动态减少分区（parties）数量，同时该方法的返回值也是整数类型的数字，代表着当前Phase（阶段）的编号，如果Phase（阶段）的编号数字为负数，则表明当前的Phaser已经被销毁。

```
// 定义只有两个分片（parties）的Phaser
final Phaser phaser = new Phaser(2);
// 其中一个分区（part）到达，并且是Phaser注册的Parties数量减1
assert phaser.arriveAndDeregister() == 0 : "arrived phase number is 0";
// 当前注册的分区（part）数量为1
assert phaser.getRegisteredParties() == 1 : "now the register parties is 1";
// 当前的Phaser Phase（阶段）编号为0
assert phaser.getPhase() == 0 : "phaser current phase number is 0";
// 调用arriveAndAwaitAdvance方法，该方法始终会返回下一个Phase（阶段）编号
assert phaser.arriveAndAwaitAdvance() == 1 : "the next phase number is 1";
// 当前的Phaser Phase（阶段）编号为1
assert phaser.getPhase() == 1 : "phaser current phase number is 1";
```

5. awaitAdvance与awaitAdvanceInterruptibly方法

在使用arrive以及arriveAndAwaitAdvance、arriveAndDeregister方法的时候，分片任务会到达某个Phase（阶段），这几个方法在使用的过程中更多关注的是arrive（到达），而不是关注Phase（阶段）编号，本节将要介绍的三个方法则不会关注arrive（到达）而是在于等待，它们等待某个Phaser关联的所有分片（part）是否已经到达某个指定的Phase（阶段），同时需要注意的是，在使用本节中的几个方法时，是不会影响Phaser内部分片（part）arrive以及unarrive的变化的，本节在介绍这些方法的同时会使用比较简单的代码片段诠释它们的使用方法和原理。

- awaitAdvance(int phase)：该方法的主要作用是等待与 Phaser 关联的分片（part）都到达某个指定的 Phase（阶段）编号，如果有某个分片任务未到达，那么该方法会进入阻塞状态，这有点类似于 CountDownLatch 的 await 方法，虽然该方法是 Phaser 提供的方法，但是它并不会参与对 arrive 与 unarrive 分片（part）的运算和维护，如果入参 phase 与当前 Phaser 的 phase（阶段）编号不一致，则会立即返回，如果当前的 Phaser 已经被销毁，那么它同样不会工作，并且调用该方法的返回值为负数，下面通过代码的形式为大家演示。

```
final Phaser phaser = new Phaser(1);
Thread thread = new Thread(() ->
{
    // 断言当前的 phase（阶段）编号为 0
    assert phaser.getPhase() == 0;
    // 调用 awaitAdvance 方法，顺便将 Phaser 当前的 phase 编号传递进去
    int phaseNumber = phaser.awaitAdvance(phaser.getPhase());
     // 只有当 Phaser 所关联的所有分片任务都 arrive 了，awaitAdvance 方法才会退出阻塞，并
  且返回下一个 phase（阶段）编号
    assert phaseNumber == 1;
});
thread.start();
TimeUnit.MINUTES.sleep(1);
// 1 分钟后仅有的一个分片任务 arrive
assert phaser.arriveAndAwaitAdvance() == 1;
assert phaser.getPhase() == 1;
```

传递了错误的 phase 编号 awaitAdvance 方法并不会抛出错误，因此在使用的时候一定要注意，如果某个 phase（阶段）所有的关联分片任务都没有到达，那么此刻调用 awaitAdvance 方法的线程将会陷入阻塞状态，并且还会无法对其执行中断操作。

- awaitAdvanceInterruptibly(int phase)：该方法的作用与前一个方法一致，但是增加了可被中断的功能。
- awaitAdvanceInterruptibly(int phase, long timeout, TimeUnit unit)：该方法同上，除了增加了可被中断的功能之外，还具备超时的功能，这就需要我们在调用的时候对超时时间进行设置了。

本节从观察 Phase（阶段）编号这个维度切入了解了大部分的 Phaser API 的使用以及用法，Phase（阶段）编号在 Phaser 中是比较重要的，稍不注意就会用错，而且它还不会向你提醒有错误发生，比如当 Phaser 的 Phase（阶段）编号为负数的时候，代表着当前的 Phaser 已经被销毁，如果此时再用它进行访问控制，则可能不会达到你想要的效果，当然了，Phaser 还提供了一些用于终止、查询类的方法，使用方法比较简单，由于篇幅关系，这里就不再赘述了，读者可以自行学习。

3.5.3 Phaser 层级关系

在《Java 高并发编程详解：多线程与架构设计》一书中，曾详细介绍了 Thread。Thread 中存在着一定的层级关系，也就是说某一个 Thread 类会有一个父 Thread，同样在定义 Phaser 的时候也可以为其指定父 Phaser，当我们在创建某个 Phaser 的时候若指定了父 Phaser，那么

它将具有如下这些特性。

- 子Phaser当前的Phase（阶段）编号会以父Phaser的编号为准。
- 父Phaser的所有分片数量＝父Phaser分片数量的自身注册数量＋所有子Phaser的分片注册数量之和。
- 调用当前Phaser的arriveAndAwaitAdvance方法时，首先会调用父Phaser的对应方法。
- 直接调用子Phaser的arrive方法时，在某些情况下会出现bad arrive的错误。

来看一段示例代码。

程序代码：PhaserExample8.java

```
package com.wangwenjun.concurrent.juc.utils;

import java.util.concurrent.Phaser;

public class PhaserExample8
{
    public static void main(String[] args) throws InterruptedException
    {
        //定义只有一个分片的Phaser
        Phaser root = new Phaser(1);
        //对root Phaser进行断言
        assertState(root, 0, 1, 1);
        //root phaser调用arrive方法，使得root phaser进入下一个Phase（阶段）
        assert root.arrive() == 0;

        //定义两个子Phaser，分片个数分别为1
        Phaser child1 = new Phaser(root, 1);
        Phaser child2 = new Phaser(root, 1);

        //root Phaser的注册分片达到了3个
        assertState(root, 1, 3, 3);
        //子Phaser当前的Phase（阶段）编号与父Phaser的Phase（阶段）编号一致
        assertState(child1, 1, 1, 1);
        assertState(child2, 1, 1, 1);
    }

   //断言方法
    private static void assertState(Phaser phaser, int phase,
                                     int partites, int unarrived)
    {
        assert phaser.getPhase() == phase;
        assert phaser.getRegisteredParties() == partites;
        assert phaser.getUnarrivedParties() == unarrived;
    }
}
```

通常情况下，我们不会借助有层级关系的Phaser去实现多线程任务的同步管理，因为这样可能会导致多线程的控制复杂化，因此在本节中只是简单地举例说明一下它的用法，如果读者对Phaser的层级关系的使用场景感兴趣，则可以自行翻阅相关文档进行学习。

3.5.4 Phaser总结

本节为大家详细介绍了Phaser的使用方法，在大多数时候，我们可以完全借助于Phaser替代CyclicBarrier和CountDownLatch的应用场景，相较于这两者，Phaser具有可动态改变的分片（partities）以及可被多次使用的特性等。

另外，在本章中，笔者直接写出来了某些单词而并未对其进行翻译，比如 Phaser 在很多中文文章中被称为阶段器，有些则称之为相位器等，另外针对 Phase，很多中文资料称之为阶段，有些则称之为栅栏，因此本章决定不翻译了，笔者也不建议大家将其翻译出来。由于行业的原因，我们用到的很多第一手的名词以及资料都来自英语语言环境，如果翻译成中文真的会是五花八门。当然在生活中，笔者也经常听到很多外行的人笑话做 IT 的讲话喜欢中英文混杂着讲，其实这真不是我们故意要这样的，因为对于有些名词术语可能直接说英文更能显现出它的唯一性，不同的人、不同的团队沟通时也能够更加精准一些。

3.6 Lock&ReentrantLock 详解

在 Java1.5 版本以前，我们开发多线程程序只能通过关键字 synchronized 进行共享资源的同步、临界值的控制，虽然随着版本的不断升级，JDK 对 synchronized 关键字的性能优化工作一直都没有停止过，但是 synchronized 在使用的过程中还是存在着比较多的缺陷和不足，因此在 1.5 版本以后 JDK 增加了对显式锁的支持，显式锁 Lock 除了能够完成关键字 synchronized 的语义和功能之外，它还提供了很多灵活方便的方法，比如，我们可以通过显式锁对象提供的方法查看有哪些线程被阻塞，可以创建 Condition 对象进行线程间的通信，可以中断由于获取锁而被阻塞的线程，设置获取锁的超时时间等一系列 synchronized 关键字不具备的能力。

如果读者对 synchronized 关键字的使用，以及如何分析 synchronized 关键字的缺陷不太清楚，那么大家可以阅读笔者出版的第一本书《Java 高并发编程详解：多线程与架构设计》可供参考的内容如下。

- 第 4 章“线程安全与数据同步”：在该章中，笔者从 JDK 官方一手资料分析和使用关键字 synchronized，并且为读者揭示了在何种情况之下会出现死锁以及如何诊断。
- 第 5 章“线程间通信”：其中的 5.4 节自定义显式锁 BooleanLock 为读者分析了 synchronized 关键字的缺陷，以及如何实现一个显式锁的方法。
- 第 17 章“读写分离锁”：在该章中，我们通过分析得出，当前共享资源在所有线程间进行读操作的情况之下无须加锁提高并发程序性能，并且给出了解决方案以及程序实现。

本节将学习 Lock 接口及其接口方法，掌握使用 ReentrantLock 的使用方法，以及如何通过 ReentrantLock 提供的 API 观察线程的阻塞情况，最后还会通过 JMH 基准测试工具为大家分析对比 synchronized 关键字和 ReentrantLock 的性能（在此笔者强烈建议大家学会使用 JMH 基准测试工具，第 1 章“JMH”部分已经深入浅出地介绍了 JMH 的使用方法，由于 JMH 表现优异，在最新的 JDK 版本中，它已经被作为 JDK 标准库的一部分发布）。

3.6.1 Lock 及 ReentrantLock 方法详解

1. Lock 接口方法

Lock 接口是对锁操作方法的一个基本定义，它提供了 synchronized 关键字所具备的全部功能方法，另外我们可以借助于 Lock 创建不同的 Condition 对象进行多线程间的通信操作，与关键字 synchronized 进行方法同步代码块同步的方式不同，Lock 提供了编程式的锁获取（lock()）以及释放操作 (unlock()) 等其他操作。Lock 及其子类如图 3-7 所示。

图 3-7　Lock 及其子类

- lock() 方法：尝试获取锁，如果此刻该锁未被其他线程持有，则会立即返回，并且设置锁的 hold 计数为 1；如果当前线程已经持有该锁则会再次尝试申请，hold 计数将会增加一个，并且立即返回；如果该锁当前被另外一个线程持有，那么当前线程会进入阻塞，直到获取该锁，由于调用 lock 方法而进入阻塞状态的线程同样不会被中断，这一点与进入 synchronized 同步方法或者代码块被阻塞类似。
- lockInterruptibly() 方法：该方法的作用与前者类似，但是使用该方法试图获取锁而进入阻塞操作的线程则是可被中断的，也就说线程可以获得中断信号。
- tryLock() 方法：调用该方法获取锁，无论成功与否都会立即返回，线程不会进入阻塞状态，若成功获取锁则返回 true，若获取锁失败则返回 false。使用该方法时请务必注意进行结果的判断，否则会出现获取锁失败却仍旧操作共享资源而导致数据不一致等问题的出现。
- tryLock(long time, TimeUnit unit) 方法：该方法与 tryLock() 方法类似，只不过多了单位时间设置，如果在单位时间内未获取到锁，则返回结果为 false，如果在单位时间内获取到了锁，则返回结果为 true，同样 hold 计数也会被设置为 1。
- unlock() 方法：当某个线程对锁的使用结束之后，应该确保对锁资源的释放，以便其他线程能够继续争抢，unlock() 方法的作用正在于此。
- newCondition() 方法：创建一个与该 lock 相关联的 Condition 对象，在本章的 3.8 节中，我们会重点讲解 Condition 的使用。

2. ReentrantLock 扩展方法

在显式锁 Lock 接口的诸多实现中，我们用得最多的就是 ReentrantLock，该类不仅完全实现了显示锁 Lock 接口所定义的接口，也扩展了对使用显式锁 Lock 的一些监控方法。

- getHoldCount() 方法：查询当前线程在某个 Lock 上的数量，如果当前线程成功获取了 Lock，那么该值大于等于 1；如果没有获取到 Lock 的线程调用该方法，则返回值为 0。
- isHeldByCurrentThread() 方法：判断当前线程是否持有某个 Lock，由于 Lock 的排他性，因此在某个时刻只有一个线程调用该方法返回 true。
- isLocked() 方法：判断 Lock 是否已经被线程持有。
- isFair() 方法：创建的 ReentrantLock 是否为公平锁。
- hasQueuedThreads() 方法：在多个线程试图获取 Lock 的时候，只有一个线程能够正常获得，其他线程可能（如果使用 tryLock() 方法失败则不会进入阻塞）会进入阻塞，该方法的作用就是查询是否有线程正在等待获取锁。

- hasQueuedThread(Thread thread) 方法：在等待获取锁的线程中是否包含某个指定的线程。
- getQueueLength() 方法：返回当前有多少个线程正在等待获取锁。

3.6.2 正确使用显式锁 Lock

显式锁 Lock 的底层实现相对来说比较复杂，但是站在使用者的角度来看却是比较简单的（本节不会出现非常多的代码片段用于演示如何去使用显式锁 Lock）。锁的存在，无论是 Lock 接口还是 synchronized 关键字，主要是帮我们解决多线程资源的竞争问题，也就是说在同一时刻只能有一个线程对共享资源进行访问，即排他性，另外就是确保若干代码指令执行的原子性。

（1）确保已获取锁的释放

使用 synchronized 关键字进行共享资源的同步时，JVM 提供了两个指令 monitor enter 和 monitor exit 来分别确保锁的获取和释放操作，这与显式锁 Lock 的 lock 和 unlock 方法的作用是一致的，如表 3-1 所示。

表 3-1 Synchronized 关键字与显示锁 Lock 的对比

锁类型	获取锁	释放锁
Synchronized 关键字	JVM 指令 monitor enter	JVM 指令 monitor exit
Lock	lock() 方法	unlock() 方法

使用 try...finally 语句块可以确保获取到的 lock 将被正确释放，示例代码如下。

```
private final Lock lock = new ReentrantLock();
public void foo()
{
    // 获取锁
    lock.lock();
    try
    {
        // 程序执行逻辑
    } finally
    {
        //finally 语句块可以确保 lock 被正确释放
        lock.unlock();
    }
}
```

在上述代码中，我们将 lock() 方法写在 try...finally 语句块中的目的是为了防止获取锁的过程中出现异常导致锁被意外释放，3.4.3 节的“正确使用 release”中进行过测试，发现未获取到许可证 permit 的线程也可以调用 semaphore 的 release 方法，使得当前的可用许可证 permit 数量增多，但是在 lock 中不存在这样的情况。

程序代码：ReentrantLock 释放锁源码片段

```
protected final boolean tryRelease(int releases) {
```

```java
    int c = getState() - releases;
    //如果当前线程未获得该锁，那么调用unlock方法将会抛出异常
    if (Thread.currentThread() != getExclusiveOwnerThread())
        throw new IllegalMonitorStateException();
    boolean free = false;
    if (c == 0) {
        free = true;
        setExclusiveOwnerThread(null);
    }
    setState(c);
    return free;
}
```

通过上面的代码片段，我们可以看到lock不允许未获得锁的线程调用unlock()方法，lock和synchronized关键字一样都具备可重入性，lock的内部维护了hold计数器，而synchronized的内部则维护了monitor计数器，它们的作用都是一样的，若成功获取锁的初始值为1，那么持有该锁时再次获取锁除了会立即成功之外，对应的计数器也会随之自增，在使用synchronized关键字的时候，JVM会为我们担保这一切，但是显式锁的使用则需要程序员自行控制，下面来看一段代码片段。

```java
final ReentrantLock lock = new ReentrantLock();
new Thread(() ->
{
    lock.lock();
    try
    {
        System.out.println(currentThread() + " acquired the lock.");
        //首次获取lock，hold的计数器为1
        assert lock.getHoldCount() == 1;
        //重入
        lock.lock();
        System.out.println(currentThread() + " acquired the lock again.");
        //lock重入，hold的计数器随之增加1个
        assert lock.getHoldCount() == 2;
    } finally
    {
        //释放lock，但是对应的hold计数器只能减一
        lock.unlock();
        System.out.println(currentThread() + " released the lock.");
        //因此当前线程还持有该锁
        assert lock.getHoldCount() == 1;
    }
}).start();
//休眠2秒，确保匿名线程能够启动并获取锁
TimeUnit.SECONDS.sleep(2);
//阻塞，永远不会获取锁
lock.lock();
System.out.println("main thread acquired the lock");
lock.unlock();
System.out.println("main thread released the lock");
```

从上面的代码中，很明显可以看到lock被重入（多次获取），每一次的重入都会在hold计数器原有的数量基础之上加一，显式锁lock需要程序员手动控制对锁的释放操作。lock被第二次获取之后只进行了一次unlock操作，这就导致当前线程对该锁的hold数量仍旧是非0，因此并未完成对该锁的释放行为，进而导致其他线程无法获取该锁处于阻塞状态，若程序出现

这样的情况则是非常危险的，因为匿名线程在生命周期结束之后，线程本身的对象引用还被AQS的exclusiveOwnerThread所持有，但是线程本身已经死亡，这样一来就没有任何线程能够对当前锁进行释放（详见上文lock锁的释放源码逻辑）操作了，更谈不上获取了，下面通过JVM工具查看一下，如图3-8所示。

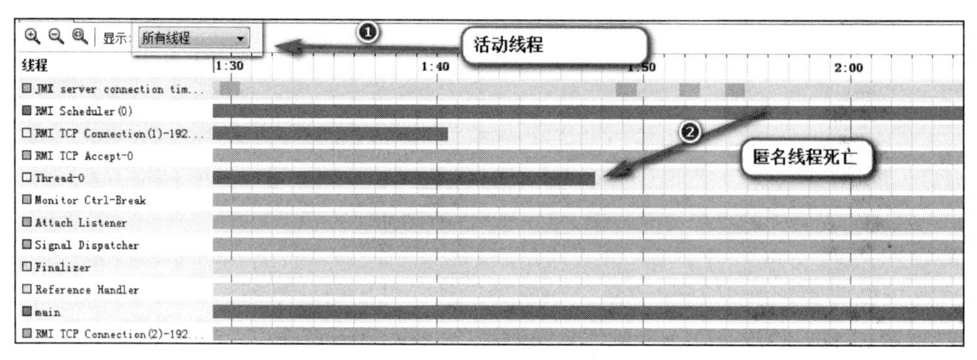

图3-8 未正确释放锁导致Java进程阻塞

（2）避免锁的交叉使用引起死锁

在笔者的《Java高并发编程详解：多线程与架构设计》一书的4.3.3节中介绍了交叉使用关键字synchronized可能会引起死锁的情况发生，同样，在使用lock锁的时候也会出现类似的情况，示例代码如下所示。

程序代码：ReentrantLockExample2.java

```
package com.wangwenjun.concurrent.juc.utils;

import java.util.concurrent.locks.Lock;
import java.util.concurrent.locks.ReentrantLock;

import static java.lang.Thread.currentThread;

public class ReentrantLockExample2
{
    //分别定义两个lock
    private static final Lock lock1 = new ReentrantLock();
    private static final Lock lock2 = new ReentrantLock();

    private static void m1()
    {
        lock1.lock();
        System.out.println(currentThread() + " get lock1.");
        try
        {
            lock2.lock();
            System.out.println(currentThread() + " get lock2.");
            try
            {
                //...
            } finally
            {
                lock2.unlock();
                System.out.println(currentThread() + " release lock2.");
```

```
            }
        } finally
        {
            lock1.unlock();
            System.out.println(currentThread() + " release lock1.");
        }
    }

    private static void m2()
    {
        lock2.lock();
        System.out.println(currentThread() + " get lock2.");
        try
        {
            lock1.lock();
            System.out.println(currentThread() + " get lock1.");
            try
            {
                //...
            } finally
            {
                lock1.unlock();
                System.out.println(currentThread() + " release lock1.");
            }
        } finally
        {
            lock2.unlock();
            System.out.println(currentThread() + " release lock2.");
        }
    }

    public static void main(String[] args)
    {
        new Thread(() ->
        {
            while (true)
            {
                m1();
            }
        }).start();
        new Thread(() ->
        {
            while (true)
            {
                m2();
            }
        }).start();
    }
}
```

运行上面的程序会出现死锁的问题，当死锁出现的时候，JVM进程是正常运行的，但是工作线程会因为进入阻塞而不能继续工作。

程序输出：ReentrantLockExample2.java

```
Thread[Thread-1,5,main] get lock2.
Thread[Thread-1,5,main] get lock1.
Thread[Thread-1,5,main] release lock1.
Thread[Thread-1,5,main] release lock2.
Thread[Thread-1,5,main] get lock2.
```

```
Thread[Thread-0,5,main] get lock1.
...程序不再运行，通过程序输出我们可以看到 T-1，持有 lock2 等待 lock1，T-0 持有 lock1 等待 lock2
```

我们可以借助于 JVM 工具诊断到死锁的情况，如图 3-9 所示。

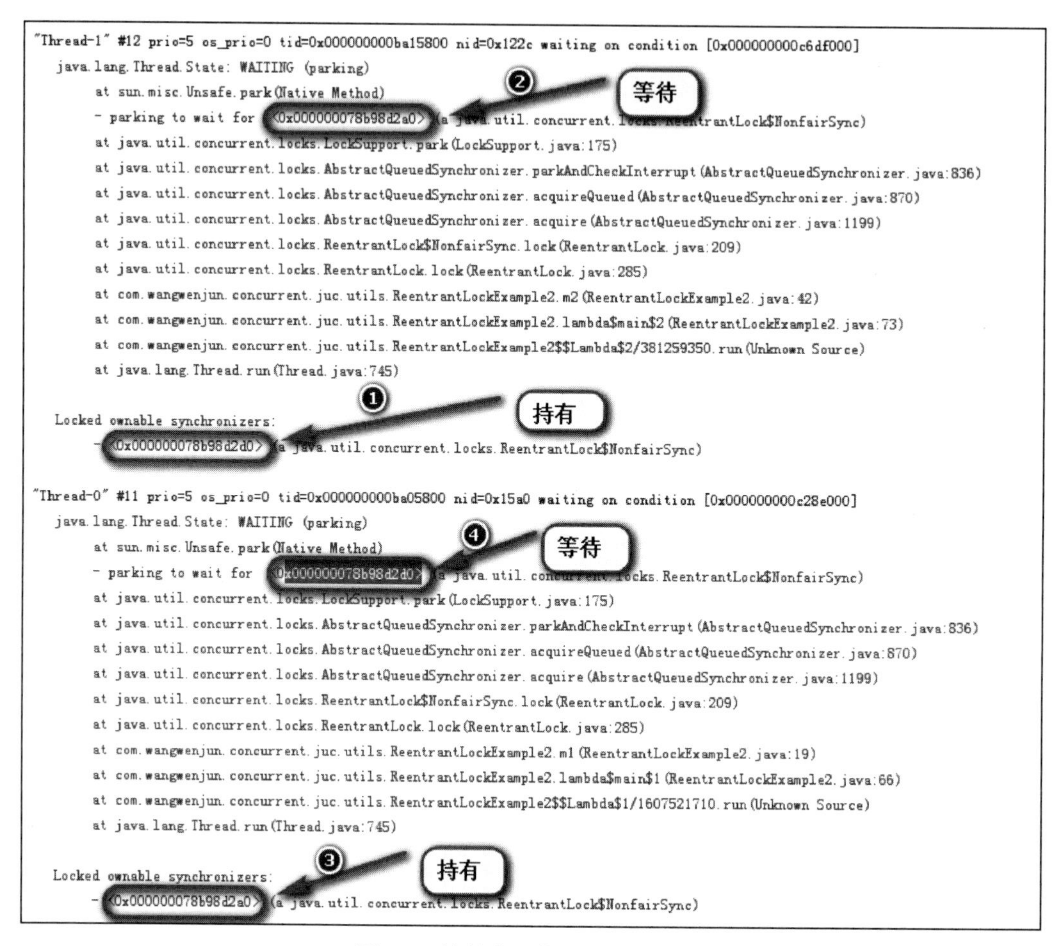

图 3-9　锁的交叉使用会引起死锁

（3）多个原子性方法的组合不能确保原子性

无论是 synchronized 关键字还是 lock 锁，其主要作用之一都是保证若干代码指令的原子操作，要么都成功要么都失败，也就是说在代码指令的运行过程中不允许被中断，但是多个原子性方法的组合就无法担保原子性了，无论是使用同一个 lock 对象还是不同的 lock 对象。

程序代码：ReentrantLockExample3.java

```
package com.wangwenjun.concurrent.juc.utils;

import java.util.concurrent.locks.Lock;
```

```
import java.util.concurrent.locks.ReentrantLock;

public class ReentrantLockExample3
{
    public static void main(String[] args)
    {
        //启动10个线程
        final Accumulator accumulator = new Accumulator();
        for (int i = 0; i < 10; i++)
            new AccumulatorThread(accumulator).start();
    }

    private static class AccumulatorThread extends Thread
    {
        private final Accumulator accumulator;

        private AccumulatorThread(Accumulator accumulator)
        {
            this.accumulator = accumulator;
        }

        @Override
        public void run()
        {
        //不断地调用addX和addY，根据我们的期望，x和y应该一样，但是事实并非如此
            while (true)
            {
                accumulator.addX();
                accumulator.addY();
            //检查不相等的情况
                if (accumulator.getX() != accumulator.getY())
                {
                    System.out.printf("The x:%d not equals y:%d\n", accumulator.
getX(), accumulator.getY());
                }
            }
        }
    }

    //在Accumulator中，所有的方法都是线程安全的，每一个方法的执行都是原子性的，不可被中断
    private static class Accumulator
    {
        private static final Lock lock = new ReentrantLock();
        private int x = 0;
        private int y = 0;

        void addX()
        {
            lock.lock();
            try
            {
                x++;
            } finally
            {
                lock.unlock();
            }
        }

        void addY()
        {
            lock.lock();
```

```
            try
            {
                y++;
            } finally
            {
                lock.unlock();
            }
        }

        int getX()
        {
            lock.lock();
            try
            {
                return x;
            } finally
            {
                lock.unlock();
            }
        }

        int getY()
        {
            lock.lock();
            try
            {
                return y;
            } finally
            {
                lock.unlock();
            }
        }
    }
}
```

在上面的代码中我们定义了 Accumulator 类，每一个方法都是线程安全的方法，因此也可以说每一个方法的执行都是原子性的，但是在 AccumulatorThread 中使用了多个原子性方法的组合，其结果未必就是原子性的了，执行程序会出现很多 x 和 y 不相等的情况，甚至出现 x 和 y 相等还被输出的情况，读者可以参考《 Java 高并发编程详解：多线程与架构设计》第 16 章的分析。

3.6.3 ReentrantLock VS. Synchronized 关键字

在本章中，我们学习了 ReentrantLock 具备 Synchronized 关键字全部的功能特性，从使用的角度来看，ReentrantLock 相比于 Synchronized 关键字提供了更加灵活和丰富的操作方式，但是它们的性能对比会是怎样的呢？本节将使用基准测试工具 JMH 对两者进行比较（JMH 的使用，详见本书第 1 章“JMH”）。

1. 单线程读操作性能对比

线程安全的方法或者线程安全的类未必总是会在使用多线程的情况下运行，比如 hashtable、StringBuffer 等，在本节中，我们将对比一下使用 lock 和 synchronized 关键字进行同步的方法在单线程下的性能表现。

程序代码：ReentrantLockExample4.java

```
package com.wangwenjun.concurrent.juc.utils;

import org.openjdk.jmh.annotations.*;
import org.openjdk.jmh.infra.Blackhole;
import org.openjdk.jmh.runner.Runner;
import org.openjdk.jmh.runner.RunnerException;
import org.openjdk.jmh.runner.options.Options;
import org.openjdk.jmh.runner.options.OptionsBuilder;

import java.util.concurrent.TimeUnit;
import java.util.concurrent.locks.Lock;
import java.util.concurrent.locks.ReentrantLock;

// 基准测试的设定，10 批 Warmup，10 批 Measurement
@Measurement(iterations = 10)
@Warmup(iterations = 10)
@BenchmarkMode(Mode.AverageTime)
// 单线程
@Threads(1)
@OutputTimeUnit(TimeUnit.MICROSECONDS)
// 每个线程一个实例
@State(Scope.Thread)
public class ReentrantLockExample4
{
    public static class Test
    {
        private int x = 10;
        private final Lock lock = new ReentrantLock();
        // 基准方法
        public int baseMethod()
        {
            return x;
        }

        // 使用 lock 进行方法同步
        public int lockMethod()
        {
            lock.lock();
            try
            {
                return x;
            } finally
            {
                lock.unlock();
            }
        }

        // 使用关键字 synchronized 进行方法同步
        public int syncMethod()
        {
            synchronized (this)
            {
                return x;
            }
        }
    }

    private Test test;
    // 每一个批次都会产生一个新的 test 实例
```

```
    @Setup(Level.Iteration)
    public void setUp()
    {
        this.test = new Test();
    }

    @Benchmark
    public void base(Blackhole hole)
    {
        hole.consume(test.baseMethod());
    }


    @Benchmark
    public void testLockMethod(Blackhole hole)
    {
        hole.consume(test.lockMethod());
    }


    @Benchmark
    public void testSyncMethod(Blackhole hole)
    {
        hole.consume(test.syncMethod());
    }

    public static void main(String[] args)
            throws RunnerException
    {
        Options opts = new OptionsBuilder()
                .include(ReentrantLockExample4.class.getSimpleName())
                 .forks(1)
                 .build();
        new Runner(opts).run();
    }
}
```

运行上面的基准测试，我们会惊奇地发现在单线程访问的情况下，synchronized 关键字的性能要远远高于 lock 锁（如图 3-10 所示），这主要得益于 JDK 内部对于 synchronized 关键字的不断优化升级，另外在单线程的情况下，synchronized 关键字的 jvm 指令在运行期间也会被优化。

基准测试结果输出

```
Benchmark                            Mode  Cnt  Score   Error  Units
ReentrantLockExample4.base           avgt   10  0.008 ± 0.002  us/op
ReentrantLockExample4.testLockMethod avgt   10  0.065 ± 0.017  us/op
ReentrantLockExample4.testSyncMethod avgt   10  0.015 ± 0.002  us/op
```

2. 多线程读操作性能对比

通过 3.6.3 节中的基准测试结果对比可知，单线程下 synchronized 似乎并没有那么不堪一击，除了使用的灵活性不如显式锁 Lock 之外，其性能表现却要优于显式锁 Lock，那么我们再来进行一次对比，了解多线程下两者只进行读取操作的性能表现，示例代码如下。

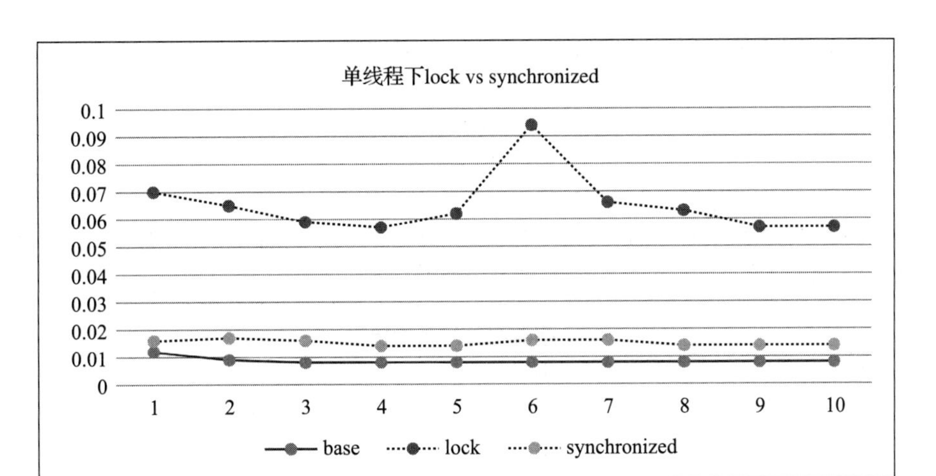

图 3-10　单线程下 lock vs synchronized 关键字

程序代码：ReentrantLockExample5.java

```
...省略
@Measurement(iterations = 10)
@Warmup(iterations = 10)
@BenchmarkMode(Mode.AverageTime)
@OutputTimeUnit(TimeUnit.MICROSECONDS)
public class ReentrantLockExample5
{
    @State(Scope.Group)
    public static class Test
    {
       ...省略
    }
    //10 个线程进行测试
    @GroupThreads(10)
    @Group("base")
    @Benchmark
    public void base(Test test,Blackhole hole)
    {
        hole.consume(test.baseMethod());
    }

    //10 个线程进行测试
    @GroupThreads(10)
    @Group("lock")
    @Benchmark
    public void testLockMethod(Test test,Blackhole hole)
    {
        hole.consume(test.lockMethod());
    }

    //10 个线程进行测试
    @GroupThreads(10)
    @Group("sync")
    @Benchmark
    public void testSyncMethod(Test test,Blackhole hole)
    {
        hole.consume(test.syncMethod());
    }
```

```
    public static void main(String[] args)
            throws RunnerException
{
    ...省略
    }
}
```

执行基准测试会发现在10个线程的情况下，显式锁Lock的性能要优于synchronized关键字（如图3-11所示）。

基准测试结果输出

```
Benchmark                     Mode  Cnt  Score   Error  Units
ReentrantLockExample5.base    avgt   10  0.040 ± 0.006  us/op
ReentrantLockExample5.lock    avgt   10  0.708 ± 0.022  us/op
ReentrantLockExample5.sync    avgt   10  0.937 ± 0.013  us/op
```

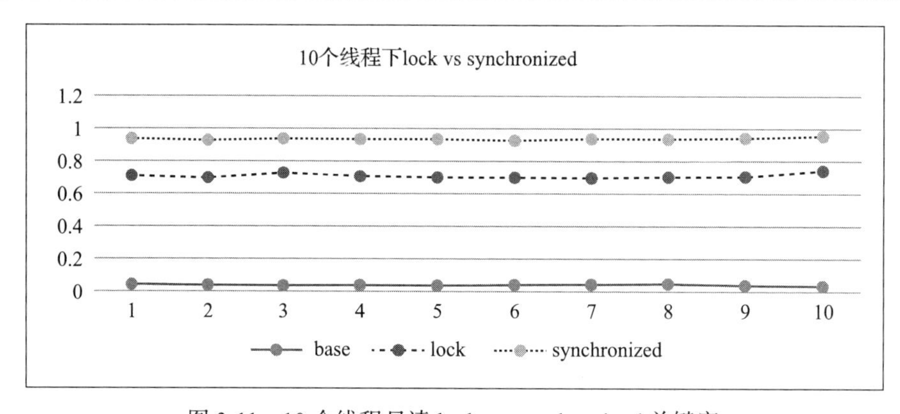

图3-11 10个线程只读lock vs synchronized关键字

同样，将基准测试结果做成图标的形式，大家可以直观地感受到它们之间性能的差异。

3. 多线程下读写操作性能对比

虽然在单线程下，synchronized关键字的表现要远远优于显式锁Lock，但是在多线程的情况下，显式锁Lock的优势就体现出来了，当然，不同的环境、不同的JDK版本，测试效果可能会存在差异，在本节中，我们将针对共享资源的并发读写操作进行基准测试，以对比显式锁Lock和synchronized关键字的性能表现。

程序代码：ReentrantLockExample6.java

```
...省略
public class ReentrantLockExample6
{
    @State(Scope.Group)
    public static class Test
    {
        private int x = 10;
        private final Lock lock = new ReentrantLock();
        public void lockInc()
        {
            lock.lock();
```

```
        try
        {
            x++;
        } finally
        {
            lock.unlock();
        }
    }

    public int lockGet()
    {
        lock.lock();
        try
        {
            return x;
        } finally
        {
            lock.unlock();
        }
    }

    public void synInc()
    {
        synchronized (this)
        {
            x++;
        }
    }

    public int syncGet()
    {
        synchronized (this)
        {
            return x;
        }
    }
}

@GroupThreads(5)
@Group("lock")
@Benchmark
public void lockInc(Test test)
{
    test.lockInc();
}

@GroupThreads(5)
@Group("lock")
@Benchmark
public void lockGet(Test test, Blackhole blackhole)
{
    blackhole.consume(test.lockGet());
}

@GroupThreads(5)
@Group("sync")
@Benchmark
public void syncInc(Test test)
{
    test.synInc();
}
```

```
    @GroupThreads(5)
    @Group("sync")
    @Benchmark
    public void syncGet(Test test, Blackhole blackhole)
    {
        blackhole.consume(test.syncGet());
    }

    public static void main(String[] args)
            throws RunnerException
    {
        ...省略
    }
}
```

同样保持了10个数量的线程，其中5个线程并发地去修改共享资源x，5个线程并发地去读取共享资源x，运行上面的基准测试，不难发现显式锁Lock的表现仍旧比关键字synchronized要好（如图3-12所示）。

基准测试结果输出

```
Benchmark                                Mode  Cnt  Score    Error  Units
ReentrantLockExample6.lock               avgt   10  0.684 ± 0.009  us/op
ReentrantLockExample6.lock:lockGet       avgt   10  0.781 ± 0.023  us/op
ReentrantLockExample6.lock:lockInc       avgt   10  0.588 ± 0.037  us/op
ReentrantLockExample6.sync               avgt   10  0.932 ± 0.018  us/op
ReentrantLockExample6.sync:syncGet       avgt   10  1.064 ± 0.021  us/op
ReentrantLockExample6.sync:syncInc       avgt   10  0.800 ± 0.027  us/op
```

同样将基准测试结果做成图标的形式，大家可以直观地感受到它们之间性能的差异。

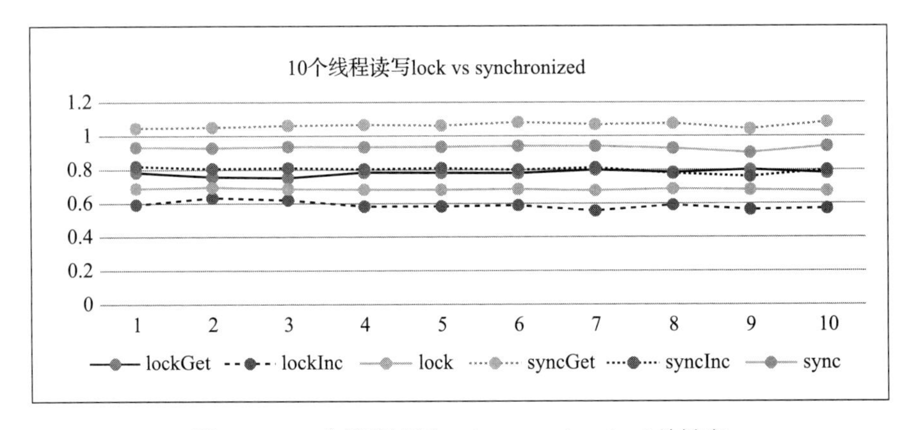

图3-12　10个线程读写lock vs synchronized关键字

3.6.4　显式锁Lock总结

本节学习了显式锁Lock接口以及该接口最常用的一个实现ReentrantLock方法的使用，显式锁Lock接口自JDK1.5版本引入以来非常受欢迎，在绝大多数情况下完全可以替代synchronized关键字进行共享资源的同步和数据一致性的保护。

由于显式锁Lock将锁的控制权完全交给了程序员自己，因此在锁的使用过程中需要非常慎重，如果使用错误或者不得当将会引起比较严重的后果，本节也对不同的场景进行了讨论和分析。

最后，我们使用基准测试工具JMH对synchronized关键字和显式锁Lock在不同场合下的性能表现进行了对比，通过对比我们可以发现，在多线程的情况下显式锁的表现要优于关键字synchronized，除了性能上的优越表现之外，显式锁Lock具备更加灵活和丰富的API。

3.7 ReadWriteLock&ReentrantReadWriteLock详解

对共享资源的访问一般包括两种类型的动作，读和写（修改、删除等会引起资源发生变化的动作），当多个线程同时对某个共享资源进行读取操作时，并不会引起共享资源数据不一致情况的发生（如表3-2所示），因此这个时候如果仍旧让资源的访问互斥，就会显得有些不合情理了，Doug Lea在JDK 1.5版本引入了读写锁类，旨在允许某个特定时刻多线程并发读取共享资源，提高系统性能和访问吞吐量。

表3-2　多线程操作共享资源冲突表

线程	读	写
读	不冲突	冲突
写	冲突	冲突

在笔者的《Java高并发编程详解：多线程与架构设计》一书中第17章“读写锁分离设计模式”介绍了读写锁的实现原理和设计技巧，读写锁的分离可以提高多线程同时进行读操作时应用程序的性能。

3.7.1 读写锁的基本使用方法

与ReentrantLock一样，ReentrantReadWriteLock的使用方法也是非常简单的，只不过在使用的过程中需要分别派生出“读锁”和“写锁”，在进行共享资源读取操作时，需要使用读锁进行数据同步，在对共享资源进行写操作时，需要使用写锁进行数据一致性的保护，下面的示例代码是对读写锁的简单应用。

程序代码：ReentrantReadWriteLockExample1.java

```
package com.wangwenjun.concurrent.juc.utils;

import java.util.LinkedList;
import java.util.concurrent.locks.Lock;
import java.util.concurrent.locks.ReadWriteLock;
import java.util.concurrent.locks.ReentrantReadWriteLock;

public class ReentrantReadWriteLockExample1
{
    //定义ReadWriteLock锁
    private final ReadWriteLock readWriteLock =
```

```
                        new ReentrantReadWriteLock();
    //创建读锁
    private final Lock readLock = readWriteLock.readLock();
    //创建写锁
    private final Lock writeLock = readWriteLock.writeLock();

    //共享数据
    private final LinkedList<String> list = new LinkedList<>();

    //使用写锁进行数据同步
    public void add(String element)
    {
        writeLock.lock();
        try
        {
            list.addLast(element);
        } finally
        {
            writeLock.unlock();
        }
    }

    //使用写锁进行数据同步
    public String take()
    {
        writeLock.lock();
        try
        {
            return list.removeFirst();
        } finally
        {
            writeLock.unlock();
        }
    }
    //使用读锁进行数据同步
    public String get(int index)
    {
        readLock.lock();
        try
        {
            return list.get(index);
        } finally
        {
            readLock.unlock();
        }
    }
}
```

- 在上述代码中，首先创建了一个 ReentrantReadWriteLock 锁，然后根据该锁分别创建了读锁和写锁。
- 读锁和写锁都是 Lock 接口的实现，因此具有 Lock 接口所定义的所有方法，比如 lock()、unlock() 等方法。
- 若某个线程获取了写锁进行数据写操作，那么此时其他线程对共享资源的读写操作都会被阻塞直到锁被释放。
- 若某个线程获取了读锁进行数据读操作，那么此时其他线程对共享资源的写操作会进入阻塞直到锁被释放，但如果是其他线程对共享资源进行读操作则不会被阻塞。

3.7.2 读写锁的方法

ReadWriteLock接口只有两个方法用于创建读锁和写锁，ReentrantReadWriteLock实现自ReadWriteLock接口并且提供了一些ReadWriteLock监控查询方法（如图3-13所示）。

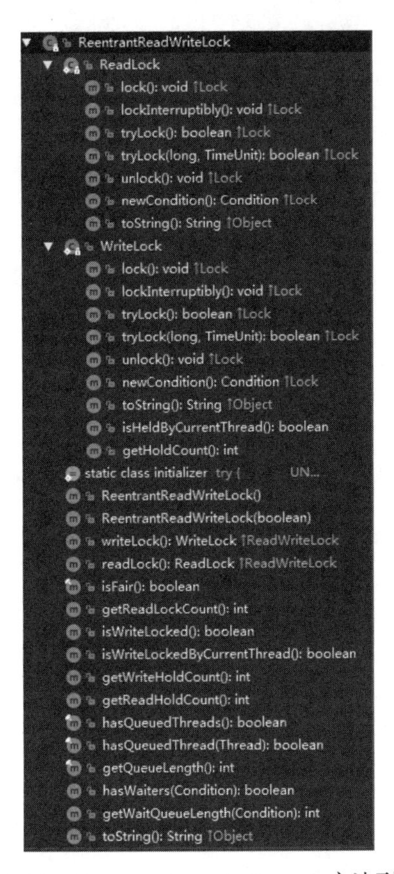

图3-13 ReentrantReadWriteLock方法列表

ReentrantReadWriteLock、ReadLock以及WriteLock的方法与3.6节中介绍的方法非常类似，为了节约篇幅，本节将不会对每一个方法逐一进行解释，读者可以参考3.6节中的内容。

3.7.3 基准测试性能对比

3.6.3节对比了ReentrantLock和synchronized关键字在不同场景下的性能表现，本节也将使用JMH基准工具对读写锁进行性能比较。

（1）10个线程的只读性能比较

基准测试代码在3.6.3节的基础之上增加了读锁的操作，代码片段如下。

程序代码：ReentrantReadWriteLockExample2.java

```
...省略
```

```
public class ReentrantReadWriteLockExample2
{
    @State(Scope.Group)
    public static class Test
    {
       ...省略
        private final ReadWriteLock readWriteLock =
                    new ReentrantReadWriteLock();
        private final Lock readLock = readWriteLock.readLock();

        public int readLockMethod()
        {
            readLock.lock();
            try
            {
                return x;
            } finally
            {
                readLock.unlock();
            }
        }
    ...省略
    }
   ...省略
    @GroupThreads(10)
    @Group("readLock")
    @Benchmark
    public void testReadLockMethod(Test test, Blackhole hole)
    {
        hole.consume(test.readLockMethod());
    }
    ...省略
}
```

再次运行基准测试，我们会得到如下的性能对比数据。

基准测试结果输出

```
Benchmark                                     Mode  Cnt  Score   Error  Units
Reentrant...Example2.base      avgt   10  0.037 ± 0.003  us/op
Reentrant...Example2.lock      avgt   10  0.715 ± 0.016  us/op
Reentrant...Example2.readLock  avgt   10  2.908 ± 0.315  us/op
Reentrant...Example2.sync      avgt   10  0.939 ± 0.025  us/op
```

根据基准测试的结果（如图3-14所示）来看，在没有任何写操作的情况下，读锁的效率反倒是最差的，这的确令人感到失望和惊讶，实际上，ReadWriteLock的性能表现确实不尽如人意，这也是在JDK1.8版本中引入StampedLock的原因之一，后文的3.9节中将会详细说明。

通过与基准数据的对比，不难看出在10个线程并发只读情况下，性能表现的好坏程度依次如下。

```
ReentrantLock > synchronized关键字 > ReentrantReadWriteLock
```

（2）5个线程读5个线程写的性能比较

既然读写锁在高并发只读的情况下性能表现最差，那么在既有读又有写的并发情况下性能又会如何呢？我们基于3.6.3节中的基准测试代码稍作修改，如下所示。

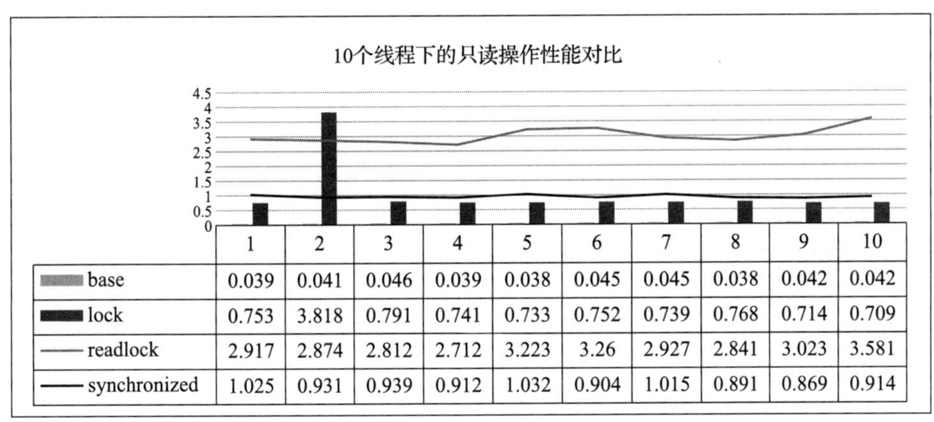

	1	2	3	4	5	6	7	8	9	10
base	0.039	0.041	0.046	0.039	0.038	0.045	0.045	0.038	0.042	0.042
lock	0.753	3.818	0.791	0.741	0.733	0.752	0.739	0.768	0.714	0.709
readlock	2.917	2.874	2.812	2.712	3.223	3.26	2.927	2.841	3.023	3.581
synchronized	1.025	0.931	0.939	0.912	1.032	0.904	1.015	0.891	0.869	0.914

图 3-14　10 个线程下的只读性能对比

程序代码：ReentrantReadWriteLockExample3.java

```
... 省略
public class ReentrantReadWriteLockExample3
{
    @State(Scope.Group)
    public static class Test
    {
        private int x = 10;
        private final Lock lock = new ReentrantLock();
        private final ReadWriteLock readWriteLock =
                                    new ReentrantReadWriteLock();

        private final Lock readLock = readWriteLock.readLock();
        private final Lock writeLock = readWriteLock.writeLock();
        ... 省略
        public void writeLockInc()
        {
            writeLock.lock();
            try
            {
                x++;
            } finally
            {
                writeLock.unlock();
            }
        }

        public int readLockGet()
        {
            readLock.lock();
            try
            {
                return x;
            } finally
            {
                readLock.unlock();
            }
        }
        ... 省略
    }
    ... 省略
```

```
    @GroupThreads(5)
    @Group("rwlock")
    @Benchmark
    public void writeLockInc(Test test)
    {
        test.writeLockInc();
    }

    @GroupThreads(5)
    @Group("rwlock")
    @Benchmark
    public void readLockGet(Test test, Blackhole blackhole)
    {
        blackhole.consume(test.readLockGet());
    }
    ...省略
}
```

执行上面的基准测试代码，可以得出如下的基准测试结果。

基准测试结果输出

```
Benchmark                              Mode   Cnt  Score      Error   Units
...Example3.lock                       avgt   10   0.711 ±   0.017   us/op
...Example3.lock:lockGet               avgt   10   0.802 ±   0.032   us/op
...Example3.lock:lockInc               avgt   10   0.621 ±   0.023   us/op
...Example3.rwlock                     avgt   10   5.442 ±  10.464   us/op
...Example3.rwlock:readLockGet         avgt   10   1.596 ±   0.334   us/op
...Example3.rwlock:writeLockInc        avgt   10   9.288 ±  20.641   us/op
...Example3.sync                       avgt   10   0.945 ±   0.014   us/op
...Example3.sync:syncGet               avgt   10   1.157 ±   0.036   us/op
...Example3.sync:syncInc               avgt   10   0.733 ±   0.009   us/op
```

基准测试的结果显而易见，仍旧是读写锁的表现最差，我们将基准测试的每一个批次生成图形报告，如图 3-15 所示。

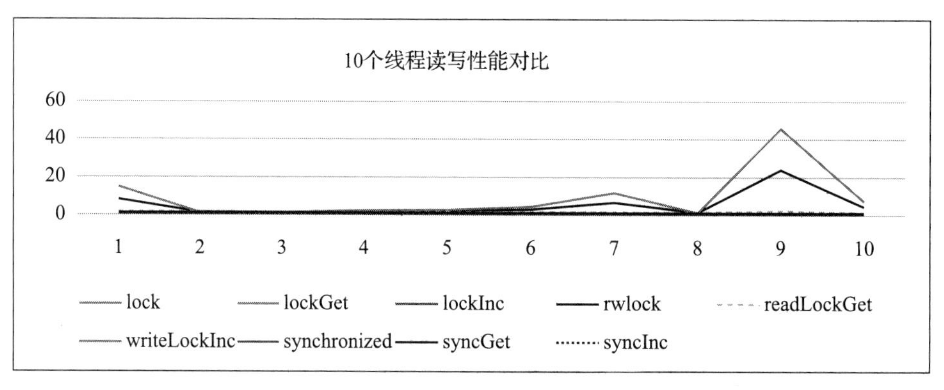

图 3-15 10 个线程读写性能对比

3.7.4 读写锁总结

读写锁提供了非常好的思路和解决方案，旨在提高某个时刻都为读操作的并发吞吐量，但是从基准测试的结果来看性能不尽如人意，因此在JDK1.8版本中引入了StampedLock的解决方案，3.9节中也将会继续介绍，另外推荐读者阅读一篇博客文章，也是关于读写锁性能对比的（该博客作者用语非常幽默，开头第一句话就让我会心一笑，敢情全世界的女婿都有相同的感受：Synchronized sections are kind of like visiting your parents-in-law. You want to be there as little as possible——同步就像你去看望你的岳父岳母，你希望尽可能地少去），文章地址如下：

https://blog.overops.com/java-8-stampedlocks-vs-readwritelocks-and-synchronized/

3.8 Condition详解

如果说显式锁Lock可以用来替代synchronized关键字，那么Condition接口将会很好地替代传统的、通过对象监视器调用wait()、notify()、notifyAll()线程间的通信方式。Condition对象是由某个显式锁Lock创建的，一个显式锁Lock可以创建多个Condition对象与之关联，Condition的作用在于控制锁并且判断某个条件（临界值）是否满足，如果不满足，那么使用该锁的线程将会被挂起等待另外的线程将其唤醒，与此同时被挂起的线程将会进入阻塞队列中并且释放对显式锁Lock的持有，这一点与对象监视器的wait()方法非常类似。

3.8.1 初识Condition

Condition接口提供了比传统线程间通信方式（对象monitor方法）更多的操作方法，Condition不能被直接创建，只能与某个显式锁Lock进行创建并且与之关联，下面我们快速地实现一个例子来体验一下Condition的使用方法。

- 在本示例中我们将有两个线程分别进行数据的读与写。
- 当数据发生改变时，读取数据的线程才会对其进行读取和做进一步的处理，当数据未发生改变时读取数据的线程将会等待。
- 当数据未被读取时，修改数据的线程将会进入阻塞等待，直到该数据被使用过才会进一步地产生出新的数据。

程序代码：ConditionExample1.java

```java
package com.wangwenjun.concurrent.juc.utils;

import java.util.concurrent.TimeUnit;
import java.util.concurrent.locks.Condition;
import java.util.concurrent.locks.Lock;
import java.util.concurrent.locks.ReentrantLock;

import static java.util.concurrent.ThreadLocalRandom.current;

public class ConditionExample1
{
    //定义共享数据
    private static int shareData = 0;
    //定义布尔变量标识当前的共享数据是否已经被使用
    private static boolean dataUsed = false;
    //创建显式锁
    private static final Lock lock = new ReentrantLock();
```

```
//①使用显式锁创建Condition对象并且与之关联
private static final Condition condition = lock.newCondition();

//对数据的写操作
private static void change()
{
    //获取锁，如果当前锁被其他线程持有，则当前线程会进入阻塞
    lock.lock();
    try
    {
        //②如果当前数据未被使用，则当前线程将进入wait队列，并且释放lock
        while (!dataUsed)
        {
            condition.await();
        }
        //修改数据，并且将dataUsed状态标识为false
        TimeUnit.SECONDS.sleep(current().nextInt(5));
        shareData++;
        dataUsed = false;
        System.out.println("produce the new value: " + shareData);
        //③ 通知并唤醒在wait队列中的其他线程——数据使用线程
        condition.signal();
    } catch (InterruptedException e)
    {
        e.printStackTrace();
    } finally
    {
        //释放锁
        lock.unlock();
    }
}
//对数据进行使用
private static void use()
{
    //获取锁，如果当前锁被其他线程持有，则当前线程会进入阻塞
    lock.lock();
    try
    {
        //④ 如果当前数据已经使用，则当前线程将进入wait队列，并且释放lock
        while (dataUsed)
        {
            condition.await();
        }
        //使用数据，并且将dataUsed状态标识置为true
        TimeUnit.SECONDS.sleep(current().nextInt(5));
        dataUsed = true;
        System.out.println("the shared data changed: " + shareData);
       //⑤通知并唤醒wait队列中的其他线程——数据修改线程
        condition.signal();
    } catch (InterruptedException e)
    {
        e.printStackTrace();
    } finally
    {
        //释放锁
        lock.unlock();
    }
}

public static void main(String[] args)
{
    //创建并启动两个匿名线程
```

```
        new Thread(() ->
        {
            for (; ; )
                change();
        }, "Producer").start();
        new Thread(() ->
        {
            for (; ; )
                use();
        }, "Consumer").start();
    }
}
```

运行上面的程序，会看到数据的更改与使用交替输出，不会出现数据未更改但多次使用的情况，以及数据未使用但多次更改的情况。

程序输出：ConditionExample1.java

```
the shared data changed: 0
produce the new value: 1
the shared data changed: 1
produce the new value: 2
the shared data changed: 2
produce the new value: 3
the shared data changed: 3
produce the new value: 4
the shared data changed: 4
produce the new value: 5
the shared data changed: 5
produce the new value: 6
the shared data changed: 6
produce the new value: 7
the shared data changed: 7
...省略
```

程序的执行结果正如我们所期望的那样，现在我们来分析一下ConditionExample1代码中比较关键的地方。

- shareData和dataUsed标识变量都是我们在该程序中的共享数据（资源），同时dataUsed也是临界值，数据一致性的保护主要是针对这两个变量的。
- 在注释①处，我们创建了显式锁Lock，该锁的作用主要是用于保护数据的一致性，然后使用该显式锁创建与之关联的Condition对象。
- 在change()方法中，首先应获取对共享数据的访问权限（获取锁），然后判断共享数据是否未被使用（注释②处），如果还未被使用，那么当前线程将调用condition的await()方法进入阻塞队列，以阻塞等待被其他线程唤醒，调用condition的await()方法之后，当前线程会释放对显式锁Lock的持有，由于我们使用两个线程进行操作，因此这里的while循环完全可以使用if进行替代。
- 当共享数据已经被使用，change()方法会进一步地修改共享数据，然后将状态标识设置为false，并且通知其他线程（主要是数据使用线程）对其进行使用（代码注释③处）。
- 在use()方法中，同样是首先获取对共享数据的访问权限（获取锁），然后判断共享数据是否已经被使用（注释④处），如果数据已经被使用，那么当前线程会进入 wait 队列等待修改共享数据的线程将其唤醒。

- 在注释⑤处，当正常使用了最新的共享数据时，当前线程则会通知数据更新线程可以继续对数据进行修改了。

通过对 Condition 的简单使用以及运行过程的分析，我们对比对象 monitor 方式的线程间通信，可以发现两者在使用的过程中非常的相似，如表 3-3 所示。

表 3-3 Object Monitor vs Condition 方法

操作	Object Monitor（对象监视器）	显式锁 Lock
进入同步代码块	Synchronized 关键字的 #monitor enter 指令	Lock() 方法
退出同步代码块	Synchronized 关键字的 #monitor exit 指令	Unlock() 方法
进入 wait	Monitor.wait() 方法	Condition.await() 方法
从 wait 中唤醒	Monitor.notify() 方法	Condition.signal() 方法
唤醒整个 wait 队列	Monitor.notifyAll() 方法	Condition.signalAll() 方法

3.8.2 Condition 接口方法详解

体验了 Condition 的基本用法之后，我们来看看 Condition 还提供了哪些方法，以及这些方法该如何使用。

- void await() throws InterruptedException：当前线程调用该方法会进入阻塞状态直到有其他线程对其进行唤醒，或者对当前线程执行中断操作。当线程执行了 await() 方法进入阻塞时；当前线程会被加入到阻塞队列中，并且释放对显式锁的持有，object monitor 的 wait() 方法被执行后同样会加入一个虚拟的容器 waitset（线程休息室）中，waitset 是一个虚拟的概念，JVM（虚拟机）规范并未强制要求其采用什么样的数据结构，Condition 的 wait 队列则是由 Java 程序实现的 FiFO 队列。

```
// 定义显式锁 Lock
final ReentrantLock lock = new ReentrantLock();
// 通过 lock 创建一个 Condition 并且与之关联
final Condition condition = lock.newCondition();
// 创建匿名线程
new Thread(() ->
{
    // 获取锁
    lock.lock();
    try
    {
        // 一开始就直接调用 await() 方法，使得匿名线程进入 wait 队列进而阻塞
        condition.await();
    } catch (InterruptedException e)
    {
        e.printStackTrace();
    } finally
    {
        lock.unlock();
    }
}).start();
// 休眠 2 秒的时间，以确保匿名线程启动并且进入阻塞状态
```

```
TimeUnit.SECONDS.sleep(2);
//断言当前锁未被锁定，其他线程照样可以抢到该锁
assert !lock.isLocked();
//断言当前没有因为获取锁而被阻塞的线程
assert !lock.hasQueuedThreads();
//主线程正常获得该锁
lock.lock();
try
{
    //断言有condition的waiter
    assert lock.hasWaiters(condition);
    //断言调用condition await方法的waiter数量为1
    assert lock.getWaitQueueLength(condition) == 1;
} finally
{
    lock.unlock();
}
```

- void awaitUninterruptibly()：该方法与 await() 方法类似，只不过该方法比较固执，它会忽略对它的中断操作，一直等待有其他线程将它唤醒。
- long awaitNanos(long nanosTimeout) throws InterruptedException：调用该方法同样会使得当前线程进入阻塞状态，但是可以设定阻塞的最大等待时间，如果在设定的时间内没有其他线程将它唤醒或者被执行中断操作，那么当前线程将会等到设定的纳秒时间后退出阻塞状态。
- boolean await(long time, TimeUnit unit) throws InterruptedException：执行方法 awaitNanos(), 如果到达设定的纳秒数则当前线程会退出阻塞，并且返回实际等待的纳秒数，但是程序很难判断线程是否被正常唤醒，因此该方法的作用除了可以指定等待的最大的单位时间，另外，还可以返回在单位时间内被正常唤醒而且还是由于超时而退出的阻塞。
- boolean awaitUntil(Date deadline) throws InterruptedException：调用该方法同样会导致当前线程进入阻塞状态直到被唤醒、被中断或者到达指定的 Date。
- void signal()：唤醒 Condition 阻塞队列中的一个线程，Condition 的 wait 队列采用 FiFO 的方式，因此在 wait 队列中，第一个进入阻塞队列的线程将会被首先唤醒，下面我们来设计一个 case 对其进行测试。

```
final ReentrantLock lock = new ReentrantLock();
final Condition condition = lock.newCondition();
//启动10个线程，在每一个线程启动之后简单休眠1秒的时间，以确保线程是按照顺序启动的
for (int i = 0; i < 10; i++)
{
    new Thread(() ->
    {
        lock.lock();
        try
        {
            condition.await();
            System.out.println(currentThread().getName() + " is waked up.");
      //断言第一个被唤醒的线程是首次执行了await方法而进入wait队列中的线程
            assert "0".equals(currentThread().getName());
        } catch (InterruptedException e)
        {
```

```
                e.printStackTrace();
            } finally
            {
                lock.unlock();
            }
            // 为线程命名
        }, String.valueOf(i)).start();
        // 休眠 1 秒的时间以确保数字最小的线程最先启动
        TimeUnit.SECONDS.sleep(1);
    }

    TimeUnit.SECONDS.sleep(15);
    lock.lock();
    try
    {
        // 唤醒 wait 队列中的一个线程
        condition.signal();
    } finally
    {
        lock.unlock();
    }
```

- void signalAll()：唤醒 Condition wait 队列中的所有线程。

针对 Condition 接口提供的方法，前文基本上已经做了比较细致的讲解，但是我们似乎遗漏了在显式锁 ReentrantLock、ReentrantReadWriteLock 中与 Condition 有关的方法，现在就来逐一解释一下。

- hasWaiters(Condition condition): 该方法的作用是查询是否有线程由于执行了 await 方法而进入了与 condition 关联的 wait 队列之中，若有线程在 wait 队列中则返回 true，否则返回 false。
- getWaitQueueLength(Condition condition): 该方法的作用是查询与 condition 关联的 wait 队列数量。

上面这两个方法比较简单，但是使用它们的前提是必须获得对显式锁 Lock 的持有，否则将会出现 IllegalMonitorStateException 异常，下面我们来看一段代码片段。

```
final ReentrantLock lock = new ReentrantLock();
final Condition condition = lock.newCondition();
new Thread(() ->
{
    lock.lock();
    try
    {
        condition.await();
    } catch (InterruptedException e)
    {
        e.printStackTrace();
    } finally
    {
        lock.unlock();
    }
}).start();

TimeUnit.SECONDS.sleep(1);
// 上面的代码片段中，启动的线程将立即执行 condition 的 await 方法进而进入 wait 队列中
try
```

```
{
    // 未获取 lock 锁就直接执行 hasWaiter 方法将会抛出异常
    lock.hasWaiters(condition);
    // 不允许程序执行到这里
    assert false : "should not process to here.";
} catch (Exception e)
{
    // 断言抛出异常的类型
    assert e instanceof IllegalMonitorStateException;
}

try
{
    // 未获取 lock 锁就直接执行 getWaitQueueLength 方法将会抛出异常
    lock.getWaitQueueLength(condition);
    // 不允许程序执行到这里
    assert false : "should not process to here.";
} catch (Exception e)
{
    // 断言抛出异常的类型
    assert e instanceof IllegalMonitorStateException;
}

// 获取 lock 锁
lock.lock();
try
{
    // 调用相关的方法将不会出现错误
    assert lock.hasWaiters(condition);
    assert lock.getWaitQueueLength(condition) == 1;
} finally
{
    lock.unlock();
}
```

通过上述代码片段的运行，相信大家应该能够正确使用显式锁 Lock 与 Condition 有关的这两个监控方法了，另外，笔者在进行互联网授课的过程中发现有些人对 condition 的 await() 方法以及 signal()、signalAll() 方法的使用也存在问题，使用 await()、signal()、signalAll() 方法同样需要 lock 锁的加持才可以，就像使用 wait()、notify()、notifyAll() 方法必须在同步方法或者同步代码块中一样，否则也会出现运行时异常。

3.8.3　使用 Condition 之生产者消费者

无论是 Condition 还是对象监视器，在进行 await()、wait() 或者 notify()、signal() 等方法调用的时候，主要是针对临界值的判断而发出的，比如数据有没有被消费，队列是否为空、是否已满等。虽然我们在不同的书籍和资料中阅读了太多的生产者消费者内容，但是不得不说线程间的通信生产者消费者模式是最好、最常见的场景之一，因此在本节中我们也不能免俗地使用 Condition 实现多线程的生产者消费者场景，以加深读者对 Condition 的理解。

程序代码：ConditionExample5.java

```
package com.wangwenjun.concurrent.juc.utils;

import java.util.LinkedList;
import java.util.concurrent.TimeUnit;
```

```
import java.util.concurrent.locks.Condition;
import java.util.concurrent.locks.ReentrantLock;
import java.util.stream.IntStream;

import static java.lang.Thread.currentThread;
import static java.util.concurrent.ThreadLocalRandom.current;

public class ConditionExample5
{
    // 定义显式锁
    private static final ReentrantLock lock = new ReentrantLock();
    // 创建与显式锁Lock关联的Condition对象
    private static final Condition condition = lock.newCondition();
    // 定义long型数据的链表
    private static final LinkedList<Long> list = new LinkedList<>();
    // 链表的最大容量为100
    private static final int CAPACITY = 100;
    // 定义数据的初始值为0
    private static long i = 0;

    // 生产者方法
    private static void produce()
    {
        // 获取锁
        lock.lock();
        try
        {
// 链表数据大于等于100为一个临界值，当list中的数据量达到100时，生产者线程将被阻塞加入与condition关联的wait队列中
            while (list.size() >= CAPACITY)
            {
                condition.await();
            }
            // 当链表中的数据量不足100时，生产新的数据
            i++;
            // 将数据放到链表尾部
            list.addLast(i);
            System.out.println(currentThread().getName() + "->" + i);
            //① 通知其他线程
            condition.signalAll();
        } catch (InterruptedException e)
        {
            e.printStackTrace();
        } finally
        {
            // 释放锁
            lock.unlock();
        }
    }
    // 消费者方法
    private static void consume()
    {
        // 获取锁
        lock.lock();
        try
        {
// 链表为空是另外一个临界值，当list中的数据为空时，消费者线程将被阻塞加入与condition关联的wait队列中

            while (list.isEmpty())
            {
                condition.await();
```

```
            }
            //消费数据
            Long value = list.removeFirst();
            System.out.println(currentThread().getName() + "->" + value);
           //② 通知其他线程
            condition.signalAll();
        } catch (InterruptedException e)
        {
            e.printStackTrace();
        } finally
        {
            //释放锁
            lock.unlock();
        }
    }

    private static void sleep()
    {
        try
        {
            TimeUnit.SECONDS.sleep(current().nextInt(5));
        } catch (InterruptedException e)
        {
            e.printStackTrace();
        }
    }

    public static void main(String[] args)
            throws InterruptedException
    {
        //启动10个生产者线程
        IntStream.range(0, 10).forEach(i ->
            new Thread(() ->
                {
                    for (; ; )
                    {
                        produce();
                        sleep();
                    }
                }, "Producer-" + i).start()
        );
        //启动5个消费者线程
        IntStream.range(0, 5).forEach(i ->
            new Thread(() ->
                {
                    for (; ; )
                    {
                        consume();
                        sleep();
                    }
                }, "Consumer-" + i).start()
        );
    }
}
```

运行上面的程序，会发现生产者和消费者线程在交替地运行，进行数据的生产与消费。

程序输出：ConditionExample5.java

```
...省略
Producer-3->3042
```

```
Consumer-0->2943
Producer-5->3043
Consumer-4->2944
Producer-5->3044
Consumer-2->2945
Producer-5->3045
Consumer-2->2946
Producer-0->3046
Consumer-2->2947
...省略
```

上面的程序虽然能够正常运行，但是仍然存在一些不足之处，比如在注释①②处，此刻的唤醒动作唤醒的是与 Condition 关联的阻塞队列中的所有阻塞线程。由于我们使用的是唯一的一个 Condition 实例，因此生产者唤醒的有可能是与 Condition 关联的 wait 队列中的生产者线程，假设当生产者线程被唤醒后抢到了 CPU 的调度获得执行权，但是又发现队列已满再次进入阻塞。这样的线程上下文开销实际上是没有意义的，甚至会影响性能（多线程下的线程上下文开销其实是一个非常大的性能损耗，一般针对高并发程序的调优就是在减少上下文切换发生的概率）。

那么我们应该如何进行优化呢？使用两个 Condition 对象，一个用于对队列已满临界值条件的处理，另外一个用于对队列为空的临界值条件的处理，这样一来，在生产者中唤醒的阻塞线程只能是消费者线程，在消费者中唤醒的也只能是生产者线程，下面是优化后的代码片段。

```
...省略
public class ConditionExample6
{
    private static final ReentrantLock lock = new ReentrantLock();
    定义两个 Condition 对象与 lock 关联
    private static final Condition FULL_CONDITION =
                        lock.newCondition();
    private static final Condition EMPTY_CONDITION
                        = lock.newCondition();
...省略
    private static void produce()
    {
        lock.lock();
        try
        {
           // 当队列满了，生产者线程进入 FULL_CONDITION wait 队列中
            while (list.size() >= CAPACITY)
            {
                FULL_CONDITION.await();
            }
            i++;
            list.addLast(i);
            System.out.println(currentThread().getName() + "->" + i);
            // 生产者线程唤醒消费者线程
            EMPTY_CONDITION.signalAll();
        } catch (InterruptedException e)
        {
            e.printStackTrace();
        } finally
        {
            lock.unlock();
```

```
            }
        }

        private static void consume()
        {
            lock.lock();
            try
            {
              //队列为空，消费者线程进入EMPTY_CONDITION wait队列中
                while (list.isEmpty())
                {
                    EMPTY_CONDITION.await();
                }
                Long value = list.removeFirst();
                System.out.println(currentThread().getName() + "->" + value);
                //消费者线程唤醒生产者线程
                FULL_CONDITION.signalAll();
            } catch (InterruptedException e)
            {
                e.printStackTrace();
            } finally
            {
                lock.unlock();
            }
        }
    ...省略
```

采用两个Condition对象的方式就很好地解决了生产者线程除了唤醒消费者线程以外，还唤醒生产者线程而引起的无效线程上下文切换的情况，大家思考一下，使用传统的对象监视器（Object Monitor）的方式是不是很难这样优雅地解决这样的问题呢？

3.8.4 Condition总结

Condition一经推出，就大规模地替代了传统对象监视器（Object Monitor）方式进行多个线程间的通信和数据交换，同时Condition又提供了更多的操作方法，比如用于线程监控等。相比对象监视器的方式，Condition更加高效，避免了很多无谓的线程上下文切换，从而提高了CPU的利用率。建议大家使用Condition的方式完全替代对象监视器的使用。由于Condition的卓越表现，除了广泛应用于开发中之外，JDK本身的很多类的底层都是采用Condition来实现的。比如3.2节中已学到的CyclicBarrier，以及在第3章中将要学习到的阻塞队列，几乎都仰仗于Condition的突出表现才得以完成。

3.9 StampedLock详解

3.6节学习了Lock接口以及ReentrantLock的使用，相比较传统的同步方式synchronized关键字，ReentrantLock除了具备synchronized关键字所有的功能和语义之外，还提供了更好的灵活性和可扩展性以及对锁的监控方法等，从基准测试的结果来看，在多线程高并发的情况下，ReentrantLock的性能表现也要优于synchronized关键字，因此大多数情况下使用前者替代后者并没有太大的问题。

抛开性能问题不说，3.7 节中学习到的读写分离锁 ReentrantReadWriteLock 提供了很好的思路，旨在提高多线程同时读（没有写的情况）的并发处理速度，因为在某个时刻，如果所有线程对共享资源都是读操作，那么锁的排他性就显得没有意义了。比如在下面的代码片段中，虽然匿名线程获取了读锁并且进入了长时间的休眠，但是这并不影响其他线程对读锁的获取。

```
ReentrantReadWriteLock readWriteLock = new ReentrantReadWriteLock();
//创建读锁
final Lock readLock = readWriteLock.readLock();
//启动匿名线程，并且长时间持有读锁
new Thread(() ->
{
    readLock.lock();
    try
    {
        TimeUnit.HOURS.sleep(1);
    } catch (InterruptedException e)
    {
        e.printStackTrace();
    } finally
    {
        readLock.unlock();
    }
}).start();
TimeUnit.SECONDS.sleep(1);
//主线程获取读锁
readLock.lock();
//主线程获取读锁毫无压力，因为此刻没有写的操作
assert readWriteLock.getReadLockCount() == 2;//重入
System.out.println("main thread can hold the read lock still.");
readLock.unlock();
```

3.9.1 读写锁的饥饿写问题

我们曾经在 3.7 节中进行过基准测试，发现读写锁的性能并不是最佳的，当然更有甚者，如果对读写锁使用不得当，则还会引起饥饿写的情况发生，那么什么是饥饿写呢？所谓的饥饿写是指在使用读写锁的时候，读线程的数量远远大于写线程的数量，导致锁长期被读线程霸占，写线程无法获得对数据进行写操作的权限从而进入饥饿的状态（当然可以在构造读写锁时指定其为公平锁，读写线程获得执行权限得到的机会相对公平，但是当读线程大于写线程时，性能效率会比较低下）。因此在使用读写锁进行数据一致性保护时请务必做好线程数量的评估（包括线程操作的任务类型）。

针对这样的问题，JDK1.8 版本引入了 StampedLock，该锁由一个 long 型的数据戳（stamp）和三种模型构成，当获取锁（比如调用 readLock()，writeLock()）的时候会返回一个 long 型的数据戳（stamp），该数据戳将被用于进行稍后的锁释放参数。如果返回的数据戳为 0（比如调用 tryWriteLock()），则表示获取锁失败，同时 StampedLock 还提供了一种乐观读的操作方式，稍后会有相关的示例。

需要注意的一点是，StampedLock 是不可重入的，不像前文中介绍的两种锁类型（ReentrantLock、ReentrantReadWriteLock）都有 hold 计数器，每一次对 StampedLock 锁的获取都会生成一个数据戳，即使当前线程在获得了该锁的情况下再次获取也会返回一个全新的数据戳，因此如果使

用不当则会出现死锁的问题。

3.9.2　StampedLock 的使用

StampedLock 被 JDK1.8 版本引入之后，成为了 Lock 家族的新宠，它几乎具备了 ReentrantLock、ReentrantReadWriteLock 这两种类型锁的所有功能（性能表现要看不同的使用场景），因此本节中列举的使用示例将主要针对 StampedLock 如何替代前两者来展开。

1. 替代 ReentrantLock

程序代码：StampedLockExample1.java

```
package com.wangwenjun.concurrent.juc.utils;

import java.util.concurrent.TimeUnit;
import java.util.concurrent.locks.StampedLock;

public class StampedLockExample1
{
    // 共享数据
    private static int shareData = 0;
    // 定义 StampedLock 锁
    private static final StampedLock lock = new StampedLock();

    public static void inc()
    {
        // 调用 writeLock 方法返回一个数据 stamp
        long stamp = lock.writeLock();
        try
        {
           // 修改共享数据
            shareData++;
        } finally
        {
           // 释放锁
            lock.unlockWrite(stamp);
        }
    }

    public static int get()
    {
        // 获取锁并记录数据戳
        long stamp = lock.writeLock();
        try
        {
            // 返回数据
            return shareData;
        } finally
        {
            // 释放锁
            lock.unlockWrite(stamp);
        }
    }
}
```

在 ReentrantLock 锁中不存在读写分离锁，因此上面代码示例中的读写方法都是使用 lock.writeLock() 方法进行锁的获取，该方法会返回一个数据戳，在稍后的锁释放过程中需要用到该数据戳（stamp）。

2. 替代 ReentrantReadWriteLock

与 ReentrantReadWriteLock 锁一样，StampedLock 也提供了读锁和写锁这两种模式，因此 StampedLock 天生就支持读写分离锁的使用方式，下面的示例代码只是在 Example1 的基础上对 get() 方法稍作修改即可完成读写锁的实现方式。

程序代码：StampedLockExample2.java

```
...省略
public static int get()
{
    //获取读锁，并且记录数据戳stamp
    long stamp = lock.readLock();
    try
    {
        return shareData;
    } finally
    {
        //使用stamped释放读锁
        lock.unlockRead(stamp);
    }
}
```

使用 StampedLock 锁不需要额外创建出不同类型的 Lock（ReadLock 或 WriteLock）就可以很轻易地完成读写锁的分离，提高并发情况下的数据读取性能。

3. 乐观读模式

StampedLock 还提供了一个模式，即乐观读模式，使用 tryOptimisticRead() 方法获取一个非排他锁并且不会进入阻塞状态，与此同时该模式依然会返回一个 long 型的数据戳用于接下来的验证（该验证主要用来判断共享资源是否有写操作发生），我们还是通过一个示例为大家解释乐观读的使用方式和设计技巧。

程序代码：StampedLockExample3.java

```
...省略
public static int get()
{
    //注释①
    long stamp = lock.tryOptimisticRead();
    //注释②
    if (!lock.validate(stamp))
    {
        //注释③
        stamp = lock.readLock();
        try
        {
            return shareData;
        } finally
        {
            lock.unlockRead(stamp);
        }
    }
    //注释④
```

```
        return shareData;
    }
```

- 乐观读模式的使用方法也是非常简单的，首先调用 tryOptimisticRead()（**注释①处，该方法为立即返回方法，并不会导致当前线程进入阻塞等待**）方法进行乐观读操作，同样该方法也会返回一个 long 型的数据戳（stamp），如果获取成功，则数据戳为非 0，如果失败，则数据戳为 0。
- get 方法首先进行了一次乐观读锁的获取并且立即返回一个数据戳（stamp），但是仅就这样的操作是不足以立即将共享数据返回的，这会导致数据出现不一致的情况，具体说明如下。
  - 假设调用乐观读返回的数据戳（stamp）为零，则代表其他线程正在对共享资源进行写操作，也就是说其他线程获取了对该共享资源的写权限。
  - 假设调用乐观读返回的数据戳（stamp）为非零，紧接着又有其他线程立即获取了对共享资源的写操作。

基于以上两点，我们还需要对数据戳（stamp）进行校验之后才能决定对共享资源进行阻塞式的读还是将其立即返回，具体的代码在注释②处，使用 StampedLock 的 validate 方法可以判断上述两种情况是否发生。

- 如果上述两种情况已经发生，则进行读锁的获取操作，此时若有其他线程对共享线程进行写操作，则当前线程会进入阻塞等待直到获取到读锁。
- 如果在注释①处获取的读锁通过验证，则直接返回共享数据（注释④处），不进行任何同步操作，这样的话就可以对共享数据进行无锁（Lock-Free）读操作了，即提高了共享资源并发读取的能力。

3.9.3　与其他锁的性能对比

StampedLock 的方法虽然比较多，但是使用起来还是相对比较简单的。本节已经详细介绍了几个主要方法的使用，由于篇幅的关系此处不再进行每一个方法的讲解，作为 Lock 界的新宠，我们还是要本着半信半疑的态度去验证它是否真的带来了革命性的变化，同样我们也会使用基准测试“大杀器”JMH 对其进行测试，本节所做的基准测试将比较 ReentrantLock、ReentrantReadWriteLock、StampedLock 的读写分离以及乐观读分别在不同读写线程数量下的性能表现，同时我们还将采用方法调用吞吐量的统计方式。

程序代码：StampedLockExample4.java

```
...省略
@Measurement(iterations = 20)
@Warmup(iterations = 20)
@BenchmarkMode(Mode.Throughput)
@OutputTimeUnit(TimeUnit.SECONDS)
public class StampedLockExample4
{
    @State(Scope.Group)
    public static class Test
```

```
{
    private int x = 10;
    private final Lock lock = new ReentrantLock();
    private final ReadWriteLock readWriteLock =
                    new ReentrantReadWriteLock();
    private final Lock readLock = readWriteLock.readLock();
    private final Lock writeLock = readWriteLock.writeLock();
    private final StampedLock stampedLock = new StampedLock();

    public void stampedLockInc()
    {
        long stamped = stampedLock.writeLock();
        try
        {
            x++;
        } finally
        {
            stampedLock.unlockWrite(stamped);
        }
    }

    public int stampedReadLockGet()
    {
        long stamped = stampedLock.readLock();
        try
        {
            return x;
        } finally
        {
            stampedLock.unlockRead(stamped);
        }
    }

    public int stampedOptimisticReadLockGet()
    {
        long stamped = stampedLock.tryOptimisticRead();
        if (!stampedLock.validate(stamped))
        {
            stamped = stampedLock.readLock();
            try
            {
                return x;
            } finally
            {
                stampedLock.unlockRead(stamped);
            }
        }
        return x;
    }

    public void lockInc()
    {
        lock.lock();
        try
        {
            x++;
        } finally
        {
            lock.unlock();
        }
    }
```

```
    public int lockGet()
    {
        lock.lock();
        try
        {
            return x;
        } finally
        {
            lock.unlock();
        }
    }

    public void writeLockInc()
    {
        writeLock.lock();
        try
        {
            x++;
        } finally
        {
            writeLock.unlock();
        }
    }

    public int readLockGet()
    {
        readLock.lock();
        try
        {
            return x;
        } finally
        {
            readLock.unlock();
        }
    }
}

@GroupThreads(5)
@Group("lock")
@Benchmark
public void lockInc(Test test)
{
    test.lockInc();
}

@GroupThreads(5)
@Group("lock")
@Benchmark
public void lockGet(Test test, Blackhole blackhole)
{
    blackhole.consume(test.lockGet());
}

@GroupThreads(5)
@Group("rwlock")
@Benchmark
public void writeLockInc(Test test)
{
    test.writeLockInc();
}

@GroupThreads(5)
```

```
    @Group("rwlock")
    @Benchmark
    public void readLockGet(Test test, Blackhole blackhole)
    {
        blackhole.consume(test.readLockGet());
    }

    @GroupThreads(5)
    @Group("stampedLock")
    @Benchmark
    public void writeStampedLockInc(Test test)
    {
        test.stampedLockInc();
    }

    @GroupThreads(5)
    @Group("stampedLock")
    @Benchmark
    public void readStampedLockGet(Test test, Blackhole blackhole)
    {
        blackhole.consume(test.stampedReadLockGet());
    }

    @GroupThreads(5)
    @Group("stampedLockOptimistic")
    @Benchmark
    public void writeStampedLockInc2(Test test)
    {
        test.stampedLockInc();
    }

    @GroupThreads(5)
    @Group("stampedLockOptimistic")
    @Benchmark
    public void readStampedLockGet2(Test test, Blackhole blackhole)
    {
        blackhole.consume(test.stampedOptimisticReadLockGet());
    }


    public static void main(String[] args)
            throws RunnerException
    {
        Options opts = new OptionsBuilder()
                .include(StampedLockExample4.class.getSimpleName())
                .forks(1)
                .build();
        new Runner(opts).run();
    }
}
```

基准测试的代码足够简单，此处就不做过多解释了，我们将通过修改 @GroupThreads(n)n 的值进行不同情况下的基准测试性能对比。

（1）5 个读 5 个写线程

读写基准测试方法设置 @GroupThreads(5)，运行基准测试。

- 10 个线程（5 个读线程，5 个写线程）基准测试下的**总体**性能表现（数字代表单位时间，即每秒的方法吞吐量 / 调用次数，数值越大代表吞吐量越高）。

表 3-4　5 个读 5 个写线程环境下的总体性能对比

ReentrantLock	ReentrantRWLock	StampedLock	Optimistic
14534692.913	4661456.898	14216874.427	156967896.728

Optimistic>ReentrantLock>StampedLock>ReentrantRWLock

- 10 个线程（5 个读线程，5 个写线程）基准测试下的**读**性能表现 (数字代表单位时间，即每秒的方法吞吐量 / 调用次数，数值越大代表吞吐量越高)。

表 3-5　5 个读 5 个写线程环境下的读性能对比

ReentrantLock	ReentrantRWLock	StampedLock	Optimistic
6258807.060	3378790.998	21026.452	154516586.911

Optimistic>ReentrantLock>ReentrantRWLock>StampedLock

- 10 个线程（5 个读线程，5 个写线程）基准测试下的**写**性能表现 (数字代表单位时间，即每秒的方法吞吐量 / 调用次数，数值越大代表吞吐量越高)。

表 3-6　5 个读 5 个写线程环境下的写性能对比

ReentrantLock	ReentrantRWLock	StampedLock	Optimistic
8275885.853	1282665.900	14195847.976	2451309.818

StampedLock>ReentrantLock>Optimistic>ReentrantRWLock

ReentrantLock 的成绩很稳定，无论是总体情况还是读写情况都位居第二的位置，读写锁的表现就稍微差一些了。

（2）10 个读 10 个写线程

读写基准测试方法设置 @GroupThreads(10)，运行基准测试。

- 20 个线程（10 个读线程，10 个写线程）基准测试下的**总体**性能表现 (数字代表单位时间，即每秒的方法吞吐量 / 调用次数，数值越大代表吞吐量越高)。

表 3-7　10 个读 10 个写线程环境下的总体性能对比

ReentrantLock	ReentrantRWLock	StampedLock	Optimistic
14937512.635	5276890.172	13922855.096	163698513.662

Optimistic>ReentrantLock>StampedLock>ReentrantRWLock

- 20 个线程（10 个读线程，10 个写线程）基准测试下的**读**性能表现 (数字代表单位时间，即每秒的方法吞吐量 / 调用次数，数值越大代表吞吐量越高)。

表 3-8　10 个读 10 个写线程环境下的读性能对比

ReentrantLock	ReentrantRWLock	StampedLock	Optimistic
5920883.846	3615913.369	21773.754	162514239.000

Optimistic>ReentrantLock>ReentrantRWLock>StampedLock

❑ 20 个线程（10 个读线程，10 个写线程）基准测试下的**写**性能表现（数字代表单位时间，即每秒的方法吞吐量 / 调用次数，数值越大代表吞吐量越高）。

表 3-9　10 个读 10 个写线程环境下的写性能对比

ReentrantLock	ReentrantRWLock	StampedLock	Optimistic
9016628.789	1660976.803	13901081.342	1184274.663

StampedLock>ReentrantLock>ReentrantRWLock>Optimistic

除了写性能的排名发生变化以外，总体上来说这四种锁在 20 个线程的情况下与 10 个线程的情况下，它们的性能表现比较结果基本上是一致的。

（3）16 个读 4 个写线程

读基准测试方法设置 @GroupThreads(16)，写基准测试方法设置 @GroupThreads(4)，运行基准测试。

❑ 20 个线程（16 个读线程，4 个写线程）基准测试下的**总体**性能表现（数字代表单位时间，即每秒的方法吞吐量 / 调用次数，数值越大代表吞吐量越高）。

表 3-10　16 个读 4 个写线程环境下的总体性能对比

ReentrantLock	ReentrantRWLock	StampedLock	Optimistic
13851102.723	3667643.702	8944148.598	200030966.027

Optimistic>ReentrantLock>StampedLock>ReentrantRWLock

❑ 20 个线程（16 个读线程，4 个写线程）基准测试下的**读**性能表现（数字代表单位时间，即每秒的方法吞吐量 / 调用次数，数值越大代表吞吐量越高）。

表 3-11　16 个读 4 个写线程环境下的读性能对比

ReentrantLock	ReentrantRWLock	StampedLock	Optimistic
10187998.529	3625830.359	65602.768	199718182.105

Optimistic>ReentrantLock>ReentrantRWLock>StampedLock

❑ 20 个线程（16 个读线程，4 个写线程）基准测试下的**写**性能表现（数字代表单位时间，即每秒的方法吞吐量 / 调用次数，数值越大代表吞吐量越高）。

表 3-12　16 个读 4 个写线程环境下的写性能对比

ReentrantLock	ReentrantRWLock	StampedLock	Optimistic
3663104.194	41813.343	8878545.831	312783.923

StampedLock>ReentrantLock>Optimistic>ReentrantRWLock

总体排名似乎变化不大，但是通过基准测试数据我们不难看出，当读线程是写线程数量 4 倍的时候，读写锁表现出来的写性能与其他锁完全不在一个量级，读写锁写饥饿的问题也越发明显。

（4）19 个读 1 个写线程

读基准测试方法设置 @GroupThreads(19)，写基准测试方法设置 @GroupThreads(1)，运行基准测试。

- 20 个线程（19 个读线程，1 个写线程）基准测试下的**总体**性能表现 (数字代表单位时间，即每秒的方法吞吐量 / 调用次数，数值越大代表吞吐量越高)。

表 3-13　19 个读 1 个写线程环境下的总体性能对比

ReentrantLock	ReentrantRWLock	StampedLock	Optimistic
13747167.990	3683816.310	4007799.189	152106090.776

Optimistic>ReentrantLock>StampedLock>ReentrantRWLock

- 20 个线程（19 个读线程，1 个写线程）基准测试下的**读**性能表现 (数字代表单位时间，即每秒的方法吞吐量 / 调用次数，数值越大代表吞吐量越高)。

表 3-14　19 个读 1 个写线程环境下的读性能对此

ReentrantLock	ReentrantRWLock	StampedLock	Optimistic
12821913.125	3667700.754	2722021.564	151858550.063

Optimistic>ReentrantLock>ReentrantRWLock>StampedLock

- 20 个线程（19 个读线程，1 个写线程）基准测试下的**写**性能表现 (数字代表单位时间，即每秒的方法吞吐量 / 调用次数，数值越大代表吞吐量越高)。

表 3-15　19 个读 1 个写线程环境下的写性能对比

ReentrantLock	ReentrantRWLock	StampedLock	Optimistic
925254.865	16115.556	1285777.625	247540.713

StampedLock>ReentrantLock>Optimistic>ReentrantRWLock

当读写线程的比例为 19：1 的时候，读写锁的饥饿写问题越发严重，对共享资源的写操作吞吐量也变成了 16 000 多次每秒，读写吞吐量的比例几乎成了 228 : 1 的比例，也就是说对资源每进行 229 次的操作，写线程只能抢到一次机会。

3.9.4　StampedLock 总结

StampedLock 的引入并不是要横扫锁的世界成为“武林至尊”，它更多地是提供了一种乐观读的方式供我们选择，同时又解决了读写锁中“饥饿写”的问题。作为开发人员要能够根据应用程序的特点来判断应该采用怎样的锁进行贡献资源数据的同步，以确保数据的一致性，如果你无法明确地了解读写线程的分布情况，那么请使用 ReentrantLock，因为通过本节所做的基准测试不难发现，它的表现始终非常稳定，无论是读线程还是写线程。如果你的应用程序中，读操作远远多于写操作，那么为了提高数据读取的并发量，StampedLock 的乐观读将是一个不错的选择，同时它又不会引起饥饿写的问题。

基准测试在不同的环境下，不同的机器上得出的结果可能会存在差异，如果你对高并发读写性能的要求非常严苛，那么笔者建议你在做锁的技术选型时直接在运行程序的主机上进行基准测试，然后再做对比，或者为你的应用程序提供多种解决方案，比如通过不同的子类提供资源同步的操作，然后通过配置进行调整设置。

3.10 Guava 之 Monitor 详解

除了 Java 自身版本的升级会为开发者提供一些比较好用的并发工具以外，某些第三方类库也提供了一些很好用的并发工具。比如 Google 的 Guava，在本节和 3.11 节中将会为大家介绍 Guava 所提供的两个比较好用的并发工具 Monitor 和 RateLimiter。

Google Guava 起源于 2007 年，孵化自 Google 之手，最初它主要提供一些数据结构、数据容器的 Java 实现，但是随着开发者对它喜爱程度的加深，它逐渐发展出了对文件 I/O、高并发、函数式编程、Cache、EventBus 等的支持。很多开发者对 Guava 是推崇备至的，笔者就是其中的一员，与其说 Guava 是一个工具集类库，还不如说 Guava 是对 Java 本身的一次优雅扩充。通过使用 Guava 甚至研习源码，你会发现 Guava 的开发者对 Java 语言是如此地了解和精通，由于本书并不是一本关于 Google Guava 的专著，因此并不会过多介绍 Guava 的使用（笔者在 2018 年年初推出过一套长达 40 多集的 Google Guava 课程，感兴趣的读者可以在互联网上自行搜索），要想使用 Google Guava，我们首先应该将它的依赖引入到我们的工程之中，代码如下。

```
--maven
<dependency>
    <groupId>com.google.guava</groupId>
    <artifactId>guava</artifactId>
    <version>23.0</version>
</dependency>

--gradle
compile group: 'com.google.guava', name: 'guava', version: '23.0'

--sbt
libraryDependencies += "com.google.guava" % "guava" % "23.0"
```

3.10.1 Monitor 及 Guard

无论使用对象监视器的 wait notify/notifyAll 还是 Condition 的 await signal/ signalAll 方法调用，我们首先都会对共享数据的临界值进行判断，当条件满足或者不满足的时候才会调用相关方法使得当前线程挂起，或者唤醒 wait 队列 /set 中的线程，因此对共享数据临界值的判断非常关键，Guava 的 Monitor 工具提供了一种将临界值判断抽取成 Guard 的处理方式，可以很方便地定义若干个 Guard 也就是临界值的判断，以及对临界值判断的重复使用，除此之外 Monitor 还具备 synchronized 关键字和显式锁 Lock 的完整语义，下面来看一下示例代码。

程序代码：MonitorExample1.java

```
package com.wangwenjun.concurrent.juc.utils;
```

```java
import com.google.common.util.concurrent.Monitor;
import static java.lang.Thread.currentThread;

public class MonitorExample1
{
    // 定义 Monitor 对象
    private static Monitor monitor = new Monitor();
    // 共享数据，一个简单的 int 类型数据
    private static int x = 0;
    // 定义临界值，共享数据的值不能超过 MAX_VALUE
    private static final int MAX_VALUE = 10;
    // 定义 Guard 并且实现 isSatisfied 方法
    private static final Monitor.Guard INC_WHEN_LESS_10 = new Monitor.Guard(monitor)
    {
        // 该方法就相当于我们在写对象监视器或者 Condition 时的临界值判断逻辑
        @Override
        public boolean isSatisfied()
        {
            return x < MAX_VALUE;
        }
    };
    // 注释①
    public static void main(String[] args)
            throws InterruptedException
    {
        while (true)
        {
           // 注释②
            monitor.enterWhen(INC_WHEN_LESS_10);
            try
            {
                x++;
                System.out.println(currentThread() + ": x value is: " + x);
            } finally
            {
            // 注释③
                monitor.leave();
            }
        }
    }
}
```

- 在上面的代码中，我们首先定义了一个 Monitor 对象，接着又将临界值的判断抽取成了 Guard，我们只需要将临界值的判断逻辑写在 isSatisfied() 方法中即可，当共享数据的值大于 10 的时候无法对其再次进行自增操作。
- 在 main 方法中（main 线程中），我们采取无限循环的方式对共享数据 x 进行自增操作，详见代码注释①处。
- 在注释②处，对 x 进行操作之前先调用 monitor.enterWhen() 方法，该方法除了具备锁的功能之外还具备临界值判断的操作，因此只有当 x 满足临界值判断时当前线程才会对 x 进行自增运算，否则当前线程将会进入阻塞队列（其实在 Guard 内部使用的也是 Condition）。
- 对 x 的运算成功之后，调用 leave() 方法，注释③处，该方法除了释放当前的锁之外，还会通知唤醒与 Guard 关联的 Condition 阻塞队列中的某个阻塞线程。

运行上面的代码，我们会发现临界值条件不满足时，当前线程（main 线程）将会进入阻塞状态。

程序输出：MonitorExample1.java

```
Thread[main,5,main]: x value is: 1
Thread[main,5,main]: x value is: 2
Thread[main,5,main]: x value is: 3
Thread[main,5,main]: x value is: 4
Thread[main,5,main]: x value is: 5
Thread[main,5,main]: x value is: 6
Thread[main,5,main]: x value is: 7
Thread[main,5,main]: x value is: 8
Thread[main,5,main]: x value is: 9
Thread[main,5,main]: x value is: 10
```

当某个线程进入 Monitor 代码块时，实际上它首先要抢占与 Monitor 关联的 Lock，当该线程调用了 leave 方法，实际上是需要释放与 Monitor 关联的 Lock，因此在某个时刻仅有一个线程能够进入到 Monitor 代码块中（排他的）。

3.10.2 Monitor 的其他方法

除了在 3.10.1 节中介绍过的 enterWhen() 方法之外，Monitor 还提供了非常多的使用方法。

- enter()：该方法完全等价于 Lock 的 lock() 方法。
- enterIf(Guard guard)：该方法主要用于判断当前的 Guard 是否满足临界值的判断，也是使用比较多的一个操作，调用该方法，当前线程并不会进入阻塞之中。
- tryEnter()：等价于 Lock 的 tryLock() 方法。
- waitFor(Guard guard)：当前线程将会阻塞等待，直到 Guard 的条件满足当前线程才会退出阻塞状态。

3.10.3 Monitor 总结

当对共享数据进行操作之前，首先需要获得对该共享数据的操作权限（也就是获取锁的动作），然后需要判断临界值是否满足，如果不满足，则为了确保数据的一致性需要将当前线程挂起（对象监视器的 wait set 或者 Condition 的阻塞队列），这样的动作，前文中已经练习过很多次了，Monitor 以及 Monitor Guard 则很好地将类似的一系列动作进行了抽象，隐藏了锁的获取、临界值判断、线程挂起、阻塞线程唤醒、锁的释放等操作。

3.11 Guava 之 RateLimiter 详解

RateLimiter，顾名思义就是速率（Rate）限流器（Limiter），事实上它的作用正如名字描述的那样，经常用于进行流量、访问等的限制，这一点与 3.4 节中介绍过的 Semaphore 非常类似，但是它们的关注点却完全不同，RateLimiter 关注的是在单位时间里对资源的操作速率（在 RateLimiter 内部也存在许可证（permits）的概念，因此可以理解为在单位时间内允许颁发的许可证数量），而 Semaphore 则关注的是在同一时间内最多允许多少个许可证可被使用，它不关心速率而只关心个数。

3.11.1　RateLimiter 的基本使用

我们先来快速查看一个实例，假设我们只允许某个方法在单位时间内（1 秒）被调用 0.5 次，也就是说该方法的访问速率为 0.5/ 秒，即 2 秒内只允许有一次对该方法的访问操作，示例代码如下所示。

程序代码：RateLimiterExample1.java

```
package com.wangwenjun.concurrent.juc.utils;

import com.google.common.util.concurrent.RateLimiter;

import static java.lang.Thread.currentThread;

public class RateLimiterExample1
{
    // 定义一个 Rate Limiter，单位时间（默认为秒）的设置为 0.5
    private static RateLimiter rateLimiter = RateLimiter.create(0.5);

    public static void main(String[] args)
    {
        for (; ; )
        {
            testRateLimiter();
        }
    }

    // 测试 rate limiter
    private static void testRateLimiter()
{
        // 在访问该方法之前首先要进行 rateLimiter 的获取，返回值为实际的获取等待开销时间
        double elapsedSecond = rateLimiter.acquire();
        System.out.println(currentThread() + ": elapsed seconds: " + elapsedSecond);
    }
}
```

运行上面的程序，我们会发现该 testRateLimiter() 方法只能每 2 秒执行一次（当然时间精度没有做到绝对的严格）。

程序输出：RateLimiterExample1.java

```
Thread[main,5,main]: elapsed seconds: 0.0
Thread[main,5,main]: elapsed seconds: 1.99297
Thread[main,5,main]: elapsed seconds: 1.989711
Thread[main,5,main]: elapsed seconds: 1.996785
Thread[main,5,main]: elapsed seconds: 1.999709
Thread[main,5,main]: elapsed seconds: 1.99989
Thread[main,5,main]: elapsed seconds: 1.999259
Thread[main,5,main]: elapsed seconds: 1.948754
...省略
```

看到这里我们不难发现，RateLimiter 的功能非常强大，比如，要想开发一个程序向数据库中写入数据的条目、向中间件服务器中发送的消息个数、对某个远程 TCP 端口发送的字节数等，若这些操作的速率无法被控制，则可能会引起数据库拒绝服务、中间件宕机、TCP 服务端口无法响应等问题，而借助于 RateLimiter 就可以很好地帮助我们进行匀速的控制。

上面的程序中采用的是单线程的方式对 RateLimiter 进行操作，那么在多线程的情况之下，RateLimiter 是否还能做到将方法的访问速率控制在 0.5 次 / 秒呢？答案是可以的，我们将程序稍作修改，如下所示。

```
public static void main(String[] args)
{
    //10 个线程同时执行 testRateLimiter 方法
    for (int i = 0; i < 10; i++)
    {
        new Thread(RateLimiterExample1::testRateLimiter).start();
    }
}
```

虽然说 RateLimiter 主要是用于控制速率的，但是在其内部也有许可证（permits）的概念，你甚至可以将其理解为单位时间内颁发的许可证数量，RateLimiter 不仅允许每次获取一个许可证的操作，还允许获取超出剩余许可证数量的行为，只不过后者的操作将使得下一次请求为提前的透支付出代价，下面我们来看一段代码片段。

```
// 定义单位时间（1 秒）的速率或者可用的许可证数量
private static RateLimiter rateLimiter = RateLimiter.create(2.0d);
public static void main(String[] args)
{
    // 第一次就申请 4 个，这样会透支下一次请求的时间
    System.out.println(rateLimiter.acquire(4));
    System.out.println(rateLimiter.acquire(2));
    System.out.println(rateLimiter.acquire(2));
    System.out.println(rateLimiter.acquire(2));
}
```

运行上面的程序，不难发现第二次调用 rateLimiter.acquire(2) 方法时耗时为 2 秒，原因就是因为第一次的透支。

```
0.0（透支）
1.995777（2 秒）
0.993107（1 秒）
0.999807（1 秒）
```

3.11.2 RateLimiter 的限流操作——漏桶算法

通过上文对 RateLimiter 的基本使用，我们不难发现可以借助它很好地完成限流的场景，那么在什么情况下，我们需要对访问进行限制呢？根据木桶原理，板子最短的那根就是储水的极限，同样一个复杂的系统会由若干个子系统构成，并不是所有的子系统都会具备无限水平扩展的能力，当业务量和并发量超过子系统最大的承受能力时，该子系统将会成为木桶中最短的那一块板子，比如，由于业务洪峰的到来，关系型数据库无力承受拒绝服务、本地磁盘 I/O 吞吐量骤降、网络带宽被挤爆、远程的第三方接口无法响应等。

因此在一个提供高并发服务的系统中，若系统无法承受更多的请求，则对其进行降权处理（直接拒绝请求，或者将请求暂存起来等稍后处理），这是一种比较常见的做法，漏桶算法作为一种常见的限流算法应用非常广泛，本节将为大家介绍漏桶算法的原理，并且使用 RateLimiter 实现一个简单的漏桶算法。漏桶算法示意图如图 3-16 所示。

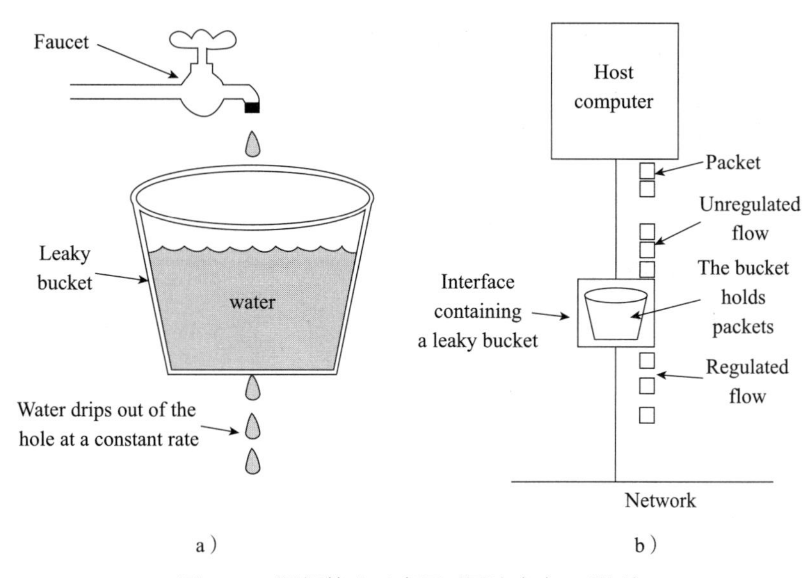

图 3-16　漏桶算法示意图（图片来自互联网）

- 无论漏桶进水速率如何，漏桶的出水速率永远都是固定的。
- 如果漏桶中没有水流，则在出水口不会有水流出。
- 漏桶有一定的水容量。
- 如果流入水量超过漏桶容量，则水将会溢出（降权处理）。

漏桶算法虽然很简单，但是没有接触过的朋友一时间可能很难将上面算法的原理用程序实现出来，为了更加切合我们的实际开发，下面用程序员能够理解的方式为大家再解释一遍（如图 3-17 所示），并且使用 RateLimiter 实现漏桶算法。

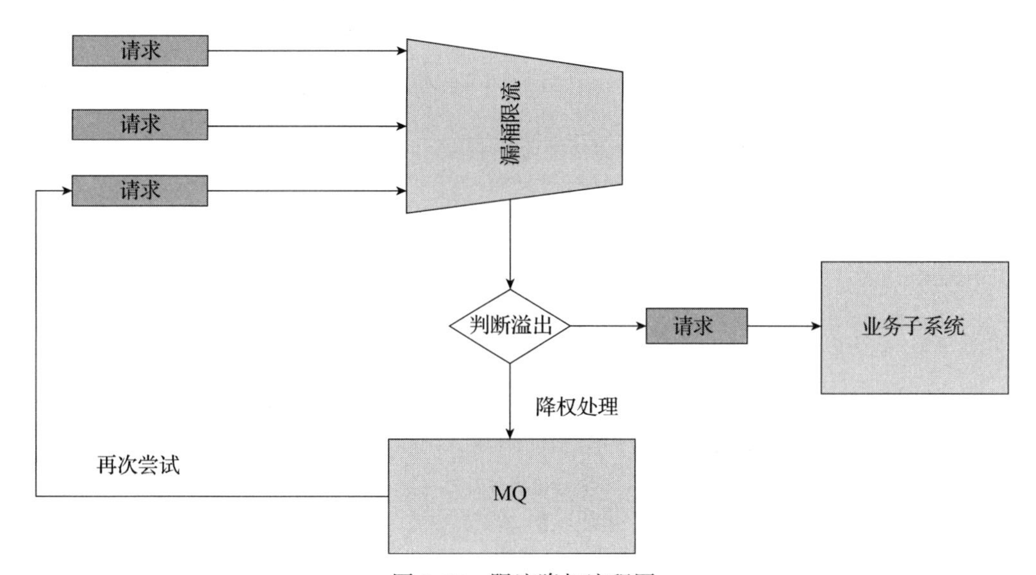

图 3-17　限流降权流程图

程序代码：RateLimiterBucket.java

```
package com.wangwenjun.concurrent.juc.utils;

import com.google.common.util.concurrent.Monitor;
import com.google.common.util.concurrent.RateLimiter;

import java.util.concurrent.ConcurrentLinkedQueue;
import java.util.function.Consumer;

import static java.lang.Thread.currentThread;

public class RateLimiterBucket
{
    // 一个简单的请求类
    static class Request
    {
        private final int data;

        public Request(int data)
        {
            this.data = data;
        }

        public int getData()
        {
            return data;
        }

        @Override
        public String toString()
        {
            return "Request{" +
                    "data=" + data +
                    '}';
        }
    }

    // 漏桶采用线程安全的容器，关于这一点在第 4 章中将为大家讲解
    private final ConcurrentLinkedQueue<Request> bucket =
                    new ConcurrentLinkedQueue<>();
    // 定义漏桶的上沿容量
    private final static int BUCKET_CAPACITY = 1000;
    // 定义漏桶的下沿水流速率，每秒匀速放行 10 个 request
    private final RateLimiter rateLimiter =
                            RateLimiter.create(10.0D);

    // 提交请求时需要用到的 Monitor
    private final Monitor requestMonitor = new Monitor();

    // 处理请求时需要用到的 Monitor
    private final Monitor handleMonitor = new Monitor();

    public void submitRequest(int data)
    {
        this.submitRequest(new Request(data));
    }
    // 该方法主要用于接受来自客户端提交的请求数据
    public void submitRequest(Request request)
    {
        // 注释① 当漏桶容量未溢出时
        if (requestMonitor.enterIf(requestMonitor.newGuard(
```

```
                () -> bucket.size() < BUCKET_CAPACITY))
        )
        {
            try
            {
                //在漏桶中加入新的request
                boolean result = bucket.offer(request);
                if (result)
                {
                    System.out.println(currentThread() + " submit request: " +
request.getData() + " successfully.");
                } else
                {
                    //produce into MQ and will try again later.
                }
            } finally
            {
                requestMonitor.leave();
            }
        } else
        {
        //注释② 当漏桶溢出的时候做降权处理
            System.out.println("The request:" + request.getData() + " will be
down-dimensional handle due to bucket is overflow.");
            //produce into MQ and will try again later.
        }
    }

    //该方法主要从漏桶中匀速地处理相关请求
    public void handleRequest(Consumer<Request> consumer)
    {
        //若漏桶中存在请求，则处理
        if (handleMonitor.enterIf(handleMonitor.newGuard(
            () -> !bucket.isEmpty()))
        )
        {
            try
            {
               //注释③，匀速处理
                rateLimiter.acquire();
               //处理数据
                consumer.accept(bucket.poll());
            } finally
            {
                handleMonitor.leave();
            }
        }
    }
}
```

RateLimiterBucket类代码虽然有点多，但是非常简单，结合图3-17所示的限流降权流程图，我们很容易就能找到几个关键的地方。

- 当漏桶未满时，请求将一如既往地向漏桶中流入，注释①处。
- 当漏桶已满时，可以对请求做降权处理，比如我们可以将请求存入更加容易水平扩展且吞吐量高的MQ中，稍后会有相关组件从MQ中消费请求，然后再次尝试提交，注释②处。
- 在注释③处，漏桶按照固定的速率对数据进行处理，这样将不会冲击到一些稀缺资源由于请求过多而出现崩溃的情况。

RateLimiterBucket 已经完成，现在简单模拟一下对该限速漏桶的使用。

程序代码：RateLimiterExample3.java

```java
package com.wangwenjun.concurrent.juc.utils;

import java.util.concurrent.TimeUnit;
import java.util.concurrent.atomic.AtomicInteger;

public class RateLimiterExample3
{

    private static final AtomicInteger data = new AtomicInteger(0);
    private static final RateLimiterBucket bucket = new RateLimiterBucket();

    public static void main(String[] args)
    {
        // 启动 10 个线程模拟高并发的业务请求
        for (int i = 0; i < 10; i++)
        {
            new Thread(() ->
            {
                while (true)
                {
                    bucket.submitRequest(data.getAndIncrement());
                    try
                    {
                        TimeUnit.MILLISECONDS.sleep(100);
                    } catch (InterruptedException e)
                    {
                        e.printStackTrace();
                    }
                }
            }).start();
        }
        // 启动 10 个线程模拟匀速地对漏桶中的请求进行处理
        for (int i = 0; i < 10; i++)
        {
            new Thread(() ->
            {
                while (true)
                {
                    bucket.handleRequest(System.out::println);
                }
            }).start();
        }
    }
}
```

由于上面的程序足够简单，所以这里就不再做过多解释，下面运行一下该程序，大家会看到消息进入漏桶或者被降权处理，以及被匀速处理的全过程。

程序输出：RateLimiterExample3.java

```
...省略
Request{data=129}
Thread[Thread-8,5,main] submit request: 1118 successfully.
Thread[Thread-4,5,main] submit request: 1119 successfully.
```

```
Thread[Thread-7,5,main] submit request: 1120 successfully.
Thread[Thread-3,5,main] submit request: 1121 successfully.
Thread[Thread-10,5,main] submit request: 1122 successfully.
Thread[Thread-2,5,main] submit request: 1123 successfully.
Thread[Thread-6,5,main] submit request: 1124 successfully.
Thread[Thread-9,5,main] submit request: 1125 successfully.
Thread[Thread-1,5,main] submit request: 1126 successfully.
Thread[Thread-5,5,main] submit request: 1127 successfully.
Request{data=130}
Thread[Thread-8,5,main] submit request: 1128 successfully.
Thread[Thread-4,5,main] submit request: 1129 successfully.
Thread[Thread-7,5,main] submit request: 1130 successfully.
The request:1131 will be down-dimensional handle due to bucket is overflow.
The request:1132 will be down-dimensional handle due to bucket is overflow.
The request:1133 will be down-dimensional handle due to bucket is overflow.
The request:1134 will be down-dimensional handle due to bucket is overflow.
...省略
```

3.11.3 令牌环桶算法

令牌环桶与漏桶比较类似，漏桶对水流进入的速度不做任何限制，它只对水流出去的速率是有严格控制的，令牌环桶则与之相反，在对某个资源或者方法进行调用之前首先要获取到令牌也就是获取到许可证才能进行相关的操作，否则将不被允许。比如，常见的互联网秒杀抢购等活动，商品的数量是有限的，为了防止大量的并发流量进入系统后台导致普通商品消费出现影响，我们需要对类似这样的操作增加令牌授权、许可放行等操作，这就是所谓的令牌环桶。令牌环桶算法示意图如图 3-18 所示。

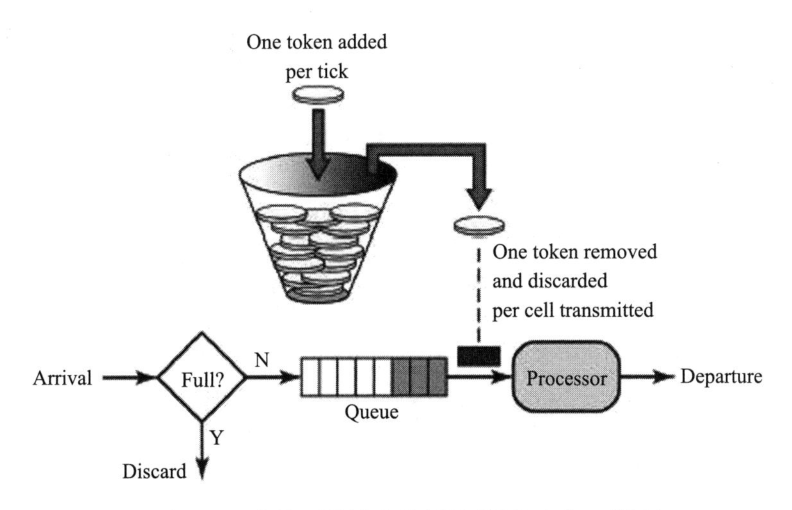

图 3-18 令牌环桶算法示意图（图片来自互联网）

- 根据固定的速率向桶里提交数据。
- 新加数据时如果超过了桶的容量，则请求将会被直接拒绝。
- 如果令牌不足，则请求也会被拒绝（请求可以再次尝试）。

下面写一个简单的程序，模拟互联网商品抢购的方式，为大家介绍令牌环桶的使用方法。

程序代码：RateLimiterTokenBucket.java

```
    package com.wangwenjun.concurrent.juc.utils;

    import com.google.common.util.concurrent.Monitor;
    import com.google.common.util.concurrent.RateLimiter;

    import java.util.concurrent.TimeUnit;
    import java.util.function.Consumer;

    public class RateLimiterTokenBucket
    {
        // 当前活动商品数量
        private final static int MAX = 1000;
        // 订单编号，订单成功之后会产生一个新的订单
        private int orderID;
        // 单位时间内只允许10个用户能够抢购到商品，也就是说订单服务将会被匀速地调用
        private final RateLimiter rateLimiter = RateLimiter.create(10.0D);
        private Monitor bookOrderMonitor = new Monitor();
        // 当前商品售罄的时候就会抛出该异常
        static class NoProductionException extends Exception
        {
            public NoProductionException(String message)
            {
                super(message);
            }
        }

        // 当抢购商品失败时就会抛出该异常
        static class OrderFailedException extends Exception
        {
            public OrderFailedException(String message)
            {
                super(message);
            }
        }

        // 前台用户下订单，但是只允许匀速地进行订单服务调用
        public void bookOrder(Consumer<Integer> consumer)
            throws NoProductionException, OrderFailedException
        {
            // 如果当前商品有库存则执行抢购操作
            if (bookOrderMonitor.enterIf(bookOrderMonitor.newGuard(
                () -> orderID< MAX))
            )
            {
                try
                {
                    // 抢购商品，最多等待100毫秒
                    if (!rateLimiter.tryAcquire(100, TimeUnit.MILLISECONDS))
                    {
                    // 如果在100毫秒之内抢购仍然失败，则抛出订购失败的异常，客户端可以尝试重试操作
                        throw new OrderFailedException("book order failed, please
try again later.");
                    }
                   // 执行订单订购操作
                    orderID++;
                    consumer.accept(orderID);
                } finally
                {
                    bookOrderMonitor.leave();
                }
```

```
        } else
        {
        //如果当前商品已经没有库存，则抛出没有商品的异常，该异常将不会再次进行尝试动作
            throw new NoProductionException("No available production now.");
        }
    }
}
```

上面的代码也是非常简单的，但是我们在进行商品订购操作的时候调用了 RateLimiter 的另外一个方法 rateLimiter.tryAcquire(100, TimeUnit.MILLISECONDS)，该方法用于尝试获取令牌，最多等待 100 毫秒的时间，如果仍旧失败则会抛出订购失败的错误，客户端可以再次尝试。

一个简单的令牌环桶已经实现，理论上应该将订单请求封装成订单对象匀速地插入一个桶（容器）中，然后由另外的线程将其写入某中间件中，之后订单服务监听中间件的 topic 或者 event 再进行订购关系处理。下面就来简单模拟一下多用户对该商品进行抢购的操作。

程序代码：RateLimiterExample4.java

```
package com.wangwenjun.concurrent.juc.utils;

import static java.lang.Thread.currentThread;

public class RateLimiterExample4
{

    private static final RateLimiterTokenBucket tokenBucket = new RateLimiterTokenBucket();

    public static void main(String[] args)
    {
        for (int i = 0; i < 20; i++)
        {
            new Thread(() ->
            {
                while (true)
                {
                    try
                    {
                    //抢购商品
                        tokenBucket.bookOrder(prodID -> System.out.println("User: "
+ currentThread() + " book the prod order and prodID:" + prodID));
                    } catch
                    (RateLimiterTokenBucket.NoProductionException e)
                    {
                    //当前商品已经售罄，退出抢购
                        System.out.println("all of production already sold out.");
                        break;
                    } catch
                    (RateLimiterTokenBucket.OrderFailedException e)
                    {
                    //抢购失败，然后尝试重新抢购
                        System.out.println("User: " + currentThread() + " book
order failed, will try again.");
                    }
                }
            }).start();
```

```
        }
    }
}
```

运行上面的程序，我们会看到商品抢购成功、抢购失败、商品售罄等情况。

程序输出：RateLimiterExample4.java

```
... 省略
User: Thread[Thread-9,5,main] book the prod order and prodID:6
User: Thread[Thread-9,5,main] book the prod order and prodID:7
User: Thread[Thread-9,5,main] book the prod order and prodID:8
User: Thread[Thread-9,5,main] book the prod order and prodID:9
User: Thread[Thread-9,5,main] book the prod order and prodID:10
User: Thread[Thread-9,5,main] book order failed, will try again.
User: Thread[Thread-4,5,main] book the prod order and prodID:11
User: Thread[Thread-8,5,main] book the prod order and prodID:12
... 省略
User: Thread[Thread-19,5,main] book order failed, will try again.
User: Thread[Thread-19,5,main] book order failed, will try again.
User: Thread[Thread-19,5,main] book the prod order and prodID:1000
all of production already sold out.
all of production already sold out.
all of production already sold out.
all of production already sold out.
... 省略
```

3.11.4 RateLimiter 总结

RateLimiter 是一个非常好用的工具，用它来进行限流控制是一个不错的选择，笔者在日常的开发中就是使用 RateLimiter 进行数据的分发速率控制，当然了，将速率的设置做成可配置是一个比较好的方式。

3.12 本章总结

本章详细介绍了 JDK 并发库为开发者提供的并发工具，借助于这些工具既能开发比较高效的 Java 程序，还能减少在线程管理中遇到的诸多问题。除此之外，还介绍了 Google Guava 工具集中的两个非常好用的工具 Monitor 和 RateLimiter，在日常的开发中，它们的使用也是非常广泛的。

由于本章中使用了基准测试代码进行性能对比，因此建议读者在阅读本章之前先要学习和掌握如何使用 JMH。

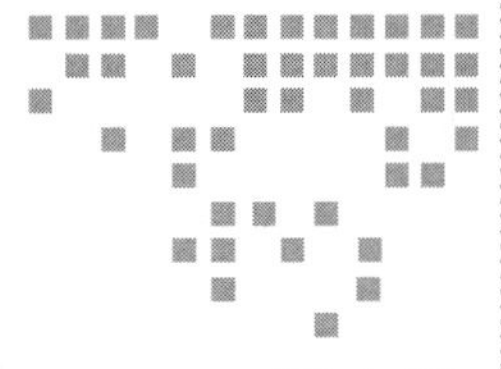

第4章 Chapter 4

Java并发包之并发容器详解

本章将学习Java并发包中的并发容器部分，所谓并发容器是指在高并发应用程序的使用过程中，这些容器（数据结构）是线程安全的，而且在高并发的程序中运行它们会有高效的性能表现。JDK的开发者通过反复的版本迭代（几乎每一次JDK版本的升级都会看到对这些数据结构、容器的改进和升级）和性能优化为开发者提供了很多拿来即用的容器类，在多线程高并发的环境中进行批量数据交互几乎无法离开对容器的使用，那么如何进行最小力度的加锁操作以确保共享资源的同步，甚至是在无锁的情况之下确保线程安全地使用共享资源，这些都是非常具有挑战性且难度很高的开发要求。回想我们接触过的生产者消费者模式，我们会对数据队列的每一个方法进行加锁同步的操作：使用LinkedList<E>作为共享数据的队列对生产者和消费者线程进行解耦，那么为了使得生产者与生产者线程之间，消费者与消费者线程之间，生产者与消费者线程之间对LinkedList<E>的访问是线程安全的，我们需要对操作与其相关的方法进行加锁同步保护，从而确保不同的线程之间看到的数据是一致的，进而排除线程安全相关的隐患。学习完本章之后，大家不需要再自行开发这样的线程安全容器，直接使用JDK自带的并发容器就能很好地解决诸如此类的问题。

本章将学习到十几个高并发容器的使用，除此之外我们还将结合在本书中的内容开发一个无锁的线程安全的容器，需要声明的一点是：本书并不是一本关于数据结构的书，所以关于链表、栈、堆、树、红黑树、AVL树、2-3-4树、二叉树、B+树、图等的知识，请大家学习和参考相关的数据结构类书籍（与高并发一样，数据结构也是程序员必须修炼的内功之一，强烈建议每一位程序员熟练地掌握基本、常用的数据结构原理，如果能够不假思索地使用你所擅长的语言轻而易举地开发出对应的数据结构，那当然是最好了）。

4.1 链表

虽然本章在开头已经声明这不是一本关于数据结构的书，但是为了保证学习效果，这里还是要简单地介绍一下相关的数据结构，鉴于链表类型的数据结构在使用中最为广泛（实际上无论是 Java 并发包中的数据结构，还是 Java 的并发类工具底层都有链表的使用场景），因此本节将讲解链表数据结构的相关知识，如果读者对链表已经非常熟悉，则可以跳过本节的内容，并不会妨碍对本章内容的阅读和学习。

4.1.1 基本的链表

所谓链表，实际上就是线性表的链式存储方式，有别于数组连续式内存空间，链表并不是连续的内存存储结构。在链表的每一个节点中，至少包含着两个基本属性：数据本身和指向下一个节点的引用或者指针，如图 4-1 所示。

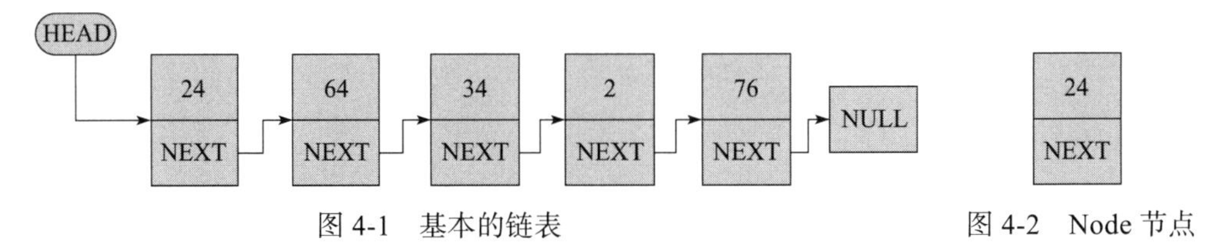

图 4-1　基本的链表　　　　图 4-2　Node 节点

从图 4-1 中我们可以很清晰地看出链表内部节点之间的存储关系，而根据链表节点元素的不同访问形式就可以演化出栈，即最先进入链表结构的元素最后一个被访问（FILO：first in last out 或者 LIFO：last in first out）；还可以演化出队列，即最先进入链表结构的元素第一个被访问（FIFO：first in first out 或者 LILO：Last in Last out）；此外在链表元素节点中多增加一个指针属性就可以演化出二叉树等，所以说链表数据结构是最基本、最常用的数据结构一点都不为过。图 4-1 中所描绘的链表仅是单向链表，链表还包含双向链表、循环链表等。

在了解了链表的基本原理之后，下面使用 Java 程序实现一个简单的链表结构以加深读者对链表的认识。首先，定义一个 Node 节点，该节点类主要用于存储数据和指向下一个元素的引用，如图 4-2 所示。

```
//Node 是一个泛型类，可用于存储任意类型元素的节点
class Node<T>
{
    //数据属性
    private final T value;
    //指向下一个节点的引用
    private final Node<T> next;
    private Node(T value, Node<T> next)
    {
        this.value = value;
        this.next = next;
    }
    public T getValue()
    {
        return value;
    }
    public Node<T> getNext()
```

```
        {
            return next;
        }
    }
```

（1）链表的构造

链表中有一个非常重要的元素 Head，它代表当前节点元素的引用，当链表被初始化时，当前节点属性指向为 NULL，如图 4-3 所示。

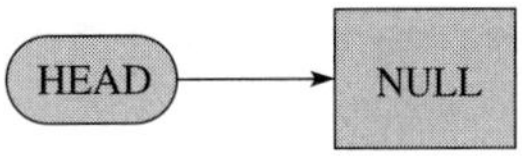

HEAD → NULL

图 4-3　空的链表

```
//当前节点引用
private Node<E> header;
//链表元素的个数
private int size;

public MyList()
{
    //当前元素节点为指向 NULL 的属性
    this.header = null;
}
```

（2）链表数据的清空以及是否为空的判断

有了当前节点的引用，再确认链表是否为空，或进行链表清空等操作就非常容易了，无须对链表中的整个元素进行判断，只需要针对链表当前节点的引用进行相关的操作即可。

```
//判断当前列表是否为空
public boolean isEmpty()
{
    //只需要判断当前节点引用是否为 null 即可得知
    return header == null;
}

//清除链表中的所有元素
public void clear()
{
    //显式设定当前 size 为 0
    this.size = 0;
    //将当前节点引用设置为 null 即可，由于其他元素 ROOT 不可达，因此在稍后的垃圾回收中将会被回收
    this.header = null;
}
```

（3）向链表头部增加元素

在链表中增加元素，相对于在数组中的操作来说，是非常灵活且简单的（无须进行数组拷贝），只需要更改当前节点元素的引用即可实现，如图 4-4 所示。

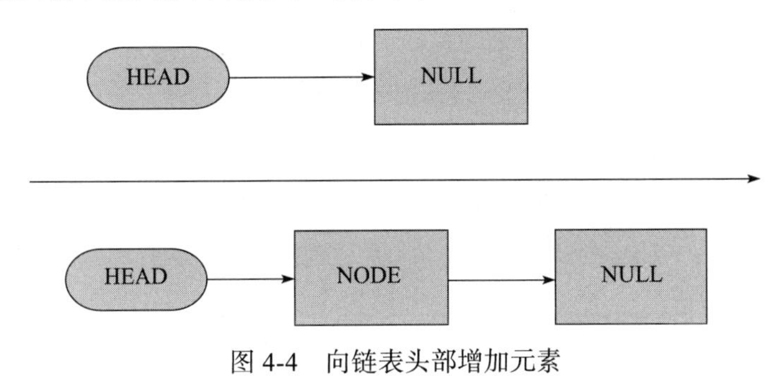

图 4-4　向链表头部增加元素

```
public void add(E e)
{
    // 定义新的 node 节点，并且其 next 引用指向当前节点所引用的 header
    Node node = new Node<>(e, header);
    // 将当前节点 header 指向新的 node 节点
    this.header = node;
    // 元素数量加一
    this.size++;
}
```

如果是在非常熟练的情况下，则 add 方法的两行代码可以简写为一行代码：

```
this.header = new Node<>(e,header);
```

（4）链表的 peekFirst 操作

peek 操作不会对当前链表产生任何副作用，其只是简单地返回当前链表头部的数据。当然了，如果链表为空，则会抛出异常（为什么要抛出异常呢？返回 null 可不可以呢？其实这并没有什么不妥，链表可以存放任何类型的数据，当然它也可以存放值为 null 的数据，如果当前节点引用的 value 值恰巧为 null，那么当 peek 操作在链表为空的情况下也返回 null 则势必会产生一些歧义，因此直接抛出异常将更加直观一些）。

```
public E peekFirst()
{
   // 如果为空则直接抛出异常
    if (isEmpty())
    {
        throw new IndexOutOfBoundsException("The linked list is empty now, can't
support peek operation");
    }
    // 返回当前节点的元素数据
    return header.getValue();
}
```

（5）链表元素的弹出操作

在链表结构中，插入元素、删除元素的实现都非常容易，只需要更新节点引用的指向即可，在本书的示例中其实更多地像是使用链表实现了一个栈的数据结构，因此当栈头元素弹出时，只需要让链表当前节点的引用指向已弹出节点的下一个节点即可，如图 4-5 所示。

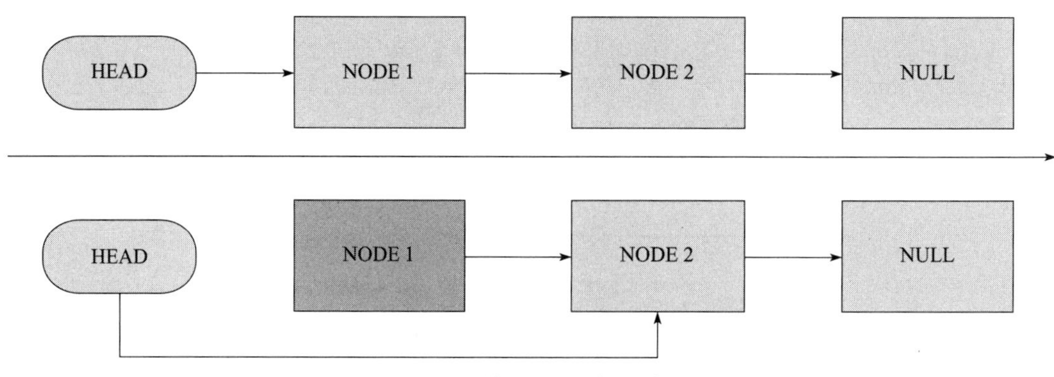

图 4-5　弹出链表头部元素

```
    public E popFirst()
    {
        // 判断当前链表是否为空
        if (isEmpty())
        {
        // 如果为空则直接抛出异常
            throw new IndexOutOfBoundsException("The linked list is empty now, can't
support pop operation");
        }
        // 获取当前节点的数据，作为该方法的最终返回值
        final E value = header.getValue();
        // 将链表的当前节点引用直接指向当前节点的下一个节点
        this.header = header.getNext();
        // 元素数量减一
        this.size--;
        // 返回数据
        return value;
    }
```

（6）其他方法

在前面设计的简单单向链表中还提供了对 size 的获取方法，以及输出当前链表元素的方法。

```
    // 获取当前链表的元素个数
    public int size()
    {
    // 直接返回内部成员属性 size 即可
        return this.size;
    }

    // 重写 toString 方法，将列表中的每一个元素进行连接后输出
    @Override
    public String toString()
    {
        Node<E> node = this.header;
        final StringBuilder builder = new StringBuilder("[");
        while (node != null)
        {
            builder.append(node.getValue().toString()).append(",");
            node = node.getNext();
        }
        if (builder.length() > 1)
            builder.deleteCharAt(builder.length() - 1);

        builder.append("]");
        return builder.toString();
    }
```

（7）简单测试

我们基本上实现了一个简单的链表，准确地讲更像是 Stack（栈）数据结构基于链表的实现。当然，读者朋友还可以基于本书中的代码增加 delete 操作、find 操作，根据下标进行 insert 操作等，限于篇幅，此处就不再赘述了，感兴趣的读者可以自行丰富完善，哪怕是当作一次练习也挺好的。下面对该链表进行一个简单的测试：

```
    // 定义类型为 Integer 的链表，并且增加 5 个元素
    MyList<Integer> list = new MyList<>();
    list.add(1);
    list.add(2);
    list.add(3);
```

```
    list.add(4);
    list.add(5);
    // 对 mylist 进行测试
    System.out.println(list);
    System.out.println(list.size());
    System.out.println(list.isEmpty());
    System.out.println(list.peekFirst());
    System.out.println("================================");
    System.out.println(list.popFirst());
    System.out.println(list.size());
    System.out.println(list);
    System.out.println(list.peekFirst());
    System.out.println(list.popFirst());
    System.out.println(list.popFirst());
    System.out.println(list.popFirst());
    System.out.println(list.popFirst());
    System.out.println("================================");
    System.out.println(list.isEmpty());
    System.out.println(list.size());
    System.out.println(list);
```

运行上面的程序，一切都如我们期望的那样正常输出，说明我们最基本的链表定义以及链表方法都没有什么问题，相信通过本节的讲述，大家对链表这样一个数据结构已有一个大概的了解。正如前文中所描述的那样，链表在数据结构中是非常基础、非常底层的线性结构，很多数据结构都可以基于链表构造和演化出来，因此想要熟练地掌握数据结构，链表始终是一道绕不开的门。

4.1.2 优先级链表

在某些场景下，我们需要对队列或者栈中的元素根据某种特定的顺序进行排序，比如，在移动电话台席中，全球通用户的业务受理将具有优先权；在银行等金融类业务中，等级越高的个人用户，受理业务的优先级也就越高，等等。本节将基于 4.1.1 节中基本链表的实现，增加对元素排序的支持，也就是说链表中的元素具备了某种规则下的优先级。

首先，需要重新改造一下优先级链表的泛型类型和 Node 节点的定义。

```
// 增加泛型约束，每一个被加入该链表中的元素都必须实现 Comparable 接口，就像基本数据类型 String 一样
public class MyPriorityList<E extends Comparable<E>>
{
    /**
     * Node 节点的泛型类型同样增加了相关的约束，并且取缔了 value 和 next 字段不
     * 可变的特性
     */
     private static class Node<T extends Comparable<T>>
     {
         private T value;
         private Node<T> next;

         private Node(T value, Node<T> next)
         {
             this.value = value;
             this.next = next;
         }

         private Node(T value)
         {
```

```
            this(value, null);
        }

        public T getValue()
        {
            return value;
        }

        public Node<T> getNext()
        {
            return next;
        }

       //新增了 set 方法
        public void setValue(T value)
        {
            this.value = value;
        }

       //新增了对 next 引用的 set 方法
        public void setNext(Node<T> next)
        {
            this.next = next;
        }
    }

    private Node<E> header;

    private int size;

    //增加了 Comparator 接口属性
    private final Comparator<E> comparator;
    //在构造函数中强制要求必须要有 Comparator 接口
    public MyPriorityList(Comparator<E> comparator)
    {
        this.comparator = Objects.requireNonNull(comparator);
        this.header = null;
    }
```

除此之外，我们还需要改造 add 方法，在该方法中，每一个新元素的加入都需要进行比较，比较的目的当然是要在遍历已经存储于链表中的元素后，找到适当的位置将其加入，如图 4-6 所示。

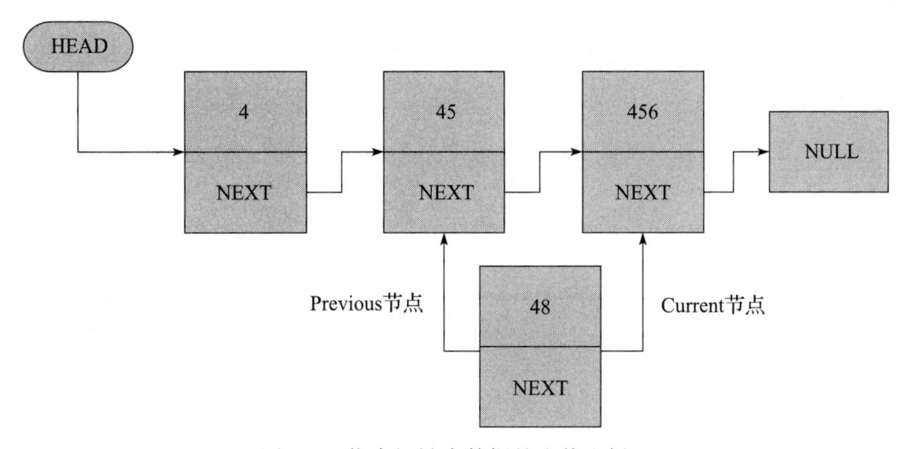

图 4-6　优先级链表数据的查找和插入

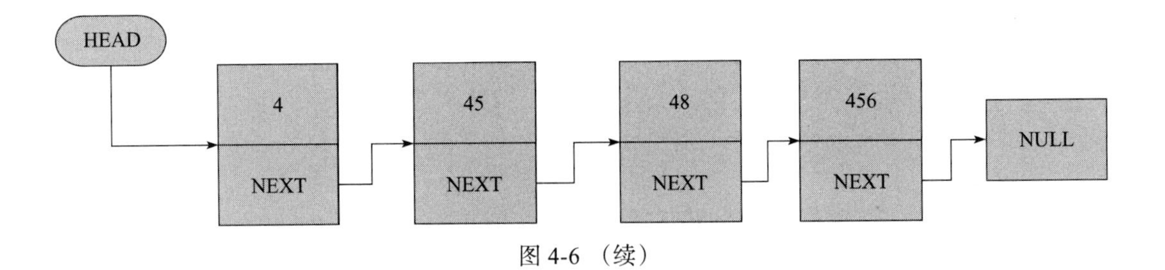

图 4-6 （续）

```
public void add(E e)
{
    // 定义一个新的 node 节点，其指向下一个节点的引用值为 null
    final Node<E> newNode = new Node<>(e);
    // 当前链表节点引用
    Node<E> current = this.header;
    // 上一个节点的引用，初始值为 null，在稍后的计算中会得到
    Node<E> previous = null;
    // 循环遍历链表（当前节点不为 null，即不是空的链表）
    while (current != null && e.compareTo(current.getValue()) > 0)
    {
        // 前一个节点为当前节点
        previous = current;
        // 当前节点为当前节点的下一个节点
        current = current.getNext();
    }
    // 如果链表为空
    if (previous == null)
    {
        // 链表的当前节点引用将直接作为新构造的节点
        this.header = newNode;
    } else
    {
        // 将新的节点插入前一个节点之后
        previous.setNext(newNode);
    }
    // 新节点的下一个节点为 current 节点
    newNode.setNext(current);
    this.size++;
}
```

add 方法比 4.1.1 节中介绍的方法要复杂很多，具体的原理无外乎就是找到合适的位置，然后将新的节点存入在链表中。现在进行一下简单的测试，验证我们的优先级链表是否能够正常工作。

```
// 定义 MyPriorityList，并且指定 Comparator
MyPriorityList<Integer> list = new MyPriorityList<>(
    (o1, o2) -> o1 - o2
);
list.add(45);
System.out.println(list);
System.out.println("========================");
list.add(456);
list.add(4);
list.add(48);
list.add(500);
System.out.println(list);
System.out.println("pop first:" + list.popFirst());
System.out.println(list);
```

运行上面的程序将会得到如下的输出结果，证明一切顺利。

```
[45]
=========================
[4,45,48,456,500]
pop first:4
[45,48,456,500]
```

4.1.3　跳表（SkipList）

无论是什么样的数据结构，存入数据的主要目的之一是对数据进行读取或者检索，当然 4.1.1 节中使用链表结构实现的栈已经规范了数据的检索形式：只能从栈顶弹出。既然数据结构的主要用途之一是检索（说得更直白一点就是查找），那么我们思考一下，针对链表类型的数据结构进行特定元素的查找，它的效率表现会是怎样的呢？很明显它的时间复杂度会是 O(1) 或者 O(n)。

相比基于数组结构的线性表，链表结构根据下标的元素进行检索的时间复杂度始终为 O(1)。即使是通过特定元素对其进行查找，在元素进行了排序的前提下，借助于一些查找算法，比如二分法，它的查找速度表现始终是非常优异的。而链表这样的数据结构在二分法中进行查找，则会由于维护数据索引的成本比数组高很多（在 4.1.1 节和 4.1.2 节的链表实现中压根就没有维护数据索引），因此它的表现肯定要比基于数组的线性链表差很多。下面通过一个基准测试来对比 ArrayList 和 LinkedList 在二分查找算法下的性能表现。

程序代码：BinarySearch.java

```java
package com.wangwenjun.concurrent.juc.collection;

import org.openjdk.jmh.annotations.*;
import org.openjdk.jmh.infra.Blackhole;
import org.openjdk.jmh.runner.Runner;
import org.openjdk.jmh.runner.RunnerException;
import org.openjdk.jmh.runner.options.Options;
import org.openjdk.jmh.runner.options.OptionsBuilder;

import java.util.ArrayList;
import java.util.Collections;
import java.util.LinkedList;
import java.util.Random;
import java.util.concurrent.TimeUnit;

@Warmup(iterations = 20)
@Measurement(iterations = 20)
@Fork(1)
@BenchmarkMode(Mode.AverageTime)
@OutputTimeUnit(TimeUnit.MICROSECONDS)
@State(Scope.Thread)
public class BinarySearch
{
    private ArrayList<Integer> arrayList;
    private LinkedList<Integer> linkedList;
    private Random random;

    //设置基准测试套件方法，Level 为 Trial
    @Setup(Level.Trial)
```

```
    public void setUp()
    {
        //初始化随机值
        this.random = new Random(System.currentTimeMillis());
        //初始化arrayList和linkedList并且存入一千万个已经排序的元素
        this.arrayList = new ArrayList<>();
        this.linkedList = new LinkedList<>();
        for (int i = 0; i < 10_000_000; i++)
        {
            arrayList.add(i);
            linkedList.add(i);
        }
    }

    @Benchmark
    public void binarySearchFromArrayList(Blackhole blackhole)
    {
        int randomValue = random.nextInt(10_000_000);
        int result = Collections
              .binarySearch(arrayList, randomValue);
        blackhole.consume(result);
    }

    @Benchmark
    public void binarySearchFromLinkedList(Blackhole blackhole)
    {
        int randomValue = random.nextInt(10_000_000);
        int result = Collections
                  .binarySearch(linkedList, randomValue);
        blackhole.consume(result);
    }

    public static void main(String[] args) throws RunnerException
    {
        final Options opt = new OptionsBuilder()
                .include(BinarySearch.class.getSimpleName())
                .build();
        new Runner(opt).run();
    }
}
```

在上面的基准测试代码中，我们在一千万的数据量中使用二分法分别对ArrayList和LinkedList进行了性能对比，对比结果显示两者的差异是非常惊人的。

```
Benchmark     Mode  Cnt        Score       Error  Units
ArrayList     avgt   20        5.212 ±     2.145  us/op
LinkedList    avgt   20   225795.622 ± 29370.156  us/op
```

1. 跳表（SkipList）

通过上面的基准测试可知，链表数据结构在二分法查找的性能测试中几乎被数组链表完爆，此时你可能会想到使用树这样的数据结构，比如B+树、红黑树这样的平衡树会使检索速度提升不少，实际上也的确是这样的。但是红黑树这样的数据结构因为实现起来比较复杂，而且这样的平衡树在更新数据时还需要完成节点平衡等操作，所以人们在寻找一种更便捷的方法。于是跳表（SkipList）这种数据结构就应运而生了，其是由William Pugh于1990年提出的，感兴趣的读者可以查找William Pugh在当时发表的论文《Skip Lists: A Probabilistic

Alternative to Balanced Trees》(跳表：平衡树的另一个选择)，跳表也是 Redis 的主要数据结构之一。

那么什么是跳表，跳表又是一种什么样的数据存储形式呢？这正是本节将要学习的内容。根据 4.1.1 节链表相关的内容，我们知道想要从一个链表中找到一个特定的元素，必须从 header 开始逐个进行对比和查找，直到找到包含数据的那个节点为止，这样一来，时间复杂度则为 O(n)，如果要查找的元素刚好就在链表头部，那么时间复杂度为 O(1)，如图 4-7 所示。

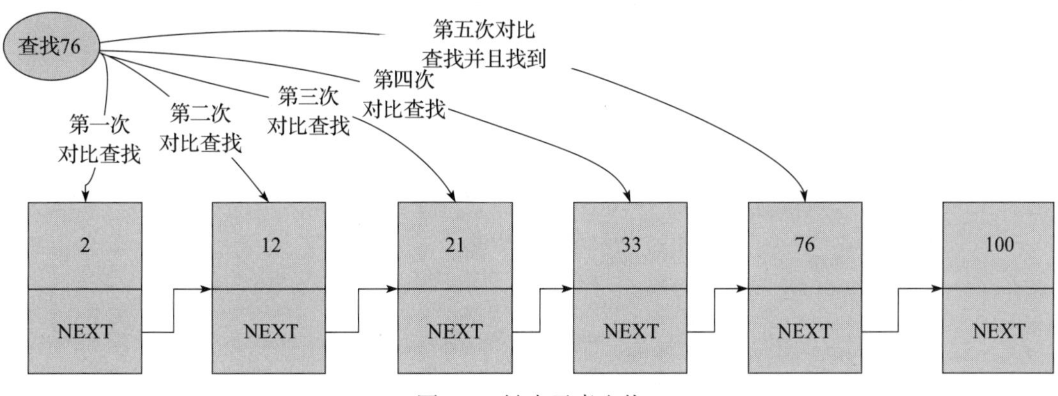

图 4-7　链表元素查找

对链表结构稍加改造，增加多个层级进行数据存储和查找，这种以空间换取时间的思路能够加快元素的查找速度，如图 4-8 所示。

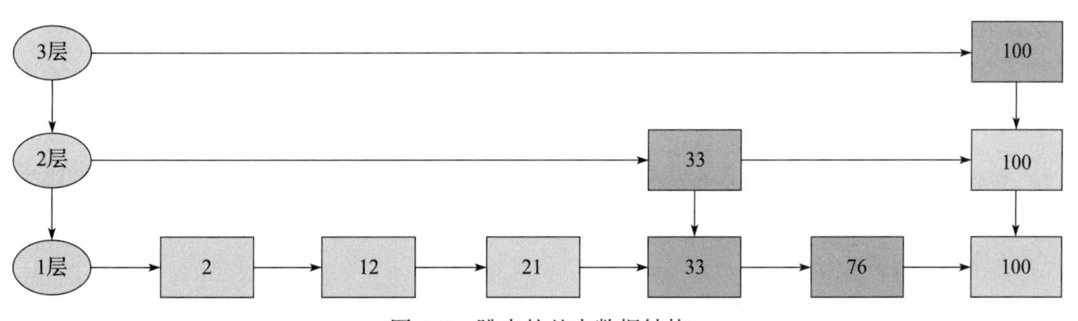

图 4-8　跳表的基本数据结构

在增加了多个层级的链表中查找 76 这个元素会经历怎样的过程呢？首先到最高一层的链表中查找并且对比，可以发现 100 大于 76；接下接直接来到第二个层级发现 33 小于 76，并且 33 的下一个元素 100 大于 76 因此再次来到下一个层级；对比 33 的下一个元素发现其就是 76，正是我们需要寻找的那个。

跳表（skiplist）正是受这种多层链表的想法启发而设计出来的。实际上，按照上面生成链表的方式来看，上面每一层链表的节点个数，都会是下面一层节点个数的一半左右，这样查找过程就非常类似于一个二分查找，使得查找的时间复杂度可以降低到 O(log n)。另外，跳表中的元素在插入时就已经是根据排序规则进行排序的，在进行查找时无须再进行排序。

2. 跳表（SkipList）的实现

大致了解了跳表的原理之后，是时候实现一个相应的数据结构了。首先，定义节点类，用于存储数据以及维护其与其他节点的关系。

```
public class SimpleSkipList {
    //每一层头部节点的标记符
    private final static byte HEAD_BIT = (byte) -1;
    //每一层尾部节点的标记符
    private final static byte TAIL_BIT = (byte) 1;
    //每一个数据节点的标记符
    private final static byte DATA_BIT = (byte) 0;
    //元素节点类，该节点中只存放整数类型
    private static class Node {
        //数据
        private Integer value;
        //每一个节点的周围节点引用（上下左右）
        private Node up, down, left, right;
        //节点类型
        private byte bit;

        public Node(Integer value) {
            this(value, DATA_BIT);
        }

        public Node(Integer value, byte bit) {
            this.value = value;
            this.bit = bit;
        }

        @Override
        public String toString() {
            return value + " bit:" + bit;
        }
}
...省略
```

节点类的定义相较于在 4.1.1 节和 4.1.2 节中的 Node 显得有些复杂，的确，由于多层级链表的关系，需要维护更多的节点引用，因此会显得有些复杂。现在我们来定义在 SimpleSkipList 中的需要维护的属性。

```
//定义头部节点属性
private Node head;
//定义尾部节点属性
private Node tail;
//元素个数
private int size;
//跳表层高
private int height;
//随机数，主要用于通过随机的方式决定元素应该被放在第几层
private Random random;
//构造函数
public SimpleSkipList() {
//初始化头部和尾部节点
    this.head = new Node(null, HEAD_BIT);
    this.tail = new Node(null, TAIL_BIT);
    //头部节点的右边节点为尾部节点
```

```
        head.right = tail;
        //尾部节点的左边元素为头部节点
        tail.left = head;
        this.random = new Random(System.currentTimeMillis());
    }
```

根据初始化的代码可以看出，在一个空的跳表结构中会存在两个节点（头和尾），它们之间的关系图如图4-9所示。

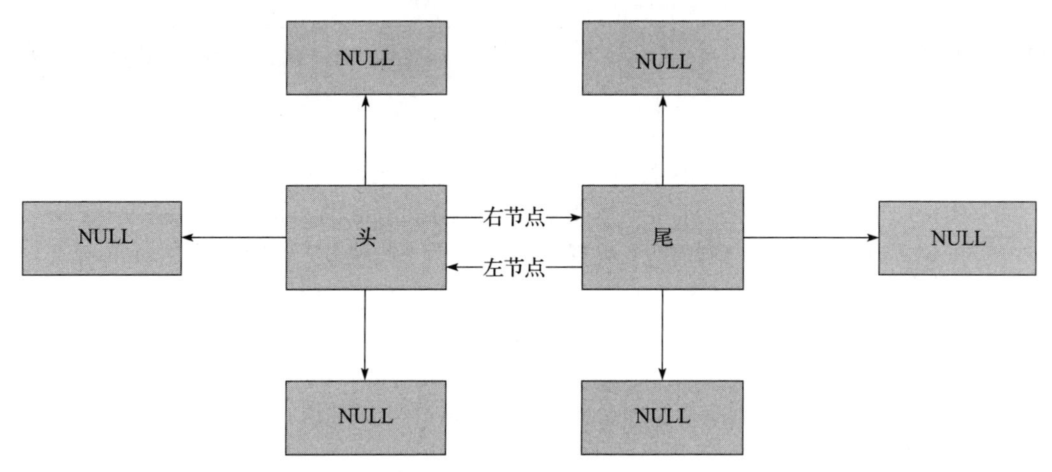

图4-9　跳表的初始化结构

一切准备就绪，现在需要实现向跳表中增加元素的方法了。只不过在增加元素之前，首先需要为新元素找到合适的存放位置或者说是邻近的节点，在跳表中，最低的一层链表存放着全量的元素。因此想要找到合适的位置，是要从最高一层的head（始终在最高一层）节点开始向最下面一层查找，从而为新节点找到合适的位置。

```
    private Node find(Integer element) {
        //从head节点开始寻找
        Node current = head;
        for (; ; ) {
            //当前节点的右节点不是尾节点，并且当前节点的右节点数据小于element
            while (current.right.bit != TAIL_BIT && current.right.value <= element) {
                //继续朝右前行
                current = current.right;
            }
            //当current节点存在down节点
            if (current.down != null) {
                //开始向下一层
                current = current.down;
            } else {
               //到达最底层，终止循环
                break;
            }
        }
        return current;
    }
```

代码稍微有些复杂，下面通过图示的方式说明一下查找的过程，如图4-10所示。

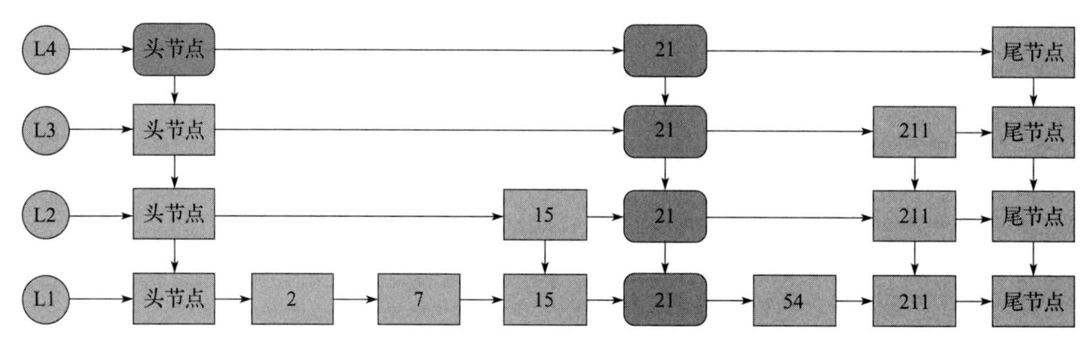

图 4-10 新节点的查找过程

假设我们要为新的数据元素 23 找到一个恰当的位置，会经历怎样的过程呢？

1）从 head 节点开始，head.right!= 尾节点，并且 head.right 的 value(21)<23。

2）在 while 循环中尝试向右前行，发现 21 右边的节点是尾节点，因此退出 while 循环。

3）第四层的节点 21 继续下移（current=current.down）至第三层。

4）在 while 循环中，节点 21 右边的节点虽然不是尾节点，但是 21.right.value(211)>23，因此不满足向右迁移的条件。

5）第三层的节点 21 继续下移（current=current.down）至第二层。

6）第二层的处理逻辑同第三层。

7）在第一层中，21.right.value(54)>23，因此不会继续前行，另外第一层中，21.down==null，所以会终止整个大循环 (for(;;))，那么我们为 23 找到的新位置就在节点 21 附近。

```
public void add(Integer element)
{
    // 根据 element 找到合适它的存储位置，也就是邻近的节点，需要注意的是，此刻该节点在整个跳表的第一层
    Node nearNode = this.find(element);
    // 定义一个新的节点
    Node newNode = new Node(element);
    // 新节点的左节点为 nearNode
    newNode.left = nearNode;
    // 新节点的右节点为 nearNode.right，相当于将新节点插入到了 nearNode 和 nearNode 中间
    newNode.right = nearNode.right;
    // 更新 nearNode.right.left 节点为新节点
    nearNode.right.left = newNode;
    // nearNode.right 节点为新节点
    nearNode.right = newNode;
    // 当前层级为 0，代表最底层第一层
    int currentLevel = 0;
    // 根据随机值判断是否将新的节点放到新的层级，在跳表算法描述中，该动作被称为抛投硬币
    while (random.nextDouble() < 0.5d)
    {
        // 如果 currentLevel 大于整个跳表的层高，则需要为跳表多增加一层链表
        if (currentLevel >= height)
        {
            height++;
        // 定义新层高的 head 和 tail
            Node dumyHead = new Node(null, HEAD_BIT);
            Node dumyTail = new Node(null, TAIL_BIT);
        // 指定新层高 head 和 tail 的关系
```

```
                dumyHead.right = dumyTail;
                dumyHead.down = head;
                head.up = dumyHead;
                dumyTail.left = dumyHead;
                dumyTail.down = tail;
                tail.up = dumyTail;
                head = dumyHead;
                tail = dumyTail;
            }
            //在新的一层中增加element节点，同样要维护上下左右之间的关系
            while ((nearNode != null) && nearNode.up == null)
            {
                nearNode = nearNode.left;
            }
            nearNode = nearNode.up;
            Node upNode = new Node(element);
            upNode.left = nearNode;
            upNode.right = nearNode.right;
            upNode.down = newNode;
            nearNode.right.left = upNode;
            nearNode.right = upNode;
            newNode.up = upNode;
            newNode = upNode;
            currentLevel++;
    }
        //元素个数自增
        size++;
    }
```

跳表增加元素的操作我们已经完成了，下面再增加几个查询类方法，比如获取size，判断元素是否在跳表中等。

```
    public boolean contains(Integer element)
    {
        //如果找到了就包含，若未找到就不包含
        Node node = this.find(element);
        return (node.value.equals(element));
    }

    public Integer get(Integer element)
    {
        //若找到该元素则返回value，否则返回null
        Node node = this.find(element);
        return (node.value.equals(element)) ? node.value : null;
    }

    public boolean isEmpty()
    {
       //根据size判断当前链表是否为空
        return (size() == 0);
    }

    //跳表的size方法
    public int size()
    {
        return size;
    }
```

最简单、最基本的跳表数据结构我们也已经完成了，下面简单进行一下功能测试。

```
    SimpleSkipList skipList = new SimpleSkipList();
```

```
assert skipList.isEmpty();
skipList.add(10);
skipList.add(23);
skipList.add(56);
assert skipList.size() == 3;
assert skipList.contains(10);
assert skipList.get(23) == 23;
```

3. 跳表（SkipList）性能测试

跳表的基本功能已经完成，并且进行了最基本的功能测试，本节就来对比一下我们实现的跳表和 ArrayList 在二分法的加持下的性能对比，鉴于跳表是一种以空间换取时间的数据结构，比较耗费内存，因此本节使用 50 万数量级的数据进行基准测试。

程序代码：ArrayListVsSkipListBinarySearch.java

```
package com.wangwenjun.concurrent.juc.collection;

import org.openjdk.jmh.annotations.*;
import org.openjdk.jmh.infra.Blackhole;
import org.openjdk.jmh.runner.Runner;
import org.openjdk.jmh.runner.RunnerException;
import org.openjdk.jmh.runner.options.Options;
import org.openjdk.jmh.runner.options.OptionsBuilder;

import java.util.ArrayList;
import java.util.Collections;
import java.util.Random;
import java.util.concurrent.TimeUnit;

@Warmup(iterations = 20)
@Measurement(iterations = 20)
@Fork(1)
@BenchmarkMode(Mode.AverageTime)
@OutputTimeUnit(TimeUnit.MICROSECONDS)
@State(Scope.Thread)
public class ArrayListVsSkipListBinarySearch
{
    private ArrayList<Integer> arrayList;
    private SimpleSkipList skipList;
    private Random random;

    @Setup(Level.Trial)
    public void setUp()
    {
        this.random = new Random(System.currentTimeMillis());
        this.arrayList = new ArrayList<>();
        this.skipList = new SimpleSkipList();
        for (int i = 0; i < 500_000; i++)
        {
            arrayList.add(i);
            skipList.add(i);
        }
    }

    @Benchmark
    public void binarySearchFromArrayList(Blackhole blackhole)
    {
        int randomValue = random.nextInt(500_000);
        int result = Collections.binarySearch(arrayList, randomValue);
```

```
        blackhole.consume(result);
    }

    @Benchmark
    public void searchFromSkipList(Blackhole blackhole)
    {
        int randomValue = random.nextInt(500_000);
        int result = this.skipList.get(randomValue);
        blackhole.consume(result);
    }

    public static void main(String[] args) throws RunnerException
    {
        final Options opt = new OptionsBuilder()
                .include(ArrayListVsSkipListBinarySearch.class.getSimpleName())
                .build();
        new Runner(opt).run();
    }
}
```

基准测试的代码比较简单，直接运行输出性能对比结果，你会发现跳表的表现是如此的优异（虽然看起来还是没有 ArrayList 的搜索性能高，但是别忘了，ArrayList 中的元素经过了排序，并且是在采用二分法进行查找的情况下完成的，而跳表在存入数据时就已经完成了排序，并且不需要使用二分法进行查找）。

```
Benchmark         Mode  Cnt  Score    Error  Units
ArrayList         avgt   20  1.757 ± 0.210  us/op
SkipList          avgt   20  2.836 ± 0.182  us/op
```

4.1.4 链表总结

本节首先介绍了链表、链表最基本的实现方式，紧接着又详细介绍了优先级链表，也就是数据在进入链表后会进行某种规则的排序。由于链表结构要进行某个特定值的查找，因此检索效率比较低下，诸如二分法这样的查找算法在链表中并不会起到多大的作用，因此为了提高数据检索的速度，我们第一时间会想到平衡树的数据结构，但是实现平衡树相对来说比较复杂，于是我们又借助于多层链表，也就是跳表的数据结构来完成。4.1.3 节中实现了一个最简单、最基础的跳表程序，并且对比分析了数据的检索性能，发现并不会输于已排序的 ArrayList 在二分法加持下的性能。其实自 JDK1.7 版本开始就已经引入了跳表的实现类，在本章稍后的内容中，将会学习 ConcurrentSkipListMap 和 ConcurrentSkipListSet，其内部的主要数据结构就是跳表。

4.2 BlockingQueue（阻塞队列）

本节即将学习和接触到的七种队列都可称为 BlockingQueue，所谓 Blocking Queue 是指其中的元素数量存在界限，当队列已满时（队列元素数量达到了最大容量的临界值），对队列进行写入操作的线程将被阻塞挂起，当队列为空时（队列元素数量达到了为 0 的临界值），对队列进行读取的操作线程将被阻塞挂起（关于更多临界值，以及线程挂起的内容，读者可以参阅笔者的《Java 高并发编程详解：多线程与架构设计》一书中的第 5 章“线程间通信”和第 20

章“Guarded Suspension 设计模式”等相关内容），这是不是非常类似于本书的 3.8.3 节“使用 Condition 之生产者消费者”中的内容呢？实际上，BlockingQueue（LinkedTransferQueue 除外）的内部实现主要依赖于显式锁 Lock 及其与之关联的 Condition。因此本节中所涉及的所有 BlockingQueue 的实现都是线程安全的队列，在高并发的程序开发中，可以不用担心线程安全的问题而直接使用，另外，BlockingQueue 在线程池服务（ExecutorService）中主要扮演着提供线程对任务存取容器的角色，因此了解每一个 BlockingQueue 的使用场景和特点就是本节的主要目的之一。BlockingQueue 及其实现如图 4-11 所示。

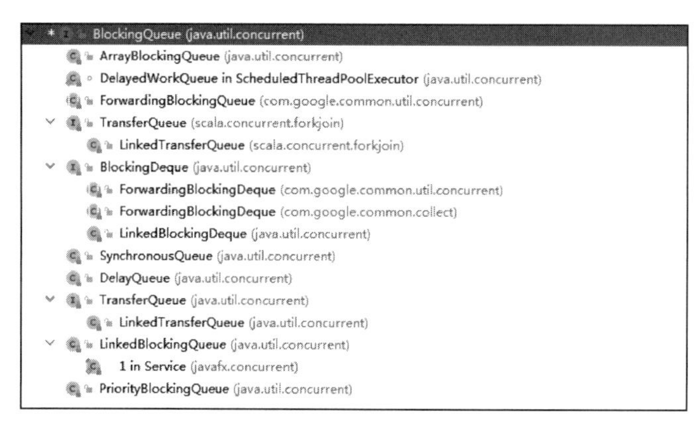

图 4-11 BlockingQueue 及其实现

4.2.1 ArrayBlockingQueue

ArrayBlockingQueue 是一个基于数组结构实现的 FIFO 阻塞队列，在构造该阻塞队列时需要指定队列中最大元素的数量（容量）。当队列已满时，若再次进行数据写入操作，则线程将会进入阻塞，一直等待直到其他线程对元素进行消费。当队列为空时，对该队列的消费线程将会进入阻塞，直到有其他线程写入数据。该阻塞队列中提供了不同形式的读写方法（注，本节在对方法的描述中，有多处语句的描述，类似于：“当队列已满时，当前线程会进入阻塞状态”，“当队列为空时，当前线程将进入阻塞状态”等，仅仅用于描述阻塞队列在对应临界值线程的挂起行为。由于阻塞队列常被应用于高并发多线程的环境中，因此当两个线程同时对队列头部数据进行获取操作时，势必会有一个线程进入短暂阻塞。为了节约篇幅，笔者没有提及该情况下的线程阻塞，但这并不代表该情况不会真实存在）。

1. 阻塞式写方法

在 ArrayBlockingQueue 中提供了两个阻塞式写方法，分别如下（在该队列中，无论是阻塞式写方法还是非阻塞式写方法，都不允许写入 null）。

- void put(E e)：向队列的尾部插入新的数据，当队列已满时调用该方法的线程会进入阻塞，直到有其他线程对该线程执行了中断操作，或者队列中的元素被其他线程消费。

```
// 构造只有两个元素容量的 ArrayBlockingQueue
ArrayBlockingQueue<String> queue = new ArrayBlockingQueue<>(2);
try
```

```
{
    queue.put("first");
    queue.put("second");
    //执行 put 将会使得当前线程进入阻塞
    queue.put("third");
} catch (InterruptedException e)
{
    e.printStackTrace();
}
```

- boolean offer(E e, long timeout, TimeUnit unit)：向队列尾部写入新的数据，当队列已满时执行该方法的线程在指定的时间单位内将进入阻塞，直到到了指定的超时时间后，或者在此期间有其他线程对队列数据进行了消费。当然了，对由于执行该方法而进入阻塞的线程执行中断操作也可以使当前线程退出阻塞。该方法的返回值 boolean 为 true 时表示写入数据成功，为 false 时表示写入数据失败。

```
ArrayBlockingQueue<String> queue = new ArrayBlockingQueue<>(2);
try
{
    queue.offer("first", 10, TimeUnit.SECONDS);
    queue.offer("second", 10, TimeUnit.SECONDS);
    //该方法会进入阻塞，10 秒之后当前线程将会退出阻塞，并且对 third 数据的写入将会失败
    queue.offer("third", 10, TimeUnit.SECONDS);
} catch (InterruptedException e)
{
    e.printStackTrace();
}
```

2. 非阻塞式写方法

当队列已满时写入数据，如果不想使得当前线程进入阻塞，那么就可以使用非阻塞式的写操作方法。

- boolean add(E e)：向队列尾部写入新的数据，当队列已满时不会进入阻塞，但是该方法会抛出队列已满的异常。

```
ArrayBlockingQueue<String> queue = new ArrayBlockingQueue<>(2);
//写入元素成功
assert queue.add("first");
assert queue.add("second");
try
{
    //写入失败，抛出异常
    queue.add("third");
} catch (Exception e)
{
    //断言异常
    assert e instanceof IllegalStateException;
}
```

- boolean offer(E e)：向队列尾部写入新的数据，当队列已满时不会进入阻塞，并且会立即返回 false。

```
ArrayBlockingQueue<String> queue = new ArrayBlockingQueue<>(2);
assert queue.offer("first");
assert queue.offer("second");
//写入失败
```

```
assert !queue.offer("third");
//第三次offer操作失败，此时队列的size为2
assert queue.size() == 2;
```

3. 阻塞式读方法

ArrayBlockingQueue中提供了两个阻塞式读方法，分别如下。

- E take()：从队列头部获取数据，并且该数据会从队列头部移除，当队列为空时执行take方法的线程将进入阻塞，直到有其他线程写入新的数据，或者当前线程被执行了中断操作。

```
ArrayBlockingQueue<String> queue = new ArrayBlockingQueue<>(2);
assert queue.offer("first");
assert queue.offer("second");
try
{
    //由于是队列，因此这里的断言语句也遵从FIFO，第一个被take出来的数据是first
    assert queue.take().equals("first");
    assert queue.take().equals("second");
    //进入阻塞
    queue.take();
} catch (InterruptedException e)
{
    e.printStackTrace();
}
```

- E poll(long timeout, TimeUnit unit)：从队列头部获取数据并且该数据会从队列头部移除，如果队列中没有任何元素时则执行该方法，当前线程会阻塞指定的时间，直到在此期间有新的数据写入，或者阻塞的当前线程被其他线程中断，当线程由于超时退出阻塞时，返回值为null。

```
ArrayBlockingQueue<String> queue = new ArrayBlockingQueue<>(2);
assert queue.offer("first");
assert queue.offer("second");
try
{
    //FIFO
    assert queue.poll(10, TimeUnit.SECONDS).equals("first");
    assert queue.poll(10, TimeUnit.SECONDS).equals("second");
    //10秒以后线程退出阻塞，并且返回null值。
    assert queue.poll(10, TimeUnit.SECONDS) == null;
} catch (InterruptedException e)
{
    e.printStackTrace();
}
```

4. 非阻塞式读方法

当队列为空时读取数据，如果不想使得当前线程进入阻塞，那么就可以使用非阻塞式的读操作方法。

- E poll()：从队列头部获取数据并且该数据会从队列头部移除，当队列为空时，该方法不会使得当前线程进入阻塞，而是返回null值。

```
ArrayBlockingQueue<String> queue = new ArrayBlockingQueue<>(2);
assert queue.offer("first");
assert queue.offer("second");
```

```
//FIFO
assert queue.poll().equals("first");
assert queue.poll().equals("second");
//队列为空，立即返回但是结果为null
assert queue.poll() == null;
```

- E peek()：peek 的操作类似于 debug 操作（仅仅 debug 队列头部元素，本书的第 6 章将讲解针对 Stream 的操作，大家将从中学习到针对整个 Stream 数据元素的 peek 操作），它直接从队列头部获取一个数据，但是并不能从队列头部移除数据，当队列为空时，该方法不会使得当前线程进入阻塞，而是返回 null 值。

```
ArrayBlockingQueue<String> queue = new ArrayBlockingQueue<>(2);
assert queue.offer("first");
assert queue.offer("second");
//第一次peek，从队列头部读取数据
assert queue.peek().equals("first");
//第二次peek，从队列头部读取数据，同第一次
assert queue.peek().equals("first");
//清除数据，队列为空
queue.clear();
//peek操作返回结果为null
assert queue.peek() == null;
```

5. 生产者消费者

高并发多线程的环境下对共享资源的访问，在绝大多数情况下都可以通过生产者消费者模式进行理论化概括化，无论是笔者的第一本书《Java 高并发编程详解：多线程与架构设计》还是这本书里，很多地方都提及了该模式，因此在本节中，我们化繁为简给出 ArrayBlocking Queue 在高并发的环境中同时读写的代码片段即可，不再做过多解释。

```
//定义阻塞队列
ArrayBlockingQueue<String> queue = new ArrayBlockingQueue<>(10);
//启动11个生产数据的线程，向队列的尾部写入数据
IntStream.rangeClosed(0, 10)
.boxed()
.map(i -> new Thread("P-Thread-" + i)
{
    @Override
    public void run()
    {
        while (true)
        {
            try
            {
                String data = String.valueOf(System.currentTimeMillis());
                queue.put(data);
                System.out.println(currentThread() + " produce data: " + data);
                TimeUnit.SECONDS.sleep(ThreadLocalRandom.current().nextInt(5));
            } catch (InterruptedException e)
            {
                System.out.println("Received the interrupt SIGNAL.");
                break;
            }
        }
    }
}).forEach(Thread::start);
```

```
//定义 11 个消费线程，从队列的头部移除数据
IntStream.rangeClosed(0, 10)
.boxed()
.map(i -> new Thread("C-Thread-" + i)
{
    @Override
    public void run()
    {
        while (true)
        {
            try
            {
                String data = queue.take();
                System.out.println(currentThread() + " consume data: " + data);
                TimeUnit.SECONDS.sleep(ThreadLocalRandom.current().nextInt(5));
            } catch (InterruptedException e)
            {
                System.out.println("Received the interrupt SIGNAL.");
                break;
            }
        }
    }
}).forEach(Thread::start);
```

在上面的程序中，有 22 个针对 queue 的操作线程，我们并未提供对共享数据 queue 的线程安全保护措施，甚至没有进行任何临界值的判断与线程的挂起 / 唤醒动作，这一切都由该阻塞队列内部实现，因此开发者再也无需实现类似的队列，进行不同类型线程的数据交换和通信，运行上面的代码将会看到生产者与消费者在不断地交替输出。

```
...省略
Thread[P-Thread-9,5,main] produce data: 1570633598427
Thread[C-Thread-1,5,main] consume data: 1570633598423
Thread[P-Thread-4,5,main] produce data: 1570633598435
Thread[P-Thread-10,5,main] produce data: 1570633598427
Thread[C-Thread-3,5,main] consume data: 1570633598425
Thread[P-Thread-1,5,main] produce data: 1570633598427
Thread[C-Thread-5,5,main] consume data: 1570633598426
Thread[P-Thread-7,5,main] produce data: 1570633598426
Thread[C-Thread-0,5,main] consume data: 1570633598427
Thread[C-Thread-4,5,main] consume data: 1570633598427
...省略
```

6. 其他方法

本节中介绍了大多数 ArrayBlockingQueue 的方法，除此之外，该阻塞队列还提供了一些其他方法，比如 drainTo() 排干队列中的数据到某个集合、remainingCapacity() 获取剩余容量等，ArrayBlockingQueue 除了实现了 BlockingQueue 定义的所有接口方法之外它还是 Collection 接口的实现类，限于篇幅，关于更多的方法讲解请自行查阅 Java API 帮助文档。

4.2.2 PriorityBlockingQueue

PriorityBlockingQueue 优先级阻塞队列是一个“无边界”阻塞队列，与 4.1.2 节所讲的优先级链表类似的是，该队列会根据某种规则（Comparator）对插入队列尾部的元素进行排序，因此该队列将不会遵循 FIFO（first-in-first-out）的约束。虽然 PriorityBlockingQueue 同 ArrayBlockingQueue 都实现自同样的接口，拥有同样的方法，但是大多数方法的实现确实具有

很大的差别，PriorityBlockingQueue 也是线程安全的类，适用于高并发多线程的情况下。

1. 排序且无边界的队列

只要应用程序的内存足够使用，理论上，PriorityBlockingQueue 存放数据的数量是“无边界”的，在 PriorityBlockingQueue 内部维护了一个 Object 的数组，随着数据量的不断增多，该数组也会进行动态地扩容。在构造 PriorityBlockingQueue 时虽然提供了一个整数类型的参数，但是该参数所代表的含义与 ArrayBlockingQueue 完全不同，前者是构造 PriorityBlockingQueue 的初始容量，后者指定的整数类型参数则是 ArrayBlockingQueue 的最大容量。

```
// 创建 PriorityBlockingQueue，并且制定初始容量为 2
PriorityBlockingQueue<Integer> queue = new PriorityBlockingQueue<>(2);
// remainingCapacity() 方法的返回始终都是 Integer.MAX_VALUE0x7fffffff
assert queue.remainingCapacity() == 0x7fffffff;
// 写入 4 个元素进入队列
queue.offer(1);
queue.offer(10);
queue.offer(14);
queue.offer(3);
// 元素的 size 为 4
assert queue.size() == 4;
```

通过上面的代码片段，我们更能理解构造 PriorityBlockingQueue 时指定的整数类型参数其作用只不过是队列的初始化容量，并不代表它最多能存放 2 个数据元素，同时方法 remaining Capacity() 的返回值被 hard code（硬编码）为 Integer.MAX_VALUE。

根据我们的理解，既然是优先级排序队列，为何在构造 PriorityBlockingQueue 时并未指定任何数据排序相关的接口呢？事实上，如果没有显示地指定 Comparator，那么它将只支持实现了 Comparable 接口的数据类型。在上例中，Integer 类型是 Comparable 的子类，因此我们并不需要指定 Comparator，默认情况下，优先级最小的数据元素将被放在队列头部，优先级最大的数据元素将被放在队列尾部。

```
assert queue.poll() == 1;
assert queue.poll() == 3;
assert queue.poll() == 10;
assert queue.poll() == 14;
```

如果在创建 PriorityBlockingQueue 队列的时候既没有指定 Comparator，同时数据元素也不是 Comparable 接口的子类，那么这种情况下，会出现类型转换的运行时异常。

```
... 省略
// PriorityBlockingQueue 源码
private static <T> void siftUpComparable(int k, T x, Object[] array) {
    // 强制类型转换，如果不是 Comparable 接口子类，转换时将会出现异常
    Comparable<? super T> key = (Comparable<? super T>) x;
    ... 省略
    array[k] = key;
}
... 省略
```

2. 不存在阻塞写方法

由于 PriorityBlockingQueue 是“无边界”的队列，因此将不存在对队列上限临界值的控

制，在PriorityBlockingQueue中，添加数据元素的所有方法都等价于offer方法，从队列的尾部添加数据，但是该数据会根据排序规则对数据进行排序。

```
...省略
public boolean add(E e) {
    return offer(e);
}

public boolean offer(E e, long timeout, TimeUnit unit) {
    return offer(e); //never  block
}

public void put(E e) {
    offer(e); //never  block
}
...省略
```

3. 优先级队列读方法

优先级队列添加元素的方法不存在阻塞（由于是“无边界”的），但是针对优先级队列元素的读方法则与ArrayBlockingQueue类似，为了节约篇幅，本节将不再赘述。

4.2.3 LinkedBlockingQueue

ArrayBlockingQueue是基于数组实现的FIFO“有边界”队列，PriorityBlockingQueue也是基于数组实现的，但它是“无边界”的优先级队列，由于存在对数据元素的排序规则，因此PriorityBlockingQueue并不能提供FIFO的约束担保（当然，如果想要使其具备FIFO的特性，需要约束PriorityBlockingQueue的排序规则为R，并且对其写入数据的顺序也为R，这样就可以保证FIFO），本节将要介绍的LinkedBlockingQueue是“可选边界”基于链表实现的FIFO队列。截至目前，本章所学习到阻塞队列都是通过显式锁Lock进行共享数据的同步，以及与Lock关联的Condition进行线程间通知，因此该队列也适用于高并发的多线程环境中，是线程安全的类。

LinkedBlockingQueue队列的边界可选性是通过构造函数来决定的，当我们在创建LinkedBlockingQueue对象时，使用的是默认的构造函数，那么该队列的最大容量将为Integer的最大值（所谓的“无边界”），当然开发者可以通过指定队列最大容量（有边界）的方式创建队列。

```
// 无参构造函数
LinkedBlockingQueue<Integer> queue = new LinkedBlockingQueue<>();
// LinkedBlockingQueue"无边界"
assert queue.remainingCapacity() == Integer.MAX_VALUE;

// 构造 LinkedBlockingQueue 时指定边界
LinkedBlockingQueue<Integer> queue = new LinkedBlockingQueue<>(10);
assert queue.remainingCapacity() == 10;
```

在使用方式上，LinkedBlockingQueue与ArrayBlockingQueue极其相似，因此这里将不再逐一赘述。

4.2.4 DelayQueue

DelayQueue也是一个实现了BlockingQueue接口的“无边界”阻塞队列，但是该队列却是非常有意思和特殊的一个队列（存入DelayQueue中的数据元素会被延迟单位时间后才能消费），在DelayQueue中，元素也会根据优先级进行排序，这种排序可以是基于数据元素过期时间而进行的（比如，你可以将最快过期的数据元素排到队列头部，最晚过期的数据元素排到队尾）。

对于存入DelayQueue中的元素是有一定要求的：元素类型必须是Delayed接口的子类，存入DelayQueue中的元素需要重写getDelay(TimeUnit unit)方法用于计算该元素距离过期的剩余时间，如果在消费DelayQueue时发现并没有任何一个元素到达过期时间，那么对该队列的读取操作会立即返回null值，或者使得消费线程进入阻塞，下面先通过一个简单的例子来认识一下如何使用该队列。

1. DelayQueue的基本使用

从前文的描述中我们可以得知，DelayQueue中的元素都必须是Delayed接口的子类，该接口继承自Comparable<Delayed>接口，并且定义了一个唯一的接口方法getDelay，如下所示。

```
public interface Delayed extends Comparable<Delayed> {
    long getDelay(TimeUnit unit);
}
```

所以，首先需要实现Delayed接口，并且重写getDelay方法和compareTo方法。

```
// 继承自 Delayed 接口
class DelayedEntry implements Delayed
{
    // 元素数据内容
    private final String value;
    // 用于计算失效时间
    private final long time;

    private DelayedEntry(String value, long delayTime)
    {
        this.value = value;
    // 该元素可在（当前时间 +delayTime）毫秒后消费，也就是说延迟消费 delayTime 毫秒
        this.time = delayTime + System.currentTimeMillis();
    }
    // 重写 getDelay 方法，返回当前元素的延迟时间还剩余（remaining）多少个时间单位
    @Override
    public long getDelay(TimeUnit unit)
    {
        long delta = time - System.currentTimeMillis();
        return unit.convert(delta, TimeUnit.MILLISECONDS);
    }

    public String getValue()
    {
        return value;
    }
    // 重写 compareTo 方法，根据我们所实现的代码可以看出，队列头部的元素是最早即将失效的数据元素
    @Override
    public int compareTo(Delayed o)
    {
        if (this.time < ((DelayedEntry) o).time)
        {
            return -1;
        } else if (this.time > ((DelayedEntry) o).time)
        {
            return 1;
        } else
```

```
            return 0;
        }
        @Override
        public String toString()
        {
            return "DelayedEntry{" +
                    "value='" + value + '\'' +
                    ", time=" + time +
                    '}';
        }
    }
```

在 DelayQueue 中，每一个元素都必须是 Delayed 接口的子类，在上面的代码中，我们实现的 DelayedEntry 就是 Delayed 的子类，现在我们可以在 DelayQueue 中正常地存取 DelayedEntry 了。

```
// 定义 DelayQueue，无需指定容量，因为 DelayQueue 是一个 " 无边界 " 的阻塞队列
DelayQueue<DelayedEntry> delayQueue = new DelayQueue<>();
// 存入数据 A，数据 A 将在 10000 毫秒后过期，或者说会被延期 10000 毫秒后处理
delayQueue.put(new DelayedEntry("A", 10 * 1000L));
// 存入数据 A，数据 B 将在 5000 毫秒后过期，或者说会被延期 5000 毫秒后处理
delayQueue.put(new DelayedEntry("B", 5 * 1000L));
// 记录时间戳
final long timestamp = System.currentTimeMillis();
// 非阻塞读方法，立即返回 null，原因是当前 AB 元素不会有一个到达过期时间
assert delayQueue.poll() == null;


// take 方法会阻塞 5000 毫秒左右，因为此刻队列中最快达到过期条件的数据 B 只能在 5000 毫秒以后
DelayedEntry value = delayQueue.take();
// 断言队列头部的元素为 B
assert value.getValue().equals("B");
// 耗时 5000 毫秒或以上
assert (System.currentTimeMillis() - timestamp) >= 5_000L;

// 再次执行 take 操作
value = delayQueue.take();
// 断言队列头部的元素为 A
assert value.getValue().equals("A");
// 耗时在 10000 毫秒或以上
assert (System.currentTimeMillis() - timestamp) >= 10_000L;
```

2. 读取 DelayQueue 中的数据

DelayQueue 队列区别于我们之前学习过的队列，其中之一就是存入该队列的元素必须是 Delayed 的子类，除此之外队列中的数据元素会被延迟（Delay）消费，这也正是延迟队列名称的由来。与 PriorityBlockingQueue 一样，DelayQueue 中有关增加元素的所有方法都等价于 offer(E e)，并不存在针对队列临界值上限的控制，因此也不存在阻塞写的情况（多线程争抢导致的线程阻塞另当别论）但是对该队列中数据元素的消费（延迟消费）则有别于本节中接触过的其他阻塞队列。

- **remainingCapacity() 方法始终返回 Integer.MAX_VALUE**

```
DelayQueue<DelayedEntry> delayQueue = new DelayQueue<>();
assert delayQueue.size() == 0;
assert delayQueue.remainingCapacity() == Integer.MAX_VALUE;
delayQueue.put(new DelayedEntry("A", 10 * 1000L));
delayQueue.put(new DelayedEntry("B", 5 * 1000L));
assert delayQueue.size() == 2;
assert delayQueue.remainingCapacity() == Integer.MAX_VALUE;
```

- **peek()：非阻塞读方法，立即返回但并不移除 DelayQueue 的头部元素，当队列为空时返回 null。**

```
DelayQueue<DelayedEntry> delayQueue = new DelayQueue<>();
// 队列为空时，peek 方法立即返回 null
assert delayQueue.peek()==null;
delayQueue.put(new DelayedEntry("A", 10 * 1000L));
delayQueue.put(new DelayedEntry("B", 5 * 1000L));

// 队列不为空时，peek 方法不会出现延迟，而且立即返回队列头部的元素，但不移除
assert delayQueue.peek().getValue().equals("B");
```

- **poll(): 非阻塞读方法，当队列为空或者队列头部元素还未到达过期时间时返回值为 null，否则将会从队列头部立即将元素移除并返回。**

```
DelayQueue<DelayedEntry> delayQueue = new DelayQueue<>();
// 队列为空，立即返回 null
assert delayQueue.poll() == null;

// 队列中存入数据
delayQueue.put(new DelayedEntry("A", 10 * 1000L));
delayQueue.put(new DelayedEntry("B", 5 * 1000L));
// 队列不为空，但是队头元素并未达到超时时间，立即返回 null
assert delayQueue.poll() == null;

// 休眠 5 秒，使得头部元素到达超时时间
TimeUnit.SECONDS.sleep(5);
// 立即返回元素 B
assert delayQueue.poll().getValue().equals("B");
```

- **poll(long timeout, TimeUnit unit)：最大阻塞单位时间，当达到阻塞时间后，此刻为空或者队列头部元素还未达到过期时间时返回值为 null，否则将会立即从队列头部将元素移除并返回。**

```
DelayQueue<DelayedEntry> delayQueue = new DelayQueue<>();
// 队列为空，该方法会阻塞 10 毫秒并且返回 null
assert delayQueue.poll(10, TimeUnit.MILLISECONDS) == null;

delayQueue.put(new DelayedEntry("A", 10 * 1000L));
delayQueue.put(new DelayedEntry("B", 5 * 1000L));

// 队列不为空，但是队头元素在 10 毫秒内不会达到过期时间
assert delayQueue.poll(10, TimeUnit.MILLISECONDS) == null;
// 休眠 5 秒
TimeUnit.SECONDS.sleep(5);

// 移除并返回 B
assert delayQueue.poll(10, TimeUnit.MILLISECONDS)
.getValue().equals("B");
```

- **take()：阻塞式的读取方法，该方法会一直阻塞到队列中有元素，并且队列中的头部元素已达到过期时间，然后将其从队列中移除并返回。**

4.2.5　SynchronousQueue

SynchronousQueue 也是实现自 BlockingQueue 的一个阻塞队列，每一次对其的写入操

作必须等待（阻塞）其他线程进行对应的移除操作，SynchronousQueue 的内部并不会涉及容量、获取 size，就连 peek 方法的返回值永远都将会是 null，除此之外还有更多的方法在 SynchronousQueue 中也都未提供对应的支持（列举如下），因此在使用的过程中需要引起注意，否则会使得程序的运行出现不符合预期的错误。

- clear()：清空队列的方法在 SynchronousQueue 中不起任何作用。
- contains(Object o)：永远返回 false。
- containsAll(Collection<?> c)：等价于 c 是否为空的判断。
- isEmpty()：永远返回 true。
- iterator()：返回一个空的迭代器。
- peek()：永远返回 null。
- remainingCapacity()：始终返回 0。
- remove(Object o)：不做任何删除，并且始终返回 false。
- removeAll(Collection<?> c)：不做任何删除，始终返回 false。
- retainAll(Collection<?> c)：始终返回 false。
- size()：返回值始终为 0。
- spliterator()：返回一个空的 Spliterator（关于 Spliterator，我们会在本书的第 6 章的 6.3.2 节“Spliterator 详解”一节进行详细介绍）。
- toArray() 及 toArray(T[] a) 方法同样也不支持。

看起来好多方法在 SynchronousQueue 中都不提供对应的支持，那么 SynchronousQueue 是一个怎样的队列呢？简单来说，我们可以借助于 SynchronousQueue 在两个线程间进行线程安全的数据交换，这一点比较类似于 3.3 节“ Exchanger 工具详解”中介绍的 Exchanger 工具类。

尽管 SynchronousQueue 是一个队列，但是它的主要作用在于在两个线程之间进行数据交换，区别于 Exchanger 的主要地方在于（站在使用的角度）SynchronousQueue 所涉及的一对线程一个更加专注于数据的生产，另一个更加专注于数据的消费（各司其职），而 Exchanger 则更加强调一对线程数据的交换。打开 Exchanger 的官方文档，可以看到如下的一句话：

An Exchanger may be viewed as a bidirectional form of a {@link SynchronousQueue}. *Exchanger* 可以看作一个双向的 *SynchronousQueue*

SynchronousQueue 在日常的开发使用中并不是很常见，即使在 JDK 内部，该队列也仅用于 ExecutorService 中的 Cache Thread Pool 创建（在第 5 章会接触到相关知识），本节只是简单了解一下 SynchronousQueue 的基本使用方法即可。

```
// 定义 String 类型的 SynchronousQueue
SynchronousQueue<String> queue = new SynchronousQueue<>();

// 启动两个线程，向 queue 中写入数据
IntStream.rangeClosed(0, 1).forEach(i ->
```

```
            new Thread(() ->
            {
                try
                {
            // 若没有对应的数据消费线程，则 put 方法将会导致当前线程进入阻塞
                    queue.put(currentThread().getName());
                    System.out.println(currentThread() + " put element " + currentThread().
getName());
                } catch (InterruptedException e)
                {
                    e.printStackTrace();
                }
            }).start()
    );

    // 启动两个线程从 queue 中消费数据
    IntStream.rangeClosed(0, 1).forEach(i ->
            new Thread(() ->
            {
                try
                {
            // 若没有对应的数据生产线程，则 take 方法将会导致当前线程进入阻塞
                    String value = queue.take();
                    System.out.println(currentThread() + " take " + value);
                } catch (InterruptedException e)
                {
                    e.printStackTrace();
                }
            }).start()
    );
    // 运行上面的程序将得到如下所示的输出结果
    Thread[Thread-2,5,main] take Thread-0
    Thread[Thread-0,5,main] put element Thread-0
    Thread[Thread-3,5,main] take Thread-1
    Thread[Thread-1,5,main] put element Thread-1
```

4.2.6 LinkedBlockingDeque

LinkedBlockingDeque 是一个基于链表实现的双向（Double Ended Queue，Deque）阻塞队列，双向队列支持在队尾写入数据，读取移除数据；在队头写入数据，读取移除数据。LinkedBlockingDeque 实现自 BlockingDeque（BlockingDeque 又是 BlockingQueue 的子接口），并且支持可选“边界”，与 LinkedBlockingQueue 一样，对边界的指定在构造 LinkedBlockingDeque 时就已经确定了。双向队列如图 4-12 所示。

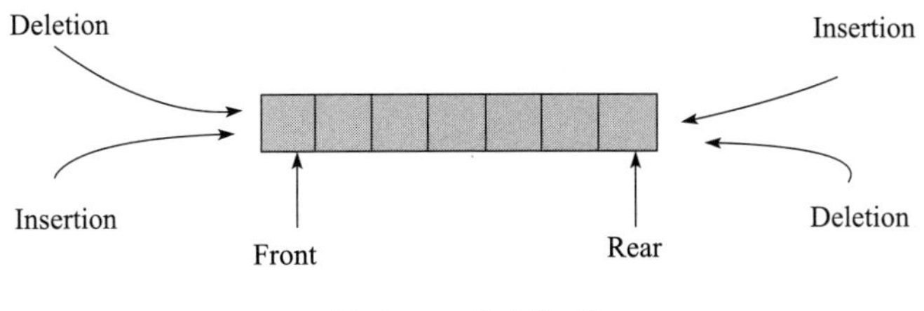

图 4-12　双向队列

既然是双向队列，那么 LinkedBlockingDeque 所提供的操作方法要比单向队列丰富很多，

为了节省篇幅，此处将不再展开介绍，对逐个方法进行讲述，读者可以通过阅读 JDK 官方文档或者其他方式进行学习和掌握，官方文档地址如下。

https:// docs.oracle.com/javase/8/docs/api/java/util/concurrent/LinkedBlockingDeque.html

4.2.7 LinkedTransferQueue

TransferQueue 是一个继承了 BlockingQueue 的接口，并且增加了若干新的方法。Linked TransferQueue 是 TransferQueue 接口的实现类，其定义为一个无界的队列，具有 FIFO 的特性。

继承自 BlockingQueue 的方法在使用方法上与本节中学过的其他 BlockingQueue 并没有太大的区别（SynchronousQueue 除外），因此我们只介绍继承自 TransferQueue 的方法，看看 TransferQueue 为其赋予了怎样的新特性。

1. transfer 方法

当某个线程执行了 transfer 方法后将会进入阻塞，直到有其他线程对 transfer 的数据元素进行了 poll 或者 take，否则当前线程会将该数据元素插入队列尾部，并且等待其他线程对其进行消费。这段文字描述包含了一些非常苛刻的要求，首先，LinkedTransferQueue 是一个队列，是可以存放无限（Integer.MAX_VALUE）数据元素的队列，因此允许同时有多个线程将数据元素插入队列尾部；其次当线程 A 通过 transfer 方法将元素 E 插入队列尾部时，即使此时此刻有其他线程也对该队列进行着消费操作，如果元素 E 未被消费，那么线程 A 同样也会进入阻塞直到元素 E 被其他线程消费。下面看一个简单的代码片段了解一下 transfer 方法的特性。

```
// 定义 LinkedTransferQueue
LinkedTransferQueue<String> queue = new LinkedTransferQueue<>();
// 通过不同的方法在队列尾部插入三个数据元素
queue.add("hello");
queue.offer("world");
queue.put("Java");
// 此时该队列的数据元素为（队尾）Java->world->hello
new Thread(() ->
{
    try
    {
        // 创建匿名线程，并且执行 transfer 方法
        queue.transfer("Alex");
    } catch (InterruptedException e)
    {
        e.printStackTrace();
    }
    System.out.println("current thread exit.");
}).start();
// 此刻队列的数据元素为（队尾）Alex->Java->world->hello
TimeUnit.SECONDS.sleep(2);
// 执行 take 方法从队列头部移除消费元素 hello，但是匿名线程仍旧被阻塞
System.out.println(queue.take());
// 在队尾插入新的数据元素（队尾）Scala->Alex->Java->world
queue.put("Scala");
// 执行 poll 方法从队列头部移除消费元素 world，匿名线程继续被阻塞
System.out.println(queue.poll());
```

```
//执行take方法从队列头部移除消费元素Java，匿名线程继续阻塞中
System.out.println(queue.take());
//执行take方法从队列头部移除消费元素Alex，匿名线程退出阻塞
System.out.println(queue.take());
```

上面程序的运行与我们在代码注释中的分析完全一致，这就是transfer方法的主要特性，非常类似于SynchronousQueue的put方法，但是不同于SynchronousQueue的地方在于LinkedTransferQueue存在容量，允许无限多个数据元素的插入，而前者则不支持。

```
hello
world
Java
Alex
current thread exit.
```

2. tryTransfer方法

与transfer方法不同的是，tryTransfer方法并不会使得执行线程进入阻塞，如果当前并没有线程等待对元素E的消费（poll或者take），那么执行tryTransfer方法会立即返回失败，并且元素E也不会插入队列的尾部（transfer不成功），否则返回成功。

```
LinkedTransferQueue<String> queue = new LinkedTransferQueue<>();
queue.add("hello");
queue.offer("world");
new Thread(() ->
{
    //立即返回false
    assert !queue.tryTransfer("Alex");
    System.out.println("current thread exit.");
}).start();
TimeUnit.SECONDS.sleep(2);
//Alex并未插入至队尾
assert queue.size() == 2;
```

tryTransfer还有一个重载方法，支持最大超时时间的设定，在设定的最大超时时间内，如果没有其他线程对transfer的数据元素进行消费，那么元素E将不会被插入队列尾部，并且退出阻塞，如果在单位时间内有其他线程消费transfer的元素数据，则返回成功并退出阻塞。

```
LinkedTransferQueue<String> queue = new LinkedTransferQueue<>();
queue.add("hello");
queue.offer("world");
new Thread(() ->
{
    try
    {
    //在单位时间（3秒）内如果有其他线程对Alex进行消费，则退出阻塞，成功插入队尾
        assert queue.tryTransfer("Alex", 3, TimeUnit.SECONDS);
    } catch (InterruptedException e)
    {
        e.printStackTrace();
    }
    System.out.println("current thread exit.");
}).start();
TimeUnit.SECONDS.sleep(2);
assert queue.take().equals("hello");
assert queue.take().equals("world");
```

```
// 主线程成功消费数据元素 Alex
assert queue.take().equals("Alex");
```

3. 其他monitor方法

在TransferQueue中还提供了两个与monitor相关的方法，主要用于获取当前是否有消费者线程在等待消费TransferQueue中的数据。

```
LinkedTransferQueue<String> queue = new LinkedTransferQueue<>();
// 启动三个线程消费 queue 中的元素（从头部开始）
for (int i = 0; i < 3; i++)
{
    new Thread(() ->
    {
        try
        {
            System.out.println(queue.take());
        } catch (InterruptedException e)
        {
            e.printStackTrace();
        }
        System.out.println(Thread.currentThread() + " consume data over.");
    }).start();
}
// 休眠 1 秒，确保 3 个线程均已启动且阻塞
TimeUnit.SECONDS.sleep(1);
// 断言正在等待消费的线程以及数量
assert queue.hasWaitingConsumer();
assert queue.getWaitingConsumerCount() == 3;
// 插入一条数据至队列
queue.offer("test");
assert queue.hasWaitingConsumer();
assert queue.getWaitingConsumerCount() == 2;
```

关于LinkedTransferQueue的使用就介绍这么多了，对比前文中所介绍过的其他阻塞队列，LinkedTransferQueue更像是一个集成了LinkedBlockingQueue和SynchronousQueue特性的阻塞队列，它们所具备的特点在LinkedTransferQueue中都可以得到体现，通过学习我们实际上可以看出，LinkedTransferQueue相比较于SynchronousQueue可以存储更多的元素数据，在支持LinkedBlockingQueue所有方法的同时又有比它更好的性能表现，因为在LinkedTransferQueue中没有使用到锁，同步操作均是由CAS算法和LockSupport提供的。

4.2.8 BlockingQueue总结

本节学习了7种BlockingQueue，每一种BlockingQueue都有是线程安全的队列，非常适合应用于高并发多线程的应用程序中，虽然每一种阻塞队列在使用和实现上都有各自不同的特点，但是它们也存在着诸多的共性（7种BlockingQueue之间的关系如图4-13所示）。比如，它们都有阻塞式的操作方法；它们都存在边界的概念（不管是有边界、无边界还是可选边界）；它们都只允许非空的元素数据存入等。在使用中，程序开发者需要根据它们所具备的特性做出正确的选择，在合理的地方解决与之对应的问题。

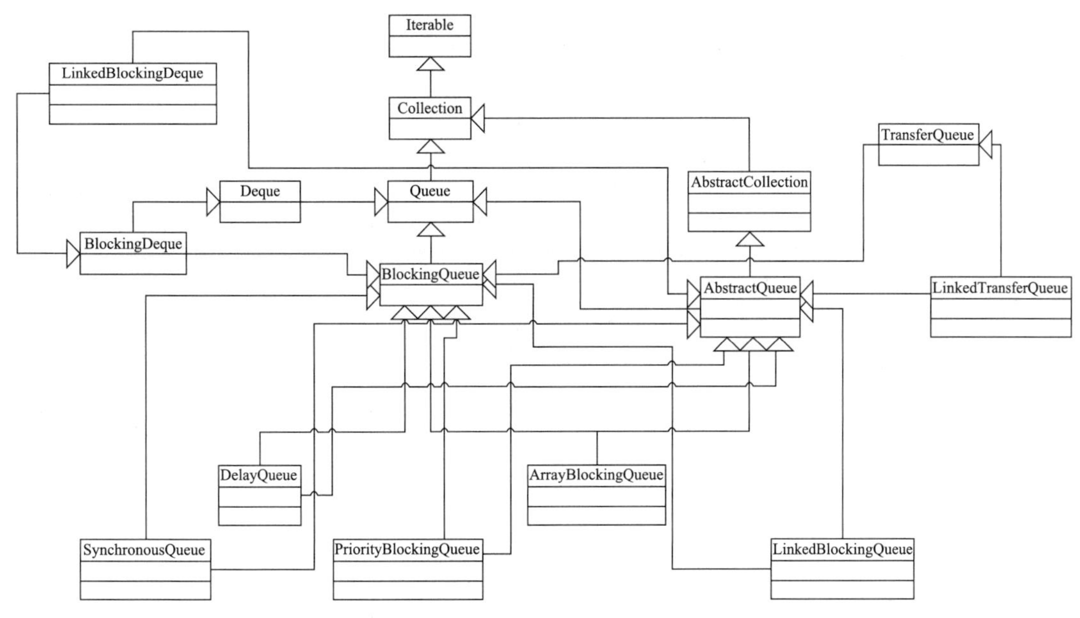

图 4-13　本节中 7 种 BlockingQueue 之间的继承关系

4.3　ConcurrentQueue（并发队列）

4.2 节中详细地介绍了 7 种类型的阻塞队列（当然阻塞队列的实现远远不止这些，比如在 Google Guava、Akka、Actor 等第三方类库中也提供了阻塞队列的不同实现，如果有需要甚至还要自行实现）。虽然每一种阻塞队列都有各自的特性和实现方式，但是它们解决的问题主要是，当队列达到某临界值时，与之对应的线程被挂起以等待其他线程的唤醒通知，对于这样的场景我们在日常的程序开发中会经常使用到，其有一个非常专业和学术的叫法，即生产者消费者模型（模式）。

https:// en.wikipedia.org/wiki/Producer%E2%80%93consumer_problem

在绝大多数的 BlockingQueue 中，为了保护共享数据的一致性，需要对共享数据的操作进行加锁处理（显式锁或者 synchronized 关键字），为了使得操作线程挂起和被唤醒，我们需要借助于对象监视器的 wait/notify/notifyAll 或者与显式锁关联的 Condition。

那么，在 Java 中有没有一种队列的实现方式可以不用关心临界值的判断，操作该队列的线程也不会被挂起并且等待被其他线程唤醒，我们只是单纯地向该队列中插入或者获取数据，并且该队列是线程安全的，是可以应用于高并发多线程的场景中呢？在 JDK1.5 版本以前要实现这些要求我们大致有两种方式，具体如下。

1）通过 synchronized 关键字对非线程安全的队列或者链表的操作方法进行同步。

2）使用 Collections 类的同步方法。

其实第 2 种方式非常类似于第 1 种方式，随便打开一个同步方法，源码如下。

```
...省略
//Collections类的部分源码public static <T> List<T> synchronizedList(List<T> list) {
    return (list instanceof RandomAccess ?
            new SynchronizedRandomAccessList<>(list) :
            new SynchronizedList<>(list));
}

...省略
SynchronizedList(List<E> list) {
    super(list);
    this.list = list;
}
SynchronizedList(List<E> list, Object mutex) {
    super(list, mutex);
    this.list = list;
}
public boolean equals(Object o) {
    if (this == o)
        return true;
    synchronized (mutex) {return list.equals(o);}
}
public int hashCode() {
    synchronized (mutex) {return list.hashCode();}
}
public E get(int index) {
    synchronized (mutex) {return list.get(index);}
}
public E set(int index, E element) {
    synchronized (mutex) {return list.set(index, element);}
}
public void add(int index, E element) {
    synchronized (mutex) {list.add(index, element);}
}
public E remove(int index) {
    synchronized (mutex) {return list.remove(index);}
}
...省略
```

这种方式虽然可以确保Collection在多线程环境下的线程安全性，但是synchronized关键字相对于显式锁Lock甚至无锁的实现方式来说效率低下，因此自JDK1.5版本后，Java的开发者们实现了无锁的且线程安全的并发队列实现方案，开发者可以直接借助于它们开发出高性能的应用程序（在本章的最后，笔者也给出了一个简单的无锁数据结构实现，同样适用于高并发多线程的环境之中）。

- ConcurrentLinkedQueue：无锁的、线程安全的、性能高效的、基于链表结构实现的FIFO单向队列（在JDK1.5版本中被引入）。
- ConcurrentLinkedDeque：无锁的、线程安全的、性能高效的、基于链表结构实现的双向队列（在JDK1.7版本中被引入）。

图4-14所示的是并发队列类图。

ConcurrentLinkedQueue和ConcurrentLinkedDeque的使用都是比较简单的，为了节约篇幅，本节不会对每一种方法都展开详细的介绍，读者可以通过阅读JDK帮助文档获得帮助。

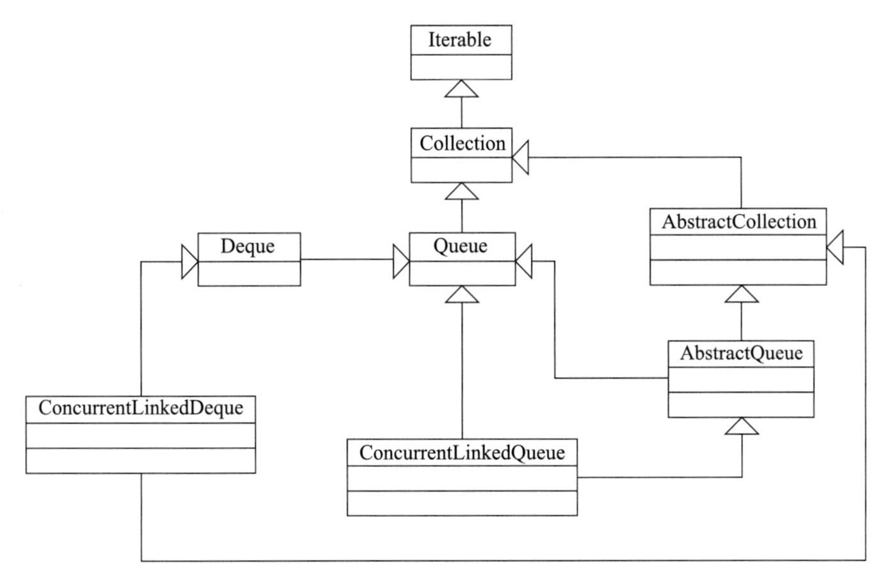

图 4-14　并发队列类图

4.3.1　并发队列的性能

并发队列由于采用了无锁（Lock-Free）算法的实现方式，因此在多线程高并发的场景中其性能表现将会足够优异，下面通过一个简单的基准测试对其性能进行一下对比。

程序代码：ConcurrentLinkedQueueVsSynchronizedList.java

```
package com.wangwenjun.concurrent.juc.collection;

import org.openjdk.jmh.annotations.*;
import org.openjdk.jmh.runner.Runner;
import org.openjdk.jmh.runner.RunnerException;
import org.openjdk.jmh.runner.options.Options;
import org.openjdk.jmh.runner.options.OptionsBuilder;

import java.util.LinkedList;
import java.util.concurrent.ConcurrentLinkedQueue;
import java.util.concurrent.TimeUnit;


@Warmup(iterations = 10)
@Measurement(iterations = 10)
@Fork(1)
@BenchmarkMode(Mode.AverageTime)
@OutputTimeUnit(TimeUnit.MICROSECONDS)
@State(Scope.Group)
public class ConcurrentLinkedQueueVsSynchronizedList
{

    private SynchronizedLinkedList synchronizedList;
    private ConcurrentLinkedQueue<String> concurrentLinkedQueue;
    private final static String DATA = "TEST";
    private final static Object LOCK = new Object();
```

```
/** 在SynchronizedLinkedList内部对LinkedList的操作方法进行同步代码块操作 */
private static class SynchronizedLinkedList
{
    private LinkedList<String> list = new LinkedList<>();

    void addLast(String element)
    {
        synchronized (LOCK)
        {
            list.addLast(element);
        }
    }

    String removeFirst()
    {
        synchronized (LOCK)
        {
          // LinkedList为空时，调用removeFirst会报错，因此需要进行简单判断
            if (list.isEmpty()) return null;
            return list.removeFirst();
        }
    }
}

@Setup(Level.Iteration)
public void setUp()
{
    synchronizedList = new SynchronizedLinkedList();
    concurrentLinkedQueue = new ConcurrentLinkedQueue<>();
}


@Group("sync")
@Benchmark
@GroupThreads(5)
public void synchronizedListAdd()
{
    synchronizedList.addLast(DATA);
}

@Group("sync")
@Benchmark
@GroupThreads(5)
public String synchronizedListGet()
{
    return synchronizedList.removeFirst();
}

@Group("concurrent")
@Benchmark
@GroupThreads(5)
public void concurrentLinkedQueueAdd()
{
    concurrentLinkedQueue.offer(DATA);
}

@Group("concurrent")
@Benchmark
@GroupThreads(5)
public String concurrentLinkedQueueGet()
{
    return concurrentLinkedQueue.poll();
}
```

```
    public static void main(String[] args) throws RunnerException
    {
        final Options opt = new OptionsBuilder()
                .include(ConcurrentLinkedQueueVsSynchronizedList.class.getSimpleName())
                .build();
        new Runner(opt).run();
    }
}
```

运行上面的基准测试，在 10 个线程同时读写的情况下（5 个线程向队列尾部插入数据，5 个线程从队列头部读取数据），ConcurrentLinkedQueue 的性能明显要出色很多。

```
Benchmark                          Mode  Cnt  Score    Error  Units
concurrent                         avgt   10  0.762 ± 0.259  us/op
concurrent:concurrent...Add        avgt   10  1.050 ± 0.595  us/op
concurrent:concurrent...Get        avgt   10  0.475 ± 0.323  us/op
sync                               avgt   10  1.823 ± 1.979  us/op
sync:synchronizedListAdd           avgt   10  1.350 ± 1.448  us/op
sync:synchronizedListGet           avgt   10  2.296 ± 2.518  us/op
```

4.3.2 并发队列在使用中需要注意的问题

虽然并发队列在高并发多线程的环境中有着优异的性能表现，但是如果对其使用不当不仅对性能没有任何提升反倒会降低整个系统的运行效率。

1. 在并发队列中使用 size 方法不是个好主意

我们知道每一个 Collection（队列 Queue 也是 Collection 的子接口）都提供了 size() 方法用于获取 Collection 中的元素个数，但是在并发队列中执行该方法却不是一个明智的操作，为什么呢？

- 首先，并发队列是基于链表的结构实现的，并且在其内部并未提供类似于计数器的变量（当元素插入队列计数器时增一，当元素从队列头部被移除时计数器减一），因此想要获得当前队列的元素个数，需要遍历整个队列才能计算得出（效率低下）。
- 其次并发队列采用无锁（Lock-Free）的算法实现，因此在某个线程中执行 size() 方法获取元素数量的同时，其他线程也可以对该队列进行读写操作，所以 size() 返回的数值不会是一个精确值，而是一个近似值、一个估计值。

在 JDK 官网的帮助文档中对该方法在使用上也有详细的描述“*Returns the number of elements in this queue. If this queue contains more than Integer. MAX_VALUE elements, returns Integer.MAX_VALUE.*

Beware that, unlike in most collections, this method is NOT a constant-time operation. Because of the asynchronous nature of these queues, determining the current number of elements requires an O(n) traversal. Additionally, if elements are added or removed during execution of this method, the returned result may be inaccurate. Thus, this method is typically not very useful in concurrent applications.”

2. ConcurrentLinkedQueue 的内存泄漏问题

另外，ConcurrentLinkedQueue 在执行 remove 方法删除元素时还会出现性能越来越低，甚至内存泄漏的问题。这个问题最早是由 Jetty 的开发者发现的，因为 Jetty 内部的线程池采用的就是 ConcurrentLinkedQueue 作为任务的队列，随后在很多开源项目中都发现了内存泄漏的问题，比如 Apache Cassandra。

- JDK BUG 地址：https:// bugs.java.com/bugdatabase/view_bug.do?bug_id=8137185
- Jetty BUG 地址：https:// bugs.eclipse.org/bugs/show_bug.cgi?id=477817
- Cassandra BUG 地址：https:// issues.apache.org/jira/browse/CASSANDRA-9549

值得庆幸的是，在 Jetty 中该问题被发现后得到了解决，开发者们采用 ConcurrentHashSet 替代了 ConcurrentLinkedQueue 的解决方案，不过很遗憾的是，在 JDK 的 7、8、9 版本中该问题依然存在（笔者亲测），下面通过程序重现该 BUG 以及借助于工具进行内存溢出的探测。

程序代码：ConcurrentLinkedQueueMemLeak.java

```
package com.wangwenjun.concurrent.juc.collection;

import com.google.common.base.Stopwatch;

import java.util.concurrent.ConcurrentLinkedQueue;
import java.util.concurrent.TimeUnit;

public class ConcurrentLinkedQueueMemLeak
{
    public static void main(String[] args) throws InterruptedException
    {
        ConcurrentLinkedQueue<Object> queue =
                        new ConcurrentLinkedQueue<>();
        queue.add(new Object()); //① 这一行代码会导致内存泄漏
        Object object = new Object();

        int loops = 0;

        //休眠 10 秒，方便打开 JDK 诊断工具，监控执行前后的内存变化
        TimeUnit.SECONDS.sleep(10);

        Stopwatch watch = Stopwatch.createStarted();
        while (true)
        {
            //每执行 10000 次进行一次耗时统计，并且输出
            if (loops % 10000 == 0 && loops != 0)
            {
                long elapsedMs = watch.stop()
                    .elapsed(TimeUnit.MILLISECONDS);
                System.out.printf("loops=%d duration=%d MS%n", loops, elapsedMs);
                watch.reset().start();
            }
            queue.add(object);
            //② remove 方法删除 object
            queue.remove(object);
            ++loops;
        }
    }
}
```

暂时不要关心内存泄漏的问题，先来执行上面的程序，观察每 10000 次 add 和 remove 运行的耗时对比情况。

```
loops=10000 duration=588 MS
loops=20000 duration=1881 MS
loops=30000 duration=3175 MS
loops=40000 duration=3452 MS
```

```
loops=50000 duration=3784 MS
loops=60000 duration=4424 MS
loops=70000 duration=4761 MS
loops=80000 duration=5733 MS
```

在上面的程序中，程序每 add 一个 object 至队列后会立即将其 remove 掉，由于我们在代码注释①处提前插入了一个元素进入队列，因此每一个批次（10000）执行结束之后，队列的元素个数应该始终为 1，并且每一个批次（10000）的执行时间都应该相等或者相差不大，但是通过程序的输出我们不难发现队列的效率越来越低（慢）。

下面再来分析一下 ConcurrentLinkedQueue 内存泄漏的问题，在程序启动时我们打开 JVM 监控工具观察内存的变化，如图 4-15 所示。

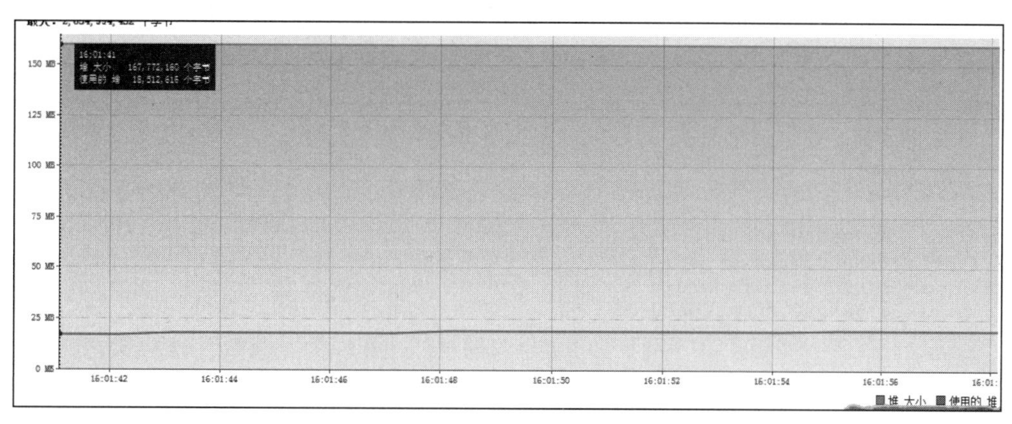

图 4-15　进入循环之前的堆内存使用情况

在程序运行至 while 循环之前，JVM 的堆内存使用情况大致为 18MB 左右，但是当程序运行至 while 循环之后，程序运行所占用的内存会不断升高，如图 4-16 所示。

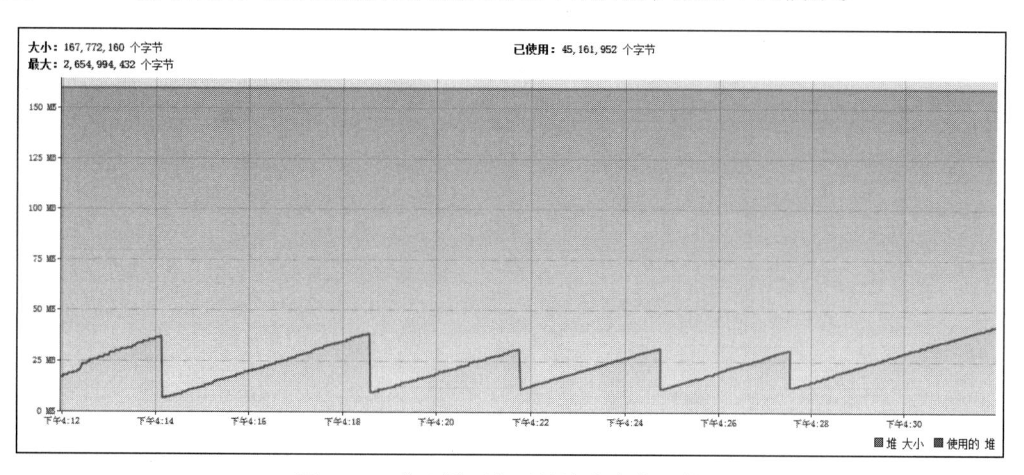

图 4-16　进入循环之后的堆内存使用情况

如图 4-16 所示的锯齿状内存使用情况不免让人觉得堆内存会被正常回收，并未出现不可回收的泄漏情况。但是当我们将每一次 GC 之后堆内存的使用数据提取出来进行对比，不难发现被使用的堆内存最小值在不断升高，这就意味着出现了内存无法被回收即内存泄漏的情况。

18513208bytes(初始)→7505960bytes(第一次 GC)→10356944bytes(第二次 GC)→12287880bytes(第三次 GC)→12527880(第四次 GC)→13627984bytes（第五次 GC），每一次的 GC 操作都是笔者手动执行的（为了尽快显示问题），通过这组数据不难看出堆内存的最小使用值在不断增加。

既然 remove 方法存在越来越慢甚至内存泄漏的风险，那么我们应该怎么做呢？第一，删除注释①处的代码；第二，将注释②处的 remove 方法换成 poll 方法；第三，poll 方法只能从队列头部移除元素而无法移除指定的元素，如果想要移除指定的元素，那么又该怎么做呢？在 JDK 官方未解决该问题之前（或许最新的 12、13 版本已经解决）建议你更换另外的解决方案，比如学习 Jetty 的思路使用 ConcurrentHashSet 替代 ConcurrentLinkedQueue。

为了能够进行比较，我们将注释①处的代码删除，再次运行该程序，不难发现这次程序的执行速度非常快，并且每个批次（10000）的耗时几乎相等（接近），并不会出现越来越慢的情况，运行耗时情况如下所示。

```
loops=363590000 duration=0 MS
loops=363600000 duration=0 MS
loops=363610000 duration=0 MS
loops=363620000 duration=0 MS
loops=363630000 duration=1 MS
```

程序运行速度非常快，并且会出现频繁的 GC 操作（链表是由不同的 Node 节点构成的，Node 对象具备 GC 条件，因此对 Node 节点的删除会触发 JVM 的 min GC 操作），下面我们来看一下这个时候堆内存的使用情况，如图 4-17 所示。

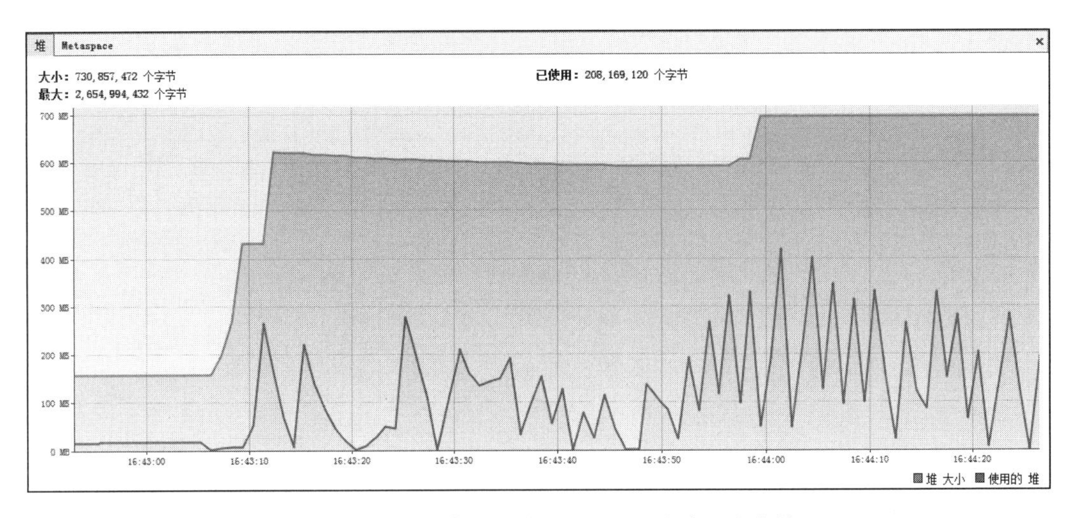

图 4-17　删除注释①处的代码之后，堆内存的变化情况

由图 4-17 不难发现，应用程序对堆内存的最小使用值并不会越来越高。

4.3.3　并发队列总结

本节介绍了 ConcurrentLinkedQueue（先进先出 FIFO 队列）和 ConcurrentLinkedDeque（双向队列），对于队列的使用前文中做了很多介绍，因此本节并未对每种方法都展开详细的介绍。并发队列在实现上采用了无锁（Lock Free）算法，因此在多线程高并发的环境中其拥有更出色的性能表现，但是 ConcurrentLinkedQueue 并不是在任何情景下都会保持高效，比如执行 size() 方法时，甚至本身在对元素进行删除操作时都存在着性能隐患和内存溢出的问题，关于这些，本节中都做了非常详细的介绍。当然了，这并不妨碍你在开发中使用它，但是使用得当的前提是你必须搞清楚它在什么情况下会出现问题，只有这样才能对其驾驭得当、运用自如。

4.4　ConcurrentMap（并发映射）

Java 程序员在日常的开发中除了经常使用 List、Queue、Set 等数据集合以外，Map 这样的数据结构也是使用最多的数据结构之一。Map 是一个接口，它的实现方式有很多种，比如常见的 HashMap、LinkedHashMap，但是这些 Map 的实现并不是线程安全的，在多线程高并发的环境中会出现线程安全的问题。Hashtable 或者 SynchronizedMap 虽然是线程安全的，但是在多线程高并发的环境中，简单粗暴的排他式加锁方式效率并不是很高。

鉴于 Map 是一个在高并发的应用环境中应用比较广泛的数据结构，Doug Lea 自 JDK 1.5 版本起在 Java 中引入了 ConcurrentHashMap 并且在随后的 JDK 版本迭代中都在不遗余力地为性能提升做出努力，除了 ConcurrentHashMap 之外，大师 Doug Lea 也在 JDK 1.6 版本中引入了另外一个高并发 Map 的解决方案 ConcurrentSkipListMap。

这些新的 Map 在使用上与 HashMap 并没有很大的不同，但是其内部的实现却是非常复杂的，作为程序员真的应该感谢甚至感恩 Doug Lea 大师为其付出的心血和努力，才使得我们不用面对底层复杂的数据结构实现，复杂的多线程场景下的性能细节等。

4.4.1　ConcurrentHashMap 简介

ConcurrentHashMap 的内部实现几乎在每次 JDK 版本升级的过程中都会随之升级优化，本节只是简单分析一下 ConcurrentHashMap 之所以如此高效的原理即可，因为其中所涉及的数据结构超出了本书的范围，关于更深层次的内容，读者可以参阅其他资料。总体来讲，ConcurrentHashMap 是专门为多线程高并发场景而设计的 Map，它的 get() 操作基本上是 lock-free 的，同时 put() 方法又将锁的粒度控制在很小的范围之内，因此它非常适合于多线程的应用程序之中。

1. JDK1.8 版本以前的 ConcurrentHashMap 内部结构

在 JDK1.6、1.7 版本中，ConcurrentHashMap 采用的是分段锁的机制（可以在确保线程安全的同时最小化锁的粒度）实现并发的更新操作，在 ConcurrentHashMap 中包含两个核心的静态内部类 Segment 和 HashEntry，前者是一个实现自 ReentrantLock 的显式锁，每一个

Segment 锁对象均可用于同步每个散列映射表的若干个桶（HashBucket），后者主要用于存储映射表的键值对。与此同时，若干个 HashEntry 通过链表结构形成了 HashBucket，而最终的 ConcurrentHashMap 则是由若干个（默认是 16 个）Segment 对象数组构成的，如图 4-18 所示。

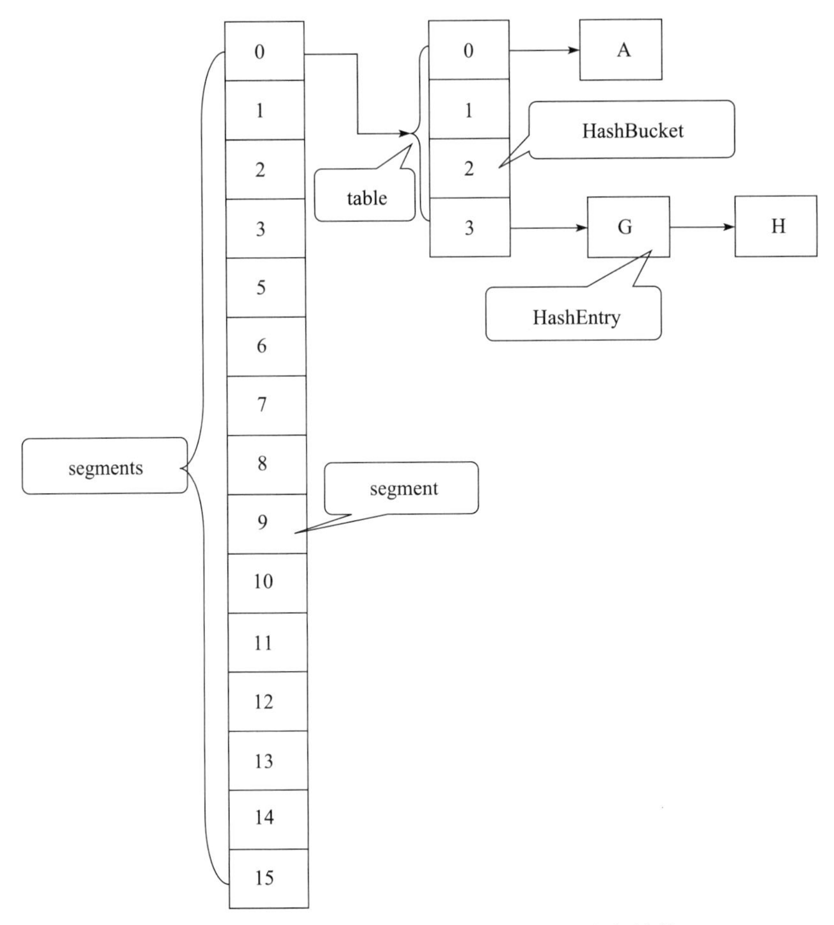

图 4-18　JDK1.6/1.7 ConcurrentHashMap 内部结构

Segment 可用于实现减小锁的粒度，ConcurrentHashMap 被分割成若干个 Segment，在 put 的时候只需要锁住一个 Segment 即可，而 get 时候则干脆不加锁，而是使用 volatile 属性以保证被其他线程同时修改后的可见性。

2. JDK1.8 版本 ConcurrentHashMap 的内部结构

在 JDK 1.8 版本中几乎重构了 ConcurrentHashMap 的内部实现，摒弃了 segment 的实现方式，直接用 table 数组存储键值对，在 JDK1.6 中，每个 bucket 中键值对的组织方式都是单向链表，查找复杂度是 O(n)，JDK1.8 中当链表长度超过 8 时，链表转换为红黑树，查询复杂度可以降低到 O(log n)，改进了性能。利用 CAS+Synchronized 可以保证并发更新的安全性，底层则采用数组 + 链表 + 红黑树（提高检索效率）的存储结构，如图 4-19 所示。

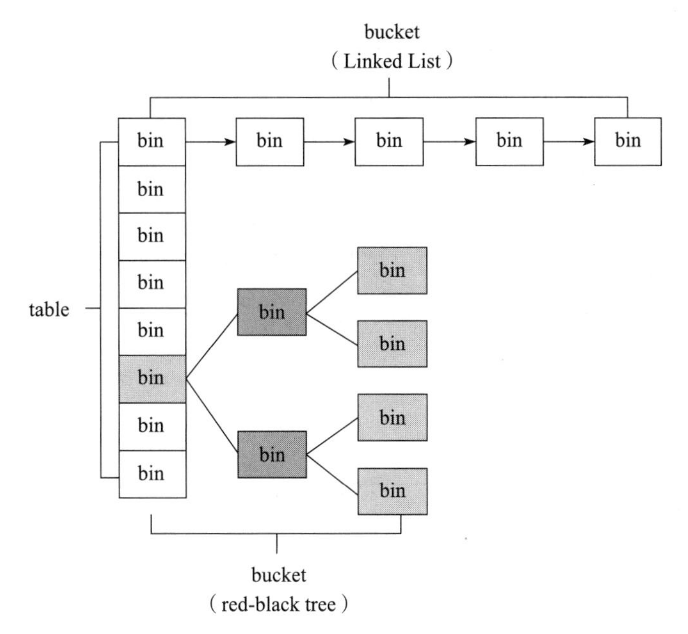

图 4-19 JDK1.8 ConcurrentHashMap 内部结构

4.4.2 ConcurrentSkipListMap 简介

ConcurrentSkipListMap 提供了一种线程安全的并发访问的排序映射表。内部是 SkipList（跳表）结构实现，在理论上，其能够在 O(log(n)) 时间内完成查找、插入、删除操作。调用 ConcurrentSkipListMap 的 size 时，由于多个线程可以同时对映射表进行操作，所以映射表需要遍历整个链表才能返回元素的个数，这个操作是个 O(log(n)) 的操作。

在读取性能上，虽然 ConcurrentSkipListMap 不能与 ConcurrentHashMap 相提并论，但是 ConcurrentSkipListMap 存在着如下两大天生的优越性是 ConcurrentSkipListMap 所不具备的。

第一，由于基于跳表的数据结构，因此 ConcurrentSkipListMap 的 key 是有序的。

第二，ConcurrentSkipListMap 支持更高的并发，ConcurrentSkipListMap 的存取时间复杂度是 O（log（n）），与线程数几乎无关，也就是说，在数据量一定的情况下，并发的线程越多，ConcurrentSkipListMap 越能体现出它的优势。

4.4.3 并发映射总结

关于 ConcurrentMap 就介绍这么多，至于如何使用这些高并发的 Map，相信对读者而言并不是一件复杂的事情，但是如果要细致地剖析其内部的结构实现和方法实现也不是一件容易的事情，想要深入地了解和掌握 ConcurrentMap，尤其是 ConcurrentHashMap，必须得具备很扎实的数据结构基础，比如了解链表、跳表、平衡树、红黑树（当然熟练平衡树的前提是需要具备二叉树、二叉搜索树等相关的知识储备），与此同时还需要 Lock-Free、CAS 等相关的知识（关于这些知识点，本书的第 2 章中做了很详细的讲解）。

4.5 写时拷贝算法（Copy On Write）

本节将学习另外一种并发容器——CopyOnWrite 容器，简称 COW，该容器的基本实现思路是在程序运行的初期，所有的线程都共享一个数据集合的引用。所有线程对该容器的读取操作将不会对数据集合产生加锁的动作，从而使得高并发高吞吐量的读取操作变得高效，但是当有线程对该容器中的数据集合进行删除或增加等写操作时才会对整个数据集合进行加锁操作，然后将容器中的数据集合复制一份，并且基于最新的复制进行删除或增加等写操作，当写操作执行结束以后，将最新复制的数据集合引用指向原有的数据集合，进而达到读写分离最终一致性的目的。

我们在前面也提到过这样做的好处是多线程对 CopyOnWrite 容器进行并发的读是不需要加锁的，因为当前容器中的数据集合是不会被添加任何元素的（关于这一点，CopyOnWrite 算法可以保证），所以 CopyOnWrite 容器是一种读写分离的思想，读和写不同的容器，因此不会存在读写冲突，而写写之间的冲突则是由全局的显式锁 Lock 来进行防护的，因此 CopyOnWrite 常常被应用于读操作远远高于写操作的应用场景中。CopyOnWrite 算法的基本原理如图 4-20 所示。

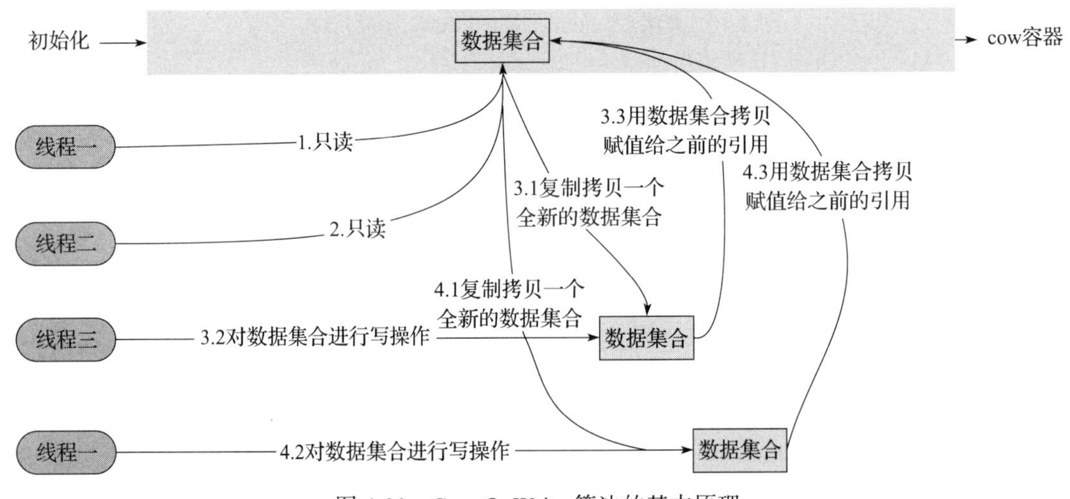

图 4-20 CopyOnWrite 算法的基本原理

Java 中提供了两种 CopyOnWrite 算法的实现类，具体如下，由于使用同样比较简单，在这里我们将不做过多讲述。

- CopyOnWriteArrayList：在 JDK1.5 版本被引入，用于高并发的 ArrayList 解决方案，在某种程度上可以替代 Collections.synchronizedList。
- CopyOnWriteArraySet：也是自 JDK1.5 版本被引入，提供了高并发的 Set 的解决方案，其实在底层，CopyOnWriteArraySet 完全是基于 CopyOnWriteArrayList 实现的。

无论是 COW 容器本身的用法还是内部实现 CopyOnWrite 都是比较简单的，下面大致了解一下其内部的实现方式（以 CopyOnWriteArrayList 来看）。

4.5.1 CopyOnWrite 读实现操作分析

```
...省略
public class CopyOnWriteArrayList<E>
    implements List<E>, RandomAccess, Cloneable, java.io.Serializable {
    private static final long serialVersionUID = 8673264195747942595L;
    /** The lock protecting all mutators */
    // 显式锁 ReentrantLock ，主要用于对整个数据集合进行加锁操作
    final transient ReentrantLock lock = new ReentrantLock();
    /** The array, accessed only via getArray/setArray. */
    // 数据集合，引用被 volatile 修饰，保证线程间的可见性
    private transient volatile Object[] array;

// 读取方法，调用另外一个 get 方法，并未加锁，支持高并发多线程同时读取
public E get(int index) {
    return get(getArray(), index);
}

private E get(Object[] a, int index) {
    return (E) a[index];
}

final Object[] getArray() {
    return array;
}
...省略
```

在上面的 CopyOnWrite 源码中我们发现，在对 CopyOnWrite 容器进行读操作时不会进行加锁同步操作，因此允许同一时间多个线程同时操作。

4.5.2 CopyOnWrite 写实现操作分析

CopyOnWrite 容器在进行写操作时，首先会加锁整个容器，然后拷贝一份新的副本，再针对副本进行操作，最后将副本赋值于全局的数据集合引用，由于锁的加持，写操作在同一时刻只允许一个线程进行写操作，下面同样以 CopyOnWriteArrayList 为例简单分析一下。

```
...省略
public boolean add(E e) {
    final ReentrantLock lock = this.lock;
    // 加锁
    lock.lock();
    try {
        Object[] elements = getArray();
        int len = elements.length;
        // 拷贝数据集合（数组）
        Object[] newElements = Arrays.copyOf(elements, len + 1);
        // 新增数据
        newElements[len] = e;
        // 更新 COW 容器中数据集合引用指向新的数据集合
        setArray(newElements);
        return true;
    } finally {
        // 锁释放
        lock.unlock();
    }
}
...省略
```

4.5.3 CopyOnWrite 总结

虽然 COW 算法为解决高并发读操作提供了一种新的思路（读写分离），但是其仍然存在一些天生的缺陷，具体如下。

- 数组复制带来的内存开销：因为 CopyOnWrite 的写时复制机制，所以在进行写操作的时候，内存里会同时驻扎两个对象的内存，旧的数据集合和新拷贝的数据集合，当然旧的数据集合在拷贝结束以后会满足被回收的条件，但是在某个时间段内，内存还是会有将近一半的浪费。
- CopyOnWrite 并不能保证实时的数据一致性：CopyOnWrite 容器只能保证数据的最终一致性，并不能保证数据的实时一致性。举个例子，假设 A 线程修改了数据复制并且增加了一个新的元素但并未将数据集合的引用指向最新复制，与此同时，B 线程是从旧的数据集合中读取元素，因此 A 写入的数据并不能实时地被 B 线程读取。

既然 CopyOnWrite 并不是一个很完美的高并发线程安全解决方案，那么它的应用场景又该是怎样的呢？其实我们在本节中已经提到过了，对于读操作远大于写操作，并且不要求实时数据一致性的情况，CopyOnWrite 容器将是一个很合理的选择，比如在规则引擎中对新规则的引入、在告警规则中对新规则的引入、在黑白名单中对新数据的引入，并不一定需要严格保证数据的实时一致性，我们只需要确保在单位时间后的最终一致性即可，在这种情况下，我们就可以采用 COW 算法提高数据的读取速度及性能。

4.6 高并发无锁（Lock Free）数据结构的实现

如果说实现一个高效的数据结构是一件复杂的事情，那么实现一个高性能的在高并发多线程下的数据结构更是需要考虑非常多的因素（例如，各种操作的时间复杂度、空间复杂度、线程一致性、锁的最小化粒度，甚至是无锁），Java 程序的开发者们是幸运的，因为有非常多的、优秀的、大师级的专家在这个领域为我们贡献了大量开箱即用的容器，为我们屏蔽掉了非常复杂琐碎的细节，这才使得我们可以轻而易举地基于这些容器开发出高效、高质量的应用软件和系统。

本节将结合本书已经学习到的相关知识实现一个无锁（Lock Free）的数据结构（提示，自己实现的无锁数据结构，除非已经经过了较长时间的性能测试，稳定性测试证明没有问题方可应用于生产环境之中，否则没有什么特殊情况还是直接使用 JDK 自带的高并发容器，本节将要展示的无锁链表是以教学目的为出发点，毕竟一个无锁的、高并发的、可应用于生产的数据结构不是轻而易举就能开发出来的）。

4.6.1 高并发无锁链表的实现

既然是链表，那么理所当然会有 Node 节点的存在了，与 4.1 节中所讲的节点类似，简单定义一个 Node<E>，代码如下。

```
// 私有的静态内部类，关于 Node 中的属性这里不做过多解释
```

```
private static class Node<E>
{
    E element;
    volatile Node<E> next;
    Node(E element)
    {
        this.element = element;
    }
    @Override
    public String toString()
    {
        return element == null ? "" : element.toString();
    }
}
```

这里同样采用FILO（First-In-Last-Out）的栈结构（基于链表实现），因此在该链表中需要存在一个属性代表当前链表的头，由于要使得链表头元素所有的操作均具备原子性，且是无锁的要求，因此我们使用AtomicStampedReference对Node节点进行原子性封装。

```
//AtomicStampedReference既可以保证引用类型的读写原子性又可以避免ABA问题的出现
private AtomicStampedReference<Node<E>> headRef = null;

//构造函数
public LockFreeLinkedList()
{
   //初始化headRef，一个空的链表，head为null，并且指定初始的stamp
    this.headRef = new AtomicStampedReference<>(null, 0);
}
```

链表结构之所以应用广泛，主要原因之一是通过节点（Node）引用组织链表中节点间的关系非常灵活，实现诸如clear、isEmpty等方法非常容易，只需要判断头节点即可，下面是我们实现的几个辅助方法。

```
//链表是否为空，只需要判断头节点即可
public boolean isEmpty()
{
    return this.headRef.getReference() == null;
}
//清空链表只需要将头节点的值设置为null即可
public void clear()
{
    this.headRef.set(null, headRef.getStamp() + 1);
}

//peek时只需要返回头节点的元素即可，当然如果此刻链表为空则返回null
public E peekFirst()
{
    return isEmpty() ? null : this.headRef.getReference().element;
}

//count方法与之前所说的ConcurrentLinkedQueue size类似，是一个效率比较低的方法，第一，需
要遍历全部的元素进行计算，第二，由于不加锁的缘故在多线程的情况下返回值只是一个近似值而不是精确值
public long count()
{
    long count = 0;
    Node<E> currentNode = this.headRef.getReference();
    //遍历全部元素，进行累加
    while (currentNode != null)
```

```
        {
            count++;
            currentNode = currentNode.next;
        }
        return count;
    }
```

几个不是很复杂的辅助方法介绍完毕之后，我们需要完成对元素的增加和删除方法的实现，首先，看一下增加元素的方法，在增加元素的方法中，我们采用 CAS+ 自旋的操作方式来确保数据可以被成功地插入链表之中。

```
    public void add(E element)
    {
        //不允许null值插入链表中
        if (null == element)
            throw new NullPointerException("The element is null");

        Node<E> previousNode;
        int previousStamp;
        Node<E> newNode;
        do
        {
            //首先获取头部节点
            previousNode = this.headRef.getReference();
            //其次获取headRef的stamp值
            previousStamp = this.headRef.getStamp();
            //创建新的节点(当然你也可以将其放到定义时再创建)
            newNode = new Node<>(element);
            //新节点的下一个元素为当前的头部节点
            newNode.next = previousNode;
            //那么这个时候我们需要让新节点成为头部节点，但是别忘了在多线程高并发的环境下，头部节点
有可能已经被其他线程更改了，因此我们需要通过自旋的方式多次尝试，直到成功
        } while (!this.headRef.compareAndSet(previousNode, newNode, previousStamp,
previousStamp + 1));
    }
```

Add 方法看起来稍微有些复杂，但这些都是我们之前学习过的知识，相信掌握了的读者理解起来并不是很困难，下面再来实现移除头部节点的方法。

```
    public E removeFirst()
    {
        //如果当前链表为空，则直接返回，不做移除操作
        if (isEmpty()) return null;

        Node<E> currentNode;
        int currentStamp;
        Node<E> nextNode;
        do
        {
            //获取头部节点
            currentNode = this.headRef.getReference();
            //获取当前的stamp
            currentStamp = this.headRef.getStamp();
            //移除头部节点，就是让头部节点的下一个节点成为头部节点
            if(currentNode==null)
                 break;
            nextNode = currentNode.next;
       //同Add方法的自旋操作
        } while (!this.headRef.compareAndSet(currentNode, nextNode, currentStamp,
```

```
currentStamp + 1));
        // 返回头部节点的数据元素
        return currentNode == null ? null : currentNode.element;
    }
```

至此，我们需要的几个主要功能都已经完成了，接下来对其进行测试：

1）单线程下的功能测试；

2）多线程下的功能测试（除了要确保线程安全之外还要保证数据的合理性，这一点是比较难测试的）。

4.6.2 Lock Free 数据结构的测试

1. 基本功能测试

基本功能测试主要用于测试我们实现的无锁链表的几个基本方法是否能够正常工作，相对来说，在单线程的环境中进行测试即可（其实就是普通的单元测试）。

```
// 创建一个 LockFreeLinkedList
final LockFreeLinkedList<Integer> list = new LockFreeLinkedList<>();

// 初始化状态的断言
assert list.isEmpty();
assert list.count() == 0;
assert list.peekFirst() == null;
assert list.removeFirst() == null;

// 增加三个元素
list.add(1);
list.add(2);
list.add(3);

// 再次断言
assert !list.isEmpty();
assert list.count() == 3;
assert list.removeFirst() == 3;
assert list.removeFirst() == 2;
assert list.count() == 1;

// 将链表清空
list.clear();

// 再次断言
assert list.isEmpty();
assert list.count() == 0;
assert list.peekFirst() == null;
assert list.removeFirst() == null;
```

运行上面的代码（记得要加 JVM 参数“-ea”）发现程序顺利执行，并没有什么错误出现，说明我们的无锁链表满足了既定的基本功能。

2. 线程安全性测试

线程安全性的测试需要特别注意以下几点：1）在多线程中进行链表操作时会不会出现死锁；2）在多线程中进行链表操作时会不会出现数据不一致的问题；3）对数据结构的使用要有删有增。设计这样的测试方案会稍微有些难度，我们需要借助于其他的工具类来完成，请看下面的代码。

```
// 测试 100 个批次
```

```
for (int iteration = 0; iteration < 100; iteration++)
{
// 在每个批次中都定义一个新的 LockFreeLinkedList
    LockFreeLinkedList<Integer> list = new LockFreeLinkedList<>();

// ConcurrentSkipListSet 主要用于接下来的数据验证动作
    final ConcurrentSkipListSet<Integer> set
            = new ConcurrentSkipListSet<>();

// 用于生成 LockFreeLinkedList 将要存放的数据
  final AtomicInteger factory = new AtomicInteger();

// 在向 LockFreeLinkedList 写数据的同时，也会发生删除操作，因此该原子类型主要用于对已删除的数
据元素做计数操作
    final AtomicInteger deleteCount = new AtomicInteger();
    // 启动 10 个线程，同时对 LockFreeLinkedList 进行增删操作
    final CountDownLatch latch = new CountDownLatch(10);
    // 数据量为 100 万
    final int MAX_CAPACITY = 1_000_000;

    // 启动 10 个线程
    for (int i = 0; i < 10; i++)
    {
        new Thread(() ->
        {
            while (true)
            {
                int data = factory.getAndIncrement();
                if (data < MAX_CAPACITY)
                {
                    list.add(data);
                    // 模拟随机删除元素的操作
                    if (data % 2 == 0)
                    {
                        list.removeFirst();
                        // 当元素被删除时，deleteCount 计数器增加
                        deleteCount.incrementAndGet();
                    }
                } else
                {
                    break;
                }
            }
            latch.countDown();
        }).start();
}
// 等待所有线程运行结束
latch.await();
// 第一次断言：list 中的元素个数应该等于（100 万 - 已被删除的数据个数）
assert list.count() == (MAX_CAPACITY - deleteCount.get());

// 将所有数据存入 set 中，主要是看数据是否正确（Set 中的数据不允许重复）
    while (!list.isEmpty())
    {
        set.add(list.removeFirst());
}
// 第二次断言：如果一切顺利，set 中的元素个数也应该等于（100 万 - 已被删除的数据个数）
    assert set.size() == (MAX_CAPACITY - deleteCount.get());

// 输出该批次顺利通过测试
System.out.printf("The iteration %d passed concurrent testing %n", iteration + 1);
}
```

上面的测试代码在注释中已经写得非常详细了，这里就不再赘述了，但是有几个数字是比较关键的，我们会用 10 个线程同时对无锁链表进行增删操作，链表中最大的元素个数为 100 万，同时这样的测试会被执行 100 个批次，下面就来执行测试程序。

```
...省略
The iteration 5 passed concurrent testing
The iteration 6 passed concurrent testing
The iteration 7 passed concurrent testing
The iteration 8 passed concurrent testing
The iteration 9 passed concurrent testing
The iteration 10 passed concurrent testing
The iteration 11 passed concurrent testing
...省略
The iteration 95 passed concurrent testing
The iteration 96 passed concurrent testing
The iteration 97 passed concurrent testing
The iteration 98 passed concurrent testing
The iteration 99 passed concurrent testing
The iteration 100 passed concurrent testing
```

4.6.3　本节总结

本节结合本书中的其他知识点开发了一个简单的 Lock Free 链表数据结构，通过测试我们发现它是线程安全的，并且能够保证实时数据一致性，相信通过本节内容的学习，读者可以窥探出 Lock Free 算法的一些端倪，并且可以加深以往所学的知识，如果您对 Lock Free 算法比较感兴趣，那么建议参考下面几篇文章和论文。

- https:// www.cs.cmu.edu/~410-s05/lectures/L31_LockFree.pdf
- http:// concurrencykit.org/presentations/lockfree_introduction/#/
- http:// www.rossbencina.com/code/lockfree

4.7　本章总结

在本章中，我们首先了解了链表数据结构的基本原理，并且开发了一个较为复杂的多层链表即跳表，然后学习了几种不同特性的阻塞队列，阻塞队列可以很好地应用于多线程高并发的场景之中。基于此，我们无须再使用 synchronized 关键字或者显式锁 Lock 对非线程安全的集合容器（如 ArrayList 或者 LinkedList）进行同步化封装，并且提供线程间的唤醒通知。

当然，并发容器在 Java 程序日常的开发中也经常会用到，在本章中，我们也花费一些篇幅对其进行了相关介绍，最后实现了一个最基本最简单的无锁（Lock Free）链表数据结构。相信通过对这些知识的了解和掌握，开发者便可以对 JDK 提供的并发容器运用自如。

以笔者日常的教学、工作还有在社区中的讨论来看，大多数人连最起码的数据结构都不能掌握，一上来就来研读并发包的底层代码，只会使你感到越来越困惑，喜欢钻研是一件很好的事情，但是循序渐进地深入学习才是比较好的方法，这也是我们在本书中多次提到数据结构是一个程序员必须修炼的基本功的原因。

Chapter 5 第5章

Java 并发包之 ExecutorService 详解

笔者在 2018 年出版的书《Java 高并发编程详解：多线程与架构设计》第 8 章“线程池原理以及自定义线程池”一章中讲述了线程池的原理及实现方法。相信学习了这部分的读者可以基本了解为什么要有线程池，以及线程池的基本原理，还有在一个线程池中有哪些至关重要的属性。

在过去比较长的一段时间里（JDK 并未提供线程池解决方案之前），项目开发中用到线程重用以及线程管理时，都要自行开发类似的线程池解决方案，比如 Quartz（定时执行任务的一个解决方案）在其内部就有自己的线程池实现方案，但是自 JDK1.5 版本引入线程池相关的实现以后，Java 程序员就不需要自己再开发了。同时，笔者强烈建议大家直接使用 Java 提供的线程池解决方案，主要基于如下这样几点考虑：

1）Java 自带的线程池解决方案足够优秀，能够满足大多数开发者的需求；

2）随着 JDK 版本的不断升级，相信这些工具也会不断地更新优化或者添入更多的特性；

3）由于大家使用的是同一个线程池服务，因此在遇到问题时相互交流不会出现“鸡同鸭讲”之类的信息不对称等情况。

本章将讲述 Executor&ExecutorService 接口以及 ThreadPoolExecutor、ScheduledThreadPool-Executor 等相关实现。除此之外还会介绍 Future、Callback 等接口，ForkJoinPool（JDK1.7 版本引入）以及 JDK1.8 版本引入的 CompletableFuture 等相关内容。

5.1 Executor&ExecutorService 详解

虽然大多数情况下，我们更喜欢将 Executor 或 ExecutorService 直接称之为“线程池”，但是事实上这两个接口只定义了任务（Runnable/Callable）被提交执行的相关接口。由于我们在开发过程中使用得最多的是任务被提交执行的线程池解决方案，因此很多人一看到 Executor

或 ExecutorService 就称其为“线程池”，这也就不足为奇了。

Executor 接口的定义非常简单，仅有一个简单的任务提交方法，代码如下。

```
public interface Executor {
    //执行任务，至于该任务以何种方式被执行，就要依赖于具体的实现了
    void execute(Runnable command);
}
```

ExecutorService 接口继承自 Executor 接口，并且提供了更多用于任务提交和管理的一些方法，比如停止任务的执行等，具体如图 5-1 所示。

本章将详细讲述 ExecutorService 的两个重要实现 ThreadPoolExecutor 和 ScheduledThreadPoolExecutor（均是间接实现）。

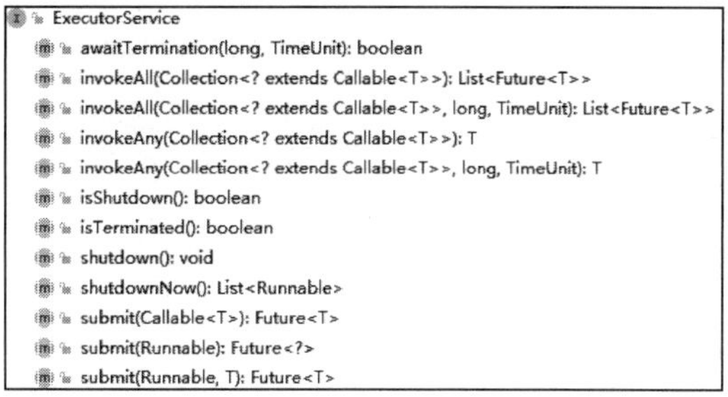

ExecutorService
awaitTermination(long, TimeUnit): boolean
invokeAll(Collection<? extends Callable<T>>): List<Future<T>>
invokeAll(Collection<? extends Callable<T>>, long, TimeUnit): List<Future<T>>
invokeAny(Collection<? extends Callable<T>>): T
invokeAny(Collection<? extends Callable<T>>, long, TimeUnit): T
isShutdown(): boolean
isTerminated(): boolean
shutdown(): void
shutdownNow(): List<Runnable>
submit(Callable<T>): Future<T>
submit(Runnable): Future<?>
submit(Runnable, T): Future<T>

图 5-1　ExecutorService 接口方法

5.1.1　ThreadPoolExecutor 详解

ThreadPoolExecutor 是 ExecutorService 最为重要、最为常用的一个实现之一，我们通常所说的 Java 并发包线程池指的就是 ThreadPoolExecutor，该线程池与笔者在《Java 高并发编程详解：多线程与架构设计》第 8 章“线程池原理以及自定义线程池”中讲解的线程池原理非常类似，当然其功能要远强大于我们自己的实现。在开始学习 ThreadPoolExecutor 之前，我们先简单看一下 Java 官方文档是如何描述 ThreadPoolExecutor 的。

Thread pools address two different problems: they usually provide improved performance when executing large numbers of asynchronous tasks, due to reduced per-task invocation overhead, and they provide a means of bounding and managing the resources, including threads, consumed when executing a collection of tasks. Each ThreadPoolExecutor also maintains some basic statistics, such as the number of completed tasks.

线程池主要解决了两个不同的问题：由于任务的异步提交，因此在执行大量的异步任务时可以提升系统性能；另外它还提供了限制和管理资源的方法，包括线程池中的工作线程、线程池任务队列中的任务，除此之外，每一个 ThreadPoolExecutor 还维护了一些基本的统计信息，比如已经完成的任务数量等。

通过官网的这段描述，我们可以得出如下几个关键信息：第一，在线程池中有一定数量的工作线程，并且线程数量以及任务数量会受到一定的控制和管理；第二，任务的执行将以异步的方式进行，也就是说线程池提交执行任务的方法将会立即返回；第三，线程池会负责执行任务的信息统计。

1. ThreadPoolExecutor 快速体验

要想创建一个 ThreadPoolExecutor 相对来说会有些复杂，主要是因为其中的构造参数比较多，下面的代码示例是一个 ThreadPoolExecutor 的构造示例。

```
public static void main(String[] args)
        throws ExecutionException, InterruptedException
{
    //① 创建 ThreadPoolExecutor，7 个构造参数
ThreadPoolExecutor executor = new ThreadPoolExecutor(2, 4, 30,
            TimeUnit.SECONDS,
            new ArrayBlockingQueue<>(10),
            Executors.defaultThreadFactory(),
            new ThreadPoolExecutor.DiscardPolicy());

    //② 提交执行异步任务，不关注返回值
executor.execute(() -> System.out.println(" execute the runnable task"));

    //③ 提交执行异步任务，关注返回值
Future<String> future = executor.submit(() -> " Execute the callable task and
this is the result");

    // ④获取并输出 callable 任务的返回值
    System.out.println(future.get());
}
```

- 在上述代码中，注释①处创建了一个 ThreadPoolExecutor，需要 7 个构造函数，当然，我们可以借助于 Executors 来创建 ThreadPoolExecutor，关于这一点，后文中会介绍到。
- 注释②向线程池提交 Runnable 类型的任务进行异步执行，execute Runnable 接口将不会关注任务执行的结果，因为没有返回值。
- 如果要关注返回，我们可以通过 submit 方法提交执行 Runnable 或者 Callable，该方法将会返回一个 Future 接口作为凭据（注释③），稍后可以根据该凭据获取返回值。
- 注释④通过 Future 的 get 方法（该方法为阻塞方法）获取任务执行后的结果，调用该方法会使得当前线程进入阻塞。
- Execute 方法和 submit 方法均为立即执行方法，因此当前线程将不会进入阻塞。

上面的程序在执行以后，JVM 进程不会退出，由于我们创建了线程池，因此这就意味着在线程池中有指定数量的活跃线程，JVM 进程正常退出最关键的条件之一是在 JVM 进程中不存在任何运行着的非守护线程。

2. ThreadPoolExecutor 的构造

构造 ThreadPoolExecutor 所需要的参数是比较多的，同时，ThreadPoolExecutor 中提供了四个构造函数的重载形式，但是最终真正被调用的构造函数是囊括了所有 7 个构造参数的构造函数，代码如下所示。

```
public ThreadPoolExecutor(int corePoolSize,
```

```
                        int maximumPoolSize,
                        long keepAliveTime,
                        TimeUnit unit,
                        BlockingQueue<Runnable> workQueue,
                        ThreadFactory threadFactory,
                        RejectedExecutionHandler handler) {
...省略
```

- corePoolSize：用于指定在线程池中维护的核心线程数量，即使当前线程池中的核心线程不工作，核心线程的数量也不会减少（在 JDK1.6 版本及以后可以通过设置允许核心线程超时的方法 allowCoreThreadTimeOut 来改变这种情况）。
- maximumPoolSize：用于设置线程池中允许的线程数量的最大值。
- keepAliveTime：当线程池中的线程数量超过核心线程数并且处于空闲时，线程池将回收一部分线程让出系统资源，该参数可用于设置超过 corePoolSize 数量的线程在多长时间后被回收，与 unit 配合使用。
- TimeUnit：用于设定 keepAliveTime 的时间单位。
- workQueue：用于存放已提交至线程池但未被执行的任务。
- ThreadFactory：用于创建线程的工厂，开发者可以通过自定义 ThreadFactory 来创建线程，比如，根据业务名为线程命名、设置线程优先级、设置线程是否为守护线程等、设置线程所属的线程组等。
- RejectedExecutionHandler：当任务数量超过阻塞队列边界时，这个时候线程池就会拒绝新增的任务，该参数主要用于设置拒绝策略。

ThreadPoolExecutor 的构造比较复杂，除了其对每一个构造参数都有一定的要求之外（比如，不能为 null），个别构造参数之间也存在一定的约束关系。

- TimeUnit、workQueue、ThreadFactory、RejectedExecutionHandler 不能为 null。
- corePoolSize 可以设置为 0，但不能小于 0，并且 corePoolSize 不能大于线程的最大数量（maximumPoolSize）。

3. 执行任务方法详解

线程池被成功构造后，其内部的运行线程并不会立即被创建，ThreadPoolExecutor 的核心线程将会采用一种 Lazy（懒）的方式来创建并且运行，当线程池被创建，并且首次调用执行任务方法时才会创建，并且运行线程。

```
// 新建线程池（本节中的线程池都将使用一致的构造参数）
ThreadPoolExecutor executor = new ThreadPoolExecutor(2, 4, 30,
TimeUnit.SECONDS,
        new ArrayBlockingQueue<>(10),
        Executors.defaultThreadFactory(),
        new ThreadPoolExecutor.DiscardPolicy());

// 当前线程池中并没有运行的线程
assert executor.getActiveCount() == 0;
assert executor.getMaximumPoolSize() == 4;
assert executor.getCorePoolSize() == 2;

// 提交任务并执行
executor.execute(() -> System.out.println("print task"));
```

```
// 当前线程池中有了一个运行线程，只不过该线程目前处于空闲状态
assert executor.getActiveCount() == 1;
assert executor.getMaximumPoolSize() == 4;
assert executor.getCorePoolSize() == 2;
```

线程在线程池中被创建、任务被存入阻塞（任务）队列中、任务被拒绝等这一系列动作都是在执行任务的方法 execute 内部完成的，下面这段代码摘自 ThreadExecutorPool 的 execute 方法源码。

```
public void execute(Runnable command) {
    // 不允许 Runnable 为 null
    if (command == null)
        throw new NullPointerException();

        int c = ctl.get();

    // 线程池中的运行线程小于核心线程数，创建新的线程
    if (workerCountOf(c) < corePoolSize) {
    // ① 创建新的 worker 线程立即执行 command
        if (addWorker(command, true))
            return;
    // ② 创建线程失败，再次获取线程池的状态
        c = ctl.get();
    }

    // ③ 如果线程池未被销毁，并且任务被成功存入 workQueue 阻塞队列中
    if (isRunning(c) && workQueue.offer(command)) {
        // 再次校验，防止在第一次校验通过后线程池关闭
        int recheck = ctl.get();
        // 如果线程池关闭，则在队列中删除 task 并拒绝 task
        if (! isRunning(recheck) && remove(command))
            reject(command);
        // ④ 如果线程数 =0（线程达到空闲状态，被回收），新建线程但并不执行任务，只是去轮询
workQueue，以获取任务队列中的任务
        else if (workerCountOf(recheck) == 0)
            addWorker(null, false);
    }
        // ⑤当线程队列已满时，创建新线程执行 task，创建失败后拒绝该 task
        else if (!addWorker(command, false))
            reject(command);
}
```

execute 方法的源码并不多，但是开发者写得很紧凑，所以读起来会有些吃力，但是关键的地方我们都增加了相应的注释来说明，接下来，我们通过代码的方式来验证方法的逻辑。

- 线程池核心线程数量大于 0，并且首次提交任务时，线程池会立即创建线程执行该任务，并且该任务不会被存入任务队列之中。

```
// 线程池会立即创建线程并执行任务
executor.execute(() ->
{
    try
    {
        TimeUnit.SECONDS.sleep(10);
    } catch (InterruptedException e)
    {
        e.printStackTrace();
    }
```

```
    System.out.println("Task finish done.");
});
assert executor.getActiveCount() == 1;
assert executor.getQueue().isEmpty();
executor.shutdown();
```

- 当线程池中的活跃（工作）线程大于等于核心线程数量并且任务队列未满时，任务队列中的任务不会立即执行，而是等待工作线程空闲时轮询任务队列以获取任务。

```
// 在线程池中执行 12 个任务
for (int i = 0; i < 12; i++)
{
    executor.execute(() ->
    {
        try
        {
            TimeUnit.SECONDS.sleep(10);
        } catch (InterruptedException e)
        {
            e.printStackTrace();
        }
        System.out.println("Task finish done by " + currentThread());
    });
}
```

运行程序时会看到只有两个工作线程在工作，即使我们构造线程池时指定最大的线程数量为 4，但是，这种情况下线程池也不会再创建多余的两个线程执行任务，这一点与 execute 源码注释③处的逻辑完全一致。

```
Task finish done by Thread[pool-1-thread-1,5,main]
Task finish done by Thread[pool-1-thread-2,5,main]
Task finish done by Thread[pool-1-thread-1,5,main]
Task finish done by Thread[pool-1-thread-2,5,main]
Task finish done by Thread[pool-1-thread-1,5,main]
Task finish done by Thread[pool-1-thread-2,5,main]
Task finish done by Thread[pool-1-thread-1,5,main]
Task finish done by Thread[pool-1-thread-2,5,main]
Task finish done by Thread[pool-1-thread-1,5,main]
Task finish done by Thread[pool-1-thread-2,5,main]
Task finish done by Thread[pool-1-thread-2,5,main]
Task finish done by Thread[pool-1-thread-1,5,main]
```

- 当任务队列已满且工作线程小于最大线程数量时，线程池会创建线程执行任务，但是线程数量不会超过最大线程数，下面将上一段代码的最大循环数修改为 14（最大线程数 + 任务队列 size），会发现同时有 4 个线程在工作。

```
Task finish done by Thread[pool-1-thread-1,5,main]
Task finish done by Thread[pool-1-thread-2,5,main]
Task finish done by Thread[pool-1-thread-3,5,main]
Task finish done by Thread[pool-1-thread-4,5,main]
Task finish done by Thread[pool-1-thread-2,5,main]
Task finish done by Thread[pool-1-thread-1,5,main]
Task finish done by Thread[pool-1-thread-3,5,main]
Task finish done by Thread[pool-1-thread-4,5,main]
Task finish done by Thread[pool-1-thread-1,5,main]
Task finish done by Thread[pool-1-thread-2,5,main]
Task finish done by Thread[pool-1-thread-3,5,main]
```

```
Task finish done by Thread[pool-1-thread-4,5,main]
Task finish done by Thread[pool-1-thread-1,5,main]
Task finish done by Thread[pool-1-thread-2,5,main]
```

- 当任务队列已满且线程池中的工作线程达到最大线程数量，并且此刻没有空闲的工作线程时，会执行任务拒绝策略，任务将以何种方式被拒绝完全取决于构造ThreadExecutorPool时指定的拒绝策略。若将执行任务的循环最大次数更改为15，再次执行时会发现只有14个任务被执行，第15个任务被丢弃（这里指定的拒绝策略为丢弃）。
- 若线程池中的线程是空闲的且空闲时间达到指定的keepAliveTime时间，线程会被线程池回收（最多保留corePoolSize数量个线程），当然如果设置允许线程池中的核心线程超时，那么线程池中所有的工作线程都会被回收。

```
//设置允许核心线程超时
executor.allowCoreThreadTimeOut(true);
for (int i = 0; i < 15; i++)
{
    executor.execute(() ->
    {
... 省略
    });
}
//休眠，使工作线程空闲时间达到keepAliveTime
TimeUnit.MINUTES.sleep(2);
assert executor.getActiveCount() == 0;
```

在ThreadExecutorPool中提交并执行任务的方法有很多种，除了execute方法之外，其他的方法都与Future和Callable有关，相关详情会在5.2节中继续讲述。

4. ThreadFactory详解

在ThreadExecutorPool的构造参数中提供了一个接口ThreadFactory，用于定义线程池中的线程（Thread），我们可以通过该接口指定线程的命名规则、优先级、是否为daemon守护线程等信息（在第7章“Metrics”中，构造Reporter内部线程池时就通过自定义ThreadFactory的方式将所有工作线程设置为守护线程）。

```
package java.util.concurrent;
public interface ThreadFactory
{
    Thread newThread(Runnable r);
}
```

在ThreadFactory中只有一个接口方法newThread，参数为Runnable，任务接口返回值为Thread实例，下面是ThreadFactory的一个简单实现，并将其应用于创建ThreadExecutorPool的示例。

```
//静态内部类，用于实现ThreadFactory接口
private static class MyThreadFactory implements ThreadFactory
{
    private final static String PREFIX = "ALEX";
    private final static AtomicInteger INC = new AtomicInteger();
    //重写newThread方法
```

```
        @Override
        public Thread newThread(Runnable command)
        {
            //定义线程组MyPool
            ThreadGroup group = new ThreadGroup("MyPool");
            //构造线程时指定线程所属的线程组以及线程的命名
            Thread thread = new Thread(group, command, PREFIX + "-" + INC.getAnd
Increment());
            //设置线程优先级
            thread.setPriority(10);
            return thread;
        }
    }
```

然后，我们在构造 ThreadExecutorPool 时指定自定义的 ThreadFactory 即可。

```
ThreadPoolExecutor executor = new ThreadPoolExecutor(2, 4, 30, TimeUnit.SECONDS,
        new ArrayBlockingQueue<>(10),
        //使用自定义的ThreadFactory
        new MyThreadFactory(),
        new ThreadPoolExecutor.DiscardPolicy());

for (int i = 0; i < 5; i++)
{
    executor.execute(() ->
    {
        ...省略
        System.out.println("Task finish done by " + currentThread());
    });
}
```

运行上面的程序，会看到自定义线程的输出信息。

```
Task finish done by Thread[ALEX-0,10,MyPool]
Task finish done by Thread[ALEX-1,10,MyPool]
Task finish done by Thread[ALEX-0,10,MyPool]
Task finish done by Thread[ALEX-1,10,MyPool]
Task finish done by Thread[ALEX-0,10,MyPool]
```

5. 拒绝策略 RejectedExecutionHandler

我们在 5.1.1 节中分析过，当线程池中没有空闲的工作线程，并且任务队列已满时，新的任务将被执行拒绝策略（当然，在线程池状态进行二次检查时，如果发现线程池已经被执行了销毁，那么进入任务队列的任务也会被移除并且执行拒绝策略，我们在 5.1.1 节的源码注释③处和④处都有过说明），在 ThreadPoolExecutor 中提供了 4 种形式的拒绝策略，当然它还允许开发者自定义拒绝策略。

拒绝策略接口 RejectedExecutionHandler 的定义也非常简单，仅包含一个接口方法，代码如下所示。

```
package java.util.concurrent;

public interface RejectedExecutionHandler {

    void rejectedExecution(Runnable r, ThreadPoolExecutor executor);
}
```

- ❑ DiscardPolicy：丢弃策略，任务会被直接无视丢弃而等不到执行，因此该策略需要慎重使用。

```
public static class DiscardPolicy
            implements RejectedExecutionHandler
{
    public DiscardPolicy()
    {
    }
    // 空实现，无视提交的任务
    public void rejectedExecution(Runnable r, ThreadPoolExecutor e) {
    }
}
```

- AbortPolicy：中止策略，在线程池中使用该策略，在无法受理任务时会抛出拒绝执行异常 RejectedExecutionException（运行时异常）。

```
...省略
public AbortPolicy() { }

public void rejectedExecution(Runnable r, ThreadPoolExecutor e) {
    // 抛出 RejectedExecutionException 异常
    throw new RejectedExecutionException("Task " + r.toString() +
                                         " rejected from " +
                                         e.toString());
}
...省略
```

- DiscardOldestPolicy：丢弃任务队列中最老任务的策略（这是笔者通过类名直译过来的，事实上这样直译不够准确，通过 4.2 节阻塞队列部分的学习，相信大家都知道并不是所有的阻塞队列都是 FIFO，也就是说最早进入任务队列中的任务并不一定是最早（老）的，比如，优先级阻塞队列会根据排序规则来决定将哪个任务放在队头）。

```
public DiscardOldestPolicy()
{
}

public void rejectedExecution(Runnable r, ThreadPoolExecutor e) {
    if (!e.isShutdown()) {
        // 从阻塞队列头部移除老的任务
        e.getQueue().poll();
        // 将最新的任务加入任务队列或者执行
        e.execute(r);
    }
}
```

- CallerRunsPolicy：调用者线程执行策略，前面的三种拒绝策略要么会在执行 execute 方法时抛出异常，要么会将任务丢弃。该策略不会导致新任务的丢失，但是任务会在当前线程中被阻塞地执行，也就是说任务不会由线程池中的工作线程执行。

```
public CallerRunsPolicy()
{
}
public void rejectedExecution(Runnable r, ThreadPoolExecutor e)
{
    if (!e.isShutdown()) {
        // 在当前线程中同步执行任务
        r.run();
    }
}
```

6. ThreadPoolExecutor的其他方法

ThreadPoolExecutor不仅提供了可重复使用的工作线程，还使得任务的异步执行变得高效，同时它还提供了很多统计信息和查询监控线程池中的工作线程、任务等的方法，如表5-1所示。

表5-1 ThreadPoolExecutor的其他方法

方法	描述
allowsCoreThreadTimeOut()	设置是否允许核心线程超时
getActiveCount()	返回当前线程池中活跃的工作线程数
getCompletedTaskCount()	返回线程池总共完成的任务数量
getCorePoolSize()	返回线程池中的核心线程数
getKeepAliveTime(TimeUnit unit)	返回KeepAliveTime的单位时长
getLargestPoolSize()	返回线程池中的线程截至目前最大的线程数量，注意LargestPoolSize不等同于maximumPoolSize
getPoolSize()	返回当前线程池中的工作线程数量（活跃的和空闲的）
getQueue()	返回任务（阻塞）队列
getRejectedExecutionHandler()	返回任务拒绝策略
getTaskCount()	线程池已经执行完成的任务与任务队列中的任务之和
getThreadFactory()	返回ThreadFactory
void prestartAllCoreThreads()	在线程池构造完成后，可以执行该方法启动核心线程数量个工作线程，轮询任务队列获取任务并执行
boolean prestartCoreThread()	启动一个核心线程，该线程将会轮询任务队列以获取任务并执行
purge()	清空任务队列中的任务
boolean remove(Runnable task)	从任务队列中移除指定的任务
setCorePoolSize(int corePoolSize)	设置核心线程数
setKeepAliveTime(long time, TimeUnit unit)	设置KeepAliveTime及时间单位
setMaximumPoolSize(int maximumPoolSize)	设置线程池最大线程数
setRejectedExecutionHandler(RejectedExecutionHandler handler)	设置拒绝策略
setThreadFactory(ThreadFactory threadFactory)	设置ThreadFactory

当然，有关线程池停止销毁的方法也是非常重要的，但是表5-1中并未提及，关于线程池停止销毁的方法会在5.1.3节中详细讲述。

5.1.2 ScheduledExecutorService详解

ScheduledExecutorService继承自ExecutorService，并且提供了任务被定时执行的特性，我们可以使用ScheduledExecutorService的实现ScheduledThreadPoolExecutor来完成某些特殊

的任务执行，比如使某任务根据设定的周期来运行，或者在某个指定的时间来执行任务等。

1. 定时任务

对于开发者来说，定时任务其实并不陌生。比如 Unix/Linux 的 Crontab，JDK1.5 版本以前的 Timer、TimerTask，开源解决方案 Cron4j、Quartz 等，专注于定时任务管理的商业软件 Control-M，在开始学习 ScheduledThreadPoolExecutor 之前我们先来了解一下几种不同的定时任务调度解决方案。

（1）Crontab

首先编写一个简单的 shell 脚本，并且将其保存至 Linux 操作系统的 Crontab 中。

```
#!/bin/sh
now=`date "+%Y-%m-%d %H:%M:%S"`
echo "$now" >>/home/wangwenjun/scripts/cron.log
exit 0
```

执行 crontab -e 命令将 test.sh 的定时执行写入 Crontab 中，关于 Crontab 的语法可以通过阅读这篇文章获得更多信息：

https:// linuxconfig.org/linux-crontab-reference-guide

*/1 * * * * /home/wangwenjun/scripts/test.sh（test.sh 会每间隔 1 分钟的时间执行一次）

执行情况如图 5-2 所示。

```
→ scripts ll
total 8.0K
-rw-rw-r-- 1 wangwenjun wangwenjun 20 Nov  6 17:51 cron.log
-rwxr--r-- 1 wangwenjun wangwenjun 99 Nov  6 17:39 test.sh
→ scripts tail -20f cron.log
2019-11-06 17:51:01
2019-11-06 17:52:02
2019-11-06 17:53:01
2019-11-06 17:54:01
2019-11-06 17:55:01
```

图 5-2　Crontab 每隔一分钟的执行情况

（2）Timer/TimerTask

在 JDK 1.5 版本以前，定时任务的执行基本上都会使用 Timer 和 TimerTask 来完成，目前在 JDK 官网这种方式已经不推荐使用了，替代方案就是我们在本节中将要介绍到的 ScheduledThreadPoolExecutor。

```
Timer timer = new Timer();
timer.scheduleAtFixedRate(new TimerTask()
{
    @Override
    public void run()
    {
        System.out.println(new Date());
    }
}, 1000, 60 * 1000);// 根据固定周期来执行 TimerTask
```

（3）Quartz

执行定时任务或者执行固定周期、特殊日期等任务对于 Quartz 来说是其所擅长的，该项目目前已经被应用于成千上万个 Java 项目之中（说它是开源界最好的任务调度框架也不为过），并且它比我们在本节中即将要学习到的主角 ScheduledThreadPoolExecutor 还要强大很多，感兴趣的读者可以通过阅读Quartz的官方文档来获得更多的帮助。

http:// www.quartz-scheduler.org/

程序代码：QuartzSimpleJob.java

```
package com.wangwenjun.concurrent.juc.executor;

import org.quartz.Job;
import org.quartz.JobExecutionContext;
import org.quartz.JobExecutionException;
import org.slf4j.Logger;
import org.slf4j.LoggerFactory;

public class QuartzSimpleJob implements Job
{
    private static final Logger LOG =
            LoggerFactory.getLogger(QuartzSimpleJob.class);

    @Override
    public void execute(JobExecutionContext jobExecutionContext)
                throws JobExecutionException
    {
        LOG.info("Simple execution information.");
    }
}
```

在Quartz中实现Job的方法非常简单，正如QuartzSimpleJob.java所示范的那样，只需要实现Job接口并且重写execute方法即可，接下来我们需要通过Quartz提供的另外一个组件Trigger来运行该job。

程序代码：QuartzJobTrigger.java

```
package com.wangwenjun.concurrent.juc.executor;

import org.quartz.*;
import org.quartz.impl.StdSchedulerFactory;
import org.slf4j.Logger;
import org.slf4j.LoggerFactory;

public class QuartzJobTrigger
{

    private static final Logger LOG =
          LoggerFactory.getLogger(QuartzJobTrigger.class);

    public static void main(String[] args)
            throws SchedulerException
    {
        //定义JobDetail
        JobDetail jobDetail =
                  JobBuilder.newJob(QuartzSimpleJob.class)
                 .withDescription("Simple Job")
                 .withIdentity("JobName", "Job's Group")
                 .build();
        LOG.info("Job details {}", jobDetail);

        //定义Trigger
        Trigger trigger = TriggerBuilder.newTrigger()
```

```
                .withDescription("simple trigger for test")
                .withIdentity("Trigger's Name", "Trigger's Group")
                .withSchedule(SimpleScheduleBuilder
                        .repeatSecondlyForever(10)
                 )
                .build();

        //定义 Scheduler 并且启动
        SchedulerFactory schedulerFactory =
                                new StdSchedulerFactory();
        Scheduler scheduler = schedulerFactory.getScheduler();
        scheduler.scheduleJob(jobDetail, trigger);
        scheduler.start();
    }
}
```

运行上面的程序，会看到 QuartzSimpleJob 每隔十秒钟会运行一次，输出如下。

```
19:02:44.725  INFO  c.w.c.juc.executor.QuartzSimpleJob - Simple execution information.
19:02:54.248  INFO  c.w.c.juc.executor.QuartzSimpleJob - Simple execution information.
19:03:04.244  INFO  c.w.c.juc.executor.QuartzSimpleJob - Simple execution information.
19:03:14.245  INFO  c.w.c.juc.executor.QuartzSimpleJob - Simple execution information.
19:03:24.244  INFO  c.w.c.juc.executor.QuartzSimpleJob - Simple execution information.
19:03:34.242  INFO  c.w.c.juc.executor.QuartzSimpleJob - Simple execution information.
```

(4) Control-M

Control-M 是一个非常优秀的商业软件（笔者所在的公司就是 Control-M 产品的商业用户），其主要也是用于任务调度，官网地址如下，感兴趣的读者可以了解一下。

https:// www.bmcsoftware.cn/it-solutions/control-m.html

2. ScheduledThreadPoolExecutor

ScheduledThreadPoolExecutor 继承自 ThreadPoolExecutor，同时又实现了定时执行服务 ScheduledExecutorService 的所有接口方法，如图 5-3 所示。

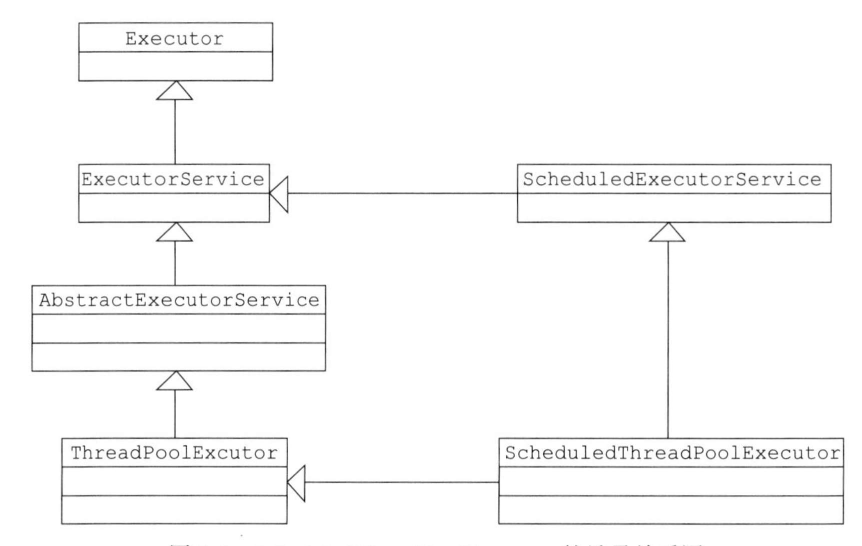

图 5-3 ScheduledThreadPoolExecutor 的继承关系图

因此，ScheduledExecutorService既具有ThreadPoolExecutor的所有方法，同时又具备定时执行任务的方法，在ScheduledExecutorService中定义了4个与schedule相关的方法，用于定时执行任务，具体如下。

- <V> ScheduledFuture<V> schedule(Callable<V> callable,long delay, TimeUnit unit)：该方法是一个one-shot方法（只执行一次），任务（callable）会在单位（unit）时间（delay）后被执行，并且立即返回ScheduledFuture，在稍后的程序中可以通过Future获取异步任务的执行结果。

```
// 定义ScheduledThreadPoolExecutor，指定核心线程数为2，其他参数保持默认
ScheduledThreadPoolExecutor scheduleExecutor =
                          new ScheduledThreadPoolExecutor(2);

// 延迟执行任务callable
ScheduledFuture<String> future = scheduleExecutor.schedule(() ->
{
    System.out.println("I am running");
    // 返回结果
    return "Hello";
}, 10, TimeUnit.SECONDS); // 任务延迟10秒被执行
System.out.println("result: " + future.get());
```

- ScheduledFuture<?> schedule(Runnable command,long delay, TimeUnit unit)：该方法同样是一个one-shot方法（只执行一次），任务（runnable）会在单位（unit）时间（delay）后被执行，虽然也会返回ScheduledFuture，但是并不会包含任何执行结果，因为Runnable接口的run方法本身就是无返回值类型的接口方法，不过可以通过该Future判断任务是否执行结束。

```
ScheduledFuture<?> future = scheduleExecutor.schedule(() ->
{
    System.out.println("I am running");
}, 10, TimeUnit.SECONDS);

// 返回值为null
System.out.println("result: " + future.get());
```

- ScheduledFuture<?> scheduleAtFixedRate(Runnable command,long initialDelay, long period, TimeUnit unit)：任务（command）会根据固定的速率（period，时间单位为unit）在时间（initialDelay，时间单位为unit）后不断地被执行。

```
// 任务延迟10秒后以每隔60秒的速率被执行
ScheduledFuture<?> future = scheduleExecutor.scheduleAtFixedRate(
        () -> System.out.println(new Date()),
        10, 60, TimeUnit.SECONDS);
/** 不要执行scheduleAtFixedRate返回的future.get()方法，否则当前线程会进入阻塞，因为
command任务会根据固定速率一直运行，当然使用future可以取消任务的运行，关于这一点我们在5.2节
讲述Future时会详细介绍
*/
// System.out.println(future.get());
```

运行程序，输出结果如下所示，可以发现每间隔1分钟的时间任务就会执行一次。

```
Wed Nov 06 21:47:13 CST 2019
Wed Nov 06 21:48:13 CST 2019
```

```
Wed Nov 06 21:49:13 CST 2019
Wed Nov 06 21:50:13 CST 2019
Wed Nov 06 21:51:13 CST 2019
Wed Nov 06 21:52:13 CST 2019
```

- ScheduledFuture<?> scheduleWithFixedDelay(Runnable command, long initialDelay,long delay,TimeUnit unit)：该方法与前一个方法比较类似，只不过该方法将以固定延迟单位时间的方式执行任务。

scheduleAtFixedRate 和 scheduleWithFixedDelay 比较类似，初学者甚至会混淆两者，下面我们通过一个例子进行演示。

```
Runnable command = () ->
{
    //获取当前时间
    long startTimestamp = System.currentTimeMillis();
    //输出当前时间
    System.out.println("current timestamp: " + startTimestamp);
    //随机休眠 0 ~ 100 毫秒
    try
    {
        TimeUnit.MILLISECONDS.sleep(current().nextInt(100));
    } catch (InterruptedException e)
    {
        e.printStackTrace();
    }
    //输出任务执行耗时毫秒数
    System.out.println("elapsed time: "
            + (System.currentTimeMillis() - startTimestamp));
};
```

定义一个简单的 Runnable，在该 Runnable 任务中，对时间的关键输出有两次，然后我们分别将其应用于不同的 schedule 方法中。

```
scheduleExecutor.scheduleAtFixedRate(command, 10, 1000,
                                     TimeUnit.MILLISECONDS);
```

输出结果如下所示，无论任务执行耗时多长时间，任务始终会以固定的速率来执行。

```
current timestamp: 1573056001282
elapsed time: 602
current timestamp: 1573056002278
elapsed time: 89
current timestamp: 1573056003291
elapsed time: 64
current timestamp: 1573056004278
elapsed time: 35
current timestamp: 1573056005278
elapsed time: 71
//可以看到任务的执行间隔几乎都是 1000 毫秒
```

在 scheduleWithFixedDelay 方法中执行该任务，会看到无论执行的开销是多少，下一次任务被执行的时间都会延迟固定的时间。

```
scheduleExecutor.scheduleWithFixedDelay(command, 10, 1000,
                                  TimeUnit.MILLISECONDS);
```

再次运行程序并观察分析输出的信息，具体如下。

```
current timestamp: 1573056984872
elapsed time: 657
current timestamp: 1573056986531(≈1573056984872+1000+657)
elapsed time: 85
current timestamp: 1573056987644(≈1573056986531+1000+85)
elapsed time: 48
current timestamp: 1573056988693(≈1573056987644+1000+48)
elapsed time: 90
current timestamp: 1573056989784(≈1573056988693+1000+90)
```

5.1.3　关闭 ExecutorService

如果 ExecutorService 在接下来的程序执行中将不再被使用，则需要将其关闭以释放工作线程所占用的系统资源，ExecutorService 接口定义了几种不同形式的关闭方式，本节就来看看这几种关闭 ExecutorService 方式的用法以及不同之处。

1. 有序关闭（shutdown）

shutdown 提供了一种有序关闭 ExecutorService 的方式，当该方法被执行后新的任务提交将会被拒绝，但是工作线程正在执行的任务以及线程池任务（阻塞）队列中已经被提交的任务还是会执行，当所有的提交任务都完成后线程池中的工作线程才会销毁进而达到 ExecutorService 最终被关闭的目的。

该方法是立即返回方法，它并不会阻塞等待所有的任务处理结束及 ExecutorService 最终的关闭，因此如果你想要确保线程池彻底被关闭之后才进行下一步的操作，那么这里可以配合另外一个等待方法 awaitTermination 使当前线程进入阻塞等待 ExecutorService 关闭结束后再进行下一步的动作。

```
ThreadPoolExecutor executor = new ThreadPoolExecutor(2, 4, 30,
        TimeUnit.SECONDS,
        new ArrayBlockingQueue<>(10),
        Executors.defaultThreadFactory(),
        new ThreadPoolExecutor.DiscardPolicy());

//提交 10 个任务
for (int i = 0; i < 10; i++)
{
    executor.execute(() ->
    {
        try
        {
            System.out.println(currentThread() + " is running.");
            TimeUnit.SECONDS.sleep(10);
        } catch (InterruptedException e)
        {
            e.printStackTrace();
        }
    });
}
//有序关闭
executor.shutdown();
//执行 shutdown 后的断言
assert executor.isShutdown();     //线程池被 shutdown
assert executor.isTerminating(); //线程池正在结束中
//线程池未完全结束，因为任务队列中存在任务
assert !executor.isTerminated();
```

```
// 新提交的任务将不被接收，执行拒绝策略
executor.execute(() -> System.out.println("new task submit after shutdown"));

// 等待线程池结束，最多等待 10 分钟
executor.awaitTermination(10, TimeUnit.MINUTES);
assert executor.isShutdown();      // 线程池被 shutdown
assert !executor.isTerminating(); // 线程池服务已经被终结
assert executor.isTerminated();   // 线程池服务已经被终结
```

2. 立即关闭（shutdownNow）

shutdownNow 方法首先会将线程池状态修改为 shutdown 状态，然后将未被执行的任务挂起并从任务队列中排干，其次会尝试中断正在进行任务处理的工作线程，最后返回未被执行的任务，当然，对一个执行了 shutdownNow 的线程池提交新的任务同样会被拒绝。

```
for (int i = 0; i < 10; i++)
{
    executor.execute(() ->
    {
        try
        {
            System.out.println(currentThread() + " is running.");
            TimeUnit.SECONDS.sleep(10);
        } catch (InterruptedException e)
        {
            e.printStackTrace();
        }
    });
}
// 执行立即关闭操作，返回值为未被执行的任务
List<Runnable> remainingRunnable = executor.shutdownNow();
System.out.println(remainingRunnable.size());
```

运行上面的程序，工作线程会被尝试中断，很明显，我们的任务中存在可被中断的方法调用，因此任务会被成功中断。

```
8
java.lang.InterruptedException: sleep interrupted
    at java.lang.Thread.sleep(Native Method)
    at java.lang.Thread.sleep(Thread.java:340)
    at java.util.concurrent.TimeUnit.sleep(TimeUnit.java:386)
    at com.wangwenjun.concurrent.juc.executor.ExecutorServiceShutdown.lambda$s
hutdownNow$0(ExecutorServiceShutdown.java:32)
    at com.wangwenjun.concurrent.juc.executor.ExecutorServiceShutdown$$Lambda$1/
363771819.run(Unknown Source)
    at java.util.concurrent.ThreadPoolExecutor.runWorker(ThreadPoolExecutor.java:
1142)
    at java.util.concurrent.ThreadPoolExecutor$Worker.run(ThreadPoolExecutor.java:
617)
    at java.lang.Thread.run(Thread.java:745)
java.lang.InterruptedException: sleep interrupted
    at java.lang.Thread.sleep(Native Method)
    at java.lang.Thread.sleep(Thread.java:340)
    at java.util.concurrent.TimeUnit.sleep(TimeUnit.java:386)
Thread[pool-1-thread-2,5,main] is running.
    at com.wangwenjun.concurrent.juc.executor.ExecutorServiceShutdown.lambda$s
hutdownNow$0(ExecutorServiceShutdown.java:32)
    at com.wangwenjun.concurrent.juc.executor.ExecutorServiceShutdown$$Lambda$1/
363771819.run(Unknown Source)
```

```
    at java.util.concurrent.ThreadPoolExecutor.runWorker(ThreadPoolExecutor.java:1142)
    at java.util.concurrent.ThreadPoolExecutor$Worker.run(ThreadPoolExecutor.java:617)
Thread[pool-1-thread-1,5,main] is running.
    at java.lang.Thread.run(Thread.java:745)
```

3. 组合关闭（shutdown&shutdownNow）

通常情况下，为了确保线程池被尽可能安全地关闭，我们会采用两种关闭线程池的组合方式，以尽可能确保正在运行的任务被正常执行的同时又能提高线程池被关闭的成功率。

```
void shutdownAndAwaitTermination(ExecutorService executor,
            long timeout, TimeUnit unit)
{
    // 首先执行 executor 的立即关闭方法
    executor.shutdown();
    try
    {
        // 如果在指定时间内线程池仍旧未被关闭
        if (!executor.awaitTermination(timeout, unit))
        {
            // 则执行立即关闭方法，排干任务队列中的任务
            executor.shutdownNow();
         // 如果线程池中的工作线程正在执行一个非常耗时且不可中断的方法，则中断失败
            if (!executor.awaitTermination(timeout, unit))
            {
                //print executor not terminated by normal.
            }
        }
    } catch (InterruptedException e)
    {
        // 如果当前线程被中断，并且捕获了中断信号，则执行立即关闭方法
        executor.shutdownNow();
        // 重新抛出中断信号
        Thread.currentThread().interrupt();
    }
}
```

实际上这种组合式的关闭线程池的方式也是作者 Doug Lea 比较推崇的一种方式，并且他在官方文档中将其称之为关闭线程池模式。参考地址如下：

https:// docs.oracle.com/javase/8/docs/api/java/util/concurrent/ExecutorService.html

5.1.4 Executors 详解

通过前面内容的学习，我们知道要创建一个 ExecutorService，尤其是 ThreadPoolExecutor 是比较复杂的，Java 并发包中提供了类似于工厂方法的类，用于创建不同的 ExecutorService，当然还包括拒绝策略、ThreadFactory 等。

1. FixedThreadPool

```
// 创建 ExecutorService，指定核心线程数
public static ExecutorService newFixedThreadPool(int nThreads) {
    return new ThreadPoolExecutor(nThreads, nThreads,
                                  0L, TimeUnit.MILLISECONDS,
                                  new LinkedBlockingQueue<Runnable>());
}

// 创建 ExecutorService，指定核心线程数和 ThreadFactory
```

```
    public static ExecutorService newFixedThreadPool(int nThreads, ThreadFactory
threadFactory) {
        return new ThreadPoolExecutor(nThreads, nThreads,
                                      0L, TimeUnit.MILLISECONDS,
                                      new LinkedBlockingQueue<Runnable>(),
                                      threadFactory);
    }
```

通过源码我们不难发现，线程池的核心线程数和最大线程数是相等的，因此该线程池中的工作线程数将始终是固定的。任务队列为 LinkedBlockingQueue（无边界），所以理论上提交至线程池的任务始终都会被执行，只有显式地执行线程池的关闭方法才能关闭线程池。

```
// 创建 FixedThreadPool
ExecutorService executorService = Executors.newFixedThreadPool(4);
for (int i = 0; i < 4; i++)
    executorService.execute(
            ... 省略
    );
// 关闭 ExecutorService
shutdownAndAwaitTermination(executorService, 1, TimeUnit.MINUTES);
```

2. SingleThreadPool

```
// 创建只有一个工作线程的线程池
public static ExecutorService newSingleThreadExecutor() {
    return new FinalizableDelegatedExecutorService
        (new ThreadPoolExecutor(1, 1,
                                0L, TimeUnit.MILLISECONDS,
                                new LinkedBlockingQueue<Runnable>()));
}

// 创建只有一个工作线程的线程池，并指定 ThreadFactory
public static ExecutorService newSingleThreadExecutor(ThreadFactory threadFactory) {
    return new FinalizableDelegatedExecutorService
        (new ThreadPoolExecutor(1, 1,
                                0L, TimeUnit.MILLISECONDS,
                                new LinkedBlockingQueue<Runnable>(),
                                threadFactory));
}

static class FinalizableDelegatedExecutorService
    extends DelegatedExecutorService {
    FinalizableDelegatedExecutorService(ExecutorService executor) {
        super(executor);
}
    // 重写 finalize 方法
    protected void finalize() {
        // 当 gc 发生的时候，线程池会被执行 shutdown
        super.shutdown();
    }
 }
```

SingleThreadPool 是只有一个核心线程的线程池，但是 Finalizable 代理了该线程池，因此当线程池引用可被垃圾回收器回收时，线程池的 shutdown 方法会被执行，当然我们还是建议显式地调用线程池的关闭方法。

```
public static void main(String[] args)
        throws InterruptedException
```

```
{
    // 创建 SingleThreadPool 并执行任务
    singleThreadPool();
    // 输出当前 JVM 的线程堆栈信息
    printThreadStack();
    // 简单分割
    System.out.println("*************************************");
    // 显式调用 GC，但是并不会立即作用（详见笔者第一本书中的 ActiveObject）
    System.gc();
    TimeUnit.MINUTES.sleep(1);
    // 再次输出当前 JVM 的线程堆栈信息
    printThreadStack();
}
// 输出 JVM 线程堆栈信息
private static void printThreadStack()
{
    ThreadMXBean threadMXBean = ManagementFactory.getThreadMXBean();
    long[] ids = threadMXBean.getAllThreadIds();
    for (long id : ids)
    {
        System.out.println(threadMXBean.getThreadInfo(id));
    }
}

private static void singleThreadPool()
{
    ExecutorService executor = Executors.newSingleThreadExecutor();
    // 提交执行异步任务
    executor.execute(() -> System.out.println("normal task."));
}
```

运行上面的程序，会看到当 GC 发生时，线程池的 shutdown 方法成功执行。

```
// 异步任务的执行输出
normal task.
// SingleThreadPool 中的线程
"pool-1-thread-1" Id=11 WAITING on java.util.concurrent.locks.AbstractQueuedSy
nchronizer$ConditionObject@5f184fc6
"Monitor Ctrl-Break" Id=6 RUNNABLE (in native)
"Attach Listener" Id=5 RUNNABLE
"Signal Dispatcher" Id=4 RUNNABLE
"Finalizer" Id=3 WAITING on java.lang.ref.ReferenceQueue$Lock@3feba861
"Reference Handler" Id=2 WAITING on java.lang.ref.Reference$Lock@5b480cf9
"main" Id=1 RUNNABLE
************************************* 分割线以下找不到线程池中的线程了
"Monitor Ctrl-Break" Id=6 RUNNABLE (in native)
"Attach Listener" Id=5 RUNNABLE
"Signal Dispatcher" Id=4 RUNNABLE
"Finalizer" Id=3 WAITING on java.lang.ref.ReferenceQueue$Lock@3feba861
"Reference Handler" Id=2 WAITING on java.lang.ref.Reference$Lock@5b480cf9
"main" Id=1 RUNNABLE
```

3. CachedThreadPool

```
// 创建 Cached 线程池
public static ExecutorService newCachedThreadPool() {
    return new ThreadPoolExecutor(0, Integer.MAX_VALUE,
                                  60L, TimeUnit.SECONDS,
                                  new SynchronousQueue<Runnable>());
}
// 创建 Cached 线程池并指定 ThreadFactory
```

```
public static ExecutorService newCachedThreadPool(ThreadFactory threadFactory) {
    return new ThreadPoolExecutor(0, Integer.MAX_VALUE,
                                  60L, TimeUnit.SECONDS,
                                  new SynchronousQueue<Runnable>(),
                                  threadFactory);
}
```

CachedThreadPool 根据需要创建新线程，但会重用以前构造的可用线程。该线程池通常会用于提高执行量大的、耗时较短的、异步任务程序的运行性能，在该线程池中，如果有可用的线程将被直接重用。如果没有可用的线程，则会创建一个新线程并将其添加到池中。未被使用且空闲时间超过 60 秒的线程将被终止并从线程池中移除，因此长时间空闲的线程不会消耗任何资源。

4. ScheduledThreadPool

```
// 构造指定核心线程数的 ScheduledThreadPoolExecutor
public static ScheduledExecutorService newScheduledThreadPool(int corePoolSize) {
    return new ScheduledThreadPoolExecutor(corePoolSize);
}

// 指定核心线程数和 ThreadFactory
public static ScheduledExecutorService newScheduledThreadPool(
        int corePoolSize, ThreadFactory threadFactory) {
    return
    new ScheduledThreadPoolExecutor(corePoolSize, threadFactory);
}
```

关于创建指定核心线程数量的 ScheduledExecutorService，由于其很容易理解，所以此处不再赘述。

5. WorkStealingPool

```
// 并发度等于 CPU 核数
public static ExecutorService newWorkStealingPool() {
    return new ForkJoinPool
        (Runtime.getRuntime().availableProcessors(),
         ForkJoinPool.defaultForkJoinWorkerThreadFactory,
         null, true);
}
// 允许指定并发度
public static ExecutorService newWorkStealingPool(int parallelism) {
    return new ForkJoinPool
        (parallelism,
         ForkJoinPool.defaultForkJoinWorkerThreadFactory,
         null, true);
}
```

WorkStealingPool 是在 JDK1.8 版本中引入的线程池，它的返回结果是 ForkJoinPool，而不是 ScheduledThreadPoolService 或 ThreadPoolExecutor。

与其他线程池不同的是，WorkStealingPool 中的工作线程会处理任务队列中与之对应的任务分片（Divide and conquer：分而治之），如果某个线程处理的任务执行比较耗时，那么它所负责的任务将会被其他线程“窃取”执行，进而提高并发处理的效率。

5.1.5 ExecutorService 总结

本节介绍了 ExecutorService 及其两个重要实现 ScheduledExecutorService 和 ThreadPool

Executor，详细分析了任务执行方法的流程、ThreadFactory、几种不同的拒绝策略，以及如何有效地关闭 ExecutorService 等。

在应用程序中构造一个合理的 ExecutorService 是一件非常重要的事情，因此 Executors 提供了若干创建不同 ExecutorService 的工厂方法，本章对它们进行了重点讲述。Google 的 Guava 工具集中还提供了 MoreExecutors 用于创建其他类型的 ThreadPool，感兴趣的读者也可以了解一下。

当然，在线程池中执行的异步不仅仅是 Runnable 类型，还可以在线程池中提交执行 Callable 类型的任务，以及得到 Future（凭据）返回结果以备在未来的某个时间点使用，甚至取消执行中的任务，5.2 节就将讲解这些内容。

5.2　Future 和 Callback

5.2.1　Future 详解

简单来说，Future 代表着一个异步任务在未来的执行结果，这个结果可以在最终的某个时间节点通过 Future 的 get 方法来获得，关于 Future 更多的细节和原理，在笔者的书《Java 高并发编程详解：多线程与架构设计》中第 19 章“Future 设计模式”里进行了很详细的阐述，这里不再赘述，有需要的读者可以自行查阅。

对于长时间运行的任务来说，使其异步执行并立即返回一个 Future 接口是一种比较不错的选择，因为这样可以允许程序在等待结果的同时继续去执行其他的任务，比如如下这些任务。

- 密集型计算（数学和科学计算）。
- 针对大数据的处理计算。
- 通过远程方法调用数据。

下面来看一个简单的例子，快速了解一下 Future 接口的特点，以及其在异步任务中所带来的便利。

```
ExecutorService executor = Executors.newSingleThreadExecutor();
// 提交任务，传入 Callable 接口，并且立即返回 Future
Future<Double> future = executor.submit(() ->
{
    try
    {
        // 模拟任务执行耗时
        TimeUnit.SECONDS.sleep(20);
    } catch (InterruptedException e)
    {
        e.printStackTrace();
    }
    return 53.3d;
});
// 当前线程在等待结果结束的同时还可以做一些其他的事情
System.out.println("main thread do other thing.");
// 获取执行结果
System.out.println("The task result: " + future.get());

executor.shutdown();
```

Future 接口也是在 JDK1.5 版本中随着并发包一起被引入 JDK 的，Future 接口的定义如下所示（共包含 5 个接口方法）。

```
package java.util.concurrent;
public interface Future<V>
{
    /**
    * 取消任务的执行，如果 mayInterruptIfRunning 为 true，则工作线程将会被中断，
    * 否则即使执行了 cancel 方法，也会等待其完成，
    * 无论 mayInterruptIfRunning 为 true 还是 false,isCancelled() 都会为 true，并且执行 get
      方法会抛异常
    */
    boolean cancel(boolean mayInterruptIfRunning);

    /**
    * 判断异步任务是否被取消
    */
    boolean isCancelled();

    /**
    * 判断异步任务的执行是否结束
    */
    boolean isDone();

    /**
    * 获取异步任务的执行结果，如果任务未运行结束，则该方法会使当前线程阻塞
    * 异步任务运行错误，调用 get 方法会抛出 ExecutionException 异常
    */
    V get() throws InterruptedException, ExecutionException;

    // 同 get 方法，但是允许设置最大超时时间
    V get(long timeout, TimeUnit unit)
        throws InterruptedException,
                ExecutionException, TimeoutException;
}
```

Future 接口中定义的方法，我们在源码注释中已经进行了详细的说明，现在重点说明一下其中的一些接口方法和关键接口 callable。

- 取消异步正在执行的任务：如果一个异步任务的运行特别耗时，那么 Future 是允许对其进行取消操作的。

```
ExecutorService executor = Executors.newSingleThreadExecutor();
Future<Double> future = executor.submit(() ->
{
    try
    {
        TimeUnit.SECONDS.sleep(20);
    } catch (InterruptedException e)
    {
        e.printStackTrace();
    }
    System.out.println("Task completed.");
    return 53.3d;
});
TimeUnit.SECONDS.sleep(10);
// 取消正在执行的异步任务（参数为 false，任务虽然已被取消但是不会将其中断）
System.out.println("cancel success ? " + future.cancel(false));
// isCancelled 返回任务是否被取消
System.out.println("future is cancelled? " + future.isCancelled());
```

```
// 对一个已经取消的任务执行 get 方法会抛出异常
System.out.println("Task result:" + future.get());
```

运行上面的程序会看到如下的结果，如果在执行 future 的 cancel 方法时指定参数为 true，那么在 callable 接口中正在运行的可中断方法会被立即中断，比如 sleep 方法。

```
Exception in thread "main" cancel success ? true
future is cancelled? True
// 被取消的任务执行 future.get() 将会抛出 CancellationException
java.util.concurrent.CancellationException
    at java.util.concurrent.FutureTask.report(FutureTask.java:121)
    at java.util.concurrent.FutureTask.get(FutureTask.java:192)
    at com.wangwenjun.concurrent.juc.executor.FutureExample.cancel(FutureExample.
java:53)
    at com.wangwenjun.concurrent.juc.executor.FutureExample.main(FutureExample.
java:9)
// 任务还是照旧被执行
Task completed.
```

- 获取异步执行任务的结果：当异步任务被正常执行完毕，可以通过 get 方法或者其重载方法（指定超时单位时间）获取最终的结果。

```
Future<Double> future = executor.submit(() ->
{
    try
    {
        TimeUnit.SECONDS.sleep(20);
    } catch (InterruptedException e)
    {
        e.printStackTrace();
    }
    return 53.3d;
});
System.out.println("The task result: " + future.get());
System.out.println("The task is done? " + future.isDone());
```

- Callable 接口：该接口与 Runnable 接口非常相似，但是 Runnable 作为任务接口最大的问题就是无法返回最终的计算结果，因此在 JDK1.5 版本中引入了 Callable 泛型接口，它允许任务执行结束后返回结果。

```
package java.util.concurrent;

@FunctionalInterface
// 泛型接口
public interface Callable<V>
{
    V call() throws Exception;
}
```

- 任务执行错误：Runnable 类型的任务中，run（ ）方法抛出的异常（运行时异常）只能被运行它的线程捕获（有可能会导致运行线程死亡），但是启动运行线程的主线程却很难获得 Runnable 任务运行时出现的异常信息。在《 Java 高并发编程详解：多线程与架构设计》一书的第 7 章“ Hook 线程以及捕获线程执行异常”中有讲到，我们可以通过设置 UncaughtExceptionHandler 的方式来捕获异常，但是这种方式的确不够优雅，并且也无法精确地知道是执行哪个任务时出现的错误，Future 则是通过捕获 get 方法异常的方式来获取异步任务执行的错误信息的，如下面的示例代码所示。

```
ExecutorService executor = Executors.newSingleThreadExecutor();

Future<Double> future = executor.submit(() ->
{
    //抛出异常
    throw new RuntimeException();
});
try
{
    System.out.println("The task result: " + future.get());
} catch (InterruptedException e)
{
    e.printStackTrace();
} catch (ExecutionException e)
{
    //cause是RuntimeException
    System.out.println(e.getCause());
}
```

5.2.2 ExecutorService与Future

在5.2.1节中，我们了解了在线程池中通过submit方法提交一个callable异步执行任务并且返回future的操作。线程池中还提供了其他更多任务执行的方法，本节将逐一进行介绍。

1. 提交Runnable类型任务

Submit方法除了可以提交执行Callable类型的任务之外，还可以提交Runnable类型的任务并且有两种重载形式，具体如下。

- public Future<?> submit(Runnable task)：提交Runnable类型的任务并且返回Future，待任务执行结束后，通过该future的get方法返回的结果始终为null。
- public <T> Future<T> submit(Runnable task, T result)：前一个提交Runnable类型的任务虽然会返回Future，但是任务结束之后通过future却拿不到任务的执行结果，而通过该submit方法则可以。

```
//定义result
AtomicDouble result = new AtomicDouble();
Future<AtomicDouble> future = executor.submit(() ->
{
    try
    {
        TimeUnit.SECONDS.sleep(20);
        //计算结果
        result.set(35.34D);
    } catch (InterruptedException e)
    {
        e.printStackTrace();
    }
}, result);

//获取返回结果为35.34
System.out.println("The task result: " + future.get());
//异步任务执行成功
System.out.println("The task is done? " + future.isDone());
```

2. invokeAny

ExecutorService允许一次性提交一批任务，但是其只关心第一个完成的任务和结果，比如，我们要获取某城市当天天气情况的服务信息，在该服务中，我们需要调用不同的服务提供商接口，最快返回的那条数据将会是显示在APP或者Web前端的天气情况信息，这样做的好处是可以提高系统响应速度，提升用户体验，下面通过一个简单的例子来了解一下invokeAny的使用。

```
ExecutorService executor = Executors.newFixedThreadPool(10);
//定义一批任务
List<Callable<Integer>> callables = new ArrayList<>();
for (int i = 0; i < 10; i++)
{
    callables.add(() ->
    {
        int random = ThreadLocalRandom.current().nextInt(30);
        //随机休眠，模拟不同接口访问的不同时间开销
        TimeUnit.SECONDS.sleep(random);
        System.out.println("Task: " + random + " completed in Thread " + currentThread());
        return random;
    });
}
//批量执行任务，但是只关心第一个完成的任务返回的结果
Integer result = executor.invokeAny(callables);
System.out.println("Result:"+result);
```

invokeAny是一个阻塞方法，它会一直等待直到有一个任务完成，运行上面的程序会看到如下的结果。

```
Task: 1 completed in Thread Thread[pool-1-thread-2,5,main]
Result:1
```

在ExecutorService中还提供了invokeAny的重载方法，该方法允许执行任务的超时设置。

```
<T> T invokeAny(Collection<? extends Callable<T>> tasks,
            long timeout, TimeUnit unit)
            throws InterruptedException,
                    ExecutionException, TimeoutException;
```

3. invokeAll

invokeAll方法同样可用于异步处理批量的任务，但是该方法关心所有异步任务的运行，invokeAll方法同样也是阻塞方法，一直等待所有的异步任务执行结束并返回结果。示例代码如下：

```
ExecutorService executor = Executors.newFixedThreadPool(10);
//定义批量任务
List<Callable<Integer>> callables = new ArrayList<>();
for (int i = 0; i < 10; i++)
{
    callables.add(() ->
    {
        int random = ThreadLocalRandom.current().nextInt(30);
        TimeUnit.SECONDS.sleep(random);
        System.out.println("Task: " + random + " completed in Thread " + currentThread());
        return random;
    });
```

```
}

try
{
    //执行批量任务，返回所有异步任务的future集合
    List<Future<Integer>> futures = executor.invokeAll(callables);
    //输出计算结果
    futures.forEach(future ->
    {
        try
        {
            System.out.println("Result: " + future.get());
        } catch (InterruptedException e)
        {
            e.printStackTrace();
        } catch (ExecutionException e)
        {
            e.printStackTrace();
        }
    });
} catch (InterruptedException e)
{
    e.printStackTrace();
}
executor.shutdown();
```

ExecutorService还提供了invokeAll方法的重载形式，增加了超时特性。

```
<T> List<Future<T>> invokeAll(Collection<? extends Callable<T>> tasks,long
timeout, TimeUnit unit) throws InterruptedException;
```

5.2.3 Future的不足之处

Future的不足之处包括如下几项内容。

- **无法被动接收异步任务的计算结果**：虽然我们可以主动将异步任务提交给线程池中的线程来执行，但是待异步任务结束后，主（当前）线程无法得到任务完成与否的通知（关于这一点，5.2.4节中将会给出解决方案），它需要通过get方法主动获取计算结果。
- **Future间彼此孤立**：有时某一个耗时很长的异步任务执行结束以后，你还想利用它返回的结果再做进一步的运算，该运算也会是一个异步任务，两者之间的关系需要程序开发人员手动进行绑定赋予，Future并不能将其形成一个任务流（pipeline），每一个Future彼此之间都是孤立的，但5.5节将要介绍的CompletableFuture就可以将多个Future串联起来形成任务流（pipeline）。
- **Future没有很好的错误处理机制**：截至目前，如果某个异步任务在执行的过程中发生了异常错误，调用者无法被动获知，必须通过捕获get方法的异常才能知道异步任务是否出现了错误，从而再做进一步的处理。

5.2.4 Google Guava的Future

Future虽然为我们提供了一个凭据，但是在未来某个时间节点进行get()操作时仍然会使当前线程进入阻塞，显然这种操作方式并不是十分完美，因此在Google Guava并发包中提供了对异步任务执行的回调支持，它允许你注册回调函数而不用再通过get()方法苦苦等待异步

任务的最终计算结果（Don’t Call Us, We’ll Call You!）

1. ListenableFuture

Guava提供了ListneningExecutorService，使用该ExecutorService提交执行异步任务时将返回ListenableFuture，通过该Future，我们可以注册回调接口。示例代码如下：

```
ExecutorService executorService = Executors.newCachedThreadPool();
//通过 MoreExecutors定义ListeningExecutorService
ListeningExecutorService decoratorService =
        MoreExecutors.listeningDecorator(executorService);
//提交异步任务并且返回ListenableFuture
ListenableFuture<String> listenableFuture =
    decoratorService.submit(() ->
{
    TimeUnit.SECONDS.sleep(10);
    return "I am the result";
});

//注册回调函数，待任务执行完成后，该回调函数将被调用执行
listenableFuture.addListener(() ->
{
    System.out.println("The task completed.");
    try
    {
        System.out.println("The task result:"
                           + listenableFuture.get());
        decoratorService.shutdown();
    } catch (InterruptedException e)
    {
        e.printStackTrace();
    } catch (ExecutionException e)
    {
        System.out.println("The task failed");
    }
}, decoratorService);
```

2. FutureCallback

除了ListenableFuture之外，还可以注册FutureCallback，相比前者用Runnable接口作为回调接口，FutureCallback提供的回调方式则更为直观。示例代码如下：

```
ExecutorService executorService = Executors.newCachedThreadPool();

ListeningExecutorService decoratorService =
        MoreExecutors.listeningDecorator(executorService);
//提交任务返回listenableFuture
ListenableFuture<String> listenableFuture =
    decoratorService.submit(() ->
{
    TimeUnit.SECONDS.sleep(10);
    return "I am the result";
});

//使用Futures增加callback
Futures.addCallback(listenableFuture, new FutureCallback<String>()
{
    //任务执行成功会被回调
    @Override
    public void onSuccess(@Nullable String result)
```

```
        {
            System.out.println("The Task completed and result:" + result);
            decoratorService.shutdown();
        }

        //任务执行失败会被回调
        @Override
        public void onFailure(Throwable t)
        {
            t.printStackTrace();
        }
    }, decoratorService);
```

5.2.5 Future 总结

本节详细介绍了 Future 和 Callable 的用法，以及通过 Future 如何取消正在执行的异步任务，通过 get 方法如何在未来的某个时间节点获取异步任务最终的运算结果等。

Future 一般是被用于 ExecutorService 提交任务之后返回的“凭据”，本节对 Executor-Service 中所有涉及 Future 相关的执行方法都做了比较详细的讲解，Java 中的 Future 不支持回调的方式，这显然不是一种完美的做法，调用者需要通过 get 方法进行阻塞方式的结果获取，因此在 Google Guava 工具集中提供了可注册回调函数的方式，用于被动地接受异步任务的执行结果，这样一来，提交异步任务的线程便不用关心如何得到最终的运算结果。

虽然 Google Guava 的 ListenableFuture 是一种优雅的解决方案，但是 5.5 节将要学习的 CompletableFuture 则更为强大和灵活，目前业已成为使用最广的 Future 实现之一。

5.3 ForkJoinPool 详解

5.3.1 Fork/Join Framework 介绍

Fork/Join 框架是在 JDK1.7 版本中被 Doug Lea 引入的，Fork/Join 计算模型旨在充分利用多核 CPU 的并行运算能力，将一个复杂的任务拆分（fork）成若干个并行计算，然后将结果合并（join)，以下是有关 Fork Join 算法计算模型的伪代码。

```
Result solve(Problem problem) {
 if (problem is small)
    directly solve problem
 else {
    split problem into independent parts
    fork new subtasks to solve each part
    join all subtasks
    compose result from subresults
 }
}
```

上述伪代码摘自 Doug Lea 发表的同名论文 http:// gee.cs.oswego.edu/dl/papers/fj.pdf。

在 JDK 中，Fork/Join 框架的实现为 ForkJoinPool 及 ForkJoinTask 等，虽然这些 API 在日常工作中的使用并不是非常频繁，但是在很多更高一级的 JVM 开发语言（比如，Scala、Clojure 等函数式开发语言）底层都有 ForkJoinPool 的身影，在 Java 1.8 中引入的 Parallel Stream 其底层的并行计算也是由 ForkJoinPool 来完成的。

“分而治之”（divide and conquer）是Fork/Join框架的核心思想，图5-4很好地诠释了这一工作过程。Forks通过递归的形式将任务拆分成较小的独立的子任务，直到它足够简单以至于可以在一个异步任务中完成为止；Join则通过递归的方式将所有子任务的若干结果合并成一个结果，或者在子任务不关心结果是否返回的情况下，Join将等待所有的子任务完成各自的异步任务后“合并计算结果”，然后逐层向上汇总，直到将最终结果返回给执行线程。

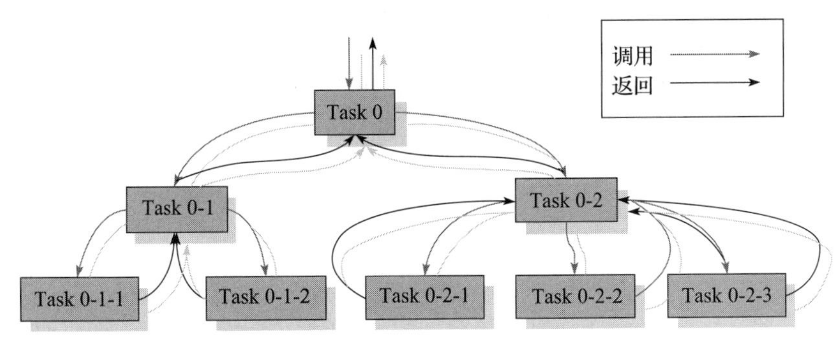

图5-4 Fork/Join Framework

5.3.2 ForkJoinTask详解

前面提到过ForkJoinPool是Fork/Join Framework在Java中的实现，同时它也是该框架最核心的类之一，ForkJoinPool是ExecutorService的一个具体实现，用于管理工作线程并为我们提供工具以及获取有关线程池状态和性能的信息等。ForkJoinTask是在ForkJoinPool内部执行的任务的基本类型，在ForkJoinPool中运行着的任务无论是RecursiveTask还是RecursiveAction都是ForkJoinTask的子类，前者在子任务运行结束后会返回计算结果，后者则不会有任何返回，而只是专注于子任务的运行本身（如图5-5所示）。

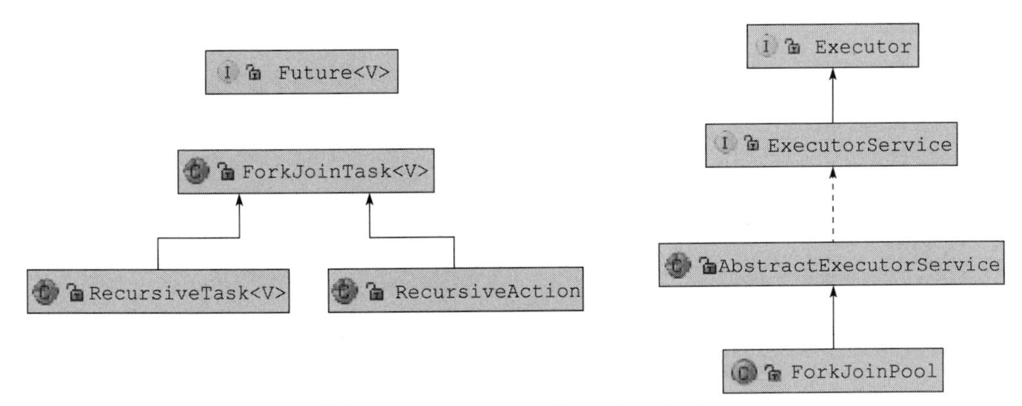

图5-5 ForkJoinPool及ForkJoinTask

1. RecursiveTask

RecursiveTask任务类型除了进行子任务的运算之外，还会将最终子任务的计算结果返回，下面通过一个简单的实例来认识一下RecursiveTask。该示例通过高并发多线程的方式计算一个数组中所有元素之和，数组会被拆分成若干分片，每一个异步任务都会计算对应分片元素之和，最后所有的子任务结果会被 join 在一起作为最终的结果返回。示例代码如下：

程序代码：RecursiveTaskSum.java

```
package com.wangwenjun.concurrent.juc.executor;

import java.util.concurrent.ForkJoinPool;
import java.util.concurrent.RecursiveTask;
import java.util.stream.LongStream;

public class RecursiveTaskSum extends RecursiveTask<Long>
{
    private final long[] numbers;
    private final int startIndex;
    private final int endIndex;
    // 每个子任务运算的最多元素数量
    private static final long THRESHOLD = 10_000L;

    public RecursiveTaskSum(long[] numbers)
    {
        this(numbers, 0, numbers.length);
    }

    private RecursiveTaskSum(long[] numbers, int startIndex,
                                              int endIndex)
    {
        this.numbers = numbers;
        this.startIndex = startIndex;
        this.endIndex = endIndex;
    }

    @Override
    protected Long compute()
    {
        int length = endIndex - startIndex;
        // 当元素数量少于等于 THRESHOLD 时，任务将不必再拆分
        if (length <= THRESHOLD)
        {
            // 直接计算
            long result = 0L;
            for (int i = startIndex; i < endIndex; i++)
            {
                result += numbers[i];
            }
            return result;
        }

        // 拆分任务（一分为二，被拆分后的任务有可能还会被拆分：递归）
        int tempEndIndex = startIndex + length / 2;
        // 第一个子任务
        RecursiveTaskSum firstTask =
            new RecursiveTaskSum(numbers, startIndex, tempEndIndex);
        // 异步执行第一个被拆分的子任务（子任务有可能还会被拆，这将取决于元素数量）
        firstTask.fork();
        // 拆分第二个子任务
        RecursiveTaskSum secondTask =
            new RecursiveTaskSum(numbers, tempEndIndex, endIndex);

        // 异步执行第二个被拆分的子任务（子任务有可能还会被拆，这将取决于元素数量）
        secondTask.fork();
```

```
            //join等待子任务的运算结果
            Long secondTaskResult = secondTask.join();
            Long firstTaskResult = firstTask.join();

            //将子任务的结果相加然后返回
            return (secondTaskResult + firstTaskResult);
        }

        public static void main(String[] args)
        {
            //创建一个数组
            long[] numbers = LongStream
                    .rangeClosed(1, 9_000_000).toArray();
            //定义RecursiveTask
            RecursiveTaskSum forkJoinSum = new RecursiveTaskSum(numbers);

            //创建ForkJoinPool并提交执行RecursiveTask
            Long sum = ForkJoinPool.commonPool().invoke(forkJoinSum);

            //输出结果
            System.out.println(sum);

            //validation result 验证结果的正确性
            assert sum == LongStream.rangeClosed(1, 9_000_000).sum();
        }
    }
```

上面示例代码的重点在于在compute方法中如何进行任务的拆分。ForkJoinPool在运算的过程中首先会以递归的方式将任务拆分成2个子任务，子任务还会继续拆分，直到每一个子任务处理的数据量是10000个为止，然后在不同的线程中直接计算，最后将所有子任务的计算结果进行join并返回。

2. RecursiveAction

RecursiveAction类型的任务与RecursiveTask比较类似，只不过它更关注于子任务是否运行结束，下面来看一个将数组中的每一个元素并行增加10倍（每一个数字元素都将乘10）的例子，该示例使用RecursiveAction任务的方式来实现。

程序代码：RecursiveActionExample.java

```
package com.wangwenjun.concurrent.juc.executor;

import java.util.ArrayList;
import java.util.List;
import java.util.concurrent.ForkJoinPool;
import java.util.concurrent.RecursiveAction;

import static java.util.concurrent.ThreadLocalRandom.current;
//继承RecursiveAction并且重写compute方法
public class RecursiveActionExample extends RecursiveAction
{
    private List<Integer> numbers;
    //每个任务最多进行10个元素的计算
    private static final int THRESHOLD = 10;
    private int start;
    private int end;
    private int factor;
```

```
    public RecursiveActionExample(List<Integer> numbers, int start,
                                  int end, int factor)
    {
        this.numbers = numbers;
        this.start = start;
        this.end = end;
        this.factor = factor;
    }

    @Override
    protected void compute()
{
        //直接计算
        if (end - start < THRESHOLD)
        {
            computeDirectly();
        } else
        {
            //拆分
            int middle = (end + start) / 2;
            RecursiveActionExample taskOne =
        new RecursiveActionExample(numbers, start, middle, factor);
            RecursiveActionExample taskTwo =
        new RecursiveActionExample(numbers, middle, end, factor);

            this.invokeAll(taskOne, taskTwo);
        }
    }

    private void computeDirectly()
    {
        for (int i = start; i < end; i++)
        {
            numbers.set(i, numbers.get(i) * factor);
        }
    }

    public static void main(String[] args)
    {
        //随机生成数字并且存入 list 中
        List<Integer> list = new ArrayList<>();
        for (int i = 0; i < 100; i++)
        {
            list.add(current().nextInt(1_000));
        }
        //输出原始数据
        System.out.println(list);
        //定义 ForkJoinPool
        ForkJoinPool forkJoinPool = new ForkJoinPool();
        //定义 RecursiveAction
        RecursiveActionExample forkJoinTask =
            new RecursiveActionExample(list, 0, 10, 10);

        //将 forkJoinTask 提交至 ForkJoinPool
        forkJoinPool.invoke(forkJoinTask);
        System.out.println(list);
    }
}
```

运行上面的程序会看到list中的元素都被修改了，而且是以并行的方式进行的修改，输出如下。

```
[446, 267, 710, 961, 454, 524, 43, 566, 470, 186, 912...]
[4460, 2670, 7100, 9610, 4540, 5240, 430, 5660, 4700, 1860, 9120...]
```

5.3.3　ForkJoinPool 总结

在本节中，我们了解了 Fork/Join Framework 及其在 Java 中的实现 ForkJoinPool，通过两个简单的例子讲述了在 ForkJoinPool 中如何对一个较大的任务分而治之然后并行执行。

无论是 RecursiveTask 还是 RecursiveAction，对任务的拆分与合并都是在 compute 方法中进行的，可见该方法的职责（fork，join，计算）太重，不够单一，且可测试性比较差，因此在 Java 8 版本中提供了接口 Spliterator，其对任务的拆分有了进一步的高度抽象，第 6 章会讲解 Spliterator 相关的内容。

5.4　CompletionService 详解

在 5.2 节中，我们接触到了 Future 接口，Future 接口提供了一种在未来某个时间节点判断异步任务是否完成执行、获取运算结果等操作的方式。如果在异步任务仍在继续运行之时执行 get 方法，会使得当前线程进入阻塞直到异步任务运行结束（正常结束 / 异常结束）。因此无论是通过 ExecutorService 提交 Runnable 类型的任务还是 Callable 类型的任务，只要你关注异步任务的运行结果，就必须持续跟踪返回 Future 引用。

本节将要讲解的 CompletionService 则采用了异步任务提交和计算结果 Future 解耦的一种设计方式，在 CompletionService 中，我们进行任务的提交，然后通过操作队列的方式（比如 take 或者 poll）来获取消费 Future。

CompletionService 并不是 ExecutorService 的子类，因此它并不具备执行异步任务的能力（异步任务的执行是由 CompletionService 内部的 ExecutorService 来完成的），它只是对 Executor-Service 的一个封装，在其内部提供了阻塞队列用于 Future 的消费，如图 5-6 所示。

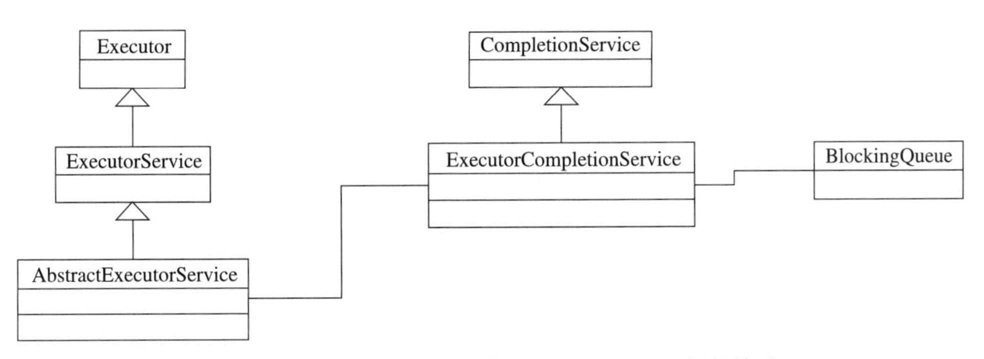

图 5-6　CompletionService 与 ExecutorService 间的关系

5.4.1　ExecutorService 执行批量任务的缺陷

Future 除了“调用者线程需要持续对其进行关注才能获得结果”这个缺陷之外，还有一个更为棘手的问题在于，当通过 ExecutorService 的批量任务执行方法 invokeAll 来执行一批任务时，无法第一时间获取最先完成异步任务的返回结果。下面来看一个简单的示例，代码如下。

```
public static void main(String[] args)
{
    batchTaskDefect();
}
private static void batchTaskDefect()
{
    // 定义 ExecutorService
    ExecutorService executor = Executors.newCachedThreadPool();
    // 定义批量异步任务，每个异步任务耗时不相等
    final List<Callable<Integer>> tasks = Arrays.asList(
            () ->
            {
                // 模拟耗时 30 秒
                sleep(30);
                System.out.println("Task 30 completed done.");
                return 30;
            },
            () ->
            {
                // 模拟耗时 10 秒
                sleep(10);
                System.out.println("Task 10 completed done.");
                return 10;
            },
            () ->
            {
                // 模拟耗时 20 秒
                sleep(20);
                System.out.println("Task 20 completed done.");
                return 20;
            }
    );
    try
    {
    // 批量提交执行异步任务，该方法会阻塞等待所有的 Future 返回
        List<Future<Integer>> futures = executor.invokeAll(tasks);
        futures.forEach(future ->
        {
            try
            {
                System.out.println(future.get());
            } catch (InterruptedException e)
            {
                e.printStackTrace();
            } catch (ExecutionException e)
            {
                e.printStackTrace();
            }
        });
    } catch (InterruptedException e)
    {
        e.printStackTrace();
    }
}
// 休眠方法
private static void sleep(long seconds)
{
    try
    {
```

```
            TimeUnit.SECONDS.sleep(seconds);
        } catch (InterruptedException e)
        {
            // ignore
        }
    }
```

在上面的代码中我们定义了三个批量任务，很明显，耗时 10 秒的任务将会第一个被执行完成，但是很遗憾，我们无法立即使用该异步任务运算所得的结果。原因是在批量任务中存在一个拖后腿的（30 秒才能运行结束），因此想要在接下来的程序运行中使用上述批量任务的结果至少还要等待 30 秒的时间，这对于耗时较快的任务来说是一种非常不必要的等待。

```
Task 10 completed done.
Task 20 completed done.
Task 30 completed done.
// 所有任务完成之后才能进行下一步的处理
30
10
20
```

下面通过图 5-7 简单分析一下在 ExecutorService 中通过 invokeAll 方法提交批量任务并返回最终结果的整个过程，整个任务的执行时长将以执行最慢的任务为准。

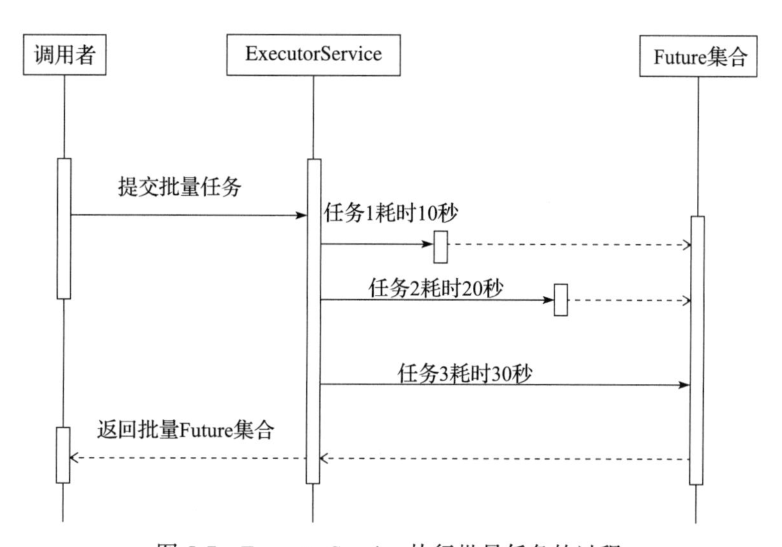

图 5-7　ExecutorService 执行批量任务的过程

5.4.2　CompletionService 详解

CompletionService 很好地解决了异步任务的问题，在 CompletionService 中提供了提交异步任务的方法（真正的异步任务执行还是由其内部的 ExecutorService 完成的），任务提交之后调用者不再关注 Future，而是从 BlockingQueue 中获取已经执行完成的 Future，在异步任务完成之后 Future 才会被插入阻塞队列，也就是说调用者从阻塞队列中获取的 Future 是已经完成了的异步执行任务，所以再次通过 Future 的 get 方法获取结果时，调用者所在的当前线程将不会被阻塞。示例代码如下：

```
ExecutorService executor = Executors.newCachedThreadPool();
// 定义 CompletionService 使用 ExecutorService
CompletionService<Integer> completionService
        = new ExecutorCompletionService<>(executor);
// 定义同样的任务
final List<Callable<Integer>> tasks = Arrays.asList(
        () ->
        {
            sleep(30);
            System.out.println("Task 30 completed done.");
            return 30;
        },
        () ->
        {
            sleep(10);
            System.out.println("Task 10 completed done.");
            return 10;
        },
        () ->
        {
            sleep(20);
            System.out.println("Task 20 completed done.");
            return 20;
        }
);
// 提交所有异步任务
tasks.forEach(completionService::submit);

for (int i = 0; i < tasks.size(); i++)
{
    try
    {
    // 从 completionService 中获取已完成的 Future，take 方法会阻塞
        System.out.println(completionService.take().get());
    } catch (InterruptedException e)
    {
        e.printStackTrace();
    } catch (ExecutionException e)
    {
        e.printStackTrace();
    }
}
executor.shutdown();
```

运行上面的程序你会发现，最先完成的任务将会存入阻塞队列之中，因此调用者线程可以立即处理从阻塞队列中得到的异步任务的运算结果，并进行下一步的操作。

```
// 异步任务处理完成后会立即被处理
Task 10 completed done.
10
Task 20 completed done.
20
Task 30 completed done.
30
```

在了解了 CompletionService 的基本使用场景之后，我们再来看一下它的其他方法和构造方式。

- CompletionService 的构造：CompletionService 并不具备异步执行任务的能力，因此要构造 CompletionService 则需要 ExecutorService，当然还允许指定不同的 Blocking Queue 实现。

- ExecutorCompletionService(Executor executor)：BlockingQueue 默认为 LinkedBlockingQueue（可选边界）。
- ExecutorCompletionService(Executor executor,BlockingQueue<Future<V>> completionQueue)：允许在构造时指定不同的 BlockingQueue。

❑ 提交 Callable 类型的任务：已经通过示例进行了说明。

```
Future<V> submit(Callable<V> task)
```

❑ 提交 Runnable 类型的任务：除了提交 Callable 类型的任务之外，在 CompletionService 中还可以提交 Runnable 类型的任务，但是返回结果仍旧需要在提交任务方法时指定。

下面通过一段代码来了解下如何在 CompletionService 中提交 Runnable 类型的任务。

```
// 自定义 ExecutorService 并将其用于构造 CompletionService
ExecutorService executor = Executors.newCachedThreadPool();
CompletionService<AtomicLong> completionService
        = new ExecutorCompletionService<>(executor);

for (int i = 0; i < 5; i++)
{
    AtomicLong al = new AtomicLong();
    // 提交 Runnable 类型的任务，但是需要指定返回值
    completionService.submit(() ->
    {
        long random = ThreadLocalRandom.current().nextLong(30);
        sleep(random);
        System.out.println("Task " + random + " completed.");
        // 设置计算结果
        al.set(random);
    }, al);
}

for (int i = 0; i < 5; i++)
{
    try
    {
        // 阻塞式地获取已完成任务的 Future，并使用运算结果
        System.out.println(completionService.take().get());
    } catch (InterruptedException e)
    {
        e.printStackTrace();
    } catch (ExecutionException e)
    {
        e.printStackTrace();
    }
}
executor.shutdown();
```

❑ 立即返回方法 Future<V> poll()：从 CompletionService 的阻塞队列中获取已执行完成的 Future，如果此刻没有一个任务完成则会立即返回 null 值。

❑ Future<V> poll(long timeout, TimeUnit unit)：同上，指定了超时设置。

❑ 阻塞方法 Future<V> take() throws InterruptedException ：会使当前线程阻塞，直到在 CompletionService 中的阻塞队列有完成的异步任务 Future。

5.4.3 CompletionService 总结

本节学习了 CompletionService 及其实现 ExecutorCompletionService，它并不是 ExecutorService 的一个实现或者子类，而是对 ExecutorService 提供了进一步的封装，使得任务的提交者不再关注追踪所返回的 Future，并且通过 CompletionService 直接获取已经运算结束的异步任务，这种方式实现了调用者和 Future 之间的解耦合，在一定程度上解决了 Future 会使调用者线程进入阻塞的问题，尤其是通过 ExecutorService 提交批处理任务为如何快速使用最早结束的异步任务运算结果提供了一种新的思路和实现方式。

5.5 CompletableFuture 详解

CompletableFuture 是自 JDK1.8 版本中引入的新的 Future，常用于异步编程之中，所谓异步编程，简单来说就是："程序运算与应用程序的主线程在不同的线程上完成，并且程序运算的线程能够向主线程通知其进度，以及成功失败与否的非阻塞式编码方式"，这句话听起来与前文中学习的 ExecutorService 提交异步执行任务并没有多大的区别，但是别忘了，无论是 ExecutorService 还是 CompletionService，都需要主线程主动地获取异步任务执行的最终计算结果，如此看来，Google Guava 所提供的 ListenableFuture 更符合这段话的描述，但是 ListenableFuture 无法将计算的结果进行异步任务的级联并行运算，甚至构成一个异步任务并行运算的 pipeline，但是这一切在 CompletableFuture 中都得到了很好的支持。

CompletableFuture 实现自 CompletionStage 接口，可以简单地认为，该接口是同步或者异步任务完成的某个阶段，它可以是整个任务管道中的最后一个阶段，甚至可以是管道中的某一个阶段，这就意味着可以将多个 CompletionStage 链接在一起形成一个异步任务链，前置任务执行结束之后会自动触发下一个阶段任务的执行。另外，CompletableFuture 还实现了 Future 接口，所以你可以像使用 Future 一样使用它。

CompletableFuture 中包含了 50 多个方法，这一数字在 JDK1.9 版本中还得到了进一步的增加，这些方法可用于 Future 之间的组合、合并、任务的异步执行，多个 Future 的并行计算以及任务执行发生异常的错误处理等。

CompletableFuture 的方法中，大多数入参都是函数式接口，比如 Supplier、Function、BiFunction、Consumer 等，因此熟练理解这些函数式接口是灵活使用 CompletableFuture 的前提和基础，同时 CompletableFuture 之所以能够异步执行任务，主要归功于其内部的 ExecutorService，默认情况下为 ForkJoinPool.commonPool()，当然也允许开发者显式地指定。

5.5.1 CompletableFuture 的基本用法

不管怎么说，CompletableFuture 首先是一个 Future，因此你可以将它当作普通的 Future 来使用，这也没有什么不妥，比如我们在前文中学到，ExecutorService 如果提交了 Runnable 类型的任务却又期望得到运算结果的返回，则需要在 submit 方法中将返回值的引用也作为参数传进去。笔者不是很喜欢这种 API 的设计方式，下面的代码将借助 CompletableFuture 来优雅地解决该问题。

```
//定义Double类型的CompletableFuture
CompletableFuture<Double> completableFuture
        = new CompletableFuture<>();

//提交异步任务
Executors.newCachedThreadPool().submit(() ->
{
    try
    {
        TimeUnit.SECONDS.sleep(10);
        //执行结束
        completableFuture.complete(1245.23D);
    } catch (InterruptedException e)
    {
        e.printStackTrace();
    }
});

//非阻塞获取异步任务的计算结果，很明显，此刻异步任务并未执行结束，那么可以采用默认值的方式（该方法也可以被认为是放弃异步任务的执行结果，但不会取消异步任务的执行）
assert completableFuture.getNow(0.0D) == 0.0;
try
{
    //阻塞获取异步任务的执行结果，与前文中的Future非常类似
    assert completableFuture.get() == 1245.23D;
} catch (InterruptedException e)
{
    e.printStackTrace();
} catch (ExecutionException e)
{
    e.printStackTrace();
}
```

在普通的Future中，我们可以通过cancel操作来决定是否取消异步任务的继续执行，同样，在CompletableFuture中也有类似的操作。

```
CompletableFuture<Double> completableFuture
        = new CompletableFuture<>();
Executors.newCachedThreadPool().submit(() ->
{
    try
    {
        TimeUnit.SECONDS.sleep(10);
        //取消任务
        completableFuture.cancel(false);
    } catch (InterruptedException e)
    {
        e.printStackTrace();
    }
});
try
{
    //get时会抛出异常
    completableFuture.get();
} catch (Exception e)
{
   //异常类型为CancellationException
    assert e instanceof CancellationException;
}
```

5.5.2 任务的异步运行

当然，CompletableFuture 除了具备 Future 的基本特性之外，还可以直接使用它执行异步任务，通常情况下，任务的类型为 Supplier 和 Runnable，前者非常类似于 Callable 接口，可返回指定类型的运算结果，后者则仍旧只是关注异步任务运行本身。

- **异步执行 Supplier 类型的任务**：可以直接调用 CompletableFuture 的静态方法 supplyAsync 异步执行 Supplier 类型的任务。

```
CompletableFuture<Integer> future =
        CompletableFuture.supplyAsync(() -> 353);

/*supplyAsync 方法的另外一个重载方法，允许传入 ExecutorService
CompletableFuture<Integer> future =
        CompletableFuture.supplyAsync(() -> 353
                , Executors.newCachedThreadPool());
 */

assert future.get() == 353;
```

- **异步执行 Runnable 类型的任务**：也可以直接调用 CompletableFuture 的静态方法 runAsync 异步执行 Runnable 类型的任务。

```
 CompletableFuture.runAsync(()->{
     System.out.println("async task.");
 });

/*runAsync 方法的另外一个重载方法，允许传入 ExecutorService
 CompletableFuture.runAsync(() ->
 {
     System.out.println("async task.");
 }, Executors.newCachedThreadPool());*/
```

5.5.3 异步任务链

CompletableFuture 还允许将执行的异步任务结果继续交由下一级任务来执行，下一级任务还可以有下一级，以此类推，这样就可以形成一个异步任务链或者任务 pipeline。

- **thenApply**：以同步的方式继续处理上一个异步任务的结果。

```
ExecutorService executor = Executors.newFixedThreadPool(3);
/*
* supplyAsync 的计算结果为 "Java"
* thenApply 继续处理 "Java"，返回字符串的长度
*/
CompletableFuture<Integer> future =
        CompletableFuture.supplyAsync(() ->
        {
            System.out.println("supplyAsync:" + currentThread());
            return "Java";
        }, executor).thenApply(e ->
        {
            System.out.println("thenApply:" + currentThread());
            return e.length();
        });

assert future.get() == 4;
```

```
// supplyAsync 与 thenApply 的任务执行是同一个线程
```

- **thenApplyAsync**：以异步的方式继续处理上一个异步任务的结果。

```
ExecutorService executor = Executors.newFixedThreadPool(3);、
/*
* supplyAsync 的计算结果为 "Java"
* thenApplyAsync 继续处理 "Java"，返回字符串的长度
*/
CompletableFuture<Integer> future =
        CompletableFuture.supplyAsync(() ->
        {
            System.out.println("supplyAsync:" + currentThread());
            return "Java";
        }, executor).thenApplyAsync(e ->
        {
            System.out.println("thenApplyAsync:" + currentThread());
            return e.length();
        });
assert future.get() == 4;
```

- **thenAccept**：以同步的方式消费上一个异步任务的结果。

```
ExecutorService executor = Executors.newFixedThreadPool(3);
/*
* supplyAsync 的计算结果为 "Java"
* thenAccept 消费 supplyAsync 的结果
*/
CompletableFuture.supplyAsync(() ->
{
    System.out.println("supplyAsync:" + currentThread());
    return "Java";
}, executor).thenAccept(v ->
{
    System.out.println("thenAccept:" + currentThread());
    System.out.println(v);
});
executor.shutdown();
```

- **thenAcceptAsync**：以异步的方式消费上一个异步任务的结果。

```
ExecutorService executor = Executors.newFixedThreadPool(3);
/*
* supplyAsync 的计算结果为 "Java"
* thenAcceptAsync 消费 supplyAsync 的结果
*/
CompletableFuture.supplyAsync(() ->
{
    System.out.println("supplyAsync:" + currentThread());
    return "Java";
}, executor).thenAcceptAsync(v ->
{
    System.out.println("thenAcceptAsync:" + currentThread());
    System.out.println(v);
});
executor.shutdown();
```

在任务链的末端，如果执行的任务既不想对上一个任务的输出做进一步的处理，又不想消费上一个任务的输出结果，那么我们可以使用 thenRun 或者 thenRunSync 方法来执行 Runnable 任务。

- **thenRun**：以同步的方式执行 Runnable 任务。

```
ExecutorService executor = Executors.newFixedThreadPool(3);
/*
* supplyAsync 的计算结果为 "Java"
* thenAcceptAsync 消费 supplyAsync 的结果
* thenRun 执行 Runnable 任务
*/
CompletableFuture.supplyAsync(() ->
{
    System.out.println("supplyAsync:" + currentThread());
    return "Java";
}, executor).thenAcceptAsync(v ->
{
    System.out.println("thenAccept:" + currentThread());
    System.out.println(v);
}).thenRun(
        () -> System.out.println("All of task completed. " + currentThread())
);
```

- **thenRunAsync**：以异步的方式执行 Runnable 任务。

```
ExecutorService executor = Executors.newFixedThreadPool(3);
/*
* supplyAsync 的计算结果为 "Java"
* thenAcceptAsync 消费 supplyAsync 的结果
* thenRunAsync 执行 Runnable 任务
*/
ExecutorService executor = Executors.newFixedThreadPool(3);
CompletableFuture.supplyAsync(() ->
{
    System.out.println("supplyAsync:" + currentThread());
    return "Java";
}, executor).thenAcceptAsync(v ->
{
    System.out.println("thenAccept:" + currentThread());
    System.out.println(v);
}).thenRunAsync(
        () -> System.out.println("All of task completed. " + currentThread()),
        executor
);
```

5.5.4 合并多个 Future

CompletableFuture 还允许将若干个 Future 合并成为一个 Future 的使用方式，可以通过 thenCompose 方法或者 thenCombine 方法来实现多个 Future 的合并。

- **thenCompose 方法示例**

```
// 通过 thenCompose 将两个 Future 合并成一个 Future
CompletableFuture<String> completableFuture
        = CompletableFuture.supplyAsync(() -> "Java")
        // s 为上一个 Future 的计算结果
        .thenCompose(s -> CompletableFuture.supplyAsync(() -> s + " Scala"));

// 合并后的 Future 通过 thenApply 方法组成任务链
completableFuture.thenApply(String::toUpperCase)
        .thenAccept(System.out::println);
```

- **thenCombine 方法示例**

```
// 通过 thenCombine 将两个 Future 合并成一个 Future
```

```
CompletableFuture<String> completableFuture
        = CompletableFuture.supplyAsync(() -> "Java")
        .thenCombine(CompletableFuture.supplyAsync(() -> " Scala"),
                //s1 为第一个 Future 的计算结果，s2 为第二个 Future 的计算结果
                (s1, s2) -> s1 + s2);

//合并后的 Future 通过 thenApply 方法组成任务链
completableFuture.thenApply(String::toUpperCase)
        .thenAccept(System.out::println);
```

5.5.5 多 Future 的并行计算

如果想要多个独立的 CompletableFuture 同时并行执行，那么我们还可以借助于 allOf() 方法来完成，其有点类似于 ExecutorService 的 invokeAll 批量提交异步任务。

```
//定义三个 CompletableFuture
CompletableFuture<String> f1
        = CompletableFuture.supplyAsync(() -> "Java");
CompletableFuture<String> f2
        = CompletableFuture.supplyAsync(() -> "Parallel");
CompletableFuture<String> f3
        = CompletableFuture.supplyAsync(() -> "Future");

//批量并行执行，返回值是一个 void 类型的 CompletableFuture
CompletableFuture<Void> future = CompletableFuture.allOf(f1, f2, f3).thenRun(() ->
{
    try
    {
        System.out.println(f1.isDone() + " and result:" + f1.get());
        System.out.println(f2.isDone() + " and result:" + f2.get());
        System.out.println(f3.isDone() + " and result:" + f3.get());
    } catch (InterruptedException | ExecutionException e)
    {
        e.printStackTrace();
    }
});

//阻塞等待运行结束
future.get();
```

如果只想运行一批 Future 中的一个任务，那么我们又该怎么办呢？只需要用 anyOf 方法替代 allOf 方法即可（这一点非常类似于 ExecutorService 的 invokeAny 方法），无论是 allOf 方法还是 anyOf 方法返回的 CompletableFuture 类型都是 Void 类型，如果你试图使用合并后的 Future 获取异步任务的计算结果，那么这将是不可能的，必须在每一个单独的 Future 链中增加上游任务结果的消费或下游处理任务才可以（详见 5.5.3 节“异步任务链”）。

5.5.6 错误处理

CompletableFuture 对于异常的处理方式比普通的 Future 要优雅合理很多，它提供了 handle 方法，可用于接受上游任务计算过程中出现的异常错误，这样一来，我们便可以不用将错误的处理逻辑写在 try...catch... 语句块中了，更不需要只能通过 Future 的 get 方法调用才能得知异常错误的发生。

```
CompletableFuture.<String>supplyAsync(() ->
```

```
{
    throw new RuntimeException();
}).handle((r, e) ->
{
    if (e != null)
    {
        return "ERROR";
    } else
    {
        return r;
    }
}).thenAccept(System.out::println);
```

5.5.7 JDK 9 对 CompletableFuture 的进一步支持

在 JDK 9 中，Doug Lea 继续操刀 Java 并发包的开发，为 CompletableFuture 带来了更多新的改变，比如增加了新的静态工厂方法、实例方法，提供了任务处理的延迟和超时支持等。已经在使用 JDK1.9 及其以上版本的读者可以快速体验。

- 新的实例方法
  - Executor defaultExecutor()
  - CompletableFuture<U> newIncompleteFuture()
  - CompletableFuture<T> copy()
  - CompletionStage<T> minimalCompletionStage()
  - CompletableFuture<T> completeAsync(Supplier<? extends T> supplier, Executor executor)
  - CompletableFuture<T> completeAsync(Supplier<? extends T> supplier)
  - CompletableFuture<T> orTimeout(long timeout, TimeUnit unit)
  - CompletableFuture<T> completeOnTimeout(T value, long timeout, TimeUnit unit)
- 新的类方法
  - Executor delayedExecutor(long delay, TimeUnit unit, Executor executor)
  - Executor delayedExecutor(long delay, TimeUnit unit)
  - <U> CompletionStage<U> completedStage(U value)
  - <U> CompletionStage<U> failedStage(Throwable ex)
  - <U> CompletableFuture<U> failedFuture(Throwable ex)
- 为了解决超时问题，Java 9 还引入了另外两个新功能
  - orTimeout()
  - completeOnTimeout()

5.5.8 CompletableFuture 总结

在 5.2 节中，不仅讲解了 Future 的使用，还列举了 Future 的若干问题，自 JDK 1.8 版本起，CompletableFuture 的引入不仅很好地填充了 Future 的不足之处，还提供了非常便利的异步编程方式，借助于 CompletableFuture，我们可以很容易地开发出异步运行的代码，甚至不用关心其底层线程的维护和管理，只需要关注于代码函数本身即可。

CompletableFuture的方法非常多（本节的内容并没有将所有的方法都讲述一遍），但是归纳起来也就如下几类：Future的基本功能、执行异步任务、多CompletionStage的任务链、多Future的整合，以及多Future的并行计算等。

5.6 本章总结

本章详细地介绍了ExecutorService及其家族成员ThreadPoolExecutor和ScheduledExecutor-Service，两者都提供了任务异步执行的解决方案，并且在其内部维护了一定数量的、可重复使用的线程，以及针对任务的管理监控等操作方法。

除此之外，ScheduledExecutorService还额外提供了根据某固定速率执行任务的解决方案，在基本的定时任务场景中使用ScheduledExecutorService就足够了。如果对任务执行时间策略，比如，对于节假日、周末等休息日这类逻辑较为复杂的定时任务，笔者比较推荐使用Quartz作为解决方案。

Future为异步任务的执行提供了一种运行结果可追踪、可在未来时间节点获得结果的解决方案，但是JDK 1.5版本推出的Future还包含了诸多的问题和缺陷，比如，需要启动线程主动进行异步任务计算结果的获取（有可能被阻塞），异步任务执行错误获取异常的方式也是非常别扭（只能通过对异常进行捕获）的，等等。针对这种不足，Google Guava提供了支持回调的Future解决方案，本章中也对该方案进行了介绍。

在当下的多核PC时代，以并行计算的方式尽可能大地发挥CPU的威力已经成为后端开发者们孜孜不倦的追求，Fork/Join Framework提供了将一个复杂任务以递归的方式进行拆分（Fork），并分配在不同的CPU内核中并行运行的功能，然后又以Join的方式将任务的最终结果以递归的方式整合返回。本章介绍了Fork/Join Framework在Java中的实现ForkJoinPool，以及执行在其内部的两种类型的任务RecursiveTask和RecursiveAction。但是在这两种类型的任务中，fork和join的动作都发生在compute方法中，这样会显得该方法的职责过重，不够单一，并且很难进行单元测试。同样，在JDK1.8版本中提供的Spliterator接口对该过程做了进一步的抽象，使得每个步骤职责单一、可测试性强，第6章将会接触到这一部分的内容。

CompletionService通过将已确认完成的任务存入阻塞队列的方式让任务的提交者与Future脱耦，在任务被CompletionService提交异步执行以后，任务的提交者只需要通过其内部的队列就可以获取被执行完成的任务Future，非常适合于批量异步任务提交执行的场景，因为可以获得结束任务最早的返回结果，以进行进一步的操作，而不是进行不必要的等待。

在本章的最后，还介绍了在JDK1.8版本中才被引入的CompletableFuture，该类不仅很好地完成了Future本该具备的特性，还提供了诸如直接进行异步任务的执行之类的操作，允许将若干异步任务（Future）组合成一个异步任务链，并且还可以很好地合并多个异步任务的执行结果，使其成为一个新的Future。同时，CompletableFuture对异步任务执行过程中错误的处理方式也要合理和直观很多。

Chapter 6 第6章

Java Streams 详解

在 JDK 的版本升级过程中，Java 8 绝对堪称一次里程碑式的升级，也是相较之前的历史版本改动最大的一次，Java 8 提供了诸如 lambda 表达式、函数式编程的支持、静态推导、新的日期 API 等诸多新特性。Stream 是 Java 8 中比较闪亮的一个新特性，但是它绝对不等同于 IO 包中的 Stream 和解析 XML 的 Stream。Java 8 中的 Stream 也不是一个容器，它并不是用来存储数据的，而是对 JDK 中 Collections 的一个增强，它专注于对集合对象既便利又高效的聚合操作。它不仅支持串行的操作功能，而且还借助于 JDK 1.7 中的 Fork-Join 机制支持并行模式，开发者无须编写任何一行并行相关的代码，就能高效方便地写出高并发的程序，尤其是在当下多核 CPU 的时代，最大程度地利用 CPU 的超快计算能力显得尤为重要。

6.1 Stream 介绍及其基本操作

很难想象程序员在开发程序中不使用 Collection 容器。我们通常会将数据加载到容器中进行处理计算，或者将计算的中间结果暂存到容器中，甚至是将整个容器作为结果保存在某个地方，等等。对容器的使用就像是使用基本数据类型一样已成为程序开发的基本操作，在 JDK 1.8 版本中，Stream 为容器的使用提供了新的方式，它允许我们通过陈述式的编码风格对容器中的数据进行分组、过滤、计算、排序、聚合、循环等操作。

```
final List<String> result = books.stream()
        // 书的类目为 Programming
        .filter(book->book.category.equals("Programming"))
        // 根据价格排序
        .sorted(Comparator.comparing(Book::getPrice))
        // 只获取书的名字
        .map(Book::getName)
```

```
        //然后将所有符合条件的结果保存在一个新的 List 中
        .collect(Collectors.toList());
```

上面这段代码是对Stream的一个简单使用，首先我们通过books（books数据也许来自于RESTful接口中的书籍列表）创建一个stream，然后通过级联式的调用方式（准确地讲是陈述式的编程风格）分别对列表进行过滤、排序、map运算，之后将结果聚合至一个新的结果集中。对比JDK 1.8以前的代码，这种方式简洁清晰、可读性更强，如果你想并发地运行其中的每一个操作步骤，稍作修改即可实现。

```
final List<String> result = books.parallelStream()
        .filter(book->book.category.equals("Programming"))
        .sorted(Comparator.comparing(Book::getPrice))
        .map(Book::getName)
        .collect(Collectors.toList());
```

通过*parallelStream()*方法创建一个并行流，开发者既无须关心有多少个线程在工作，线程如何管理，也无须担心列表在并行流下的线程安全性问题。

6.1.1 如何创建Stream

简单了解了Stream的基本用法之后，不难发现我们是通过一个容器（list）的stream()方法获取了java.util.stream.Stream，那么什么是Stream呢？简单来讲，Stream是支持顺序或者并行操作的元素序列。Java的Stream具有如下几个特点。

- Stream不存储数据，这是其与Collection最大的区别之一。
- Stream不是数据结构，而是从Collection、数组、I/O等获取输入。
- Stream不会改变原来的数据结构。
- Stream可以是无限元素集合。
- Stream支持lazy操作。
- 每一个intermediate操作都将会以lazy的方式执行，并且返回一个新的Stream，比如filter()方法。
- Terminal操作将会结束Stream，并且返回最终结果，比如collect()方法。
- Stream无法被重用，即对Stream的每一次操作都会产生一个全新的Stream。
- Stream支持函数式编程。
- 其他。

大概了解了Stream之后，我们一起看一下可以通过哪些方式获取或者创建Stream。

（1）From Values：利用Stream接口提供的静态方法of获取一个Stream

```
private static Stream<Integer> fromValues()
{
    return Stream.of(1, 2, 3, 4);
}
public static void main(String[] args)
{
    Stream<Integer> stream = fromValues().map(i ->
    {
        System.out.println("multiply by 2");
        return i * 2;
```

```
    });
    System.out.println("================");
    stream.forEach(System.out::println);
}
```

fromValues() 方法中通过 of 可变长数组的方式获取了一个整数类型的 Stream，我们通过 map 操作对每一个元素进行了 double 的操作从而产生了新的 Stream。在打印分隔符之后使用 stream 的 foreach 操作（该操作为中断操作）输出每一个元素，大家通过执行这个代码片段可以发现 map 函数的执行是以 lazy 的方式进行的，类似的方法包含如下几个。

- <T> Stream<T> of(T t)
- <T> Stream<T> of(T...values)
- <T> Stream<T> ofNullable(T t)（JDK 9 版本以上才支持）

（2）通过 Stream.Builder 来创建 Stream

```
private static Stream<Integer> fromBuilder()
{
    return Stream.<Integer>builder()
                 .add(1)
                 .add(2)
                 .add(3)
                 .add(4)
                 .build();
}
```

借助于 Stream 的 Builder 也可以创建一个 Stream，该 Builder 同时又继承自函数式接口 Consumer<T>。

（3）空 Streams

假设我们所写的方法其返回类型是 Stream<T> 类型，有些时候可能需要返回一个空的 Stream，就像返回空的字符串、空的集合容器等一样，这里创建一个空的 Stream<T> 类型，并且将其作为返回值。

```
private static Stream<File> emptyStream(){
    return Stream.empty();
}
```

如果是基本数据类型，则可以使用相关的 NumericStream 直接返回。

```
IntStream intStream = IntStream.empty();
LongStream longStream = LongStream.empty();
DoubleStream doubleStream = DoubleStream.empty();
```

（4）通过 Functions 创建无限元素的 Stream

Stream<T> 接口还提供了创建无限元素的 Stream 方法：generate 和 iterate 方法。

- generate 方法需要一个 Supplier 函数式接口。

```
private static Stream<Integer> infiniteStreamByGenerate()
{
    return Stream.generate(() -> ThreadLocalRandom.current().nextInt(10));
}
```

- iterate 方法需要一个 seed 和 UnaryOperator 函数式接口。

```
private static Stream<Integer> infiniteStreamByIterate()
{
    return Stream.iterate(100, seed -> seed + 1);
}
```

通过上述代码获取的Stream，元素将会从100开始逐次加一，无限循环。

（5）通过NumericStream创建无限元素的Stream

通过相关的NumericStream iterate和generate方法创建Stream。

```
LongStream iterate(final long seed, final LongUnaryOperator f)
LongStream generate(LongSupplier s)
DoubleStream generate(DoubleSupplier s)
DoubleStream iterate(final double seed, final DoubleUnaryOperator f)
IntStream iterate(final int seed, final IntUnaryOperator f)
IntStream generate(IntSupplier s)
```

（6）通过NumericStream创建有限元素的Stream

NumericStream除了提供创建无限元素的方法之外，还提供了创建有限元素的静态方法，下面以IntStream为例进行说明。

```
private static IntStream rangeNumericStream()
{
    // IntStream的range方法将会创建一个半开半闭的区间{x|1<=x<10}
    return IntStream.range(1, 10);
}

private static IntStream rangeClosedNumericStream(){
    // IntStream的range方法将会创建一个闭区间{x|1<=x<=10}
    return IntStream.rangeClosed(1,10);
}
```

（7）通过数组创建Stream

自JDK 1.8以来，java.util.Arrays提供了stream()静态方法，通过该方法，我们可以创建Stream。

```
private static Stream<Entity> fromArrays()
{
    return Arrays.stream(new Entity[]{new Entity(), new Entity()});
}
```

（8）通过集合容器创建Stream

自JDK 1.8版本开始，Collection接口增加了新的方法stream()用于创建与之关联的Stream对象。

```
private static Stream<String> fromCollection()
{
    Collection<String> list = Arrays.asList("Hello", "Stream");
    return list.stream();
}
```

（9）通过Map容器创建Stream

Map并未提供创建Stream的方法，但是我们可以通过entry set的方式间接创建一个类型为Entry键值对的元素序列，提供对Map的Stream支持。

```
private static Stream<Map.Entry<String, String>> fromMap()
{
    return new HashMap<String, String>()
    {
        {
            put("Hello", "Stream");
            put("Java", "Programming");
        }
    }
    .entrySet() //获取Entry<String,String>的Set
    .stream();  //进而创建一个Stream<Map.Entry<String,String>>
}
```

（10）通过Files创建Stream

java.io和java.nio.file包支持通过Streams对I/O进行操作。比如，你可以读取一个文本文件，并且创建String类型的Stream，该Stream元素序列中的每一个元素就代表了该文件的每一行文本。

```
private static Stream<String> fromFile() throws IOException
{
    return Files.lines(Paths.get("test.txt"),
                       Charset.forName("UTF-8"));
}
```

以后对Stream的每一个操作事实上是针对每一行文本记录进行的操作。

（11）通过其他方式创建Stream

除了本节所列举的一些创建Stream的方式，还有很多其他的方式，比如，可以通过String创建IntStream。甚至一些第三方框架或者平台都提供了对Stream操作的支持，比如Spark、Flink、Storm的Trident、JOOQ等，除此之外，本章的最后将为大家展示如何自定义一个Stream，以便大家更加深入地理解Stream。

```
private static IntStream fromString()
{
    String line = "Hello i am Stream";
    return line.chars();
}
```

6.1.2 Stream之Intermediate操作

在了解了如何通过不同的方式（source）获取Stream之后，我们接下来就来学习Stream的操作。Stream主要分为两种类型，Intermediate和Terminal。filter、sorted、map之类的操作被称为Intermediate操作，这类操作的结果都是一个全新的Stream类型。多个Intermediate操作构成了一个流水线（pipeline），除此之外，Intermediate操作的执行都是通过lazy的方式，直到遇到最后的Terminal操作。本节将学习Java Stream中所有的Intermediate操作方法。

在学习Stream的Intermediate操作之前，我们首先要明白的是，一旦某个Stream执行了Intermediate操作，或者已经被关闭（执行了Terminal操作），将无法再次被操作。下面通过一个简单的示例为大家演示一下。

```
//这里通过Stream的of方法创建了一个Stream，我们将其称为sourceStream
Stream<Integer> sourceStream = Stream.of(1, 2, 3, 4, 5, 6, 7, 8, 9, 10);
```

```
    //在sourceStream上执行了map操作（该操作为Intermediate操作），并且返回一个新的stream
mapStream
    Stream<Integer> mapStream = sourceStream.map(i -> i * 2);
    //再次对source stream执行foreach操作（该操作为Terminal操作）
    sourceStream.forEach(System.out::println);
```

运行上面的程序片段，会看到错误信息（如图6-1所示），根据错误信息我们不难看出Stream不允许对同一个Stream执行一次以上的操作。

```
Exception in thread "main" java.lang.IllegalStateException: stream has already been operated upon or closed
    at java.util.stream.AbstractPipeline.sourceStageSpliterator(AbstractPipeline.java:274) <1 internal call>
    at com.wangwenjun.concurrent.streams.Test.main(Test.java:14)
```

图6-1 Stream不允许对同一个Stream执行一次以上的操作

Java的Stream提供了非常丰富的Intermediate方法，如表6-1所示。本节将对表6-1中所列举的内容逐一进行讲解。

表6-1 Stream的Intermediate方法列表

方法	描述
distinct	通俗地讲就是去重，distinct操作之后将会返回一个不同元素的Stream
filter	过滤操作，执行了filter操作之后将会返回一个满足predicate条件判断的Stream
limit	对Stream执行截断操作，类似于我们操作MySQL查询时的limit关键字作用。假设针对一个元素序列个数为10的Stream执行了limit(3)操作，那么将会返回一个全新的元素序列并且序列个数为3，其余元素将被截断
map	对元素序列中的每一个元素都执行函数运算，并且返回一个运算之后的全新Stream
skip	丢弃前n个元素，并且返回一个全新的Stream，该Stream中将不再包含被skip操作丢弃的元素。如果n大于当前Stream中元素的个数，则该操作相当于对Stream元素执行了一次清空操作
peek	对Stream中所有的元素都执行consume操作，并且返回一个与原Stream类型、元素数量完全一样的全新Stream，该操作并不会使元素数据、类型发生任何改变，看起来更像是一个对其他Intermediate操作的debug操作
sorted	对Stream执行sorted操作，会返回一个经过自然排序的全新Stream，注意，Stream的元素必须是Comparable的子类，否则将不允许执行该操作
flatMap	map操作是对Stream元素一对一的操作，每一个Stream的元素经过map函数计算对应于另一个Stream的元素；flatMap提供了一种一对多的操作模式，它会将类型为Stream<R>的Stream<Stream<R>>扁平化为Stream<R>并且产生一个全新的Stream

1. distinct去重操作

distinct操作将会去除Stream中重复的元素，经此方法的执行之后将会返回一个没有重复数据的Stream。

```
Stream<Integer> stream = Stream.of(1, 1, 2, 3, 4);
//执行了distinct操作之后，相同的元素将只保留一个
stream.distinct().forEach(System.out::println);
//输出为1, 2, 3, 4
```

distinct方法的使用非常简单，运行上面的代码片段，会发现输出中数字1只有一个，相同的其他数字1都被去重。那么distinct是根据什么进行去重操作的呢？下面通过一个示例来

进行分析。

```
//定义一个用于测试的Entity class
static class Entity
{
    private final String value;
    Entity(String value)
    {
        this.value = value;
    }
}

...省略
Stream<Entity> stream = Stream.of(new Entity("Java"), new Entity("Scala"),
                        new Entity("Java"));
stream.distinct().forEach(System.out::println);
```

上面的代码中，在 Stream 的元素序列中很明显存在着 3 个 Entity 的对象实例，即使属性 value 相同，它们彼此也是不同的实例，因此对 Stream 执行 distinct 操作后，元素的数量肯定不会发生改变。但是当我们基于属性 value 重写 Entity 的 equals() 和 hashcode() 方法之后，相同 value 的元素将会被去重，下面在 Entity 中增加如下代码。

```
@Override
public boolean equals(Object o)
{
    if (this == o) return true;
    if (o == null || getClass() != o.getClass()) return false;
    Entity entity = (Entity) o;
    return value != null ? value.equals(entity.value) : entity.value == null;
}
@Override
public int hashCode()
{
    return value != null ? value.hashCode() : 0;
}
```

再次运行程序，会发现执行了 distinct 的 Entity Stream 仅剩下 Value 为 Java 和 Scala 的两个元素，因此我们可以肯定，去重操作的依据为对象的 equals() 方法逻辑。

2. filter 操作

Stream 的 filter 操作需要使用 Predicate 的接口实现作为入参，不过在 Java 8 中，我们更喜欢使用 lambda 表达式或者静态推导的方式。

```
Stream<T> filter(Predicate<? super T> predicate);
```

Predicate 是一个函数式接口（FunctionalInterface），在本书中笔者并不打算讲解函数式接口、lambda 表达式、静态推导等 Java 的新语法，请读者自行参阅其他资料进行学习。

对 Stream 执行了 filter 操作之后将会返回一个全新的 Stream（见图 6-2），该 Stream 的元素序列将只包含满足 Predicate 条件的元素，那些条件不满足的将会被过滤掉，而不会传递到下一个 Stream 中。

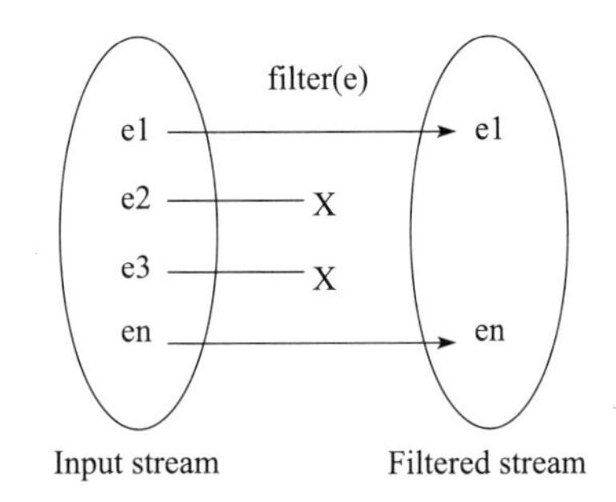

图 6-2 Stream 的 filter 操作

```
Stream.of(1, 2, 3, 4, 5, 6, 7, 8)
        //过滤掉奇数，只保留偶数数字
        .filter(i -> i % 2 == 0)
        .forEach(System.out::println);
```

3. limit操作

limit操作是一个对Stream执行截断的操作，类似于我们操作MySQL查询时的limit关键字作用。假设针对一个元素序列个数为10的Stream执行了limit(3)操作，那么结果将会返回一个全新的元素序列并且其元素序列个数为3，其余元素将被截断，我们来看一下具体的例子。

```
Stream.of(1, 2, 3, 4, 5, 6, 7, 8)
        //截断Stream，只保留前3个元素
        .limit(3)
        .forEach(System.out::println);
```

假如Stream的元素序列个数为5，那么如果针对该Stream执行limit(10)这样的操作会怎样呢？会不会出现错误呢？答案是不会。这样的操作不会起到任何截断的效果，仍旧会返回一个全新的Stream，而且并不会引起错误。

4. map操作

在Stream中，map操作是使用非常广泛的操作之一，我们可以借助map操作对元素进行增强运算、投影运算，甚至类型转换等操作。一个Stream在经过了map操作之后将会返回一个全新的Stream（如图6-3所示），并且每一个元素都将会被map方法所传入的Function执行。下面是map方法的声明。

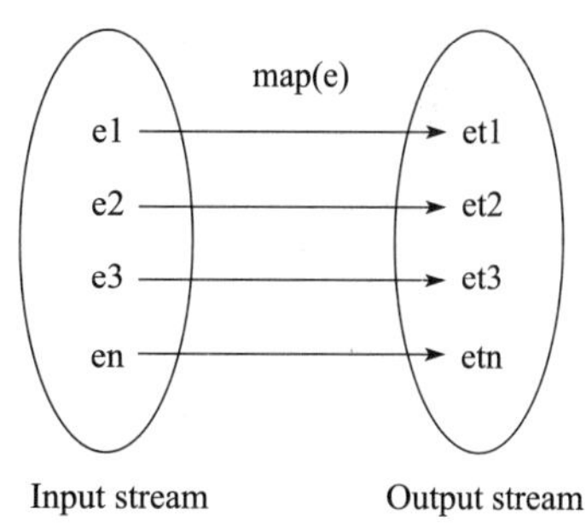

图6-3 Stream的map操作

```
<R> Stream<R> map(Function<? super T, ? extends R> mapper);
```

假设在某个Stream的元素序列中有若干个int类型的数字，如果想要得知该int类型的数字是几位数，那么我们可以借助于map操作来获得，代码如下所示。

```
Stream.of(2, 4535, 345, 565667, 2424, 565)
        //map运算将返回Stream<int[]>类型的Stream
        .map(i -> new int[]{i, String.valueOf(i).length()})
        .forEach(entry -> System.out.printf("%d is %d digits.\n", entry[0], entry[1]));
```

运行上面的代码，我们将会看到map不仅对每一个元素进行了运算，而且还对数据类型也执行了转换，产生了一个全新的类型Stream。

```
2 is 1 digits.
4535 is 4 digits.
345 is 3 digits.
565667 is 6 digits.
2424 is 4 digits.
565 is 3 digits.
```

5. skip操作

对Stream的skip操作与limit类似，但是其作用却是相反的，limit会对Stream执行截断操作，只保留前n个数量的元素，而skip操作会跳过（丢弃）n（指定数量）个元素，并且返回一个全新的 Stream。如果 n 大于当前 Stream 元素的个数，那么该操作就相当于是对 Stream 元素执行了一次清空操作。

```
//0, 1, 2, 3, 4, 5, 6, 7, 8, 9
IntStream.range(0, 10)
            //5, 6, 7, 8, 9
            .skip(5)
            .forEach(System.out::println);

//0, 1, 2, 3, 4, 5, 6, 7, 8, 9
IntStream.range(0, 10)
            //empty 清空
            .skip(10)
            .forEach(System.out::println);
```

6. peek 操作

对 Stream 中所有的元素都执行 consume 操作，并且返回一个与原 Stream 类型、元素数量完全一样的全新 Stream。该操作并不会使元素数据、类型产生任何改变，看起来更像是一个对其他 intermediate 操作的 debug 操作。在 Storm 的 Trident 中对实时数据流也有类似于 debug 的操作，其方法名也叫 peek。

下面我们来看一个简单的例子。

```
//创建一个 IntStream，半开半闭区间
int result = IntStream.range(0, 10)
     //执行 peek 操作，输出 Stream 的每一个元素，并且创建一个数量和类型完全一样的全新 Stream
     .peek(System.out::println)
     //对 Stream 执行 map 操作，每一个元素都会被乘以 2，并且返回一个全新的 Stream
     .map(i -> i * 2)
     //执行 peek 操作，输出 Stream 的每一个元素，并且创建一个数量和类型完全一样的全新 Stream
     .peek(System.out::println)
     //对 Stream 执行 filter 操作，过滤掉不满足条件的数据，并且返回一个全新的 Stream
     .filter(i -> i > 10)
     //执行 peek 操作，输出 Stream 中的每一个元素，并且创建一个数量和类型完全一样的全新 Stream
     .peek(System.out::println)
     //对 Stream 中的元素执行 sum 操作，该操作是一个 Terminal 操作
     .sum();
     System.out.println(result);
```

运行上面的程序片段，Stream 在执行了 peek 后虽然会产生一个全新的 Stream，但并不会使元素类型和个数发生任何改变。

7. sorted 操作

对 Stream 执行 sorted 操作，会返回一个经过自然排序（默认情况下以从小到大的方式排序）的全新 Stream，下面来看一段示例代码片段。

```
Stream.of(2, 4535, 345, 565667, 2424, 565)
       .sorted()
       .forEach(System.out::println);
```

在使用排序操作时，需要注意的是，我们无法针对一个非 Comparable 子类进行排序，如果对一个非 Comparable 子类进行排序则会引起错误。

```
Stream.of(new Entity("Java"), new Entity("Scala"), new Entity("Java"))
```

```
        .sorted()
        .forEach(System.out::println);
```

运行上面的代码片段将会出现 Entity 无法转换为 Comparable 类型的转换异常（见图 6-4）。

```
Exception in thread "main" java.lang.ClassCastException: com.wangwenjun.concurrent.streams.StreamIntermediateOperation$Entity cannot be cast to java.lang.Comparable
    at java.util.Comparators$NaturalOrderComparator.compare(Comparators.java:47)
    at java.util.TimSort.countRunAndMakeAscending(TimSort.java:351)
    at java.util.TimSort.sort(TimSort.java:216)
    at java.util.Arrays.sort(Arrays.java:1512)
    at java.util.stream.SortedOps$SizedRefSortingSink.end(SortedOps.java:348) <2 internal calls>
    at java.util.stream.ForEachOps$ForEachOp.evaluateSequential(ForEachOps.java:151)
    at java.util.stream.ForEachOps$ForEachOp$OfRef.evaluateSequential(ForEachOps.java:174) <1 internal call>
    at java.util.stream.ReferencePipeline.forEach(ReferencePipeline.java:418)
    at com.wangwenjun.concurrent.streams.StreamIntermediateOperation.streamOfSorted(StreamIntermediateOperation.java:156)
    at com.wangwenjun.concurrent.streams.StreamIntermediateOperation.main(StreamIntermediateOperation.java:21)
```

图 6-4　执行 sorted 操作的 Stream 元素必须是 Comparable 的子类

解决上面这样的问题相信并不难，在这里笔者将不再赘述。除此之外，sorted 操作还提供了一个重载方法。如果你不想让 Entity 实现 Comparable 接口，则可以借助这种传入 Comparator 接口的方式来实现排序的功能。

```
Stream.of(new Entity("Java"), new Entity("Scala"), new Entity("Java"))
        // 执行 sorted 操作，并且传入 Comparator 的实现
        .sorted(Comparator.comparing(o -> o.value))
        .forEach(System.out::println);
```

8. flatMap 操作

在 Stream 序列元素中，数据类型可以是任意类型，那么 Stream 的数据元素类型是否可以是其他的 Stream 呢？这当然是可行的，map 操作是对 Stream 元素进行一对一的操作，每一个 Stream 的元素经过 map 函数计算之后对应于另一个 Stream 的元素；flatMap 提供了一种一对多的操作模式，它会将类型为 Stream<R> 的 Stream<Stream<R>> 扁平化为 Stream<R> 并且产生一个全新的 Stream。

```
// Stream.of(1, 2, 3, 4, 5, 6) 产生一个 Stream<Integer> 的 Stream
Stream<Stream<Integer>> newStream = Stream.of(1, 2, 3, 4, 5, 6)
// 经过 map 操作之后产生一个全新的 Stream<Stream<Integer>>
        .map(i -> Stream.of(i, i * 2, i * i));
```

那么，此刻如果想让 Stream<Stream<Integer>> 的元素数据都增大 10 倍又该如何操作呢？我们进一步对其进行操作。

```
// newStream.map(m->m*10); 这显然是行不通的，因为 m 此刻是一个 Stream
// 我们需要在 newStream 的 map 操作中再次执行元素的 map 操作才能满足我们的要求
newStream.map(m->m.map(i->i*10))
          .forEach(System.out::println);
```

运行上面的程序，你会发现控制台的输出结果仍然是针对 Stream 的输出，而不是针对数据的输出。

```
java.util.stream.ReferencePipeline$3@6acbcfc0
java.util.stream.ReferencePipeline$3@5f184fc6
java.util.stream.ReferencePipeline$3@3feba861
java.util.stream.ReferencePipeline$3@5b480cf9
java.util.stream.ReferencePipeline$3@6f496d9f
java.util.stream.ReferencePipeline$3@723279cf
```

如何修改才能将我们期望的数据结果全部输出到控制台呢？其实在 foreach 操作中同样要执行 foreach 操作才可以，修改后的程序代码如下所示。

```
newStream.map(m -> m.map(i -> i * 10))
        .forEach(m -> m.forEach(System.out::println));
```

这种嵌套的操作方式非常不优雅，代码的可读性也比较差，下面我们借助于 flatMap 的方式将 Stream<Stream<Integer>> 扁平化为 Stream<Integer>，然后再进行其他的操作。Stream 的 flatMap 操作流程如图 6-5 所示。

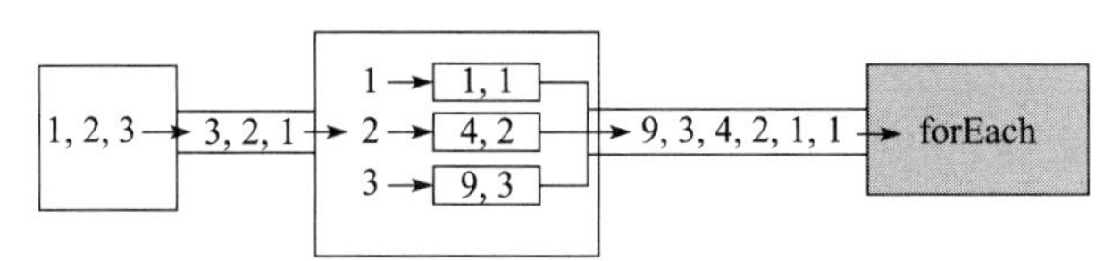

图 6-5　Stream 的 flatMap 操作

```
Stream<Integer> newStream = Stream.of(1, 2, 3, 4, 5, 6)
        //执行 flatMap 操作，返回一个 Stream<Integer>
        .flatMap(i -> Stream.of(i, i * 2, i * i));
newStream.map(i -> i * 10)
        .forEach(System.out::println);
```

在什么情况下我们才会创建一个 Stream<Stream<R>> 类型的 Stream 呢？比如，我们通过 Files 创建了 Stream<String>（每一个元素为文本的一行记录），然后根据空格将每一行切割成每个单词的 Stream<String>（每一个元素为一个单词），这个时候就可以使用 flatMap 操作一步到位地将每个元素变为一个单词的 Stream<String> 而不是 Stream< Stream<String>>。

```
//创建 path
Path path = Paths.get("文件路径");
//lines 会返回一个元素为每一行文本内容的 Stream<String>
Files.lines(path, Charset.forName("UTF-8"))
//flatMap 操作会将每一行单词的 Stream<String> 扁平化为所有单词的 Stream<String>
     .flatMap(line -> Arrays.stream(line.split("\\s+")))
     .forEach(System.out::println);
```

9. 其他 Intermediate 操作

自 JDK 1.8 以后，对于 JDK 的每一次升级，我们都可以从中看到 JDK 对 Stream 一些全新操作的支持，比如，JDK 9 提供了对 Stream 的 dropWhile 操作、takeWhile 操作等的支持，但是本书主要是基于 JDK 1.8 来讲解的，因此不会涉及 JDK 1.8 以后的 Stream 操作，感兴趣的读者可以自行参阅 JDK 9 的相关书籍或者内容。

6.1.3　Stream 之 Terminal 操作

Stream 的 Terminal 操作会终结 Stream 的流水线（pipeline）的继续执行，最终返回一个非 Stream 类型的结果（foreach 操作可以理解为返回的是 void 类型的结果）。因此在一个 Stream 的流水线中执行了 Terminal 方法之后，Stream 将被关闭。

Stream 提供了比较多的 Terminal 类型的操作（具体如表 6-2 所示），本节将逐个介绍 Terminal 类型操作的使用方法。

表6-2 Stream的Terminal方法列表

方　法	描　述
match	match类型的操作返回值为布尔类型，主要用于判断是否存在匹配条件（Predicate）的元素，match类型的具体操作如下。 ❑ allMatch()：若所有的元素都匹配条件，则结果为true，否则为false ❑ anyMatch()：只要有一个元素匹配条件，则结果为true，否则为false ❑ noneMatch()：若所有的元素都不匹配条件，则结果为true，否则为false
find	find类型的操作会返回Stream中的某个元素Optional，一般情况下，我们会在一个包含filter操作的流水线中使用find操作返回过滤后的某个值，find类型的具体操作如下。 ❑ Optional<T> findFirst()：返回Stream中的第一个元素 ❑ Optional<T> findAny()：返回Stream中的任意一个元素
foreach	foreach操作用于对Stream中的每一个元素执行consume函数，Stream提供了两种方式的foreach，具体如下。 ❑ forEach(Consumer<T> consumer)：为每一个元素执行consume函数，但是在并发流中，对source stream或者upstream的执行并不会按顺序来 ❑ forEachOrdered(Consumer<T> consumer)：为每一个元素执行consume函数，在并发流中将保持对source stream或者upstream的原始顺序
count	count操作用于返回Stream中的元素个数，返回值为一个long型的数值
max	max类型的操作会根据Comparator接口的定义，返回Stream中最大的那个元素
min	min类型的操作会根据Comparator接口的定义，返回Stream中最小的那个元素
collect	collect操作可以将Stream中的元素聚合到一个新的集合中，比如map、set、list
reduce	reduce操作通过BinaryOperator<T>函数式接口对Stream中的所有元素逐次进行计算，得到一个最终值并且返回

1. match操作

match类型的操作其返回值为布尔类型，该操作主要用于判断是否存在匹配条件（Predicate）的元素，match类型的操作主要包含如下3种。

❑ allMatch()：若所有的元素都匹配条件，则结果为true，否则为false。

❑ anyMatch()：只要有一个元素匹配条件，则结果为true，否则为false。

❑ noneMatch()：若所有的元素都不匹配条件，则结果为true，否则为false。

```
// 所有的元素都大于0
assert Stream.of(1, 2, 3, 4, 5, 6)
            .allMatch(i -> i > 0);

// 只要有一个元素大于5就满足匹配条件
assert Stream.of(1, 2, 3, 4, 5, 6)
            .anyMatch(i -> i > 5);

// 所有的元素都不大于10
assert Stream.of(1, 2, 3, 4, 5, 6)
            .noneMatch(i -> i > 10);
```

2. find操作

find类型的操作会返回Stream中的某个元素Optional，一般情况下，我们会在一个包含filter操作的流水线中使用find操作返回过滤后的某个值，find类型的具体操作如下。

❑ Optional<T> findFirst()：返回Stream中的第一个元素。

- Optional<T> findAny()：返回 Stream 中的任意一个元素。

```
Stream.of(1, 2, 3, 4, 5, 6)
        // 过滤操作
        .filter(i -> i > 3)
        // 获取第一个元素，返回 Optional<Integer>
        .findFirst()
        .ifPresent(r ->
        {
            // 断言第一个元素是 4
            assert r == 4;
        });


assert Stream.of(1, 2, 3, 4, 5, 6)
              .filter(i -> i > 3)
              // 获取任意一个元素，返回结果同样为 Optional<Integer>
              .findAny()
              // 由于返回结果是任意值，因此不能使用具体值进行断言，存在即可
              .isPresent();

// 过滤之后的 Stream 为空，因此 findAny 返回的 Optional<Integer> 将不存在元素
assert !Stream.of(1, 2, 3, 4, 5, 6)
               .filter(i -> i > 10)
               .findAny()
               .isPresent();
```

3. foreach 操作

foreach 操作用于对 Stream 中的每一个元素执行 consume 函数，Stream 提供了两种方式的 foreach，具体如下。

- forEach(Consumer<T> consumer)：为每一个元素执行 consume 函数，但是在并发流中，对 source stream 或者 upstream 的执行并不会按顺序来。
- forEachOrdered(Consumer<T> consumer)：为每一个元素执行 consume 函数，在并发流中将保持对 source stream 或者 upstream 的原始顺序。

```
IntStream.range(0, 100)
          // 转换为并行流
          .parallel()
          // 执行 foreach 操作，输出每一个元素
          .forEach(System.out::println);

System.out.println("====================");

IntStream.range(0, 100)
          // 转换为并行流
          .parallel()
          // 在并行流中，执行 forEachOrdered 操作，输出每一个元素
          .forEachOrdered(System.out::println);
```

执行上面的程序片段，大家会发现，forEach 操作在对并行流中的每一个元素执行 consume 函数时的输出顺序是乱序的，而 forEachOrdered 则始终能够保持 source stream 的原始元素顺序，当然在普通的流中两者并没有任何区别。

4. count 操作

count 操作用于返回 Stream 中元素的个数，使用起来也是非常简单的。

```
long count = Stream.of(1, 2, 3, 4, 5, 6)
                   //过滤
                   .filter(i -> i % 2 == 0)
                   //执行count操作，返回Stream中元素的个数
                   .count();
//断言数量为3
assert count == 3;

//与下面的写法完全等价
long sum = Stream.of(1, 2, 3, 4, 5, 6)
                 .filter(i -> i % 2 == 0)
                 .mapToLong(i -> 1L)
                 .sum();
assert sum == 3;
```

5. max操作

根据Comparator接口的定义，max操作会返回Stream中最大的那个元素，在执行该操作时需要指定Comparator的实现。

```
Optional<Integer> max = Stream.of(1, 2, 3, 4, 5, 6)
                              .max(Comparator.comparingInt(o -> o));
assert max.get() == 6;
```

6. min操作

根据Comparator接口的定义，min操作会返回Stream中最小的那个元素，在执行该操作时需要指定Comparator的实现。

```
Optional<Integer> min= Stream.of(1, 2, 3, 4, 5, 6)
                             .min(Comparator.comparingInt(o -> o));
assert min.get() == 1;
```

7. collect操作

collect操作可以将Stream中的元素聚合到一个新的集合中，比如map、set、list，甚至integer中，collect操作涉及Collector的使用。本节只是简单地演示一下如何使用collect方法即可，6.2节中会详细讲解Collector接口的原理，以及在Stream中该如何使用等。

```
List<String> list = Stream.of(1, 2, 3, 4, 5, 6)
                          //通过map操作，将i转换成字符串，Strings为Google Guava工具类
                          .map(i -> Strings.repeat(String.valueOf(i), i))
                          //将结果聚合到一个list容器中
                          .collect(Collectors.toList());
//输出结果
System.out.println(list);
//执行上面的程序会得到如下结果
[1, 22, 333, 4444, 55555, 666666]
```

如果想将一个list容器中的所有单词进行字数统计，借助于collect操作将是非常容易实现的，代码如下所示。

```
//单词list
List<String> words = Arrays.asList("Scala", "Java", "Stream",
                                   "Java", "Alex", "Scala", "Scala");
//根据words创建一个Stream
Map<String, Long> count = words.stream()
                               //执行collect操作
```

```
                                .collect(
                                //进行分组操作
              Collectors.groupingBy(Function.identity(), Collectors.counting())
        );
//输出结果
System.out.println(count);
//运行上面的程序会得到如下结果
{Alex=1, Java=2, Scala=3, Stream=1}
```

怎么样，collect 方法配合 Collector 使用，其功能非常强大吧。该方法不只是强大而且还非常灵活，因此本书专门有一个独立的小节（6.2 节）为读者详细讲解 collector 接口的使用和原理。

8. reduce 操作

reduce 操作通过 BinaryOperator<T> 函数式接口对 Stream 中的所有元素逐次进行计算，得到一个最终值并且返回（如图 6-6 所示）。

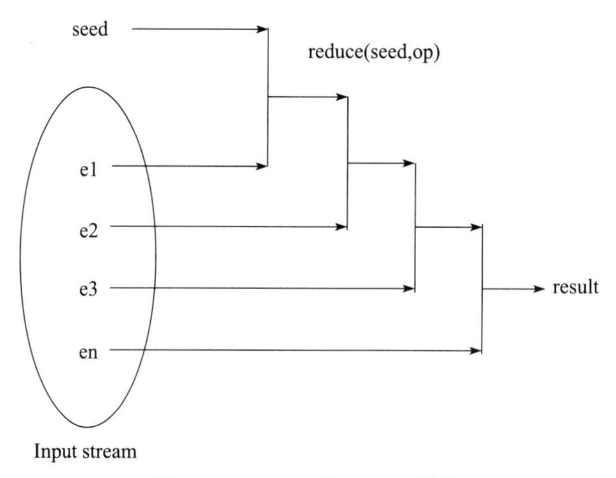

图 6-6 Stream 的 reduce 操作

假如我们想计算 Stream 中元素相加之和，则可以借助于 reduce 操作很好地完成。

```
Integer sum = Stream.of(4, 5, 3, 9).reduce(0, Integer::sum);
System.out.println(sum);
```

程序的执行结果肯定是 Stream 所有元素之和 21。下面再来看一个例子，假设我们想得到一个 String 集合中长度最长的字符串又该如何操作呢？

```
List<String> words = Arrays.asList("Java", "Scala", "Stream",
        "JavaStreamAndReduce", "ScalaStream");
String maxLengthWords = words.stream()
        .reduce((s1, s2) -> s1.length() > s2.length() ? s1 : s2)
        .get();
assert maxLengthWords.equals("JavaStreamAndReduce");
```

是不是非常简单？为了能够更加深刻地理解 reduce 操作的执行原理，请看图 6-7 所示的关于 reduce 方法运行过程的分解图。

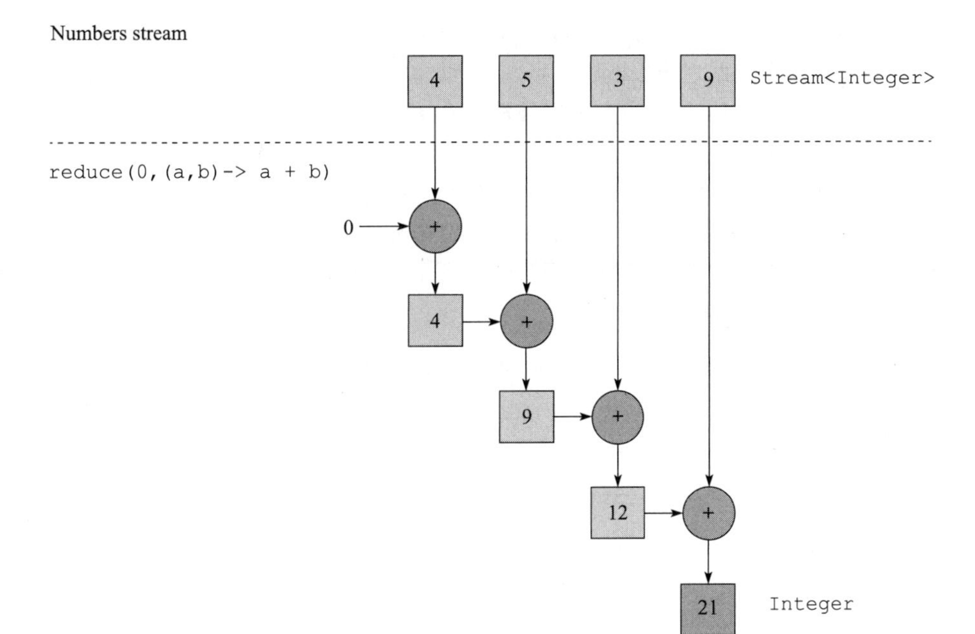

图 6-7 Stream的reduce运行过程分解图

6.1.4 NumericStream详解

6.1.2节及6.1.3节中，关于Stream的所有操作都是基于Stream<T>这个泛型接口而来的，由于是泛型接口，因此其意味着可以支持任意类型的数据元素。但是在Java中，为何还要提供NumericStream（NumericStream是一个总称，代表着具体数据类型的Stream，比如IntStream、LongStream等）呢？本节就来揭晓答案，Java中提供了如下几种NumericStream。

- IntStream：元素为int类型的Stream。
- DoubleStream：元素为double类型的Stream。
- LongStream：元素为long类型的Stream。

1. 为何要有NumericStream

首先NumericStream提供了更多针对数据类型的操作方式，比如可以通过sum这个Terminal操作直接获取IntStream中所有int元素相加的和，可以通过max操作直接获取在IntStream中最大的int类型的元素而无须传入Comparator，还可以通过min操作直接获取在IntStream中最小的int类型的元素而无须传入Comparator。示例代码如下。

```
// 直接使用sum操作返回Stream中所有元素之和
assert IntStream.of(1, 2, 3, 4, 5).sum() == 15;
// 直接使用max操作返回最大值OptionalInt
assert IntStream.of(1, 2, 3, 4, 5).max().getAsInt() == 5;
// 直接使用min操作返回最小值OptionalInt
assert IntStream.of(1, 2, 3, 4, 5).min().getAsInt() == 1;
```

当然，即使IntStream不提供如此方便的方法也并不能影响什么，基于Stream<Integer>实现类似的功能也并不是一件很困难的事情。

再来说说性能和内存占用。Stream<Integer> 流中的元素都是 Integer 类型，也就是 int 的引用类型，Integer 类型数据之所以能够进行与 int 类型一样的数学计算，是因为其经历了拆箱的过程（unbox）；相对应的，int 类型可以被放置在诸如 List<Integer> 的容器中也主要得益于封箱（box），这一切都是 Java 程序编译器帮我们默默处理的。也就是说，Stream<Integer> 中的每一个元素要进行计算首先得经历一次拆箱的性能损耗，假设一次拆箱的 CPU 时间为 *S* 个单位时间，那么在同等元素数量下，IntStream 要比 Stream<Integer> 节约 *NS* 个单位时间。

下面通过一个基准测试实例来对比一下 IntStream 和 Stream<Integer> 对所有元素进行累加的性能开销，结果将会更加直观和客观。

程序代码：StreamIntegerVsIntStream.java

```java
package com.wangwenjun.concurrent.streams;

import org.openjdk.jmh.annotations.*;
import org.openjdk.jmh.infra.Blackhole;
import org.openjdk.jmh.runner.Runner;
import org.openjdk.jmh.runner.RunnerException;
import org.openjdk.jmh.runner.options.Options;
import org.openjdk.jmh.runner.options.OptionsBuilder;

import java.util.concurrent.TimeUnit;
import java.util.stream.IntStream;
import java.util.stream.Stream;

@Warmup(iterations = 20)
@Measurement(iterations = 20)
@Fork(1)
@BenchmarkMode(Mode.AverageTime)
@OutputTimeUnit(TimeUnit.MICROSECONDS)
@State(Scope.Thread)
public class StreamIntegerVsIntStream
{
    // 定义 Stream<Integer>
    private Stream<Integer> integerStream;
    // 定义 IntStream
    private IntStream intStream;

    // 注意 Level 必须是 Invocation，原因是 Stream 只能操作一次，前文中已经解释过
    @Setup(Level.Invocation)
    public void init()
    {
        this.integerStream = IntStream.range(0, 100).boxed();
        this.intStream = IntStream.range(0, 100);
    }

    // Stream<Integer> 所有的操作都需要经历拆箱和封箱的过程
    @Benchmark
    public void streamIntegerReduce(Blackhole hole)
    {
        int result = this.integerStream
                         .map((Integer i) -> i * 10)
                         .reduce(0, (Integer a, Integer b) ->
                         {
                            return a + b;
                         });
        hole.consume(result);
    }
```

```
    //Stream<Integer>在进行操作之前先主动拆箱，然后再进行其他的操作
    @Benchmark
    public void streamIntegerUnboxThenReduce(Blackhole hole)
    {
        int result = integerStream
                .mapToInt(Integer::intValue)
                .map((int i) -> i * 10)
                .reduce(0, (int a, int b) ->
                {
                    return a + b;
                });
        hole.consume(result);
    }

    //所有的操作都是基于基本类型 int 的
    @Benchmark
    public void intStreamReduce(Blackhole hole)
    {
        int result = intStream
                .map((int i) -> i * 10)
                .reduce(0, (int a, int b) ->
                {
                    return a + b;
                });
        hole.consume(result);
    }

    public static void main(String[] args) throws RunnerException
    {
        final Options opt = new OptionsBuilder()
           .include(StreamIntegerVsIntStream.class.getSimpleName())
           .build();
        new Runner(opt).run();
    }
}
```

运行上面的基准测试，我们可以看到 IntStream 的计算效率至少要高出 Stream<Integer>60%。

```
Benchmark                     Mode  Cnt  Score   Error  Units
intStreamReduce               avgt   20  1.914 ± 0.449  us/op
streamIntegerReduce           avgt   20  2.921 ± 0.462  us/op
streamIntegerUnboxThenReduce  avgt   20  2.474 ± 0.120  us/op
```

通过本节的讲解，相信读者应该清晰地知道了即便 Stream<Integer> 可以很好地完成操作，还要提供 NumericStream 的原因。

2. Stream 之间的互转

在基准测试 StreamIntegerVsIntStream.java 的 streamIntegerUnboxThenReduce 方法中，已经提到如何将一个 Stream<Integer> 转换为 IntStream 的操作，IntStream 想要转换为 Stream<Integer>，采用的也是类似的操作，本节就来简单总结一下。

（1）Stream 转换为 NumericStream

- IntStream mapToInt(ToIntFunction<? super T> mapper)：转换为 IntStream。
- LongStream mapToLong(ToLongFunction<? super T> mapper)：转换为 LongStream。
- DoubleStream mapToDouble(ToDoubleFunction<? super T> mapper)：转换为 DoubleStream。

（2）IntStream 转换为其他 Stream

- Stream<Integer> boxed()：转换为 Stream<Integer>。

- Stream<U> mapToObj(IntFunction<? extends U> mapper)：转换为 Stream<U>。
- LongStream mapToLong(IntToLongFunction mapper)：转换为 LongStream。
- DoubleStream mapToDouble(IntToDoubleFunction mapper)：转换为 DoubleStream。
- LongStream asLongStream()：转换为 LongStream。
- DoubleStream asDoubleStream()：转换为 DoubleStream。

（3）LongStream 转换为其他 Stream

- Stream<Long> boxed()：转换为 Stream<Long>。
- DoubleStream asDoubleStream()：转换为 DoubleStream。
- Stream<U> mapToObj(LongFunction<? extends U> mapper)：转换为 Stream<U>。
- IntStream mapToInt(LongToIntFunction mapper)：转换为 IntStream。
- DoubleStream mapToDouble(LongToDoubleFunction mapper)：转换为 DoubleStream。

（4）DoubleStream 转换为其他 Stream

- Stream<Double> boxed()：转换为 Stream<Double>。
- Stream<U> mapToObj(DoubleFunction<? extends U> mapper)：转换为 Stream<U>。
- IntStream mapToInt(DoubleToIntFunction mapper)：转换为 IntStream。
- LongStream mapToLong(DoubleToLongFunction mapper)：转换为 LongStream。

（5）串行流与并行流之间的转换

默认情况下，我们创建的 Stream 都是 sequential（串行的），但是如果想将其转换为并行流，则可以借助于 parallel() 方法将一个串行流转换为并行流，在并行流的运算中，操作将被并行化地运行。

```java
// 串行流转换为并行流
IntStream.of(1, 2, 3, 4, 5).parallel().forEach(System.out::println);
// 并行流
IntStream parallelStream = IntStream.of(1, 2, 3, 4, 5).parallel();
//filter 和 map 操作并行运行，然后使 stream 串行化后再进行操作
parallelStream.filter(i -> i > 1).map(i -> i * 10)
        .sequential()
        .forEach(System.out::println);
```

6.1.5 Stream 总结

本节首先快速地了解了如何使用 Stream 丰富 Collection 的操作，然后非常详细地讲解了如何通过不同的方式创建 Stream。Stream 的操作方式包含了很多种，但是总体来说可以分为两大类 Intermediate 和 Terminal，前者操作之后会产生一个全新的 Stream，后者则会终止整个 Stream pipeline，并且得到最终的返回结果，同样本节几乎介绍了 Stream 操作的每一个方法，由于 Collector 相对比较复杂且内容丰富，因此 6.2 节将会专门讲解。本节的最后还列举了不同 Stream 之间的转换，并且分析了 NumericStream 存在的意义。

6.2 Collector 在 Stream 中的使用

在 6.1.3 节中，我们已经体验过了 collect 操作：将 Stream 中的元素聚合到一个 List 容器

中；对 Stream 中的元素进行分组并且聚合到一个 Map 容器中，这一切主要得益于 Collector 接口在 Stream collect 操作中发挥的作用。本节就来深入解析 Collector 接口的使用，在本节的最后一部分，我们还会利用所学知识自定义一个 Collector，以加深对 Collector 接口的认识。

Collector 在 Stream 中的主要用途大致包含如下三项。

- Reduce 和 Summarizing Stream 中的元素到一个单一的新的输出。
- 对 Stream 中的元素进行分组（Grouping）。
- 对 Stream 中的元素进行分区（Partitioning）。

6.2.1 初识 Collector

在深入掌握 Collector 之前，我们需要先学习如何使用 Collector，以对其有一个基本粗浅的理解。下面通过几个简单的代码示例来感受一下 Collector 的用法。

首先定义一个简单的商品类，其中只包含两个字段：name（string 类型）和 price（double 类型）。

程序代码：Production.java

```
package com.wangwenjun.concurrent.streams;

class Production
{
    private final String name;
    private final double price;

    Production(String name, double price)
    {
        this.name = name;
        this.price = price;
    }

    public String getName()
    {
        return name;
    }

    public double getPrice()
    {
        return price;
    }
}
```

Stream 中包含了若干 Production 元素，借助于 Stream Collector 接口，我们可以实现很多非常有意思且功能强大的功能。

1. Reduce 和 Summarizing Stream 操作

计算 Stream 中所有衣服商品的价格总和，可以借助于 summingDouble() 方法来实现。

```
// 构造 Stream，元素类型为 Production
Stream<Production> stream = Stream.of(
        new Production("T-Shirt", 43.34d),
        new Production("cloth", 99.99d),
        new Production("shoe", 123.8d),
        new Production("hat", 26.5d),
```

```
        new Production("cloth", 199.99d),
        new Production("shoe", 32.5d)
);

// 过滤，只保留衣服元素并且返回一个新的 Stream
Double totalPrice = stream.filter(p -> p.getName().equals("cloth"))
// 执行 collect 操作，通过 summingDouble ( ) 方法计算所有商品的总价
        .collect(Collectors.summingDouble(Production::getPrice));
// 断言
assert totalPrice == 99.99d + 199.99d;
```

当然，上述代码片段即使不使用collect操作也是非常容易实现的，下面分别使用DoubleStream的sum操作和reduce操作来实现，代码片段如下所示。

```
Double totalPrice = stream.filter(p -> p.getName().equals("cloth"))
         // 将 Stream<Production> 转换为 DoubleStream
        .mapToDouble(Production::getPrice)
        // 执行 sum 操作
        .sum();
// 断言
assert totalPrice == 99.99d + 199.99d;

// 同上
Double totalPrice = stream.filter(p -> p.getName().equals("cloth"))
        .mapToDouble(Production::getPrice)
        // 执行 reduce 操作
        .reduce(0, Double::sum);
// 断言成功
assert totalPrice == 99.99d + 199.99d;
```

虽然通过前文所学的Stream操作可以很容易地实现类似于collect summingDouble的功能，但是相较于传统的操作方式，collect操作显然要强大优雅很多。

2. 简单了解分组操作

现在我们根据品类对商品进行分类，并且计算每一个品类商品的总价，应该如何操作呢？首先我们使用传统的方式实现该功能，代码如下。

```
List<Production> list = Arrays.asList(new Production("T-Shirt", 43.34d),
        new Production("cloth", 99.99d),
        new Production("shoe", 123.8d),
        new Production("hat", 26.5d),
        new Production("cloth", 199.99d),
        new Production("shoe", 32.5d));
final Map<String, Double> prodPrice = new HashMap<>();

for (Production p : list)
{
    String prodName = p.getName();
    double price = p.getPrice();
    // 如果 prodPrice 包含品类名称，则进行累加
    if (prodPrice.containsKey(prodName))
    {
        Double totalPrice = prodPrice.get(prodName);
        prodPrice.put(prodName, totalPrice + price);
    } else// 否则直接存入 prodPrice
    {
        prodPrice.put(prodName, price);
    }
}
```

```
//断言语句
assert prodPrice.size() == 4;
assert prodPrice.get("T-Shirt") == 43.34d;
assert prodPrice.get("cloth") == 99.99d + 199.99d;
assert prodPrice.get("shoe") == 123.8d + 32.5d;
assert prodPrice.get("hat") == 26.5d;
```

通过传统的方式来做到类似的操作也没有任何问题，但是代码中存在逻辑判断，以及显示分组的操作（需要定义Map），那么使用Collector重构之后呢？代码很明显简洁了很多，并且隐藏了诸多细节，比如，不用显式地定义Map，不用进行逻辑判断，重构之后的代码如下。

```
Map<String, Double> groupingPrice = stream.collect(
        //调用groupingBy函数
        Collectors.groupingBy(
                //Function
                Production::getName,
                //针对down Stream的Collector操作
                Collectors.summingDouble(Production::getPrice)
        )
);
```

运行重构之后的代码片段可以实现与传统方式同样的功能，但是看起来代码精简了很多，当然代码精简只是运用Stream的一个附加值而已。在进行collect操作之前所有的操作都是以lazy的方式进行的，除此之外，针对Stream的每一个操作都可以轻而易举地做到并行运算才是Stream为我们带来的核心价值。

3. 简单了解分区操作

在一个商品列表中，每一件商品的价格都不尽相同，我们可以根据商品的价格将其分为高低两个档位，也就是针对商品的价格对商品进行分区操作，比如，0～100元为低档；100元以上为高档，示例代码如下。

```
List<Production> list = Arrays.asList(new Production("T-Shirt", 43.34d),
        new Production("cloth", 99.99d),
        new Production("shoe", 123.8d),
        new Production("hat", 26.5d),
        new Production("cloth", 199.99d),
        new Production("shoe", 32.5d));
//定义用于存放结果的Map
final Map<String, List<Production>> prodLevel = new HashMap<>();
//以循环的方式遍历每一个production元素
for (Production p : list)
{
    //计算level
    String level = calculateLevel(p.getPrice());
    //调用Map的computeIfAbsent方法
    prodLevel.computeIfAbsent(level,
                key -> new ArrayList<>()
            ).add(p);
}

//根据价位进行分区计算
private static String calculateLevel(double price)
{
    if (price > 0 && price < 100)
    {
        return "LOW";
```

```
    } else if (price >= 100)
    {
        return "HIGH";
    } else
    {
        throw new IllegalArgumentException("Illegal production price.");
    }
}
```

通过 Collectors 的分区操作我们很容易就可以实现类似的功能，代码片段如下所示，Key 值为 True 时代表高端商品，为 False 时代表低端商品集合。

```
Map<Boolean, List<Production>> level = stream.collect(
            Collectors.partitioningBy(p -> p.getPrice() > 100)
);
```

6.2.2 Collectors 用法详解

Collectors 可以看作是 Collector 的工厂类，其为我们提供了非常多的内建 Collector 的方法，前文中使用 Stream 的 collect 操作也是直接使用 Collectors 为我们提供的工厂方法。本节将逐一学习和掌握 Collectors 所提供的每一个方法（方法比较多），笔者根据自己的方式将 Collectors 提供的方法进行了分类（主要是基于方法名和用途），这样有助于归纳和总结。

首先，我们来看一下 Collector 接口的定义，Collector 接口提供了 5 个方法，分别用于发挥不同的作用。

```
public interface Collector<T, A, R>
{
    Supplier<A> supplier();

    BiConsumer<A, T> accumulator();

    BinaryOperator<A> combiner();

    Function<A, R> finisher();

    Set<Characteristics> characteristics();
}
```

Collector 是一个泛型接口，有三个泛型参数分别是 T、A、R，其所代表的定义分别如下。

- T 代表着 Stream 元素的数据类型，比如 Production、String、Integer 等。
- A 代表着累加器的数据类型，在 Stream collect 方法源码中甚至将其命名为容器，通常情况下，经过了 collection 操作之后的部分数据会被存放在该累加器中或者容器中。
- R 代表着 collect 方法最终返回的数据类型。

了解了 Collector 接口的三个泛型参数之后，我们再来看看在 Collector 中，5 个接口方法将分别用来做什么？

- Supplier<A> supplier()：该方法将返回一个类型为 A 的 Supplier，该方法会创建一个元素容器，该容器在 accumulator() 方法中将会被用到，主要用于收集累加器计算的数据结果。
- BiConsumer<A, T> accumulator()：累加器方法是比较关键的方法，该方法会部分（在并行流中）运算或者全部计算（在串行流中）Stream 流经的元素，并且将其存入

supplier 方法构造出来的容器中。

- BinaryOperator<A> combiner()：该方法主要用于在并行流中进行结果的整合操作，请大家思考一下，在并行流中，每一个子线程都在执行部分数据的累加器方法，最后的结果该如何自处呢？当然是需要将其进行整合（分而治之，Fork Join 的思想），那么该方法的泛型参数与 supplier（ ）方法一致也就很容易理解了。
- Function<A, R> finisher()：当所有的计算完成之后，该方法将被用于做进一步的 transformation 操作，比如将 int 类型转换为 long 类型，同时该方法也是整个 Collector 接口在 Stream collect 操作中最后一个被调用的方法。
- Set<Characteristics> characteristics()：该方法主要用于定义 Collector 的特征值，包含了 CONCURRENT、UNORDERED 和 IDENTITY_FINISH 三个类型，在本章的自定义 Collector 部分会再次为大家详细讲解这部分的内容。

在了解了 Collector 泛型接口和 Collector 的 5 个方法之后，我们大概也清晰了 Collector 接口在 Stream 的 collect 操作中将被如何使用，由于 Stream 既可以是并行流也可以是串行流，因此 Collector 接口方法的使用也包含了两种不一样的方式。Collector 接口方法在串行流中的执行过程如图 6-8 所示。

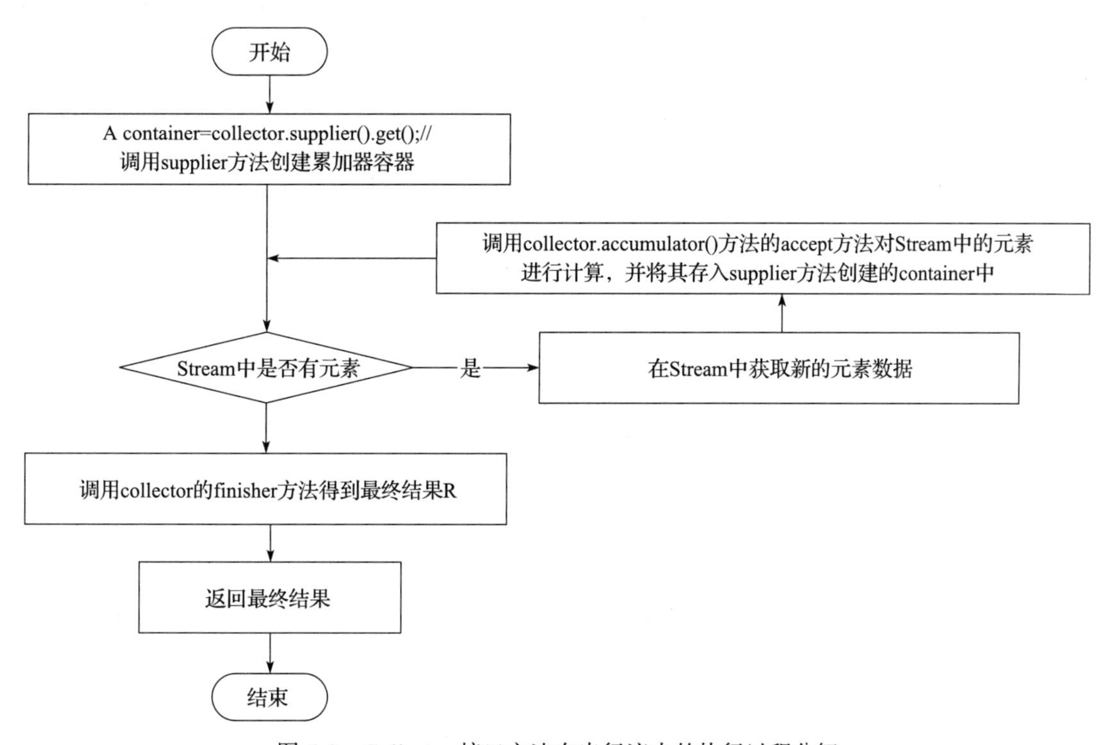

图 6-8　Collector 接口方法在串行流中的执行过程分解

如图 6-8 所示的是在串行流 Stream 中进行 collect 操作时的 Collector 接口方法执行过程分解，其中 combiner 方法将不会被使用到，因为不存在子线程子任务数据的合并动作，所有的操作将直接由单线程来完成，关于这一点我们在讲述 accumulator() 方法时已经介绍过了。

Collector 接口在并行流中的执行过程就显得有点复杂了，毕竟涉及了子任务的拆分、数据结果的合并等操作，不过幸好 Java 的 Stream 为我们屏蔽了这些动作，开发人员在不理解其内部原理的情况下也可以运用自如，这并不是什么大问题。Collector 接口方法在并行流中的执行过程如图 6-9 所示。

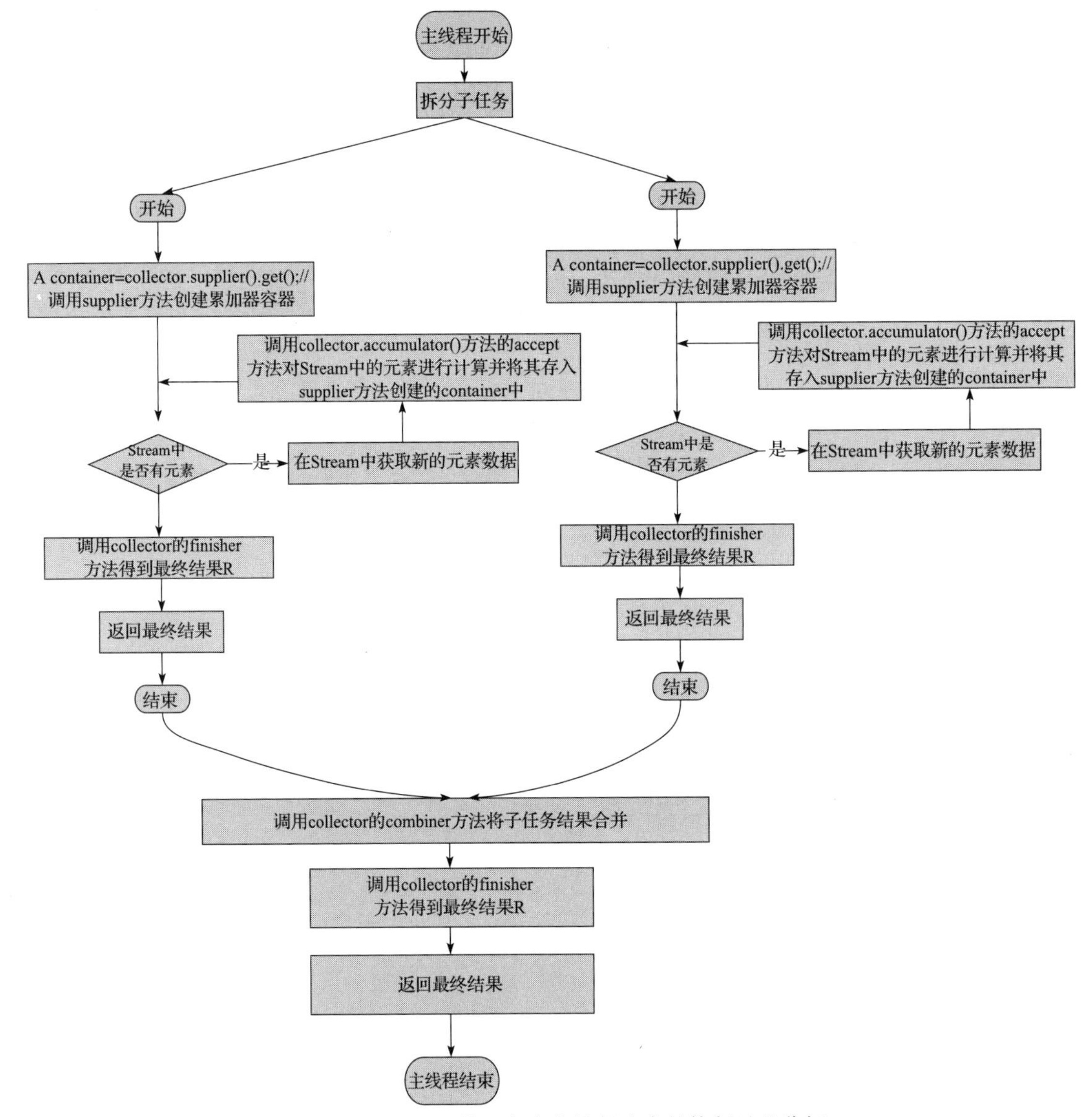

图 6-9 Collector 接口方法在并行流中的执行过程分解

1. Collectors.averaging 类型方法

Collectors 提供了三个与 averaging 有关的操作方法，具体如下。

- averagingInt(ToIntFunction<? super T> mapper)：将 Stream 的元素 T 转换为 int 类型，然后计算其平均值。
- averagingLong(ToLongFunction<? super T> mapper)：将 Stream 的元素 T 转换为 long 类型，然后计算其平均值。
- averagingDouble(ToDoubleFunction<? super T> mapper)：将 Stream 的元素 T 替换为 double 类型，然后计算其平均值。

```
// 获取所有商品价格的平均值，使用 averagingDouble 方法
Double averagePrice = stream.collect(
    Collectors.averagingDouble(Production::getPrice)
);

// 获取所有商品价格的平均值，使用 averagingInt 方法
Double averagePrice = stream.collect(
    Collectors.averagingInt(p -> (int) p.getPrice())
);

// 获取所有商品价格的平均值，使用 averagingLong 方法
Double averagePrice = stream.collect(
    Collectors.averagingLong(p -> (long) p.getPrice())
);
```

2. Collectors.collectingAndThen 方法

该方法的主要作用是对当前 Stream 元素经过一次 Collector 操作之后再次进行 transformation 操作，来看一个示例，假如我们对所有商品的价格进行平均值的聚合操作之后再进行币种的换算，比如将人民币转换为越南盾（1 元人民币≈ 3264.4791 越南盾），那么示例代码如下：

```
Double averagePriceByVND = stream.collect(
     // collectingAndThen 方法需要两个参数，前者是一个 Collector，后者是一个 Function，下
面对 downstream 的结果进行 transformation 运算
    Collectors.collectingAndThen(
          // 调用 averagingDouble 方法
          Collectors.averagingDouble(Production::getPrice),
          // lambda 表达式
          p -> p * 3264.4791d
    ));
```

3. Collectors.counting 方法

counting 方法所创建的 Collector，其主要用于返回 Stream 中元素的个数，当 Stream 中没有任何元素时返回 0，counting 方法在 Stream collect 操作中的效果实际上是等价于 Stream 的 count 方法，但是由于 counting 方法返回的是一个 Collector，因此它可以应用于其他的 Collectors 方法中，比如 collectingAndThen（ ）方法。

```
// 使用 Stream 的 collect 操作，通过 Collectors 的 counting 方法返回 Collector
assert stream.collect(Collectors.counting())==6;
// 上面的操作事实上等价于
assert stream.count()==6;
// 注意：上面的代码不能放到一起运行，原因在前文中已经讲解过了。
```

4. Collectors.mapping 方法

mapping 方法的方法签名为 <T, U, A, R> Collector<T, ?, R> mapping(Function<? super T, ?

extends U> mapper, Collector<? super U, A, R> downstream)。

结合前文学习的知识和方法的签名，我们可以有个大致的判断，首先Function函数将Stream中的类型为T的元素transformation成U类型，紧接着downstream collector将处理元素类型为U的Stream。下面通过一个例子进行说明，销售人员通常会根据商品的销量获得相应的提成，比如10个点的提成，这里借助于mapping方法来计算一下某销售人员的销售提成。

```
double deductInComing = stream.collect(
        Collectors.mapping(
                //通过 Function，计算每件商品的提成所得
                p -> p.getPrice() * 0.1,
                //所有的商品提成所得将被累加在一起
        Collectors.summingDouble(Double::doubleValue)
    )
);

//其实上面的代码也完全可以不通过collect操作计算得到
double deductInComing=stream
                        .map(p->p.getPrice()*0.1)
                        .mapToDouble(Double::doubleValue)
                        .sum();
```

通过源码分析其实不难得知，Function函数将会被应用于downstream collector的累加器accumulator方法中。

```
//mapping()方法部分源码
BiConsumer<A, ? super U> downstreamAccumulator = downstream.accumulator();
return new CollectorImpl<>(downstream.supplier(),
                           //function (mapper) 将被应用于downstream collector的累加
器方法中
                           (r, t) -> downstreamAccumulator.accept(r, mapper.apply(t)),
                           downstream.combiner(),
                           downstream.finisher(),
                           downstream.characteristics());
```

5. Collectors.joining方法

Collectors的joining方法主要用于将Stream中的元素连接成字符串并且返回，Collectors的joining()方法如有下三种重载形式。

- ❑ joining()：将Stream中的元素连接在一起，中间没有任何符号对其进行分隔。
- ❑ joining(CharSequence delimiter)：将Stream中的元素连接在一起，元素与元素之间将用delimiter进行分割。
- ❑ joining(CharSequence delimiter,CharSequence prefix,CharSequence suffix)：将Stream中的元素连接在一起，元素与元素之间将用delimiter进行分割；除此之外，最后的返回结果还将会被prefix与suffix包裹。

```
//joining()方法
//执行Stream的collect操作
String result = stream.collect(
        //调用mapping方法，创建一个Collector
        Collectors.mapping(p -> p.getName(),
       //joining方法将返回一个Collector，用于将Stream中的元素连接在一起
                Collectors.joining())
);
```

```
assert result.equals("T-Shirtclothshoehatclothshoe");

//joining(delimiter) 方法
String result = stream.collect(
        Collectors.mapping(p -> p.getName(),
//joining 方法将返回一个 Collector，用于将 Stream 中的元素连接在一起，元素之间会被 # 分割
                Collectors.joining("#"))
);
assert result.equals("T-Shirt#cloth#shoe#hat#cloth#shoe");

//joining(delimiter,prefix,suffix) 方法
String result = stream.collect(
        Collectors.mapping(p -> p.getName(),
                Collectors.joining(",", "(", ")"))
);
assert result.equals("(T-Shirt,cloth,shoe,hat,cloth,shoe)");
//注意：上面的代码请单独执行。
```

6. Collectors.summing 方法

Collectors 提供了三个与 summing 的有关操作方法，具体如下。

- summingInt(ToIntFunction<? super T> mapper)：将 Stream 的元素 T 转换为 int 类型，然后对所有值求和。
- summingDouble(ToDoubleFunction<? super T> mapper)：将 Stream 的元素 T 转换为 double 类型，然后对所有值求和。
- summingLong(ToLongFunction<? super T> mapper)：将 Stream 的元素 T 转换为 long 类型，然后对所有值求和。

```
//获取所有商品价格的总和，使用 summingInt 方法
Integer result = stream.collect(
        Collectors.summingInt(p -> (int) p.getPrice())
);

//获取所有商品价格的总和，使用 summingDouble 方法
double result = stream.collect(
        Collectors.summingDouble(p ->p.getPrice())
);

//获取所有商品价格的总和，使用 summingLong 方法
long result = stream.collect(
        Collectors.summingLong(p ->(long)p.getPrice())
);
```

7. Collectors 获取最大值最小值的方法

Collectors 提供了可以获取 Stream 中最大元素和最小元素的 Collector，具体如下所示。

- maxBy(Comparator<? super T> comparator)：根据 Comparator 获取 Stream 中最大的那个元素。
- minBy(Comparator<? super T> comparator)：根据 Comparator 获取 Stream 中最小的那个元素。

```
//根据商品价格，获取最贵的商品
Optional<Production> opt = stream
    .collect(
```

```
        Collectors.maxBy(
        (o1, o2) -> (int) (o1.getPrice() - o2.getPrice()))
);

opt.ifPresent(p -> System.out.println(p.getName()));

// 根据商品价格，获取最便宜的商品
Optional<Production> opt = stream.collect(
        Collectors.minBy(
            (o1, o2) -> (int) (o1.getPrice() - o2.getPrice()))
);

opt.ifPresent(p -> System.out.println(p.getName()));
```

8. Collectors.summarizing 方法

前文分别学习了 Collectors 的 averaging 和 summing，如何用 counting 方法创建对应用途的 Collector。本节将要学习的 summarizing 方法创建的 Collector 则会集 averaging、summing、counting 于一身，并且提供了更多额外的方法，同样，summarizing 也提供了三种汇总方式。

- summarizingInt(ToIntFunction<? super T> mapper)：将 Stream 元素转换为 int 类型，并且进行汇总运算，该 Collector 的返回值为 IntSummaryStatistics 类型。
- summarizingLong(ToLongFunction<? super T> mapper)：将 Stream 元素转换为 long 类型，并且进行汇总运算，该 Collector 的返回值为 LongSummaryStatistics 类型。
- summarizingDouble(ToDoubleFunction<? super T> mapper)：将 Stream 元素转换为 double 类型，并且进行汇总运算，该 Collector 的返回值为 DoubleSummaryStatistics 类型。

```
// 汇总商品的价格信息，先将 production 转换为 int 类型
IntSummaryStatistics stat = stream.collect(
        Collectors.summarizingInt(p -> (int) p.getPrice())
);
System.out.println(stat);

// 汇总商品的价格信息，先将 production 转换为 double 类型
DoubleSummaryStatistics stat = stream.collect(
        Collectors.summarizingDouble(Production::getPrice)
);
System.out.println(stat);

// 汇总商品的价格信息，先将 production 转换为 long 类型
LongSummaryStatistics stat = stream.collect(
        Collectors.summarizingLong(p -> (long) p.getPrice())
);
System.out.println(stat);
```

无论是 IntSummaryStatistics 、DoubleSummaryStatistics 还是 LongSummaryStatistics 都提供了比较丰富的汇总内容，上述程序片段运行的结果具体如下。

```
IntSummaryStatistics{count=6, sum=522, min=26, average=87.000000, max=199}
```

9. Collectors 输出到其他容器的方法

Stream 通过若干 intermediate 操作之后，可以执行 collect 操作将 Stream 中的元素输出汇总至其他容器中，比如 Set、List、Map。

（1）toSet()：将 Stream 中的元素输出到 Set 中

```
Set<String> set = stream.map(Production::getName).collect(Collectors.toSet());
System.out.println(set);
//输出结果 [T-Shirt, hat, shoe, cloth]
```

（2）toList()：将 Stream 中的元素输出到 List 中

```
List<String> list = stream.map(Production::getName).collect(Collectors.toList());
System.out.println(list);
//输出结果 [T-Shirt, cloth, shoe, hat, cloth, shoe]
```

（3）toMap()：将 Stream 中的元素输出到 Map 中，Collectors 提供了 toMap 的三种重载形式，具体如下。

- toMap(Function<? super T, ? extends K> keyMapper,Function<? super T, ? extends U> valueMapper)：该方法需要两个 Function 参数，前者应用于 map key 的 mapper 操作，后者应用于 value 的 mapper 操作，下面我们来看一个例子。

```
//String[] 类型的 Stream
Stream<String[]> stream = Stream
        .of(new String[][]{{"Java", "Java Programming"},
                {"C", "C Programming"},
                {"Scala", "Scala Programming"}});
//collect 操作
Map<String, String> result = stream.collect(
        //toMap 静态方法，将元素聚合为 Map
        Collectors.toMap(s -> s[0], s -> s[1])
);

System.out.println(result);
//{Java=Java Programming, C=C Programming, Scala=Scala Programming}
```

- toMap(Function<? super T, ? extends K> keyMapper, Function<? super T, ? extends U> valueMapper,BinaryOperator<U> mergeFunction)：该 toMap 方法就显得有些复杂了，但是仔细看方法声明可以发现，前两个参数仍旧应用于 Map 返回值的 key 和 value 之中，BinaryOperator 主要用于解决当 Key 值出现冲突时的 merge 方法，前文中曾经介绍过关于 grouping 的方法，该方法创建的 Collector 也能实现类似的功能，代码如下。

```
//执行 Stream 的 collect 操作
Map<String, List<Production>> result = stream.collect(
        //Collectors 的 toMap 静态方法
        Collectors.toMap(
                //用商品名作为 Key，将 Production 存入 List 之中
                Production::getName, Arrays::asList,
                //将结果整合在一个 List 中
                (productions, productions2) ->
                {
                    List<Production> mergeResult = new ArrayList<>();
                    mergeResult.addAll(productions);
                    mergeResult.addAll(productions2);
                    return mergeResult;
                }
        ));
//输出结果
System.out.println(result);
```

```
// {T-Shirt=[Production{name='T-Shirt', price=43.34}], hat=[Production{name='hat',
price=26.5}], shoe=[Production{name='shoe', price=123.8}, Production{name='shoe',
price=32.5}], cloth=[Production{name='cloth', price=99.99}, Production{name='cloth',
price=199.99}]}
```

- toMap(Function<? super T, ? extends K> keyMapper,Function<? super T, ? extends U> valueMapper,BinaryOperator<U> mergeFunction,Supplier<M> mapSupplier)：与上一个 toMap 方法类似，只不过多了一个可以指定创建返回 Map 类型的 Supplier，前面两个 toMap 方法返回的都是 HashMap 的 Map 实现，在这个 toMap 方法中，开发者可以显式指定 Map 类型，比如 TreeMap、ConcurrentHashMap 等。

```
// 执行 Stream 的 collect 操作
Map<String, List<Production>> result = stream.collect(
        // Collectors 的 toMap 静态方法
        Collectors.toMap(
                // 用商品名作为 Key，将 Production 存入 List 之中
                Production::getName, Arrays::asList,
                // 将结果整合在一个 List 中
                (productions, productions2) ->
                {
                    List<Production> mergeResult = new ArrayList<>();
                    mergeResult.addAll(productions);
                    mergeResult.addAll(productions2);
                    return mergeResult;
                },
                TreeMap::new
        ));
```

（4）其他容器

- toCollection(Supplier<C> collectionFactory)
- toConcurrentMap(Function<? super T, ? extends K> keyMapper,Function<? super T, ? extends U> valueMapper)
- toConcurrentMap(Function<? super T, ? extends K> keyMapper,Function<? super T, ? extends U> valueMapper,BinaryOperator<U> mergeFunction)
- toConcurrentMap(Function<? super T, ? extends K> keyMapper,Function<? super T, ? extends U> valueMapper,BinaryOperator<U> mergeFunction,Supplier<M> mapSupplier)

上述几个方法比较简单，与本节中介绍过的方法非常类似，这里就不再赘述了，读者可以结合之前的学习方法自行学习。

10. Collectors.partitioningBy 方法

该方法会将 Stream 中的元素分为两个部分，以 Map<Boolean,?> 的形式作为返回值，Key 为 True 代表一部分；Key 为 False 代表另外一部分。partitioningBy 有两个重载方法，具体如下所示。

- partitioningBy(Predicate<? super T> predicate)：根据 Predicate 的判断，将 Stream 中的元素分为两个部分，最后的返回值为 Map<Boolean,List<?>>，下面的示例在前文中已经有过介绍了。

```
// 执行 Stream 的 collect 操作
Map<Boolean, List<Production>> result = stream.collect(
```

```
        //根据价格是否大于100将商品一分为二
        Collectors.partitioningBy(p -> p.getPrice() > 100)
    );
    System.out.println(result);
    //输出结果
    {false=[Production{name='T-Shirt', price=43.34}, Production{name='cloth', price=
99.99}, Production{name='hat', price=26.5}, Production{name='shoe', price=32.5}],
true=[Production{name='shoe', price=123.8}, Production{name='cloth', price=199.99}]}
```

- partitioningBy(Predicate<? super T> predicate,Collector<? super T, A, D> downstream)：相较于前一个partitioningBy方法，该重载方法就灵活强大许多了，比如，我们可以对每一个分区的元素再次进行其他Collector的操作运算。

```
//① 结果是Map<Boolean,Set<Production>>而不是Map<Boolean,List<>>
Map<Boolean, Set<Production>> result = stream.collect(
        Collectors.partitioningBy(p -> p.getPrice() > 100, Collectors.toSet())
);

//② 先根据价格高低进行分区，然后计算每个分区中商品的价格总和
Map<Boolean, Double> result = stream.collect(
        Collectors.partitioningBy(
                p -> p.getPrice() > 100,
                Collectors.summingDouble(Production::getPrice)
        )
);

//③ 先根据价格高低进行分区，然后计算每个分区中商品价格的平均值
Map<Boolean, Double> result = stream.collect(
        Collectors.partitioningBy(
                p -> p.getPrice() > 100,
                Collectors.averagingDouble(Production::getPrice)
        )
);
```

11. Collectors.groupingBy方法

groupingBy方法类似于关系型数据库中的分组操作，其主要作用是根据classifier（分类器）对Stream中的元素进行分组，groupingBy方法在Collectors中提供了如下几种重载形式。

- groupingBy(Function<? super T, ? extends K> classifier)：根据分类器函数对Stream中的元素进行分组，返回结果类型为：Map<K, List<T>>。

```
Map<String, List<Production>> result = stream.collect(
        Collectors.groupingBy(Production::getName)
);
System.out.println(result);
//结果输出
{T-Shirt=[Production{name='T-Shirt', price=43.34}], hat=[Production{name='hat',
price=26.5}], shoe=[Production{name='shoe', price=123.8}, Production{name='shoe',
price=32.5}], cloth=[Production{name='cloth', price=99.99}, Production{name='cloth',
price=199.99}]}
```

- groupingBy(Function<? super T, ? extends K> classifier,Collector<? super T, A, D> downstream)：首先根据分类器函数对Stream中的元素进行分组，然后将其交由另外一个Collector进行运算操作。

```
//分组的结果是Map<String,Set<T>>，而不再是Map<String,List<T>>
Map<String, Set<Production>> result = stream.collect(
```

```
        Collectors.groupingBy(Production::getName
                , Collectors.toSet())
);
System.out.println(result);
```

- groupingBy(Function<? super T, ? extends K> classifier,Supplier<M> mapFactory, Collector<? super T, A, D> downstream)：该方法与上一个方法类似，只不过多了一个提供构造返回 Map 类型的 Supplier，在前两个 groupingBy 方法中返回的 Map 为 HashMap，在该方法中，开发者可以指定 Map 的其他实现类。

```
Map<String, Set<Production>> result = stream.collect(
    Collectors.groupingBy(Production::getName
        //指定Map的构造Supplier
        , TreeMap::new
        , Collectors.toSet())
);
System.out.println(result);
```

除此之外，Collectors 还提供了其他三个 groupingByConcurrent 的重载形式，返回结果为线程安全的、支持并发的 Map 实现 ConcurrentHashMap，其具体用法和原理与本节中介绍的三个重载方法类似，这里将不再赘述。

12. Collectors.reducing 方法

与 Stream 的 reduce 操作非常类似，Collectors 的 reducing 方法也将创建一个用于对 Stream 中的元素进行 reduce 计算的 Collector，该操作在 Collectors 中提供了三个重载方法，具体如下。

- reducing(BinaryOperator<T> op)：给定一个 BinaryOperator 函数式接口，对 Stream 中的每一个元素进行计算，但是该 reducing 创建的 Collector 其返回值将是一个类型与 Stream 中元素类型一致的 Optional，下面来看一个简单的例子，获取在商品 Stream 中价格最贵的那个商品。

```
Optional<Production> opt = stream.collect(
    Collectors.reducing(
        (p1, p2) -> p1.getPrice() > p2.getPrice() ? p1 : p2)
);
opt.ifPresent(System.out::println);
//下面的代码与上面的代码等价
Optional<Production> opt = stream.collect(Collectors.reducing(
        BinaryOperator.maxBy(Comparator.comparingDouble(
        Production::getPrice))
));
opt.ifPresent(System.out::println);
```

- reducing(T identity, BinaryOperator<T> op)：该方法的作用与上面的 reducing 类似，只不过增加了一个 identity 的参数，该参数会纳入 BinaryOperator 函数的运算之中，除此之外当该 Stream 为空时，reducing 将会直接返回该 identity。

```
Production book = stream.collect(
        Collectors.reducing(new Production("Book", 279.9),
                (p1, p2) -> p1.getPrice() > p2.getPrice() ? p1 : p2)
);
System.out.println(book);
//将会输出identity，也就是我们在reducing方法中创建的Production，原因是Stream中Book
```

```
的价格最高
    //如果Stream是empty的，那么同样会直接返回new Production("Book", 279.9)
```

- reducing(U identity,Function<? super T, ? extends U> mapper, BinaryOperator<U> op)：前两个reducing方法只能返回与Stream元素类型一样的结果或者Optional，该重载方法允许开发者返回不同于其他类型的结果，因为有了mapper函数的加持。

```
Comparator<Double> comparing = Comparator.comparing(Double::doubleValue);
Double highestPrice = stream.collect(
        Collectors.reducing(0.0D, Production::getPrice,
                BinaryOperator.maxBy(comparing)));
System.out.println(highestPrice);
//输出最贵的商品价格
```

6.2.3　自定义Collector

6.2.2节学习了Collectors提供的所有工厂方法，Collectors提供的静态方法几乎可以满足我们对Collector的所有需要，如果你觉得有些Collector无法满足你的需求，那么完全可以自行扩展，本节将学习如何自定义Collector。

当然，实现一个自定义的Collector，第一件事情就是实现Collector接口，我们决定将Stream中的元素T，通过collect聚合操作最终返回到List中，这一点与Collectors的toList工厂方法创建出来的Collector类似。

```
import java.util.*;
import java.util.function.BiConsumer;
import java.util.function.BinaryOperator;
import java.util.function.Function;
import java.util.function.Supplier;
import java.util.stream.Collector;
import java.util.stream.Stream;

public class CustomCollector<T> implements Collector<T, List<T>, List<T>>
{
...
}
```

根据6.2.2节对Collector接口方法的介绍，我们需要实现5个接口方法才能完成对Collector的实现。

1）重写supplier()，用于在累加器方法中进行计算。

```
public Supplier<List<T>> supplier()
{
    //返回Supplier<List<T>>
    return ArrayList::new;
}
```

2）重写accumulator()累加器方法，用于对Stream中的每一个元素进行计算操作

```
public BiConsumer<List<T>, T> accumulator()
{
// Stream中的每一个元素都会被加入supplier()创建的容器之中
    return List::add;
}
```

3）重写 combiner() 合并方法，用于将不同子任务的结果整合在一起。

```
public BinaryOperator<List<T>> combiner()
{
    return (lList, rList) ->
    {
    // 整合
        lList.addAll(rList);
        return lList;
    };
}
```

4）重写 finisher() 方法，用于返回 Collector 的最终结果。

```
public Function<List<T>, List<T>> finisher()
{
    return Function.identity();
}
```

5）重写 Collector 的特征值 characteristics() 方法。

```
@Override
public Set<Characteristics> characteristics()
{
    return EnumSet.of(Characteristics.UNORDERED,
                      Characteristics.CONCURRENT,
                      Characteristics.IDENTITY_FINISH);
}
```

根据特征值的描述，我们定义的 Collector 在并行流中将会以多线程的方式运行（Fork Join）。

6）测试自定义的 Collector。

```
Stream<Integer> stream = Stream.of(1, 2, 3, 4, 5, 6, 7);
List<Integer> result = stream.collect(new CustomCollector<>());
System.out.println(result);
```

在 Collectors 的源码中，构建 Collector 的方式大多都是通过构造 CollectorImpl 的方式来实现的，但是该类是一个静态内部类且是包可见的，因此我们的应用程序无法对其直接使用，但是我们可以通过 Collector 接口的静态方法实现自定义 Collector，代码如下所示。

```
private static <T> Collector<T, List<T>, List<T>> custom()
{
    return Collector.of(ArrayList::new, List::add, (lList, rList) ->
            {
                lList.addAll(rList);
                return lList;
            }, Function.identity(), Characteristics.UNORDERED,
            Characteristics.CONCURRENT,
            Characteristics.IDENTITY_FINISH);
}
```

6.2.4 Collector 总结

本节非常详细地讲解了 Collector 接口，以及 Collector 接口的每一个接口方法。使用 Stream 的 collect 操作必须非常清晰地掌握 Collector 接口方法的使用，另外，我们还逐一学习了 Collectors 提供的所有静态方法，这些静态方法为开发者提供了非常多的、现成的 Collector 实现，我们可以在日常的开发中直接使用。本节的最后通过练习自定义 Collector 的实现加深了对 Collector 接口的理解。

需要特别注意的是，Collector 的特征值如果未指定可并行的特征，那么这将导致不仅在并行流中不会发挥并行计算所带来的好处，反而还会增加由于创建和销毁 ForkJoinPool 所带来的性能开销。

Collector 会被并行执行的条件相对来说还算比较苛刻，下面来看一下 Java 中的源码，具体如下。

```
...省略
//必须是并行流
if (isParallel()
        &&
//Collector 的特征值必须包含 CONCURRENT
(collector.characteristics().contains(Collector.Characteristics.CONCURRENT))
//该 Stream 未被进行排序操作，或者特征值中包含 UNORDERED，注意这里采用了"短路或"的逻辑操作
        && (!isOrdered() || collector.characteristics().contains(Collector.
Characteristics.UNORDERED))) {
    container = collector.supplier().get();
    BiConsumer<A, ? super P_OUT> accumulator = collector.accumulator();
    forEach(u -> accumulator.accept(container, u));
}
...省略
```

6.3 Parallel Stream 详解

本章其实已经提到过关于并行流（Parallel Stream）的使用，在 Java 的 Stream 中想要创建一个并行流是非常方便的事情，这就允许我们的应用程序对集合中、IO 中、数组中等其他的元素以并行的方式计算处理元素数据。在并行流的处理过程中，元素会被拆分为多个元素块（chunks），每一个元素块都包含了若干元素，该元素块将被一个独立的线程运算，当所有的元素块被不同的线程运算结束之后，结果汇总将会作为最后的结果，这一切的一切都是由并行流（Parallel Stream）替我们完成的。本节将学习并掌握并行流的知识，理解在并行流中元素块是如何进行拆分的，以及开发者是如何自定义这种拆分逻辑（Spliterator）的。

6.3.1 并行流 Parallel Stream

为了能够快速体验 Parallel Stream 带来的性能提升，下面先从一个简单的例子起步，慢慢地迭代出 Parallel Stream 的使用方法。这里我们以一个最简单的自然数累加运算为例。

```
long sum = 0L;
for (long l = 0; l < 10_000_000; l++)
{
    sum += l;
}
```

上面的代码片段中，我们想要使其基于并行的方式运算将是非常困难的，最起码在 JDK 1.7 版本以前，我们需要很好地处理数据的分区，需要为每一个分区分配不同的线程，并且对线程进行管理，然后还要处理资源竞争的情况，以及最后等待不同线程任务的结束和汇总最终

的结果。当然，由于 Fork Join 计算框架的引入，我们可以通过划分不同的 RecursiveTask 来处理对应的数据分区，但是仍然需要我们根据对应的逻辑，显式地对数据元素进行子任务拆分，借助于 Stream 就不用那么麻烦了。下面的代码是经过 Stream 重构后的代码片段。

```
long sum = Stream.iterate(0L, l -> l + 1L)
.limit(10_000_000)
        .reduce(0L, Long::sum);
```

针对 Stream 重构之后的代码，我们想要使其并行化工作就是一件非常容易的事情了，只需要将串行流转换为并行流即可，代码如下所示。

```
long sum = Stream.iterate(0L, l -> l + 1L)
      .limit(10_000_000)
      .parallel()//将串行流并行化（转换为并行流）
      .reduce(0L, Long::sum);
```

在并行流的运算过程中，开发者无需关心需要多少个线程一起并行地工作，更不需要关心如何对最终的结果进行汇总，计算过程中共享数据将以何种方式进行同步，或者根本就是无锁的操作形式，总之，并行流的操作为开发者很好地屏蔽了这一切。根据第 4 章学习到的 Fork Join 的知识，很容易就能画出并行流下 reduce 操作的执行流程（如图 6-10 所示）。

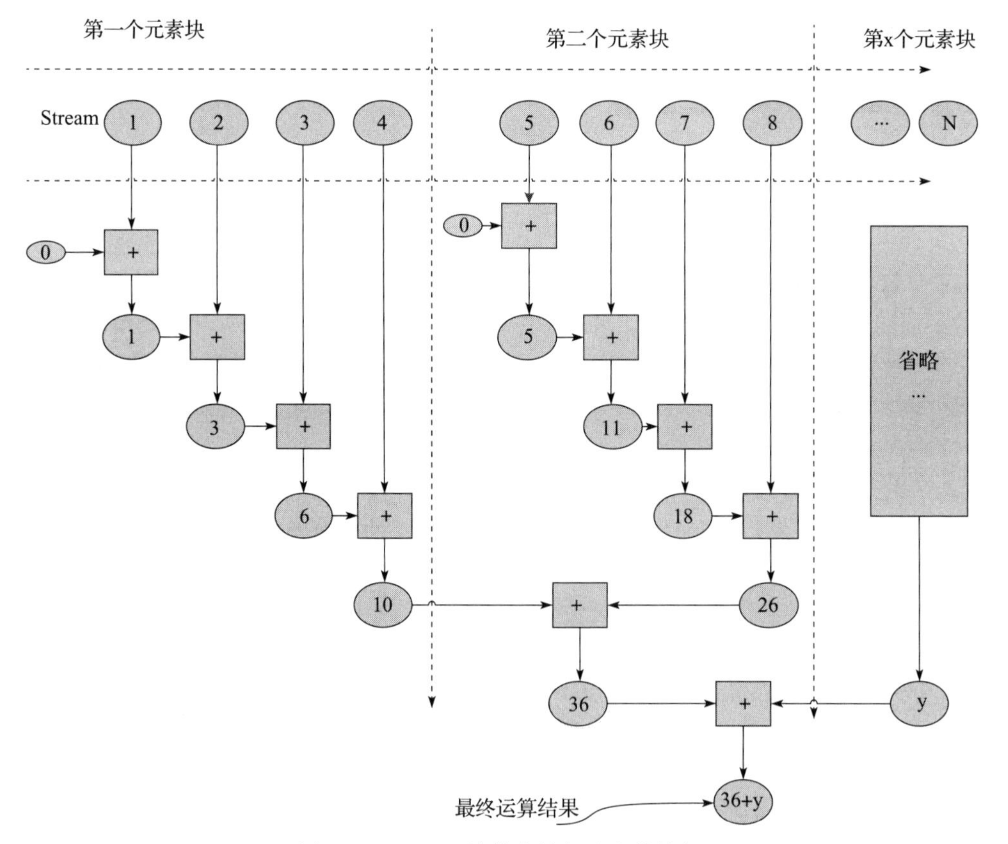

图 6-10　reduce 计算在并行流中的执行

在了解了 reduce 操作运算在并行流中的执行流程之后，我们很有必要对三者进行基准测试，对比普通的加法运算，在并行流中进行运算，性能会得到怎样的提升（关于基准测试的代码这里就不再展示了，相信读者应该可以轻易就写出基准测试的代码）。

你可能很难想象，并行流在基准测试对比中，性能表现是最糟糕的（这也是很多人对并行流使用错误的地方，导致资源占用很多，效率确实是最低下的一个）。

```
Benchmark                  Mode  Cnt        Score        Error   Units
calculateNormal            avgt   20    21148.063 ±   2595.701  us/op
calculateParallelStream    avgt   20  1598443.531 ± 999749.264  us/op
calculateStream            avgt   20   462025.733 ±  90071.447  us/op
```

为了能够更加直观地看到三者在 20 个批次的基准测试下的性能对比，下面将基准测试的数据汇总成报表，如图 6-11 所示。

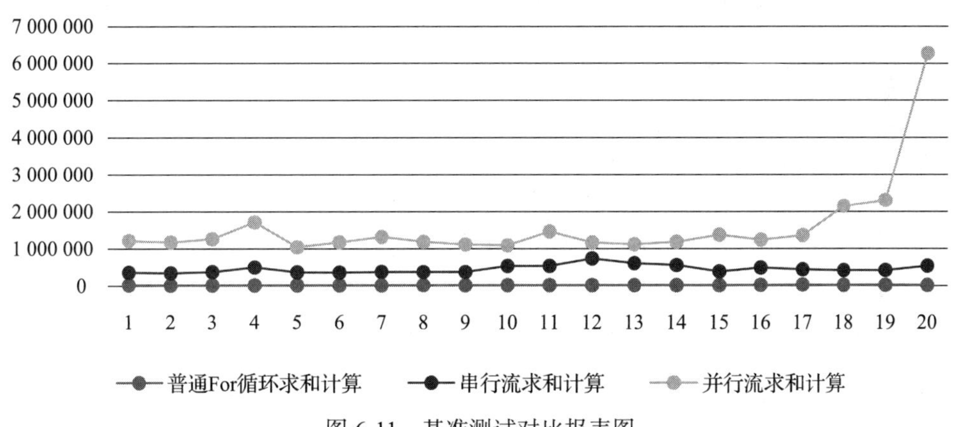

图 6-11　基准测试对比报表图

这到底是怎么一回事呢？回顾 6.1.4 节的分析，类型拆箱封箱也会造成很多不必要的性能开销，因此我们直接使用 LongStream 进行 Stream 的创建，然后对其进行运算，并再次进行对比。

```
//串行流
long sum = LongStream.range(0, 10_000_000)
        .reduce(0L, Long::sum);

//并行流
long sum = LongStream.range(0, 10_000_000)
        .parallel()
        .reduce(0L, Long::sum);
```

再次运行基准测试，你会发现此刻并行流的表现将会更胜一筹。

```
Benchmark                  Mode  Cnt      Score      Error  Units
calculateNormal            avgt   20  18601.370 ± 2020.588  us/op
calculateParallelStream    avgt   20  17408.119 ± 1330.371  us/op
calculateStream            avgt   20  21604.715 ± 2049.482  us/op
```

在 Java 8 刚出来的那段时间，网上大量的文章都在批评并行流的效率如何低下，对资源的开销如何的高，诸如此类的文章不外乎都是开发者自身对并行流使用不得当引起的。在使用并行流的过程中，务必要清晰地了解你所操作的元素以及元素类型，当然也要关注计算本身是否高效。看到这里很多人不免心中会有疑问：并行流的确帮我们隐藏了底层的多线程使用细节，可是在我们使用的并行流中到底有多少个线程在为之服务呢？

Java 8 的设计者们采用了与 CPU 核数相同数量的线程作为并行流底层的线程数量，大家可以通过 *Runtime.getRuntime().availableProcessors()* 获取 Java 虚拟机运行宿主机器的 CPU 核数，当然，如果你觉得与 CPU 核数相等数量的线程数量比较少，那么你可以通过修改全局参数进行设置，不过这种设置方式将会影响当前 Java 应用程序的所有并行流线程数量。笔者个人觉得这并不是一个很好的设计方式，**笔者认为 parallel() 方法默认保持与 CPU 核数相等的线程数量，顺便再增加一个重载方法 parallel(int n) 可以允许开发者指定线程数量，这样既优雅又可以避免采用设置全局配置的拙劣方式（当然这只是笔者的一家之言）。**

System.setProperty("java.util.concurrent.ForkJoinPool.common.parallelism", "16");

6.3.2 Spliterator 详解

Spliterator 也是 Java 8 引入的一个新的接口，其主要应用于 Stream 中，尤其是在并行流进行元素块拆分时主要依赖于 Spliterator 的方法定义，这与我们在 ForkJoinPool 中进行子任务拆分是一样的，只不过对 Spliterator 的引入将任务拆分进行了抽象和提取，本节将学习 Spliterator 接口方法，并且自定义一个 Spliterator 的实现，进而自定义一个 Stream。

1. Spliterator 接口方法详解

- boolean tryAdvance(Consumer<? super T> action) 接口方法：该接口非常类似于迭代器方法，其主要作用是对 Stream 中的每一个元素进行迭代，并且交由 Consumer 进行处理，若返回布尔值 true 则代表着当前 Stream 还有元素，若返回 false 则表明没有元素。
- trySplit() 接口方法：该接口方法代表着对当前 Stream 中的元素进行分区，派生出另外的 Spliterator 以供并行操作，若返回值为 null，则代表着不再派生出新的分区，这一点非常类似于 Fork Join 中的子任务拆分操作。
- estimateSize() 接口方法：该方法主要用于评估当前 Stream 中还有多少元素未被处理，一般进行子任务划分时会将基于该接口方法的返回值作为主要依据。
- characteristics()：与 Collector 的特征值接口类似，该方法主要用于定义当前 Spliterator 接口的特征值，其包含如下几个值可用于定义。
  - SIZED – 能够准确地评估出当前元素的数量。
  - SORTED – 数据源是已排序的元素。
  - SUBSIZED – 利用 trySplit() 方法进行子任务拆分后，Spliterator 元素可被准确评估。
  - CONCURRENT – 数据源可被线程安全地修改。
  - DISTINCT – 数据源中的数量是去重的，可以根据 equalTo 方法进行判断。
  - IMMUTABLE – 数据源元素是不会被修改的，比如 add、remove 等。
  - NONNULL – 数据源的每一个元素都非空。
  - ORDERED – 数据源是有序的元素。

在Java 8中，所有的容器类都增加了对Spliterator的支持，我们可以通过方法直接获取Spliterator。

```
List<String> list = new ArrayList<>();
//获取Spliterator
Spliterator<String> spliterator = list.spliterator();
int expected = Spliterator.ORDERED | Spliterator.SIZED | Spliterator.SUBSIZED;

//断言该Spliterator的特征值
assert expected == spliterator.characteristics();
```

2. 自定义Spliterator及Stream

了解了Spliterator的接口方法之后，我们需要将其串联在一起作为一个整体进行理解，最好的方式要么是直接看JDK提供的Spliterator实现，要么就是通过自定义的方式来加深体会，本节将通过一个自定义Spliterator操作数组的实例为大家讲解在Stream中如何使用Spliterator接口。

程序代码：MySpliterator.java

```
class MySpliterator<T> implements Spliterator<T>
{
    private final T[] elements;
    private int currentIndex = 0;
    private final int CAPACITY;

    //通过构造函数传入数组元素
    public MySpliterator(T[] elements)
    {
        this.elements = elements;
        this.CAPACITY = elements.length;
    }

    @Override
    public boolean tryAdvance(Consumer<? super T> action)
    {
    //处理Stream中的元素
        action.accept(elements[currentIndex++]);
        //判断Stream中的元素是否已排干
        return currentIndex < CAPACITY;
    }

    @Override
    public Spliterator<T> trySplit()
    {
        int remainingSize = CAPACITY - currentIndex;
        //以10作为基准进行子任务拆分，若当前残留元素数量少于10，则不再拆分
        if (remainingSize < 10)
        {
            return null;
        }

       //拆分的过程，进行数组拷贝，并且返回一个新的Spliterator
        int middleSize = (remainingSize) / 2;
        T[] newElements = (T[]) new Object[middleSize];
        System.arraycopy(elements, currentIndex, newElements, 0, middleSize);
        final MySpliterator<T> spliterator = new MySpliterator<>(newElements);
        this.currentIndex = currentIndex + middleSize;
```

```
        return spliterator;
    }

    @Override
    public long estimateSize()
    {
        // 由于数组是确定的，因此可以非常精准地得出 Stream 中的残留元素
        return CAPACITY - currentIndex;
    }

    // 定义 Spliterator 的特征值
    @Override
    public int characteristics()
    {
        // 有序、数量固定、子任务数量也固定，担保不存在非空值，并且不允许改变源
        return Spliterator.ORDERED | Spliterator.SIZED
                | Spliterator.SUBSIZED | Spliterator.NONNULL
                | Spliterator.IMMUTABLE;
    }
}
```

我们自定义的 Spliterator 已经完成了代码的编写，在对其进行使用之前，首先需要验证一下子任务的拆分是否合理正确。

```
// 定义一个数组，有 30 个元素。
Integer[] ints = new Integer[]{1, 2, 3, 4, 5,
        6, 7, 8, 9, 10,
        11, 12, 13, 14, 15,
        16, 17, 18, 19, 20,
        21, 22, 23, 24, 25,
        26, 27, 28, 29, 30
};

// 定义我们自定义的 Spliterator 并且传入数组
MySpliterator<Integer> mySpliterator = new MySpliterator<>(ints);
// 调用拆分方法，拆分后 s1 将被分配 1 ~ 15 之间的元素
Spliterator s1 = mySpliterator.trySplit();
// 此刻 mySpliterator 的元素为 16 ~ 30 之间的元素
// 再次调用拆分方法，s2 将被分配 16 ~ 22 之间的元素，与此同时，mySpliterator 将保留其余的元素
Spliterator s2 = mySpliterator.trySplit();
// 输出 s1 中的元素
s1.forEachRemaining(System.out::println);
System.out.println("==================");
// 输出 s2 中的元素
s2.forEachRemaining(System.out::println);
System.out.println("==================");

// 输出 mySpliterator 中的元素
mySpliterator.forEachRemaining(System.out::println);
```

运行上面的程序，将会得到如下的输出，输出结果与我们在代码注释中的分析完全一致。

```
1
2
3
4
5
6
7
8
```

```
9
10
11
12
13
14
15
==================
16
17
18
19
20
21
22
==================
23
24
25
26
27
28
29
30
```

Spliterator已经创建完成，想要使其能够应用于Stream之中，还需要基于该Spliterator创建一个全新的Stream，创建方式很简单，使用StreamSupport提供的方法即可。

```
//false代表串行
Stream<Integer> stream = StreamSupport.stream(mySpliterator, false);
//通过reduce操作对Stream中的元素进行求和
int sum = stream.reduce(0, Integer::sum);
//断言，与ints之和进行对比，检验自定义的Stream及Spliterator是否存在问题
assert sum == Stream.of(ints).reduce(0, Integer::sum);
//验证通过
```

如上面的代码片段所示，通过StreamSupport.stream()方法创建了一个Stream，该Stream完全依赖于我们自定义的Spliterator而得到，串行计算通过验证并没有什么问题，下面我们来看一下它在并行流中是否可以正常运行呢？

```
//true代表并行
Stream<Integer> stream = StreamSupport.stream(mySpliterator, true);
//通过reduce操作对Stream中的元素进行求和运算
int sum = stream.reduce(0, Integer::sum);
//断言，与ints之和进行对比，检验我们自定义的Stream及Spliterator是否存在问题
assert sum == Stream.of(ints).reduce(0, Integer::sum);
//验证通过
```

运行上面的代码，一切顺利，至此，关于Spliterator接口、接口方法，以及创建Stream的相关知识，相信大家已经有了一个比较清晰的认识了。

6.3.3　Spliterator总结

本节非常详细、系统地学习了Spliterator接口以及接口方法，并且通过并行流的加法操作进行了性能对比，可以发现它的确能够并行化地工作运行，提高程序的运算效率，但是在使用并行流的过程中一定要清晰地知道Stream中元素的类型，熟练每一个Stream操作方法的原

理，否则即使你使用的是并行流，它的效率也很有可能会不尽如人意。

本节还学习了如何自定义 Spliterator、自定义 Stream，并行流在操作过程中为开发者完全屏蔽掉了线程的管理、子任务的划分，以及最后结果的整合等细节，自定义 Spliterator 以及 Stream 可以帮助我们窥探出并行流的一些底层知识。Spliterator 在 Stream 中所承担的主要任务就是帮助并行计算进行任务拆分，如果你熟练掌握了 Fork Join 框架的运行原理，相信理解起来并不是一件多么困难的事情。

现在回顾一下在 6.3.1 节中使用 Stream.iterate 所创建的 Stream，虽然我们在进行 reduce 操作之前需要将其转换为并行流，但是效率似乎并未得到有效的提升，反倒是下降了很多。元素类型的拆箱封箱开销的确是一个因素，但是另外一的一个因素是通过该方法创建的 Stream 压根无法进行并行计算，因为它无法进行子任务的拆分操作。

再来回顾一下 6.1.1 节中创建无限元素 Stream 的内容，iterate 方法经常被用于创建无限元素的 Stream，试想一下，如果一个 Stream 所对应的数据源元素是无限多个，那么这种情况下该如何进行剩余元素的评估呢？结合我们自定义 Spliterator 的内容是无法进行评估的，那么这种情况下该怎样进行子任务的拆分呢？答案就是 iterate 所创建的 Stream 不会进行子任务的拆分，因此在并行流的计算过程中白白浪费了线程创建、销毁、管理等资源的开销，好了，下面就来验证一下 iterate 方法创建的 Stream 到底会不会进行子任务的拆分。

```
// 使用 iterate 创建 Stream
Stream<Long> stream = Stream.iterate(0L, l -> l + 1L)
        .limit(1_000_000);
// 获取该 Stream 的 Spliterator
Spliterator<Long> spliterator = stream.spliterator();
// 尝试对其进行拆分
Spliterator<Long> s1 = spliterator.trySplit();

// 尝试失败，拆分未遂，s1==null
assert s1 == null;
```

6.4 本章总结

本章学习了 Java 8 中关于 Stream 的几乎所有知识，包括如何创建 Stream，Stream 的两种类型操作方法 intermediate 和 terminal，且着重介绍了 Stream 的 collect 操作中的 Collector 原理以及 Collectors 所有的工厂方法和自定义 Collector，collect 操作功能强大且灵活，使用得当可以减少很多代码的开发，并且发挥较大的威力，因此本章花费较多笔墨对其进行介绍也不为过。

本章的最后还着重学习了并发流的知识，以及在并发流中，子任务是如何拆分的，通过自定义 Spliterator 和 Stream 的讲解和学习，相信读者已经可以对其深入掌握了。

虽然 Stream 属于 JDK 第八个大版本中的内容，但是本章并没有为读者介绍 Java 8 的其他知识，比如 Lambda 表达式、静态推导、函数式接口，等等。如果读者对 Java 8 的内容还不熟悉，那么请自行寻找相关资料进行学习（注：JDK1.8 版本官方已经停止升级和维护了，如果还未掌握 Java 8 的新语法特点，那么后面的 Java 9、10、11、12 将会更加困难）。在这里，强烈推荐一本学习 Java 8 知识的书，即由 Raoul-Gabriel Urma、Mario Fusco、Alan Mycroft 三位合著的《Java 8 in action》。

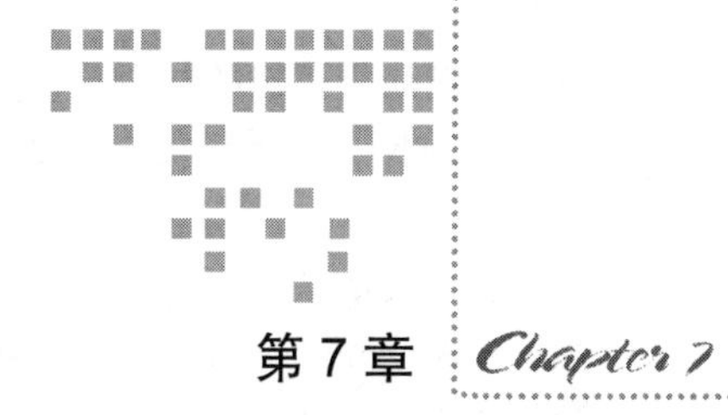

第 7 章 Chapter 7

Metrics（Powerful Toolkit For Measure）

Metrics 最早是在 Java 的另外一个开源项目 dropwizard 中使用，主要是为了提供对应用程序各种关键指标的度量手段以及报告方式，由于其内部的度量手段科学合理，源码本身可扩展性极强，现在已经被广泛使用在各大框架平台中，比如我们常见的 Kafka，Apache Storm，Spring Cloud 等。dropwizard 项目的官方地址为：https://www.dropwizard.io/en/latest/ 感兴趣的读者也可以了解一下。在本章中我们将会全面详细的了解什么是 Metrics，如何使用 Metrics，在 Metrics 中有哪些组件（Metric，MetricsRegister，Report，Metric 常见的插件等），Metrics 会对我们的应用程序带来哪些监控度量方面的便利等。由于其内部实现源码非常优雅，因此在本章中我们也会讲述 Metrics 的部分核心源码，让读者更加深入 Metrics 的原理，方便根据自己的业务需求进行二次开发。

7.1 Metrics 快速入门

Metrics 是一个非常轻量级的框架，其核心 jar 包只有 134KB 的大小，在使用的过程中只需要通过 Maven 对其进行引入即可。在正式学习 Metrics 之前我们先来探讨一下几种常见的应用程序监控度量手段。

7.1.1 如何监控度量应用程序

在将应用程序部署到生产环境中之后，我们一般会很想知道某些重要指标的数据，比如当前有多少用户在线、有哪些服务的调用出现了问题、某个服务接口被调用了多少次、业务受理的成功率（或失败率）、服务接口的平均响应时长等。当然我们有多种办法实现这样的功能，比如以下几种。

- **实时更新所要监控的数据并将其记录在数据库中**：这种方式毫无疑问可以实现我们想要的性能数据，但是可能会对数据库形成一定的压力，并且让业务程序与性能监控程序产生耦合。
- **将所要监控的数据写入日志**：通过输出日志的方式记录所要监控的数据，然后由另外的程序（Apache Flume、LogStash、splunk等）采集日志文本，经过分析之后存入关系型数据库中。这种解决方案目前应用比较广泛，因为它做到了真正的无侵入性，应用程序根本不知道监控程序的存在，只需要根据一定的规范打印日志即可。
- **采用JMX的方式监控性能数据**：将需要监控的性能数据封装成符合JMX规范的MBean，这样我们就可以借助于JMX客户端程序（比如jconsole、jvisualvm）进行远程查看。
- **提供嵌入式的RESTful接口**：如同JMX监控的方式一样，我们可以提供RESTful服务接口，将需要特别监控的数据封装成Resource，对外提供HTTP的访问。
- **借助于Metrics工具集**：收集性能监控数据，然后将数据交给Reporter进行不同形式的展现，甚至还可以将Metrics收集到的数据与目前比较强大的运维监控工具Ganglia、Graphite等结合在一起。虽然Metrics收集数据也需要在应用程序中侵入性能数据收集的相关代码，但是这种方式基本上不会影响业务程序的运行，因为它对度量数据的report完全是以异步的方式进行的。

7.1.2 Metrics环境搭建

Metrics提供了非常强大的性能数据收集方式，并且在Metrics内部集成了CSV、JMX、Log、Console四大Reporter，除此之外，Reporter是一个非常易于扩展的接口，使用者可以通过自定义Reporter的形式将Metrics收集到的数据展示（存储）在任何地方。

Metrics的官网地址：https:// metrics.dropwizard.io/3.1.0/

Metrics就是一个jar包，我们可以通过增加pom的方式为应用程序加入依赖。

```
<dependency>
    <groupId>io.dropwizard.metrics</groupId>
    <artifactId>metrics-core</artifactId>
    <version>3.2.6</version>
</dependency>
```

7.2 五大Metric详解

简单了解了Metrics的作用之后，下面就来看看如何使用Metrics为应用程序提供度量手段。Metrics包含三大组件，分别是Reporter、Metric及MetricRegistry。Metrics组件关系如图7-1所示。

从图7-1所示的Metrics组件关系图中，我们可以看到各个组件的关系，首先，在应用程序中植入Metric用于收集系统运行时产生的性能数据，各个Metric被注册在MetricRegistry中，Reporter从MetricRegistry中获取各个Metric的数据，然后进行输出或存储等操作。

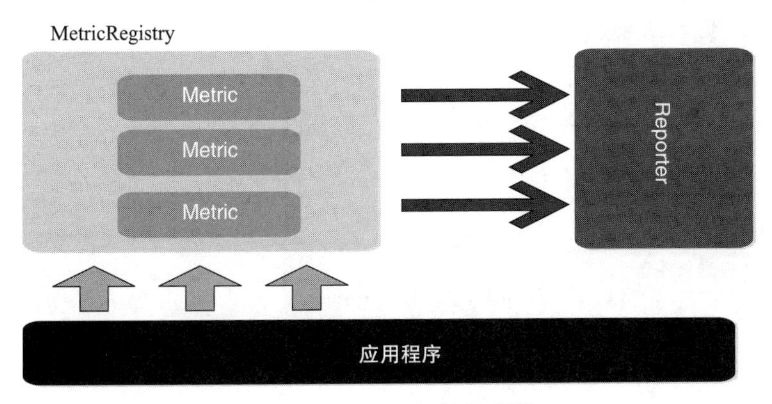

图 7-1　Metrics 组件关系图

Metrics 为我们提供了五大可用的 Metric 组件，本节将详细介绍每一个 Metric 的作用及用法。

7.2.1　Meter

Meter 主要用来测量一组事件发生的速率（见图 7-2），比如，我们可以用它来度量某个服务接口被调用的频率，甚至可以用它来度量某些网络操作的吞吐量。下面来看一下示例代码。

图 7-2　Meter 图示

程序代码：MeterExample.java

```
package com.wangwenjun.concurrent.metrics.metric;

import com.codahale.metrics.ConsoleReporter;
import com.codahale.metrics.Meter;
import com.codahale.metrics.MetricRegistry;

import java.util.concurrent.TimeUnit;

import static java.util.concurrent.ThreadLocalRandom.current;

public class MeterExample
{
    //1. 定义 MetricRegistry
    private final static MetricRegistry registry = new MetricRegistry();
    //2. 定义名为 tqs 的 Meter
    private final static Meter requestMeter = registry.meter("tqs");
    //3. 定义名为 volume 的 Meter
    private final static Meter sizeMeter = registry.meter("volume");

    public static void main(String[] args)
    {
        //4. 定义 ConsoleReporter 并且设定相关的参数
        ConsoleReporter reporter = ConsoleReporter.forRegistry(registry)
                .convertRatesTo(TimeUnit.MINUTES)
                .convertDurationsTo(TimeUnit.MINUTES).build();
        //5. 启动 Reporter，每隔 10 秒运行一次
        reporter.start(10, TimeUnit.SECONDS);
```

```
        //6. 提供在线服务
        for (; ; )
        {
            //7. 上传数据
            upload(new byte[current().nextInt(1000)]);
            //8. 随机休眠
            randomSleep();
        }
    }

    //上传数据到服务器
    private static void upload(byte[] request)
    {
        //9. 对每一次的 update 方法调用一次 mark
        requestMeter.mark();
        //10. 对上传的数据长度进行 mark
        sizeMeter.mark(request.length);
    }
    private static void randomSleep()
    {
        try
        {
            TimeUnit.SECONDS.sleep(current().nextInt(10));
        } catch (InterruptedException e)
        {
        }
    }
}
```

下面简单解释一下上面的这段代码。

1）定义一个 MetricRegistry，它的作用就是一个 Metric 的注册表，其将所有的 Metric 注册在该表中，以方便 Reporter 对其进行获取。

2）定义了一个用于度量 TQS 的 Meter，通过 registry 创建 meter，除了会创建出一个 Metric 之外，还会将创建好的 Metric 顺便注册到注册表中。

3）同 2，定义了一个用于度量 VOLUME 的 Meter。

4）注释 4 处定义了一个 ConsoleReporter，并且指定了将从哪个 registry 中获取 Metric 的度量数据。

5）启动 Reporter，每隔 10 秒的时间将会对 Registry 中的所有 Metric 进行一次 report。

6）注释 6 处采用无限循环的方式模拟程序提供了不间断的服务。

7）注释 7 处调用数据上传方法，上传数据的大小是根据随机数获得的。

8）注释 8 处短暂休眠一段随机的时间。

9）对 upload 方法的每一次调用都会对 tqs meter 进行一次 mark，也就意味着对其进行了一次计数。

10）对 upload 方法的每一次调用，都会通过 volume meter 对上传上来的字节流进行计数，以用于度量吞吐量 。

运行上面的程序，我们会看到 ConsoleReporter 会每隔 10 秒的时间对度量数据进行输出。

程序输出：MeterExample.java

```
-- Meters ----------------------------------------------------------------------
```

```
tqs
             count = 7
         mean rate = 20.75 events/minute
     1-minute rate = 13.62 events/minute
     5-minute rate = 12.38 events/minute
    15-minute rate = 12.13 events/minute
volume
             count = 4467
         mean rate = 13232.44 events/minute
     1-minute rate = 8433.26 events/minute
     5-minute rate = 7344.22 events/minute
    15-minute rate = 7123.20 events/minute


18-12-8 20:17:22 ===========================================

-- Meters ----------------------------------------------------
tqs
             count = 9
         mean rate = 17.85 events/minute
     1-minute rate = 13.37 events/minute
     5-minute rate = 12.37 events/minute
    15-minute rate = 12.13 events/minute
volume
             count = 5112
         mean rate = 10140.89 events/minute
     1-minute rate = 7554.72 events/minute
     5-minute rate = 7194.24 events/minute
    15-minute rate = 7075.20 events/minute


18-12-8 20:17:32 =======================================

-- Meters ---------------------------------------------------
tqs
             count = 10
         mean rate = 14.88 events/minute
     1-minute rate = 13.16 events/minute
     5-minute rate = 12.36 events/minute
    15-minute rate = 12.13 events/minute
volume
             count = 5189
         mean rate = 7723.02 events/minute
     1-minute rate = 6963.15 events/minute
     5-minute rate = 7082.89 events/minute
    15-minute rate = 7039.17 events/minute
```

通过Reporter的输出我们可以看到，upload方法调用了10次，通过EWMA模型（Exponentially Weighted Moving-Average，指数加权移动平均值的控制图）的统计可以得出，这些数据一分钟的平均速率将是14.88次，每分钟上传文件的平均字节数是7723.02字节。

图7-3　Gauge图示

7.2.2　Gauge

Gauge是最简单的Metric类型，如图7-3所示，它只返回一个 Value 值，比如，它可以用来查看某个关键队列在某个时刻的 size，或者用来查看当前网站的在线人数等。虽然 Gauge 的作用比较简单，但是其在实际中的应用却是比较广泛的，为此，Metrics 提供了 5 种不同的 Gauge 实现，下面就来逐一讲解。

1. Simple Gauge 详解

Simple Gauge 就像它的名字所表明的那样，非常简单，仅会返回需要我们关注的值。比如，在 block queue 中，多线程同时对其进行 pop 及 add 操作，如果想要知道在某个时刻该队列的 size 是多少，则可以借助于 Simple Gauge 来进行实现。Gauge 接口非常简单，下面来看一段代码。

```
public interface Gauge<T> extends Metric {
    /**
     * Returns the metric's current value.
     *
     * @return the metric's current value
     */
    T getValue();
}
```

由上述代码段可知 Gauge 接口只有一个方法 getValue()，因此我们可以将该接口称为 FunctionalInterface。好了，接下来就来写一个获取 queue size 的 metric 应用程序。

程序代码：SimpleGaugeExample.java

```
package com.wangwenjun.concurrent.metrics.metric;

import com.codahale.metrics.ConsoleReporter;
import com.codahale.metrics.Gauge;
import com.codahale.metrics.MetricRegistry;

import java.util.concurrent.BlockingDeque;
import java.util.concurrent.LinkedBlockingDeque;
import java.util.concurrent.ThreadLocalRandom;
import java.util.concurrent.TimeUnit;

public class SimpleGaugeExample
{
    // 定义一个 metric registry
    private static final MetricRegistry metricRegistry = new MetricRegistry();
    // 定义 Console Reporter
    private static final ConsoleReporter reporter = ConsoleReporter.forRegistry
(metricRegistry)
            .convertRatesTo(TimeUnit.SECONDS)
            .convertDurationsTo(TimeUnit.SECONDS)
            .build();
    // 定义一个双向队列，这个队列是需要监控的队列
    private static final BlockingDeque<Long> queue = new LinkedBlockingDeque
<>(1_000);

    public static void main(String[] args)
    {
        // 定义一个 Simple Gauge，并且将其注册到 registry 中
        // Gauge 的实现仅仅是返回 queue 的 size，queue::size 静态推导
        metricRegistry.register(MetricRegistry.name(SimpleGaugeExample.class,
"queue-size"), (Gauge<Integer>) queue::size);

        reporter.start(1, TimeUnit.SECONDS);
```

```
        //启动一个线程向队列中不断放入数据
        new Thread(() ->
        {
            for (; ; )
            {
                randomSleep();
                queue.add(System.nanoTime());
            }
        }).start();

        //启动另外一个线程，从队列中不断地poll数据
        new Thread(() ->
        {
            for (; ; )
            {
                randomSleep();
                queue.poll();
            }
        }).start();
    }

    //随机休眠
    private static void randomSleep()
    {
        try
        {
            TimeUnit.SECONDS.sleep(ThreadLocalRandom.current().nextInt(6));
        } catch (InterruptedException e)
        {
        }
    }
}
```

与7.2.1节中定义的Metric不同的是，这次采用的是显式定义Metric的方式，然后将其注入注册表中，代码如下。

```
metricRegistry.register(MetricRegistry.name(SimpleGaugeExample.class, "queue-
                        size"), (Gauge<Integer>) queue::size);
```

运行上面的代码，我们会看到，每隔10秒的时间，ConsoleReporter将对queue的size进行输出。

程序输出：SimpleGaugeExample.java

```
-- Gauges ----------------------------
com.wangwenjun.concurrent.metrics.metric.SimpleGaugeExample.queue-size
             value = 1


18-12-8 21:30:45 =======================

-- Gauges ----------------------------------
com.wangwenjun.concurrent.metrics.metric.SimpleGaugeExample.queue-size
             value = 3


18-12-8 21:30:46 ==========================

-- Gauges ------------------------------
com.wangwenjun.concurrent.metrics.metric.SimpleGaugeExample.queue-size
             value = 3
```

```
18-12-8 21:30:47 =========================

-- Gauges --------------------------
com.wangwenjun.concurrent.metrics.metric.SimpleGaugeExample.queue-size
             value = 2


18-12-8 21:30:48 ======================

-- Gauges ------------------------------
com.wangwenjun.concurrent.metrics.metric.SimpleGaugeExample.queue-size
             value = 2
```

通过输出信息，可以看到 queue size 的变化。通过这个度量数据，我们很容易就能发现生产者线程和消费者线程的处理速度，以及队列出现的积压情况，这对我们分析工作线程的运行性能非常重要。

2. JMX Attribute Gauge 详解

除了在应用程序中可以定义很多符合 JMX 标准的 MBean 之外，JDK 还为我们提供了非常多的 MBean（如图 7-4 所示），用于诊断 JVM 的一些运行指标数据。如果想要获取 JVM 的 MBean，则需要借助于 jconsole、jvisualvm、jprofiler 这样的工具；如果想要远程查看，那么还必须打开 JMX 服务端口。

```
-Djava.rmi.server.hostname=192.168.2.142
-Dcom.sun.management.jmxremote.port=12345
-Dcom.sun.management.jmxremote.ssl=false
-Dcom.sun.management.jmxremote.authenticate=false
```

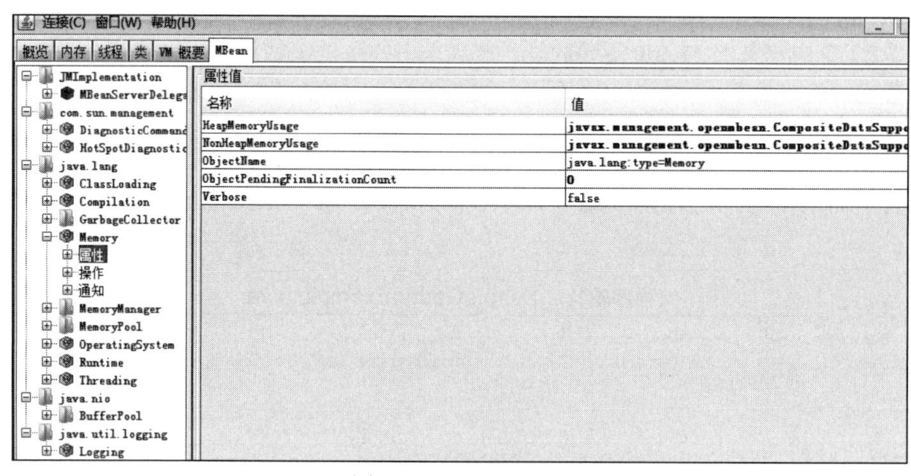

图 7-4 JVM MBean

那么有没有某种方式，可以将 MBean 提供的数据直接输出到日志或者控制台上呢？答案是肯定的。比如，如果想要查看当前应用程序堆区与非堆区的使用大小情况，就可以借助于 JmxAttributeGauge 来很好地完成，下面看一下示例代码。

程序代码：JmxAttributeGaugeExample.java

```
package com.wangwenjun.concurrent.metrics.metric;
```

```
import com.codahale.metrics.ConsoleReporter;
import com.codahale.metrics.JmxAttributeGauge;
import com.codahale.metrics.MetricRegistry;

import javax.management.MalformedObjectNameException;
import javax.management.ObjectName;
import java.util.concurrent.TimeUnit;

public class JmxAttributeGaugeExample
{

    //定义metric registry
    private final static MetricRegistry registry = new MetricRegistry();
    //构造ConsoleReporter
    private final static ConsoleReporter reporter = ConsoleReporter
            .forRegistry(registry)
            .convertRatesTo(TimeUnit.SECONDS)
            .convertDurationsTo(TimeUnit.SECONDS)
            .build();

    public static void main(String[] args)
            throws MalformedObjectNameException, InterruptedException
    {
        //启动Reporter，每隔10秒的时间输出一次数据
        reporter.start(10, TimeUnit.SECONDS);

        //注册JmxAttributeGauge，主要输出堆内存的使用情况
        registry.register(MetricRegistry.name(JmxAttributeGaugeExample.class, "Heap
                         Memory"), new JmxAttributeGauge(new ObjectName("java.
                         lang:type=Memory"), "HeapMemoryUsage"
        ));


        //注册JmxAttributeGauge，主要输出非堆内存的使用情况
        registry.register(MetricRegistry.name(JmxAttributeGaugeExample.class, "NonHeap
                         MemoryUsage"), new JmxAttributeGauge(new ObjectName("java.
                         lang:type=Memory"), "NonHeapMemoryUsage"
        ));

        //让主线程join，目的是不让程序退出
        Thread.currentThread().join();
    }
}
```

运行上面的程序，我们会看到当前JVM堆内存的信息及非堆内存的信息每隔10秒的时间被输出一次，具体如下。

程序输出：JmxAttributeGaugeExample.java

```
18-12-8 22:48:36 =============================================================

-- Gauges ----------------------------------------------------------------------
com.wangwenjun.concurrent.metrics.metric.JmxAttributeGaugeExample.HeapMemory
             value = javax.management.openmbean.CompositeDataSupport(composite
Type=javax.management.openmbean.CompositeType(name=java.lang.management.MemoryUsage,
items=((itemName=committed,itemType=javax.management.openmbean.SimpleType(name=
java.lang.Long)),(itemName=init,itemType=javax.management.openmbean.SimpleType(name=
java.lang.Long)),(itemName=max,itemType=javax.management.openmbean.SimpleType(name=
java.lang.Long)),(itemName=used,itemType=javax.management.openmbean.SimpleType(name=
```

```
java.lang.Long)))),contents={committed=160956416, init=167772160, max=2360344576,
used=10928976})
    com.wangwenjun.concurrent.metrics.metric.JmxAttributeGaugeExample.NonHeapMemoryUsage
                 value = javax.management.openmbean.CompositeDataSupport(compositeType=
javax.management.openmbean.CompositeType(name=java.lang.management.MemoryUsage,items=
((itemName=committed,itemType=javax.management.openmbean.SimpleType(name=java.lang.
Long)),(itemName=init,itemType=javax.management.openmbean.SimpleType(name=java.lang.
Long)),(itemName=max,itemType=javax.management.openmbean.SimpleType(name=java.lang.
Long)),(itemName=used,itemType=javax.management.openmbean.SimpleType(name=java.
lang.Long)))),contents={committed=10944512, init=2555904, max=-1, used=10028920})


    18-12-8 22:48:46 ===========================================================

    -- Gauges ---------------------------------------------------------------------
    com.wangwenjun.concurrent.metrics.metric.JmxAttributeGaugeExample.HeapMemory
                 value = javax.management.openmbean.CompositeDataSupport(composite
Type=javax.management.openmbean.CompositeType(name=java.lang.management.MemoryUsage,
items=((itemName=committed,itemType=javax.management.openmbean.SimpleType(name=
java.lang.Long)),(itemName=init,itemType=javax.management.openmbean.SimpleType(name=
java.lang.Long)),(itemName=max,itemType=javax.management.openmbean.SimpleType(name=
java.lang.Long)),(itemName=used,itemType=javax.management.openmbean.SimpleType(name=
java.lang.Long)))),contents={committed=160956416, init=167772160, max=2360344576,
used=10928976})
    com.wangwenjun.concurrent.metrics.metric.JmxAttributeGaugeExample.NonHeapMemoryUsage
                 value = javax.management.openmbean.CompositeDataSupport(composite
Type=javax.management.openmbean.CompositeType(name=java.lang.management.MemoryUsage,
items=((itemName=committed,itemType=javax.management.openmbean.SimpleType(name=
java.lang.Long)),(itemName=init,itemType=javax.management.openmbean.SimpleType(name=
java.lang.Long)),(itemName=max,itemType=javax.management.openmbean.SimpleType(name=
java.lang.Long)),(itemName=used,itemType=javax.management.openmbean.SimpleType(name=
java.lang.Long)))),contents={committed=11206656, init=2555904, max=-1,
used=10149144})


    18-12-8 22:48:56 ===========================================================

    -- Gauges ---------------------------------------------------------------------
    com.wangwenjun.concurrent.metrics.metric.JmxAttributeGaugeExample.HeapMemory
                 value = javax.management.openmbean.CompositeDataSupport(composite
Type=javax.management.openmbean.CompositeType(name=java.lang.management.MemoryUsage,
items=((itemName=committed,itemType=javax.management.openmbean.SimpleType(name=
java.lang.Long)),(itemName=init,itemType=javax.management.openmbean.SimpleType(name=
java.lang.Long)),(itemName=max,itemType=javax.management.openmbean.SimpleType(name=
java.lang.Long)),(itemName=used,itemType=javax.management.openmbean.SimpleType(name=
java.lang.Long)))),contents={committed=160956416, init=167772160, max=2360344576, used=10928976})
    com.wangwenjun.concurrent.metrics.metric.JmxAttributeGaugeExample.NonHeapMemoryUsage
                 value = javax.management.openmbean.CompositeDataSupport(composite
Type=javax.management.openmbean.CompositeType(name=java.lang.management.MemoryUsage,
items=((itemName=committed,itemType=javax.management.openmbean.SimpleType(name=
java.lang.Long)),(itemName=init,itemType=javax.management.openmbean.SimpleType(name=
java.lang.Long)),(itemName=max,itemType=javax.management.openmbean.SimpleType(name=
java.lang.Long)),(itemName=used,itemType=javax.management.openmbean.SimpleType(name=
java.lang.Long)))),contents={committed=11206656, init=2555904, max=-1, used=10187864})
```

3. Ratio Gauge 详解

Ratio Gauge 可用于创建两个数字之间的某种比率，比如业务受理的成功率或失败率等。通常，我们在处理订单的时候，由于用户的原因可能会进行取消订单的操作，中断整个订单执行的流程。对于这样的数据统计，Ratio Gauge 将会是一个非常好的选择，我们来看一下示例程序的代码。

程序代码：RatioGaugeExample.java

```
package com.wangwenjun.concurrent.metrics.metric;

import com.codahale.metrics.ConsoleReporter;
import com.codahale.metrics.Meter;
import com.codahale.metrics.MetricRegistry;
import com.codahale.metrics.RatioGauge;

import java.util.concurrent.TimeUnit;

import static java.util.concurrent.ThreadLocalRandom.current;

public class RatioGaugeExample
{
    // 定义 Metric Registry
    private final static MetricRegistry register = new MetricRegistry();
    // 定义 Reporter
    private final static ConsoleReporter reporter = ConsoleReporter.
            forRegistry(register)
            .convertRatesTo(TimeUnit.SECONDS)
            .convertDurationsTo(TimeUnit.SECONDS)
            .build();

    // 定义两个 Metric
    private final static Meter totalMeter = new Meter();
    private final static Meter successMeter = new Meter();

    public static void main(String[] args)
    {
        // 启动 Reporter
        reporter.start(10, TimeUnit.SECONDS);
        // 注册 Ratio Gauge
        register.gauge("success-rate", () -> new RatioGauge()
        {
            @Override
            protected Ratio getRatio()
            {
                // ratio 值等于 successMeter 和 totalMeter
                return Ratio.of(successMeter.getCount(), totalMeter.getCount());
            }
        });
        // 无限循环，模拟程序持续服务
        for (; ; )
        {
            // 短暂休眠
            shortSleep();
            // 受理业务
            business();
        }
    }

    private static void business()
    {
        // 不论正确与否，total 都会自增
        // total inc
        totalMeter.mark();
        try
        {
```

```
                // 随机数有可能会是 0，因此这个操作可能会出现错误
                int x = 10 / current().nextInt(6);
                // success inc
                // 成功受理之后，success 会自增
                successMeter.mark();

            } catch (Exception e)
            {
                System.out.println("ERROR");
            }
        }

        private static void shortSleep()
        {
            try
            {
                TimeUnit.SECONDS.sleep(current().nextInt(6));
            } catch (InterruptedException e)
            {
                e.printStackTrace();
            }
        }
}
```

注释中对代码的解释已经非常清楚了，这里就不再赘述了，直接看运行结果吧。

程序输出：RatioGaugeExample.java

```
ERROR
18-12-8 23:19:52 =======================

-- Gauges ------------------------------
success-rate
             value = 0.6666666666666666


ERROR
18-12-8 23:20:02 ========================

-- Gauges ---------------------------------
success-rate
             value = 0.75


18-12-8 23:20:12 =========================

-- Gauges ---------------------------
success-rate
             value = 0.8333333333333334


ERROR
ERROR
ERROR
18-12-8 23:20:22 =========================

-- Gauges --------------------------------
success-rate
             value = 0.7222222222222222
```

每隔10秒的时间，业务的成功率度量信息将会输出到控制台上，除了可以看到成功率之外，我们还可以看到ERROR字样（分母为零时会出现）。当然，totalMeter和successMeter完全可以使用AtomicLong替代，这没有任何问题，目的都主要是对数值进行存储。

4. Cached Gauge详解

有时，我们想要获取的Gauge value对实时性的要求并没有那么高，比如我们想要从数据库中获取用户的状态，或者计算某个队列的size，这样我们就没有必要每次都计算它的真实Value，而是将计算结果暂时缓存一段时间，等设置的时间过期之后再重新获取。我们来看一下示例程序的代码。

程序代码：CachedGaugeExample.java

```
package com.wangwenjun.concurrent.metrics.metric;

import com.codahale.metrics.CachedGauge;
import com.codahale.metrics.ConsoleReporter;
import com.codahale.metrics.MetricRegistry;

import java.util.concurrent.TimeUnit;

public class CachedGaugeExample
{
    //定义Metric Registry
    private final static MetricRegistry registry = new MetricRegistry();
    //定义Reporter
    private final static ConsoleReporter reporter = ConsoleReporter
            .forRegistry(registry)
            .convertRatesTo(TimeUnit.SECONDS)
            .convertDurationsTo(TimeUnit.SECONDS)
            .build();

    public static void main(String[] args) throws InterruptedException
    {
        //启动Reporter
        reporter.start(10, TimeUnit.SECONDS);
        //定义Metric，并且注册到Metric Registry中
        registry.gauge("cached-db-size",
                () -> new CachedGauge<Long>(30, TimeUnit.SECONDS)
        {
            @Override
            protected Long loadValue()
            {
                //从数据库中查询数据
                return queryFromDB();
            }
        });
        Thread.currentThread().join();
    }

    private static long queryFromDB()
    {
        System.out.println("====queryFromDB=====");
        return System.currentTimeMillis();
    }
}
```

在上面的代码中，我们使用了Cached Gauge，在定义Cached Gauge时，我们需要指定

value 的超时时间和 TimeUnit，并且重写 loadValue 方法。运行上面的程序我们会看到，在 30 秒内 Value 的值没有发生任何变化，因为它是直接从缓存中获取的数据。程序输出具体如下。

程序输出：CachedGaugeExample.java

```
-- Gauges ----------------------------------------
cached-db-size
             value = 1544325347005


18-12-9 11:16:06 ==================================

-- Gauges -----------------------------------------
cached-db-size
             value = 1544325347005


18-12-9 11:16:16 ===================================

-- Gauges -----------------------------------------
cached-db-size
             value = 1544325347005


18-12-9 11:16:26 =================================

-- Gauges --------------------------------------
cached-db-size
====queryFromDB=====
             value = 1544325386984
```

5. Derivative Gauge 详解

Derivative Gauge 允许从某个 Gauge value 中获取特定的属性和值，比如，我们将 Cache 的 Stats 作为一个 Metric，Stats 中包含了非常多的属性，但是我们只需要其中的一两个，比如 Cache 未命中率、Cache 加载异常统计等，此时我们就可以借助 Derivative Gauge 来派生这样的功能。

程序代码：DerivativeGaugeExample.java

```java
package com.wangwenjun.concurrent.metrics.metric;

import com.codahale.metrics.ConsoleReporter;
import com.codahale.metrics.DerivativeGauge;
import com.codahale.metrics.Gauge;
import com.codahale.metrics.MetricRegistry;
import com.google.common.cache.CacheBuilder;
import com.google.common.cache.CacheLoader;
import com.google.common.cache.CacheStats;
import com.google.common.cache.LoadingCache;

import java.util.concurrent.TimeUnit;

public class DerivativeGaugeExample
{
    //定义 Cache
    private final static LoadingCache<String, String> cache = CacheBuilder
            .newBuilder().maximumSize(10)
            .expireAfterAccess(5, TimeUnit.SECONDS)
```

```
            //开启Cache Stats统计功能
            .recordStats()
            .build(new CacheLoader<String, String>()
            {
                @Override
                public String load(String key) throws Exception
                {
                    return key.toUpperCase();
                }
            });
    //定义Metric Registry
    private final static MetricRegistry registry = new MetricRegistry();
    //定义Reporter
    private final static ConsoleReporter reporter = ConsoleReporter.
            forRegistry(registry)
            .convertRatesTo(TimeUnit.SECONDS)
            .convertDurationsTo(TimeUnit.SECONDS)
            .build();

    public static void main(String[] args) throws InterruptedException
    {
        //启动Reporter
        reporter.start(10, TimeUnit.SECONDS);
        //注册一个Gauge Metric，value是cache的stats
        Gauge<CacheStats> cacheGauge = registry.gauge("cache-stats",
                                                   () -> cache::stats);
        //通过cacheGauge派生missCount metric，并且注册到Registry
        registry.register("missCount", new DerivativeGauge<CacheStats, Long>(cacheGauge)
        {
            @Override
            protected Long transform(CacheStats stats)
            {
                return stats.missCount();
            }
        });

        //通过cacheGauge派生loadExceptionCountmetric，并且注册到Registry
        registry.register("loadExceptionCount",
                              new DerivativeGauge<CacheStats, Long>(cacheGauge)
        {
            @Override
            protected Long transform(CacheStats stats)
            {
                return stats.loadExceptionCount();
            }
        });

        while (true)
        {
            business();
            TimeUnit.SECONDS.sleep(1);
        }
    }

    private static void business()
    {
        cache.getUnchecked("alex");
    }
}
```

上面的代码中，我们使用了Google Guava的Cache功能。关于Google Guava请读者查阅官方文档自行学习，文档地址为 https://github.com/google/guava。

首先，我们使用 Simple Gauge 创建了一个获取 cache stats value 的 Metric，然后使用该 Gauge 派生出了两个不同的 Gauge Metric，运行上面的程序我们会看到如下的输出。

程序输出：DerivativeGaugeExample.java

```
    18-12-9 13:08:10 ==================================

    -- Gauges --------------------------------------
    cache-stats
                 value = CacheStats{hitCount=79, missCount=1, loadSuccessCount=1,
loadExceptionCount=0, totalLoadTime=32595160, evictionCount=0}
    loadExceptionCount
                 value = 0
    missCount
                 value = 1


    18-12-9 13:08:20 =====================================

    -- Gauges ---------------------------------------------
    cache-stats
                 value = CacheStats{hitCount=89, missCount=1, loadSuccessCount=1,
loadExceptionCount=0, totalLoadTime=32595160, evictionCount=0}
    loadExceptionCount
                 value = 0
    missCount
                 value = 1


    18-12-9 13:08:30 =====================================

    -- Gauges -----------------------------------------
    cache-stats
                 value = CacheStats{hitCount=99, missCount=1, loadSuccessCount=1,
loadExceptionCount=0, totalLoadTime=32595160, evictionCount=0}
    loadExceptionCount
                 value = 0
    missCount
                 value = 1
```

通过输出我们不难发现，record stats gauge 会输出所有的 cache stats 信息，而其他两个则只会输出派生出来的 value。

7.2.3 Counter

7.2.2 节对 Simple Gauge 进行了详细讲述，我们使用一个简单的 Gauge 获取了 queue 的当前 size 作为一个 Metric，这种方式看起来能够正常运行，但是调用相关 API 的方式获取 value 会影响到其他线程使用 queue 本身的性能，这种度量方式也会对应用程序带来性能上的侵入损耗。

图 7-5 Counter 图示

Counter Metric 提供了一个 64 位数字的递增和递减的解决方案（如图 7-5 所示），可以帮我们解决在度量的过程中性能侵入的问题。下面我们采用 Counter 的方式改写 7.2.2 节 Simple Gauge 中所编写的程序，改写的程序代码如下。

程序代码：CounterExample.java

```
package com.wangwenjun.concurrent.metrics.metric;

import com.codahale.metrics.ConsoleReporter;
import com.codahale.metrics.Counter;
import com.codahale.metrics.MetricRegistry;

import java.util.concurrent.BlockingDeque;
import java.util.concurrent.LinkedBlockingDeque;
import java.util.concurrent.TimeUnit;

import static java.util.concurrent.ThreadLocalRandom.current;

public class CounterExample
{
    // 定义 Metric Registry
    private static final MetricRegistry metricRegistry = new MetricRegistry();
    // 定义 Reporter
    private static final ConsoleReporter reporter = ConsoleReporter
            .forRegistry(metricRegistry)
            .convertRatesTo(TimeUnit.SECONDS)
            .convertDurationsTo(TimeUnit.SECONDS)
            .build();
    // 定义 Blocking 双向队列，size 为 1000
    private static final BlockingDeque<Long> queue = new
            LinkedBlockingDeque<>(1_000);

    public static void main(String[] args)
    {
        reporter.start(10, TimeUnit.SECONDS);
        // 定义并注册 Counter Metric 到 Registry 中
        Counter counter = metricRegistry.counter("queue-count", Counter::new);

        // 定义一个线程，用于将元素添加到 queue 中，但是在增加了元素之后，调用 counter 的递增方法
          new Thread(() ->
        {
            for (; ; )
            {
                randomSleep();
                queue.add(System.nanoTime());
                counter.inc();
            }
        }).start();

        // 定义另外一个线程，从 queue 中 poll 元素，当元素被 poll 出后，调用 counter 的递减方法
          new Thread(() ->
        {
            for (; ; )
            {
                randomSleep();
                if (queue.poll() != null)
                    counter.dec();
            }
        }).start();
    }
```

```
    private static void randomSleep()
    {
        try
        {
            TimeUnit.MILLISECONDS.sleep(current().nextInt(500));
        } catch (InterruptedException e)
        {
        }
    }
}
```

在上面的程序中，我们不再调用 queue 的 size() 方法作为度量值的获取方法，因为这种方式存在对被度量资源的侵入性，Counter Metric 经过改造之后同样可以完成我们想要的效果。运行上面的程序，会得到如下输出。

程序输出：CounterExample.java

```
18-12-9 13:45:17 ========================================

-- Counters ----------------------------------------------
queue-count
             count = 0


18-12-9 13:45:27 ========================================

-- Counters -----------------------------------------------
queue-count
             count = 4


18-12-9 13:45:37 ========================================

-- Counters --------------------------------------------
queue-count
             count = 5


18-12-9 13:45:47 =====================================

-- Counters ---------------------------------------------
queue-count
             count = 2
```

7.2.4 Histogram

直方图（Histogram）又称质量分布图，是一种统计报告图，由一系列高度不等的纵向条纹或线段表示数据分布的情况。一般用横轴表示数据类型，纵轴表示分布情况（如图 7-6 所示）。

直方图是数值数据分布的精确图形表示，这是一个对连续变量（定量变量）的概率分布的估计，并且由卡尔·皮尔逊（Karl Pearson）首先引入，它是一种条形图。构建直方图的步骤是，首先对值的范围进行分段，即将整个值的范围分成一系列的间隔，然后计算每个间隔中有多少个值。这些值通常被指定为连续的、不重叠的变量间隔。间隔必须相邻，并且通常是（但不是必需的）相等的大小。

Metrics 还为我们提供了 Histogram 的数据统计方式，本节将为大家介绍如何通过 Histogram

Metric进行度量数据的统计。假设系统为用户提供了商品搜索功能，如果想要统计每一次用户通过关键词的搜索会产生多少条结果条目，那么我们需要特别关注搜索的结果，因此需要将其纳入度量中来，请看下面的程序示例。

程序代码：HistogramExample.java

```
package com.wangwenjun.concurrent.metrics.metric;

import com.codahale.metrics.ConsoleReporter;
import com.codahale.metrics.Histogram;
import com.codahale.metrics.MetricRegistry;

import java.util.concurrent.TimeUnit;

import static java.util.concurrent.ThreadLocalRandom.current;

public class HistogramExample
{
    // 定义 Metric Registry
    private final static MetricRegistry registry = new MetricRegistry();
    // 构造 Reporter
    private final static ConsoleReporter reporter = ConsoleReporter
            .forRegistry(registry)
            .convertRatesTo(TimeUnit.SECONDS)
            .convertDurationsTo(TimeUnit.SECONDS)
            .build();
    // 构造 Histogram Metric 并且将其注册到 Registry 中
    private final static Histogram histogram = registry.histogram("search-result");

    public static void main(String[] args)
    {
        // 启动 Reporter
        reporter.start(10, TimeUnit.SECONDS);

        // 无限循环，模拟持续服务
        while (true)
        {
            // 根据用户提交的关键字进行搜索
            doSearch();
            randomSleep();
        }
    }

    private static void doSearch()
    {
        // 搜索结果从随机数获得 0 ~ 9 之间的结果条目
        histogram.update(current().nextInt(10));
    }

    private static void randomSleep()
    {
        try
        {
            TimeUnit.SECONDS.sleep(current().nextInt(5));
        } catch (InterruptedException e)
        {
            e.printStackTrace();
        }
    }
}
```

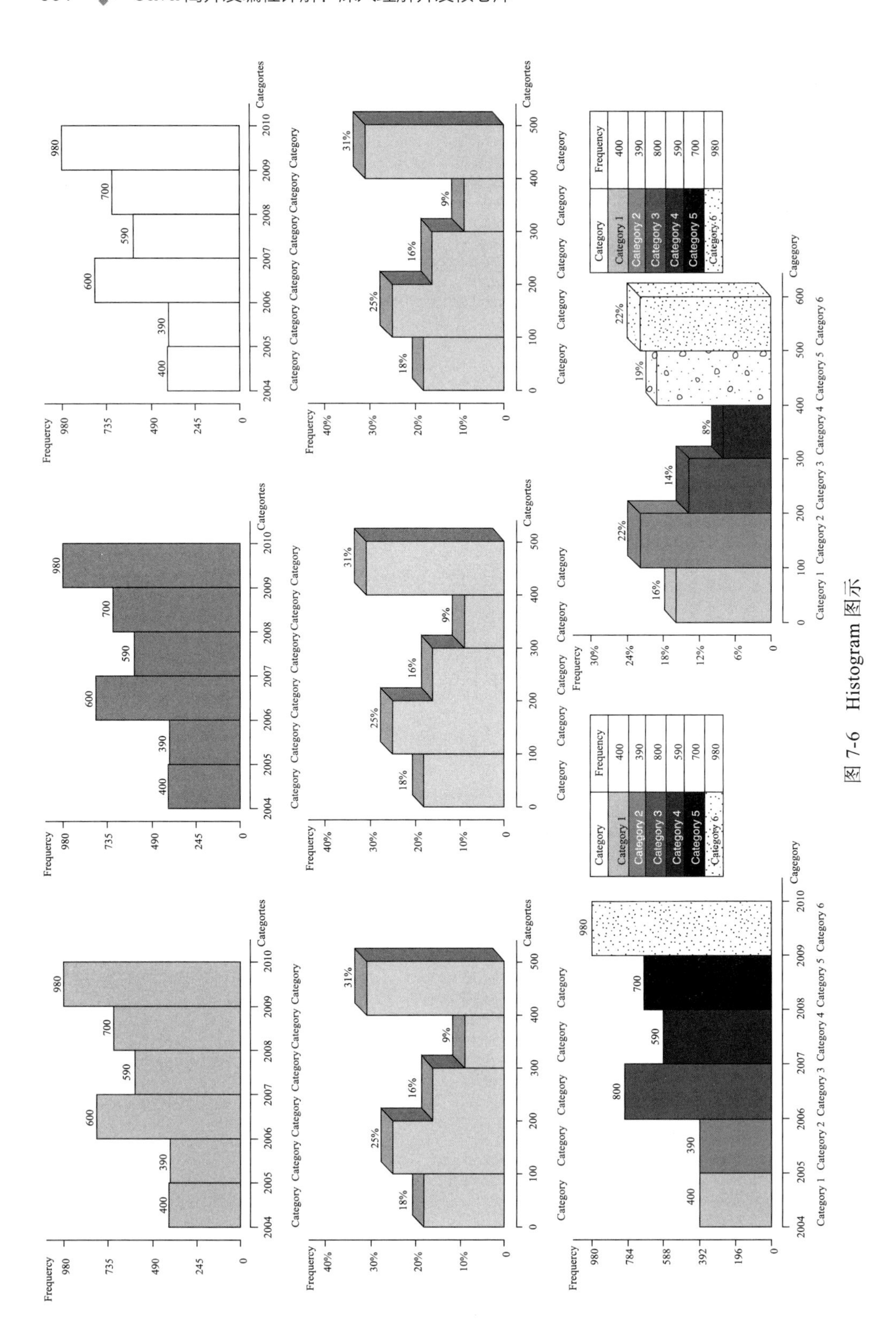

图 7-6 Histogram 图示

运行上面的程序，你会发现具有非常多的度量数据统计信息，这些信息对我们的帮助是非常大的，它可以很准确地告诉我们这些数据的分布情况，比如，有 75% 的搜索结果都少于 8 个条目，程序输出具体如下。

程序输出：HistogramExample.java

```
-- Histograms ------------------------------------------
search-result
             count = 30
               min = 0
               max = 9
              mean = 5.13
            stddev = 2.87
            median = 5.00
              75% <= 8.00
              95% <= 9.00
              98% <= 9.00
              99% <= 9.00
            99.9% <= 9.00


18-12-9 14:03:43 ======================================

-- Histograms -------------------------------------
search-result
             count = 37
               min = 0
               max = 9
              mean = 4.80
            stddev = 2.68
            median = 5.00
              75% <= 7.00
              95% <= 9.00
              98% <= 9.00
              99% <= 9.00
            99.9% <= 9.00


18-12-9 14:03:53 =====================================

-- Histograms ------------------------------
search-result
             count = 41
               min = 0
               max = 9
              mean = 4.91
            stddev = 2.76
            median = 5.00
              75% <= 8.00
              95% <= 9.00
              98% <= 9.00
              99% <= 9.00
            99.9% <= 9.00
```

除了要对数据区间进行统计之外，还有些数据也是非常重要的，下面就来简单介绍一下。

- count：参与统计的数据有多少条。
- min：在所有统计数据中哪个值是最小的。

- max：在所有统计数据中哪个值是最大的。
- mean：所有数据的平均值。
- stddev：统计结果的标准误差率。
- median：所有统计数据的中间值。

上述几项统计结果中，除了 median（中间值）之外，其他的都比较容易计算。传统的计算中间值的方式是将所有的数据都放到一个数据集合中，然后对其进行排序整理，最后采取折半的方式获取其中的一个值，就认为其是中间值。但是，这种计算中间值的前提是需要在数据集合中记录所有的数据，这会导致我们的应用程序存放大量的度量数据，进而带来应用程序发生内存溢出的风险，显然这种方式是不可取的。Metrics 在设计的过程中也充分考虑到了这一点，因此为我们提供了 4 种解决方案来解决这样的问题，本节接下来将详细介绍。

1. Uniform Reservoirs

Uniform Reservoirs 采用随机的抽样来度量数据，然后存放在一个数据集合中进行中间值的统计，这种方法被称为 Vitter R 算法详见（http:// www.cs.umd.edu/~samir/498/vitter.pdf）。

下面通过一个例子来展示并说明如何使用 Uniform Reservoirs 的方式进行 median（中间值）的计算。示例程序代码如下。

程序代码：UniformReservoirHistogramExample.java

```
package com.wangwenjun.concurrent.metrics.metric;

import com.codahale.metrics.ConsoleReporter;
import com.codahale.metrics.Histogram;
import com.codahale.metrics.MetricRegistry;
import com.codahale.metrics.UniformReservoir;

import java.util.concurrent.TimeUnit;

import static java.util.concurrent.ThreadLocalRandom.current;

public class UniformReservoirHistogramExample
{
    //定义 Metric Registry
    private final static MetricRegistry registry = new MetricRegistry();
    //构造 Reporter
    private final static ConsoleReporter reporter = ConsoleReporter
            .forRegistry(registry)
            .convertRatesTo(TimeUnit.SECONDS)
            .convertDurationsTo(TimeUnit.SECONDS)
            .build();
    //构造 Histogram Metric 并且使用 UniformReservoir
    private final static Histogram histogram = new Histogram(new UniformReservoir());

    public static void main(String[] args)
    {
        //启动 Reporter
        reporter.start(10, TimeUnit.SECONDS);
        //将 histogram metric 注册到 Registry 中
        registry.register("UniformReservoir-Histogram", histogram);
        while (true)
        {
            doSearch();
```

```
                randomSleep();
            }
        }

        private static void doSearch()
        {
            histogram.update(current().nextInt(10));
        }

        private static void randomSleep()
        {
            try
            {
                TimeUnit.SECONDS.sleep(1);
            } catch (InterruptedException e)
            {
                e.printStackTrace();
            }
        }
    }
```

运行上面的程序，虽然输出结果与 HistogramExample.java 一样，但是其中对 median 的计算方式却是不同的。需要注意的是，这种方式非常适合于统计长时间运行的度量数据，千万不要用它来度量只需要关心最近一段时间的统计结果，因为它是采用随机抽样的方式为数据集合提供统计原料的。

2. Exponentially Decaying Reservoirs

Exponentially Decaying Reservoirs（指数衰变）的方式既是 Metrics 的默认方式，也是官网推荐的一种方式，建议在平时的工作中使用这种方式即可。Exponentially Decaying Reservoirs 通过一个正向衰减优先级列表来实现，该列表用于更新维护数据的指数权重，使得需要计算中间值的数据集合维持在一个特定的数量区间中，然后对其进行取中值运算。示例程序代码如下。

程序代码：ExponentiallyDecayingReservoirHistogramExample.java

```
package com.wangwenjun.concurrent.metrics.metric;

import com.codahale.metrics.ConsoleReporter;
import com.codahale.metrics.ExponentiallyDecayingReservoir;
import com.codahale.metrics.Histogram;
import com.codahale.metrics.MetricRegistry;

import java.util.concurrent.TimeUnit;

import static java.util.concurrent.ThreadLocalRandom.current;

public class ExponentiallyDecayingReservoirHistogramExample
{
    //定义Metric Registry
    private final static MetricRegistry registry = new MetricRegistry();

    //构造Reporter
    private final static ConsoleReporter reporter = ConsoleReporter
            .forRegistry(registry)
            .convertRatesTo(TimeUnit.SECONDS)
            .convertDurationsTo(TimeUnit.SECONDS)
            .build();
```

```
    //使用ExponentiallyDecayingReservoir定义Histogram Metric
    private final static Histogram histogram = new Histogram(new
        ExponentiallyDecayingReservoir());

    public static void main(String[] args)
    {
        reporter.start(10, TimeUnit.SECONDS);
        registry.register("ExponentiallyDecayingReservoir", histogram);
        while (true)
        {
            doSearch();
            randomSleep();
        }
    }

    private static void doSearch()
    {
        histogram.update(current().nextInt(10));
    }

    private static void randomSleep()
    {
        try
        {
            TimeUnit.SECONDS.sleep(current().nextInt(5));
        } catch (InterruptedException e)
        {
            e.printStackTrace();
        }
    }
}
```

3. Sliding Window Reservoirs

Sliding Window Reservoirs（滑动窗口）的原理非常简单，主要是在该窗口中存放最近的一定数量的值进行median（中间值）的计算。示例程序代码如下。

程序代码：SlidingWindowReservoirHistogramExample.java

```
package com.wangwenjun.concurrent.metrics.metric;

import com.codahale.metrics.ConsoleReporter;
import com.codahale.metrics.Histogram;
import com.codahale.metrics.MetricRegistry;
import com.codahale.metrics.SlidingWindowReservoir;

import java.util.concurrent.TimeUnit;

import static java.util.concurrent.ThreadLocalRandom.current;

public class SlidingWindowReservoirHistogramExample
{
    //定义Metric Registry
    private final static MetricRegistry registry = new MetricRegistry();
    //构造Reporter
    private final static ConsoleReporter reporter = ConsoleReporter
            .forRegistry(registry)
            .convertRatesTo(TimeUnit.SECONDS)
            .convertDurationsTo(TimeUnit.SECONDS)
            .build();
```

```
//采用SlidingWindowReservoir定义Histogram Metric，并且指定窗口大小为50
    private final static Histogram histogram = new Histogram(new
        SlidingWindowReservoir(50));

    public static void main(String[] args)
    {
        reporter.start(10, TimeUnit.SECONDS);
        registry.register("SlidingWindowReservoir-Histogram", histogram);
        while (true)
        {
            doSearch();
            randomSleep();
        }
    }

    private static void doSearch()
    {
        histogram.update(current().nextInt(10));
    }

    private static void randomSleep()
    {
        try
        {
            TimeUnit.SECONDS.sleep(1);
        } catch (InterruptedException e)
        {
            e.printStackTrace();
        }
    }
}
```

在定义SlidingWindowReservoir滑动窗口时，我们需要指定该窗口的大小，比如上述代码中的50，这就意味着最多将针对最近的50个度量数据进行中间值的计算。

4. Sliding Time Window Reservoirs

Sliding Time Window Reservoirs（时间滑动窗口）的原理也是非常简单的，主要是根据指定的、最近的时间范围内的数据进行median（中间值）的计算，示例程序代码如下。

程序代码：SlidingTimeWindowReservoirHistogramExample.java

```
package com.wangwenjun.concurrent.metrics.metric;

import com.codahale.metrics.ConsoleReporter;
import com.codahale.metrics.Histogram;
import com.codahale.metrics.MetricRegistry;
import com.codahale.metrics.SlidingTimeWindowReservoir;

import java.util.concurrent.TimeUnit;

import static java.util.concurrent.ThreadLocalRandom.current;

public class SlidingTimeWindowReservoirHistogramExample
{
    //定义Metric Registry
    private final static MetricRegistry registry = new MetricRegistry();
    //构造Reporter
    private final static ConsoleReporter reporter = ConsoleReporter
            .forRegistry(registry)
```

```
            .convertRatesTo(TimeUnit.SECONDS)
            .convertDurationsTo(TimeUnit.SECONDS)
            .build();
    //定义histogram metric，并且指定SlidingTimeWindowReservoir为30秒
    private final static Histogram histogram = new Histogram(new
        SlidingTimeWindowReservoir(30, TimeUnit.SECONDS));

    public static void main(String[] args)
    {
        reporter.start(10, TimeUnit.SECONDS);
        registry.register("SlidingTimeWindowReservoir-Histogram", histogram);
        while (true)
        {
            doSearch();
            randomSleep();
        }
    }

    private static void doSearch()
    {
        histogram.update(current().nextInt(10));
    }

    private static void randomSleep()
    {
        try
        {
            TimeUnit.SECONDS.sleep(1);
        } catch (InterruptedException e)
        {
            e.printStackTrace();
        }
    }
}
```

在定义SlidingTimeWindowReservoir时间滑动窗口的时候，我们需要指定该窗口的时间大小，比如上述代码中的30秒，这就意味着最多将针对最近30秒以内的度量数据进行中间值的计算。

7.2.5 Timer

Timer是基于Histogram和Meter的一种针对度量数据进行统计的方式（见图7-7），主要用于统计业务方法的响应速度，简单来说就是调用某个业务接口共花费了多少时间。示例程序代码如下。

图7-7 Timer图示

程序代码：TimerExample.java

```
package com.wangwenjun.concurrent.metrics.metric;

import com.codahale.metrics.ConsoleReporter;
import com.codahale.metrics.MetricRegistry;
import com.codahale.metrics.Timer;

import java.util.concurrent.TimeUnit;

import static java.util.concurrent.ThreadLocalRandom.current;
```

```
public class TimerExample
{
    //定义Metric Registry
    private final static MetricRegistry registry = new MetricRegistry();
    //构造Reporter
    private final static ConsoleReporter reporter = ConsoleReporter
            .forRegistry(registry)
            .convertRatesTo(TimeUnit.SECONDS)
            .convertDurationsTo(TimeUnit.SECONDS)
            .build();
    //定义Timer的Metric并且注入到Registry中
    private final static Timer timer = registry.timer("request", Timer::new);

    public static void main(String[] args)
    {
        //启动Reporter
        reporter.start(10, TimeUnit.SECONDS);
        //无限循环，模拟持续服务
        while (true)
        {
            business();
        }
    }

    //业务受理方法
    private static void business()
    {
        //在方法体中定义Timer上下文
        Timer.Context context = timer.time();
        try
        {
            TimeUnit.SECONDS.sleep(current().nextInt(10));
        } catch (InterruptedException e)
        {
            e.printStackTrace();
        } finally
        {
            //方法执行结束之后stop timer上下文
            context.stop();
        }
    }
}
```

代码中的注释已对Timer的相关说明做了比较详细的介绍，这里不再赘述。运行上面的程序将会看到business方法的调用度量数据统计结果，输出如下。

程序输出：TimerExample.java

```
-- Timers ----------------------------------------------
request
             count = 31
         mean rate = 0.17 calls/second
     1-minute rate = 0.17 calls/second
     5-minute rate = 0.08 calls/second
    15-minute rate = 0.03 calls/second
               min = 0.00 seconds
               max = 10.01 seconds
              mean = 5.52 seconds
            stddev = 2.82 seconds
```

```
             median = 6.00 seconds
               75% <= 8.00 seconds
               95% <= 9.01 seconds
               98% <= 9.01 seconds
               99% <= 9.01 seconds
             99.9% <= 10.01 seconds


18-12-9 15:21:11 ======================================

-- Timers ------------------------------------------
request
              count = 33
          mean rate = 0.17 calls/second
      1-minute rate = 0.18 calls/second
      5-minute rate = 0.08 calls/second
     15-minute rate = 0.03 calls/second
                min = 0.00 seconds
                max = 10.01 seconds
               mean = 5.52 seconds
             stddev = 2.59 seconds
             median = 6.00 seconds
               75% <= 7.01 seconds
               95% <= 9.01 seconds
               98% <= 9.01 seconds
               99% <= 9.01 seconds
             99.9% <= 10.01 seconds


18-12-9 15:21:21 ==================================

-- Timers ------------------------------------------
request
              count = 35
          mean rate = 0.17 calls/second
      1-minute rate = 0.18 calls/second
      5-minute rate = 0.09 calls/second
     15-minute rate = 0.04 calls/second
                min = 0.00 seconds
                max = 10.01 seconds
               mean = 5.28 seconds
             stddev = 2.91 seconds
             median = 6.00 seconds
               75% <= 8.00 seconds
               95% <= 9.01 seconds
               98% <= 9.01 seconds
               99% <= 9.01 seconds
             99.9% <= 10.01 seconds
```

通过度量统计我们可以发现，business 方法执行一次大约会耗费 5.28 秒，也就是在 1 秒内会被调用 0.17 次。

7.3 Reporter 详解

7.2 节非常详细地介绍了 Metrics 的五大度量方式，其中我们接触到了如何将 Metrics 工具收集到的数据进行输出（通过控制台的方式进行输出），Metrics 内置了 4 种输出度量报告的形式，同时，我们也可以看到某些第三方平台和框架也开发了对应的 Reporter 插件，比如将 Metrics 度量数据发布到 Ganglia、Graphite 等监控工具中，当然如果你非常熟悉某个监控工具，那么你甚至可以自定义属于自己的 Reporter，然后进行展示。

7.3.1　ConsoleReporter

ConsoleReporter 正如其名字一样，用于将 Metric 度量数据进行控制台输出，也是本章一直为大家演示的一种 Reporter。当然这种 Reporter 主要应用于开发阶段，并不推荐将其直接使用在生产环境中进行度量数据的汇总输出。

在构造 ConsoleReporter 的时候，我们采用它所提供的静态方法 *forRegistry()* 对其进行构造。这也不难理解，Reporter 的数据主要来源于 MetricRegistry 中的各种 Metric，调用了 forRegistry 方法之后，事实上会返回一个 Builder 对象，该对象提供了很多用于控制信息的输出方式和方法参数。本节简单列举几个进行说明即可，其余的则可以采用默认的方式。

1. convertRatesTo

Rate 即速率的意思，当通过 *convertRatesTo()* 方法传递给某个时间单位时，速率的统计单位就会以指定的单位进行输出（比如，每秒、每分、每毫秒），其实在 Gauge 和 Counter 中，关于速率的单位设定将会被忽略，因为它们不进行任何关于速率的统计度量，虽然 Histogram 是一种统计方式，但是它同样不会用到关于速率的单位，因此我们的设定也会被忽略。所以在之前学习过的五大 Metric 中，只有 Meter 和 Timer 会用到 Rate 的时间单位设置。

2. convertDurationsTo

Durations 即时长的意思，当通过 convertDurationsTo 方法传递给某个时间单位时，时长 / 耗时的单位就会以我们设定的时间单位进行输出，比如，执行某个方法花费了多长时间，除了 Timer 会用到时长的时间单位之外，其他的四个 Metric 都不会使用到这个单位设定。

3. reporter 的 start

当 reporter 的所有参数通过 Builder 对象设置完毕之后，我们需要对其进行 start 调用。在 start 方法中，第一个参数是报告输出的时间间隔，第二个参数是时间间隔的单位。

比如 reporter.start(10, TimeUnit.SECONDS)：每 10 秒进行一次报告的输出。

4. 其他

一般情况下其他的参数只需要保持默认即可，这并不会影响我们对 Metrics 的使用，但有些时候，如果想要做一些特殊化的制定，那就需要了解 Builder 提供的额外方法了。Builder 提供的额外方法具体如下。

- shutdownExecutorOnStop：通过 Reporter 的 stop 方法来停止内置的线程服务，默认为 true。
- scheduleOn：给定自定义的线程服务替换内置的线程服务。
- outputTo：控制台输出方式，默认为 System.out，当然你也可以将其替换为文件的 PrintStream，将其输出到某个文件中，甚至输出到某个网路套接字中。
- formattedFor（Locale locale）：主要用于设置 Locale 相关。
- withClock：主要用于控制时间（毫秒）相关。

- formattedFor(TimeZone timeZone)：主要用于设置时区相关。
- filter：如果不想让 MetricRegistry 中的某个 Metric 在该 Reporter 中输出，则可以传入一个 MetricFilter 接口实现，至此之后关于该 Metric 的度量信息将不会出现在 Reporter 的输出中。
- disabledMetricAttributes：屏蔽某个 Metric 属性，比如，如果不想让 Timer 输出太多的信息，则可以通过该方法对某个属性进行屏蔽。

5. ConsoleReporter 的综合练习

了解了 ConsoleReporter 所有的参数及其所代表的意义之后，我们来做一个比较综合的练习。在该练习中，我们假设提供了一个云盘服务接口，该接口对外提供将文件存储在云盘的功能，作为对其的监控，我们很想知道如下 Metric 度量信息。

- 总共上传了多少次文件？
- 上传总共成功了多少次？
- 上传总共失败了多少次？
- 上传的成功率是多少？
- 上传文件大小的 Histogram 应该如何统计？
- 上传一个文件大概需要多长的时间？

程序代码：ConsoleReporterExample.java

```
package com.wangwenjun.concurrent.metrics.reporter;

import com.codahale.metrics.*;

import java.util.concurrent.TimeUnit;

import static java.util.concurrent.ThreadLocalRandom.current;

public class ConsoleReporterExample
{
//定义 MetricRegistry
private final static MetricRegistry registry = new MetricRegistry();
//定义用于统计所有文件上传的 Counter Metric
private final static Counter totalBusiness = new Counter();
//定义用于统计所有文件上传成功的 Counter Metric
private final static Counter successBusiness = new Counter();
//定义用于统计所有文件上传失败的 Counter Metric
private final static Counter failBusiness = new Counter();
//定义用于统计每一个文件上传的耗时 Timer Metric
private final static Timer timer = new Timer();
//定义用于统计上传字节 volume 的 Histogram Metric
    private final static Histogram volumeHisto = new Histogram(new Exponentiall
yDecayingReservoir());

    //定义 ConsoleReporter，并且指定 Rate 和 Duration 时间单位
    private final static ConsoleReporter reporter = ConsoleReporter.forRegistry
(registry)
            .convertRatesTo(TimeUnit.SECONDS)
            .convertDurationsTo(TimeUnit.SECONDS)
            .build();
```

```
//定义用于统计文件上传成功率的Gauge metric
    private final static RatioGauge successGauge = new RatioGauge()
    {
        @Override
        protected Ratio getRatio()
        {
            //成功率来自successBusiness和totalBusiness counter
            return Ratio.of(successBusiness.getCount(), totalBusiness.getCount());
        }
    };

    static
    {
    //将所有Metric注册到Registry中
        registry.register("cloud-disk-upload-total", totalBusiness);
        registry.register("cloud-disk-upload-success", successBusiness);
        registry.register("cloud-disk-upload-failure", failBusiness);
        registry.register("cloud-disk-upload-frequency", timer);
        registry.register("cloud-disk-upload-volume", volumeHisto);
        registry.register("cloud-disk-upload-suc-rate", successGauge);
    }

    public static void main(String[] args)
    {
    //启动console Reporter，每隔10秒的时间进行一次控制台输出
        reporter.start(10, TimeUnit.SECONDS);
        while (true)
        {
            upload(new byte[current().nextInt(10_000)]);
        }
    }

   //模拟文件上传到云盘的方法
    private static void upload(byte[] buffer)
    {
   //每一次文件的上传都会使totalBusiness进行一次自增操作
        totalBusiness.inc();
      //用于记录每一个文件成功写入网盘的耗时
        Timer.Context context = timer.time();
        try
        {
            //模拟计算，其中分母为0时代表上传失败
            int x = 1 / current().nextInt(10);
            TimeUnit.MILLISECONDS.sleep(200);
            //上传成功后，将文件的字节数量纳入histogram统计中
            volumeHisto.update(buffer.length);
            //上传成功后，successBusiness自增
            successBusiness.inc();
        } catch (Exception e)
        {
          //当失败发生时，failBusiness自增
            failBusiness.inc();
        } finally
        {
          //关闭Timer Context
            context.close();
        }
    }
}
```

在上述代码的注释中，笔者详细地注明了关键代码所代表的意思，因此这里就不再赘述

了，我们直接运行即可，下面是程序的输出。

程序输出：TimerExample.java

```
-- Gauges ----------------------------------------------------------------------
cloud-disk-upload-suc-rate
             value = 0.8163265306122449

-- Counters --------------------------------------------------------------------
cloud-disk-upload-failure
             count = 8
cloud-disk-upload-success
             count = 40
cloud-disk-upload-total
             count = 49

-- Histograms ------------------------------------------------------------------
cloud-disk-upload-volume
             count = 40
               min = 27
               max = 9940
              mean = 4991.70
            stddev = 3144.31
            median = 4890.00
              75% <= 7608.00
              95% <= 9577.00
              98% <= 9940.00
              99% <= 9940.00
            99.9% <= 9940.00

--                                                                        Timers
----------------------------------------------------------------------
cloud-disk-upload-frequency
             count = 48
         mean rate = 4.65 calls/second
     1-minute rate = 3.61 calls/second
     5-minute rate = 3.44 calls/second
    15-minute rate = 3.41 calls/second
               min = 0.00 seconds
               max = 0.35 seconds
              mean = 0.18 seconds
            stddev = 0.08 seconds
            median = 0.20 seconds
              75% <= 0.20 seconds
              95% <= 0.27 seconds
              98% <= 0.35 seconds
              99% <= 0.35 seconds
            99.9% <= 0.35 seconds
```

通过控制台输出Reporter，我们可以很清晰地看到目前云盘的工作情况，其中有一个地方需要注意，比如cloud-disk-upload-total为49，其他的值为48，甚至成功和失败之和也等于48，这种情况也是非常容易解释的，在Reporter进行输出的时候，恰好cloud-disk-upload-total进行了一次自增操作，其他的度量值没有更新之前就被Reporter进行了输出，因此看起来存在一定的误差。

7.3.2 LogReporter

Console Reporter一节中曾经提到过，控制台报告不建议用于生产环境，因为它除了在某种情况下会引起线程死锁的问题（System.out），还会导致程序的性能受到影响，Metrics 官方充分地考虑到了这一点，因此其提供了 LogReporter 的方式，在生产环境中使用这种方式其实是一种不错的选择，但是相较于 Console Reporter，使用 LogReporter 的时候会相对麻烦一些。

1. 引入 log 的依赖

```
<dependency>
    <groupId>org.slf4j</groupId>
    <artifactId>slf4j-api</artifactId>
    <version>1.7.7</version>
</dependency>
<dependency>
    <groupId>ch.qos.logback</groupId>
    <artifactId>logback-core</artifactId>
    <version>1.1.7</version>
</dependency>
<dependency>
    <groupId>ch.qos.logback</groupId>
    <artifactId>logback-access</artifactId>
    <version>1.1.7</version>
</dependency>
<dependency>
    <groupId>ch.qos.logback</groupId>
    <artifactId>logback-classic</artifactId>
    <version>1.1.7</version>
</dependency>
```

2. 配置 log appender

当你引入了 log 的依赖之后，需要配置相关的 log appender，Metric 度量信息才能作用于日志文件中，示例程序代码如下。

```
<configuration>
    <appender name="STDOUT" class="ch.qos.logback.core.ConsoleAppender">
        <encoder>
            <pattern>%d{HH:mm:ss.SSS} [%thread] %-5level %logger{36} - %msg%n
</pattern>
        </encoder>
    </appender>

    <appender name="METRICS" class="ch.qos.logback.core.FileAppender">
        <file>metrics.log</file>
        <encoder>
            <pattern>%msg%n</pattern>
        </encoder>
    </appender>

    <logger name="com.metrics.wangwenjun" level="INFO">
        <appender-ref ref="METRICS"/>
    </logger>
    <root level="debug">
        <appender-ref ref="STDOUT"/>
    </root>
</configuration>
```

在上面的 logback.xml 配置文件中，com.metrics.wangwenjun 会在 LogReporter 中使用到。

3. Slf4jReporter 实战

一切准备就绪，我们只需要将 ConsoleReporter 替换为 Logger 相关的 Reporter 即可，其余的代码无需进行任何改动，示例程序代码如下所示。

```
private final static Slf4jReporter reporter = Slf4jReporter.forRegistry(registry)
// 需要与 3.2.2 节中的配置保持一致
            .outputTo(LoggerFactory.getLogger("com.metrics.wangwenjun"))
            .convertRatesTo(TimeUnit.SECONDS)
            .convertDurationsTo(TimeUnit.SECONDS)
            .build();
```

修改完代码之后再次运行，你会发现多了一个 metrics.log 的日志文件，对该日志文件的管理，完全可以交由日志框架来维护，我们的程序只需要将 Reporter 的内容进行输出即可，示例程序代码如下。

```
    type=GAUGE, name=cloud-disk-upload-suc-rate, value=0.8888888888888888
    type=COUNTER, name=cloud-disk-upload-failure, count=3
    type=COUNTER, name=cloud-disk-upload-success, count=32
    type=COUNTER, name=cloud-disk-upload-total, count=36
    type=HISTOGRAM, name=cloud-disk-upload-volume, count=32, min=574, max=9527, mean=
5018.777708991969, stddev=2718.5024913459256, median=4329.0, p75=7312.0, p95=8810.0,
p98=9527.0, p99=9527.0, p999=9527.0
    type=TIMER, name=cloud-disk-upload-frequency, count=35, min=9.4077E-5, max=0.216604198,
mean=0.18422988845374982, stddev=0.05607716653035084, median=0.199751978, p75=0.20030233,
p95=0.207215294, p98=0.216604198, p99=0.216604198, p999=0.216604198, mean_rate=
3.476936149808693, m1=2.071848990260301, m5=1.8561970570065005, m15=1.8188365167833511,
rate_unit=events/second, duration_unit=seconds
```

7.3.3 JMXReporter

除了使用 Log 相关的 Reporter 替代 Console Reporter 之外，将 Metric 的度量报告通过 JMX MBean 的方式展现出来，其实是一种更好的方式，尤其是在提供在线服务的平台、服务中，比如 Apache Kafka 的 Metric 信息就提供了非常详细的 JMX 接口暴露，这样的话，如果我们想要远程监控获取某些性能指标，就非常容易了。

JMXReporter 与 Console Reporter、Logger Reporter 不一样的是，其内部并未提供定时线程服务，因此我们在对其进行 start 操作时，无需给定任何时间间隔及时间单位，JMXReporter 更多的操作其实是将 Metric Registry 中的所有 Metric 定义成 MBean，并且注册到 Object NameFactory 中。

1. JMXReporter 实战

如 3.2.3 节一样，我们只需要将对应的 Reporter 替换成 JMX 的 Reporter 即可，但是这里需要注意的一点是，start 方法与前两个方法（Console、Logger）在形式上和本质上是不同的。

```
...省略
 private final static JmxReporter reporter = JmxReporter.forRegistry(registry)
            .convertRatesTo(TimeUnit.SECONDS)
            .convertDurationsTo(TimeUnit.SECONDS)
            .build();
...省略
// 启动 JMXReporter
reporter.start();
```

2. 使用 JMX 客户端获取 Metric 度量数据报告

运行修改后的代码，然后打开 JMX 的客户端（比如，Jconsole），将会看到 JmxReporter 已经自动将 Metrics 中注册的 Metric 转换成了 Mbean，届时，我们可以通过 JMX 统计进行度量指标的观察，如图 7-8 所示。

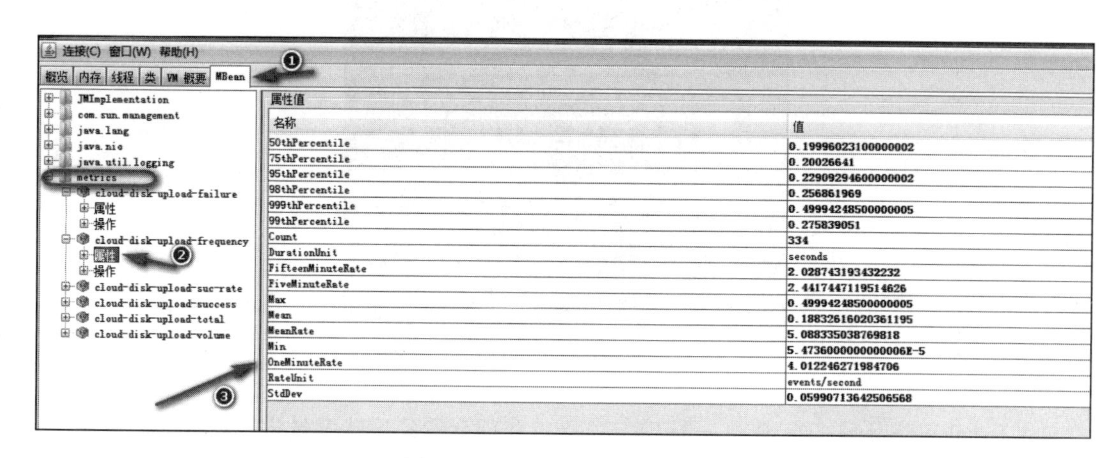

图 7-8　Metrics 之 JmxReporter

7.3.4　CsvReporter

CsvReporter 与 logger reporter 比较类似，也是将所有的度量信息输出到文件之中，但是它会以表格的形式展示，可读性更好一些，日后如果想要将这些 CSV 中的数据导入到数据库中也是非常方便的，甚至还可以基于 Excel 打开 CSV 文件进行二次统计、过滤等操作，如果想要将度量数据生成到 CSV 文件中，则可以考虑利用这种方式进行操作。

1. CsvReporter 实战

```
...省略
    //定义 CsvReporter 目录
    private final static Path PATH = Paths.get("c:", "Users", "wangwenjun", "IdeaProjects",
"java-concurrency-book2");

    private final static CsvReporter csv = CsvReporter.forRegistry(registry)
            .formatFor(Locale.US)
            .convertRatesTo(TimeUnit.SECONDS)
            .convertDurationsTo(TimeUnit.MILLISECONDS)
            //指定 CsvReporter 目录
            .build(PATH.toFile());
...省略
```

在构造 CsvReporter 的时候需要注意的一点是，build 方法的入参必须是一个存在的目录地址，以用于存放 Reporter 输出的 CSV 文件，如果该目录不存在则会出现错误。

2. CSV 文件示例

CsvReporter 不会将 MetricRegistry 中的所有度量指标输出到一个 CSV 文件中去，而是会为每一个 Metric 生成一个 CSV 文件，这也是非常容易理解的，毕竟不同的 Metric 所输出的度量指标数据存在差异。CsvReporter 生成的报告文件如图 7-9 所示。

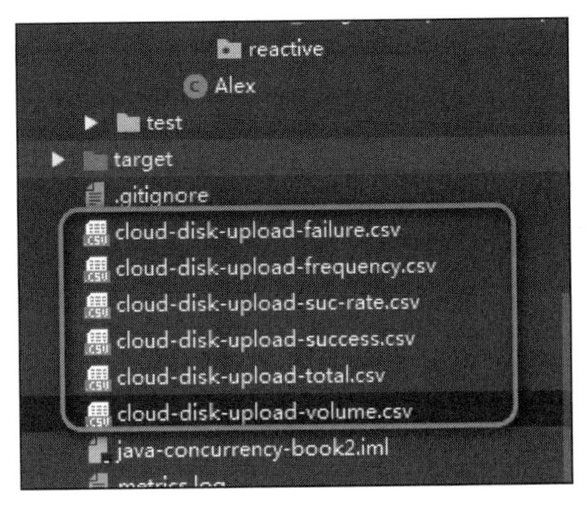

图 7-9 Metrics 之 CsvReporter 生成的报告文件

用 Excel/WPS 随便打开其中一个 CSV 文件，我们会看到这些度量指标数据的表格输出，该 Reporter 还为我们生成了相应的表头，以便于阅读和理解，如图 7-10 所示。

t	count	max	mean	min	stddev	p50	p75	p95	p98	p99	p999
1560684066	44	9987	5256.233	376	2968.689	5495	8084	9656	9987	9987	9987
1560684076	93	9987	5050.921	256	2909.076	5239	7478	9731	9974	9987	9987
1560684086	143	9987	4825.667	256	2825.031	4992	7033	9533	9848	9974	9987
1560684096	192	9987	4838.162	9	2771.125	4869	6933	9331	9731	9848	9987
1560684106	241	9987	4836.83	9	2774.32	4992	7033	9331	9731	9848	9987
1560684116	290	9988	4931.868	9	2772.367	5050	7109	9372	9731	9848	9988
1560684126	339	9988	5082.9	9	2794.033	5169	7292	9640	9870	9939	9988
1560684136	389	9988	4970.82	9	2792.922	5050	7254	9462	9770	9916	9988
1560684146	439	9988	4910.01	9	2725.642	5093	7017	9318	9729	9916	9988
1560684156	489	9988	4883.405	6	2732.699	4919	7189	9287	9673	9870	9988
1560684166	538	9988	5008.23	6	2757.672	4983	7284	9421	9704	9848	9988
1560684176	587	9988	5014.958	6	2851.118	5050	7448	9421	9731	9870	9988
1560684186	637	9988	4937.405	6	2843.563	4920	7329	9421	9731	9897	9988
1560684196	686	9988	4995.901	6	2862.851	4919	7477	9477	9870	9914	9988
1560684206	735	9988	5052.855	6	2855.945	4954	7567	9606	9870	9914	9988
1560684216	785	9988	4957.897	3	2902.082	4915	7519	9543	9868	9907	9988
1560684226	835	9988	5030.674	3	2900.774	5043	7590	9606	9868	9914	9988
1560684236	885	9988	5037.977	3	2911.237	5085	7590	9579	9868	9907	9988

图 7-10 Metrics 之 CsvReporter 报告文件内容

7.4 Metrics Plugins

截至目前，我们基本上掌握了 Metrics 的大部分技术细节和使用方式，通过前文（尤其是 7.2 节“五大 Metric 详解”和 7.3 节“ Reporter 详解”）的学习，我们将 Metrics 引入自己的项目中作为一个度量工具应该说是毫无压力了。

Metrics 之所以如此受欢迎，是它除了提供了一套度量指标的标准之外，其源代码层次分明、可扩展性强也是一个非常重要的因素。在 GitHub 上，与 Metrics 插件相关的项目非常多，远远超过了 Metrics 内核本身的代码量，本节也将详细介绍其中的两个插件，以方便大家在工作中遇到好的 Metrics 插件时可以快速地引入，并直接使用。

7.4.1　Health Check

通常情况下，在我们的应用程序部署到服务器之后，首先会做一次冒烟测试（测试应用程序的基本功能，以确保其能够提供正常的服务），有些人将其称之为 release 的 Health Check，当然，程序 release 之后需要可持续的在线服务，Health Check 同样也是非常重要的，这非常有助于运维人员被动式地收到告警，及时解决问题，本节就将会学习 Metrics Health Check 插件的使用方法。

Health check 的依赖并没有包含在 Metrics 核心源码中，需要我们手动引入，引入代码如下所示。

```
<dependency>
    <groupId>io.dropwizard.metrics</groupId>
    <artifactId>metrics-healthchecks</artifactId>
    <version>3.2.6</version>
</dependency>
```

1. 死锁检查

在使用 Health Check 这一插件的时候，我们需要定义 HealthCheckRegistry，但是这个 Registry 与 MetricRegistry 完全不是一个概念，虽然它们都是 Registry，前者主要用于注册 HealthCheck 的子类，后者主要用于注册各种不同类型的 Metric。首先需要将你所关心的检查内容（HealthCheck 子类）注册至 HealthCheckRegistry 中，然后将 Health Check 所有子类的运行结果作为一个 Gauge 注册至 Metric Registry 中。

上面这段文字的描述，可能并不是很直观，下面通过一个侦测 JVM 应用进程是否出现死锁的健康检查示例为大家进行详细讲解。

由于线程死锁检查需要依赖 Metrics JVM 插件，因此这里还需要引入对 Metrics JVM 的依赖，引入代码如下。

```
<dependency>
    <groupId>io.dropwizard.metrics</groupId>
    <artifactId>metrics-jvm</artifactId>
    <version>3.2.6</version>
</dependency>
```

添加了相关的 pom 依赖之后，我们就可以开发第一个 Health Check 程序了，代码如下所示。

程序代码：DeadLockHealthCheckExample.java

```
package com.wangwenjun.concurrent.metrics.healthcheck;

import com.codahale.metrics.ConsoleReporter;
import com.codahale.metrics.MetricRegistry;
import com.codahale.metrics.health.HealthCheckRegistry;
import com.codahale.metrics.health.jvm.ThreadDeadlockHealthCheck;

import java.util.concurrent.TimeUnit;

public class DeadLockHealthCheckExample
{
    public static void main(String[] args) throws InterruptedException
    {
```

```
        //1，定义 HealthCheckRegistry
        final HealthCheckRegistry hcRegistry = new HealthCheckRegistry();
        //2.注册 ThreadDeadlockHealthCheck
        hcRegistry.register("thread-dead-lock-hc", new ThreadDeadlockHealthCheck());

        //3.定义 MetricRegistry
        final MetricRegistry registry = new MetricRegistry();
        final ConsoleReporter reporter = ConsoleReporter.forRegistry(registry)
                .build();
        //4.执行 HealthCheckRegistry 中所有的 hc，并将结果作为 Gauge
        registry.gauge("thread-dead-lock-hc", () -> hcRegistry::runHealthChecks);
        reporter.start(10, TimeUnit.SECONDS);
        //join 主线程，防止程序退出
        Thread.currentThread().join();
    }
}
```

在这段代码中，我们使用 ThreadDeadlockHealthCheck 进行当前 JVM 是否出现了死锁的健康检查，但是在使用的过程中似乎出现了一些麻烦，初学者会感到有些不知所云，下面就来针对这段代码进行一个比较详细的解释。

- 首先在代码注释 1 处，我们需要定义一个 HealthCheckRegistry，这个 Registry 只能存放 HealthCheck 类的子类，无论是 HealthCheckRegistry 还是 HealthCheck 都与 Metrics 核心框架没有多大的关系，虽然 HealthCheckRegistry 看起来也是一个 Registry，会让人误以为是 MetricRegistry 的子类或者扩充类什么的。
- 在代码注释 2 处，将 ThreadDeadlockHealthCheck 注册至 hcRegistry 中，该类是一个 HealthCheck 的实现，其内部原理就是通过 JVM MBean 的形式获得当前 JVM 的线程堆栈。
- 对于代码注释 3 处，相信无需做过多解释，大家也都很清楚，但是这里需要思考一个问题，健康检查的 Registry 是如何绑定在 Metrics 的 Registry 中的呢？它们彼此之间是没有任何关系的。
- 事实上，它们两者之间确实没有任何关系，想要 Health Check 的执行以及输出被 Metrics 接管，我们需要将其转换为某个 Metric，因此代码注释 4 处的作用正是如此，它将 Health Check Registry 中的所有 Health Check 实例都执行了一遍，最后将结果作为一个 Gauge Metric 传递给 Metrics Registry，这种方式非常巧妙地制造了它们之间的连接。

好了，运行上面的程序代码，我们会看到如下的输出信息，该输出告知我们，当前的 JVM 没有发生死锁的情况（**isHealthy=true**）。

程序输出：DeadLockHealthCheckExample.java

```
    --              Gauges ---------------------------------------------------
    thread-dead-lock-hc
                         value = {thread-dead-lock-hc=Result{isHealthy=true,
timestamp=2019-06-16T20:58:42.012+0800}}


    19-6-16         20:58:52 =============================================
```

```
--              Gauges ------------------------------------------------------------
thread-dead-lock-hc
             value = {thread-dead-lock-hc=Result{isHealthy=true, timestamp=2019-06
-16T20:58:52.007+0800}}
```

2. 自定义 Health Check

虽然引入了 Health Check 插件包的依赖，但事实上，该包中并未提供多少 Health Check 的相关实现，如果想要对自己的应用程序做相关 Health Check 也是非常容易的，比如，如果想要查看 RESTful 接口是否能够正常提供服务，那么通过拓展 Health Check 就可以轻而易举地做到，示例代码如下。

程序代码：RESTfulServiceHealthCheck .java

```java
package com.wangwenjun.concurrent.metrics.healthcheck;

import com.codahale.metrics.health.HealthCheck;
import okhttp3.OkHttpClient;
import okhttp3.Request;
import okhttp3.Response;

public class RESTfulServiceHealthCheck extends HealthCheck
{
    @Override
    protected Result check() throws Exception
    {
        final OkHttpClient client = new OkHttpClient();
        Request request = new Request.Builder()
                .url("http:// localhost:10002/alexwang/ping")
                .build();
        try
        {
            Response response = client.newCall(request).execute();
            if (response.code() == 200)
            {
                return Result.healthy("The RESTful API service work well.");
            }
        } catch (Exception e)
        {

        }
        return Result.unhealthy("Detected RESTful server is unhealthy.");
    }
}
```

继承 HealthCheck 实现 check 方法，该方法利用 OkHttpClient 对某个 RESTful API 进行了调用，如果 HTTP 状态码为 200，我们就认为该服务正常（healthy），否则将会返回 unhealthy。

定义扩展了 RESTful 接口的健康检查，我们需要将其应用在 Metrics 中，实现方式与 7.4.1 节中的示例代码非常类似。

程序代码：RESTfulServiceHealthCheckExample.java

```java
package com.wangwenjun.concurrent.metrics.healthcheck;

import com.codahale.metrics.ConsoleReporter;
import com.codahale.metrics.MetricRegistry;
```

```
import com.codahale.metrics.health.HealthCheckRegistry;

import java.util.concurrent.TimeUnit;

public class RESTfulServiceHealthCheckExample
{
    public static void main(String[] args) throws InterruptedException
    {
        final HealthCheckRegistry hcRegistry = new HealthCheckRegistry();
// 1. 将 RESTfulServiceHealthCheck 注册至 HealthCheckRegistry 中
        hcRegistry.register("restful-hc", new RESTfulServiceHealthCheck());

        final MetricRegistry registry = new MetricRegistry();
        final ConsoleReporter reporter = ConsoleReporter.forRegistry(registry)
                .build();
        registry.gauge("restful-hc", () -> hcRegistry::runHealthChecks);
        reporter.start(10, TimeUnit.SECONDS);
        Thread.currentThread().join();
    }
}
```

上面的代码除了注释 1 之外，其余的代码都与 7.4.1 节第 1 小节中的代码一致，因此，这里就不做详细解释了。运行上面的程序，我们会看到每隔 10 秒的时间，RESTful 接口会被执行一次调用，用于相应的健康检查，程序输出具体如下。

程序输出：RESTfulServiceHealthCheckExample.java

```
    --        Gauges ------------------------------------------------------------
    restful-hc
                 value = {restful-hc=Result{isHealthy=true, message=The RESTful API
service work well., timestamp=2019-06-16T21:30:36.767+0800}}


    19-6-16        21:30:46 ====================================================

    --        Gauges ------------------------------------------------------------
    restful-hc
                 value = {restful-hc=Result{isHealthy=true, message=The RESTful
API service work well., timestamp=2019-06-16T21:30:46.725+0800}}


    19-6-16        21:30:56 ====================================================

    --        Gauges ------------------------------------------------------------
    restful-hc
                 value = {restful-hc=Result{isHealthy=true, message=The RESTful
API service work well., timestamp=2019-06-16T21:30:56.725+0800}}
```

3. Health Check Set

7.4.1 节分别针对线程死锁，以及 RESTful API 进行了健康检查，如果想要将所有的健康检查都纳入 Metrics Reporter 中，就像纳入了所有的 Metric 一样，我们又该如何操作呢？其实在 Metrics 中，这种需求非常容易得到满足，在下面的代码中，我们就将前两节中的健康检查都纳入了 Console Reporter 中。

程序代码：HealthCheckSetExample.java

```
    package com.wangwenjun.concurrent.metrics.healthcheck;

    import com.codahale.metrics.ConsoleReporter;
    import com.codahale.metrics.MetricRegistry;
    import com.codahale.metrics.health.HealthCheckRegistry;
    import com.codahale.metrics.health.jvm.ThreadDeadlockHealthCheck;

    import java.util.concurrent.TimeUnit;

    public class HealthCheckSetExample
    {
        public static void main(String[] args) throws InterruptedException
        {
            final HealthCheckRegistry hcRegistry = new HealthCheckRegistry();
            //注册 restful hc
            hcRegistry.register("restful-hc", new RESTfulServiceHealthCheck());
            //注册线程死锁 hc
            hcRegistry.register("thread-dead-lock-hc", new ThreadDeadlockHealth
Check());

            final MetricRegistry registry = new MetricRegistry();
            final ConsoleReporter reporter = ConsoleReporter.forRegistry(registry)
                    .build();
            registry.gauge("app-health-check", () -> hcRegistry::runHealthChecks);
            reporter.start(10, TimeUnit.SECONDS);
            Thread.currentThread().join();
        }
    }
```

看起来只需要调用两次HealthCheckRegistry的register方法即可，运行上面的程序，我们会看到每隔10秒的时间，HealthCheckRegistry所有的HealthCheck子类都会被调用执行一次，程序输出具体如下。

程序输出：HealthCheckSetExample.java

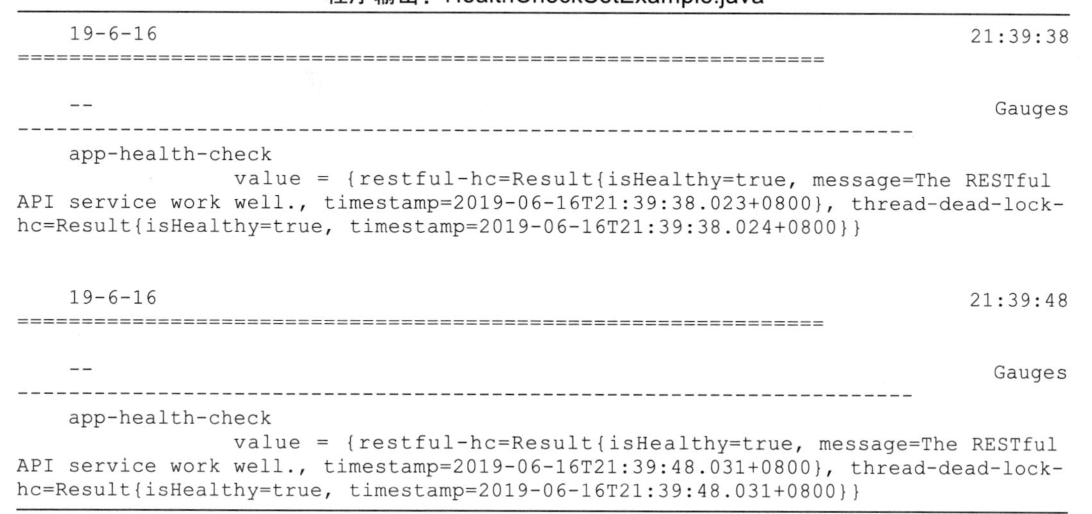

```
    19-6-16                                                        21:39:38
================================================================

    --                                                               Gauges
-----------------------------------------------------------------------
    app-health-check
                value = {restful-hc=Result{isHealthy=true, message=The RESTful
API service work well., timestamp=2019-06-16T21:39:38.023+0800}, thread-dead-lock-
hc=Result{isHealthy=true, timestamp=2019-06-16T21:39:38.024+0800}}


    19-6-16                                                        21:39:48
================================================================

    --                                                               Gauges
-----------------------------------------------------------------------
    app-health-check
                value = {restful-hc=Result{isHealthy=true, message=The RESTful
API service work well., timestamp=2019-06-16T21:39:48.031+0800}, thread-dead-lock-
hc=Result{isHealthy=true, timestamp=2019-06-16T21:39:48.031+0800}}
```

7.4.2 JVM Instrumentation

JVM Instrumentation 插件，提供了大量的针对 Java 虚拟机的相关信息度量，并且这里面所有的 Metric 都是以 Metric Set 的形式出现的，关于 Metric Set，将在 7.5.3 节中进行了介绍，当前版本的 Metrics-JVM 插件大致提供了如下的 Metric Set。

- BufferPoolMetricSet：JVM 缓冲池相关。
- CachedThreadStatesGaugeSet：与 JVM 线程信息相关的 CachedGauge。
- ClassLoadingGaugeSet：类加载器相关。
- FileDescriptorRatioGauge：文件句柄或者文件描述符的使用率。
- GarbageCollectorMetricSet：JVM 垃圾回收器相关的 MetricSet。
- MemoryUsageGaugeSet：JVM 内存使用情况的 MetricSet。
- ThreadStatesGaugeSet：线程状态的 MetricSet。

下面就来使用其中的几个为大家演示一下，剩下的如果大家感兴趣则可以自行尝试，使用起来都是非常简单的，示例程序代码如下。

程序代码：JvmInstrumentationExample.java

```
package com.wangwenjun.concurrent.metrics.jvm;

import com.codahale.metrics.ConsoleReporter;
import com.codahale.metrics.MetricRegistry;
import com.codahale.metrics.jvm.ClassLoadingGaugeSet;
import com.codahale.metrics.jvm.GarbageCollectorMetricSet;
import com.codahale.metrics.jvm.ThreadStatesGaugeSet;

import java.util.concurrent.TimeUnit;

public class JvmInstrumentationExample
{
    private final static MetricRegistry registry = new MetricRegistry();
    private final static ConsoleReporter reporter = ConsoleReporter
            .forRegistry(registry)
            .build();

    public static void main(String[] args) throws InterruptedException
    {
        reporter.start(0, 10, TimeUnit.SECONDS);
        //注册 MetricSet 需要调用 registerAll 方法
        registry.registerAll(new GarbageCollectorMetricSet());
        registry.registerAll(new ThreadStatesGaugeSet());
        registry.registerAll(new ClassLoadingGaugeSet());
        Thread.currentThread().join();
    }
}
```

在上面的代码中，我们在 MetricRegistry 中注册了三个 MetricSet，运行上面的代码，将会得到如下的程序输出。

程序输出：JvmInstrumentationExample.java

```
19-6-16         21:53:52 ========================================================
```

```
--        Gauges -----------------------------------------------------------
PS-MarkSweep.count
             value = 0
PS-MarkSweep.time
             value = 0
PS-Scavenge.count
             value = 0
PS-Scavenge.time
             value = 0
blocked.count
             value = 0
count
             value = 7
daemon.count
             value = 6
deadlock.count
             value = 0
deadlocks
             value = []
loaded
             value = 1394
new.count
             value = 0
runnable.count
             value = 4
terminated.count
             value = 0
timed_waiting.count
             value = 0
unloaded
             value = 0
waiting.count
             value = 3
```

上面的 Reporter 输出非常容易理解，这里就不再做过多赘述了。

7.5　深入 Metrics 源码

前文中曾简单提到过，Metrics 之所以被大量应用在一些开源项目和平台中，除了它严谨科学的指标数据度量方法，最重要的还要得益于它优雅的软件设计哲学，正如我们见到过太多基于 Junit 衍生出来的很多 TDD（测试驱动开发）、BDD（行为驱动开发）、DDT（数据驱动测试）工具一样，比如 Mockito、EasyMock、PowerMock、Cucumber、Jbehave、Concordion 这些针对测试类的工具框架，都可以非常容易地与 Junit 结合在一起使用，究其原因就是因为 Junit 软件架构虽然小巧，但是可扩展性却极强。

因此笔者个人极力推荐读者应该学习和研究一下 Metrics 的源码，当然其中有些数学算法的实现，如果不是，很熟悉统计学的知识，看起来就会感觉不是很容易理解，但是这些都不重要，我们主要了解它的实现原理，以及能将软件设计中比较好的地方为我们所用即可。

本章将揭露 Metrics 的部分源码，为大家说清道明它的工作原理和细节（当然，由于篇幅的关系，不可能编写太多关于源码的内容），如果你已经对 Metrics 的原理理解透彻了，或者只想知道它如何使用而不想关心它的内部，那么跳过这部分内容也没有任何关系。

7.5.1 MetricRegistry如何工作

首先，我们来看一下MetricRegistry，所谓MetricRegistry，从字面意思来看，就是一个存放Metric的注册表，事实上它的作用也正是如此，在MetricRegistry的内部维护了一个ConcurrentMap。

1. Metric在注册表中的存取

```
private final ConcurrentMap<String, Metric> metrics;

public MetricRegistry() {
    this.metrics = buildMap();
     ...省略
}
protected ConcurrentMap<String, Metric> buildMap() {
    //使用ConcurrentHashMap存放注册至注册表的Metric
    return new ConcurrentHashMap<String, Metric>();
}
```

当我们调用注册方法的时候，对应的Metric会被加入到注册表中，示例代码如下所示。

```
    public <T extends Metric> T register(String name, T metric) throws IllegalArgument
Exception {
            if (metric instanceof MetricSet) {
                //如果Metric是MetricSet类型，则将调用registerAll方法
                registerAll(name, (MetricSet) metric);
            } else {
                final Metric existing = metrics.putIfAbsent(name, metric);
                if (existing == null) {
                    //在顺利加入之后会触发对应的Listener
                    onMetricAdded(name, metric);
                } else {
                    //不允许同名的Metric
                    throw new IllegalArgumentException("A metric named " + name +
" already exists");
                }
            }
            return metric;
    }

    public void registerAll(MetricSet metrics) throws IllegalArgumentException {
            registerAll(null, metrics);
        }
    //通过递归将所有的Metric注册至注册表中
    private void registerAll(String prefix, MetricSet metrics) throws IllegalArgument
Exception {
            for (Map.Entry<String, Metric> entry : metrics.getMetrics().entrySet()) {
                if (entry.getValue() instanceof MetricSet) {
                    registerAll(name(prefix, entry.getKey()), (MetricSet) entry.getValue());
                } else {
                    register(name(prefix, entry.getKey()), entry.getValue());
                }
            }
        }
```

通过Register Metric方法，我们可以得出如下几个结论。

- 在Metrics注册表中不允许出现同名的Metric，哪怕它们是不同类型的Metric。
- MetricSet是一种特殊的Metric，它是若干个Metric的集合，同时又是Metric的子类

（接口）

- MetricSet 不仅可以存放 Metric，还可以存放另一个 MetricSet。
- Metric 在注册表中的存放是扁平化的，即以 Key（Metric 的名称）Value（Metric 的实例）对的形式出现。

通过上面的代码，我们知道所有的 Metric 在注册表中都是扁平化存放的，并没有额外的层级结构。回顾我们之前所有的代码演示，你会发现度量指标的输出都是进行了分门别类的，这就会涉及 Metric 的读取逻辑了，示例代码如下。

```
    @SuppressWarnings("unchecked")
    private <T extends Metric> SortedMap<String, T> getMetrics(Class<T> klass, Metric
Filter filter) {
        //定义一个 TreeMap，用于存放某种类型的 Metric
        //①代码略微有点瑕疵
        final TreeMap<String, T> timers = new TreeMap<String, T>();
        //循环遍历 concurrentMap
        for (Map.Entry<String, Metric> entry : metrics.entrySet()) {
        //是某种 Metric 的实例，且 MetricFilter 成功匹配则作为返回对象
            if (klass.isInstance(entry.getValue()) && filter.matches(entry.getKey(),
    entry.getValue())) {
                timers.put(entry.getKey(), (T) entry.getValue());
            }
        }
        //不允许修改
        return Collections.unmodifiableSortedMap(timers);
    }
    //获取所有的 Gauge Metric
    public SortedMap<String, Gauge> getGauges() {
      //给定 MetricFilter.All
      return getGauges(MetricFilter.ALL);
    }

    //最终会调用 getMetrics 方法
    public SortedMap<String, Gauge> getGauges(MetricFilter filter) {
        return getMetrics(Gauge.class, filter);
    }
```

上面的代码很清晰地阐述了某种类型的 Gauge 的获取过程，当然，其他类型的 Metric 获取也与此如出一辙，在代码注释的标记①处，这块的代码存在一点瑕疵，就是命名为 timers 会让人误以为获取的都是 Timer 类型的 Metric。除此之外，代码逻辑比较清晰，调用关系简洁明了，这也是我们在代码编写中可以参考的地方。

2. Metric 的命名

在将某个 Metric 注册至 Metric Registry 的时候，我们需要为它给定一个名称，这个名称可以通过 hard code 的方式给出，如果担心会出现重复（若重复则会出现错误），那么完全可以借助 Metric Registry 的 name 方法为你的 Metric 命名，示例代码如下。

```
//给定一个前缀和若干个可变参数
public static String name(String name, String... names) {
    final StringBuilder builder = new StringBuilder();
    append(builder, name);
    if (names != null) {
        for (String s : names) {
            append(builder, s);
```

```
            }
        }
        return builder.toString();
    }

    // 使用某个 class 进行命名
    public static String name(Class<?> klass, String... names) {
        return name(klass.getName(), names);
    }

    // 多个可变参数将会以 "." 的形式进行连接
    private static void append(StringBuilder builder, String part) {
        if (part != null && !part.isEmpty()) {
            if (builder.length() > 0) {
                builder.append('.');
            }
            builder.append(part);
        }
    }
```

3. Metric 的创建

在第 7.2 节“五大 Metric 详解”中，通过关键字 new 创建了对应的 Metric，然后将其注册至 MetricRegistry 中，除了这种方式之外，还可以借助于 Metric 提供的方法进行 Metric 的创建，使用 MetricRegistry 的创建方法除了会创建出某种类型的 Metric 之外，还会直接将其注册至 MetricRegistry 中。下面就以 Timer 的创建作为示例来分析它的源码，其他类型的都与之类似。

```
    // 给定一个 Metric 名字，即可创建一个新的 Timer 并且注册到注册表中
    public Timer timer(String name) {
        // 调用 getOrAdd 方法，稍后我们会具体解释该方法
        return getOrAdd(name, MetricBuilder.TIMERS);
    }
    // 给定一个 Metric 名字的同时，给定一个 MetricSupplier
    public Timer timer(String name, final MetricSupplier<Timer> supplier) {
        // 调用 getOrAdd 方法，稍后我们会具体解释该方法
        return getOrAdd(name, new MetricBuilder<Timer>() {
            // 调用 supplier 的 newMetric 方法创建
            @Override
            public Timer newMetric() {
                return supplier.newMetric();
            }
           // 判断是否为 Timer 的实例
            @Override
            public boolean isInstance(Metric metric) {
                return Timer.class.isInstance(metric);
            }
        });
    }
```

通过源码和关键地方的注释，我们可以看到，创建某种类型的 Metric 事实上是通过 getOrAdd 方法进行的，具体实现方法如下面的示例代码所示。

```
    @SuppressWarnings("unchecked")
    private <T extends Metric> T getOrAdd(String name, MetricBuilder<T> builder) {
        // 如果该 Metric B 存在，并且类型一致，则直接返回在注册表中已经存在的 Metric 实例
        final Metric metric = metrics.get(name);
        if (builder.isInstance(metric)) {
```

```
            return (T) metric;
        } else if (metric == null) {
            try {
                //调用 builder 的 newMetric 方法
                return register(name, builder.newMetric());
            } catch (IllegalArgumentException e) {
                final Metric added = metrics.get(name);
                if (builder.isInstance(added)) {
                    return (T) added;
                }
            }
        }
        throw new IllegalArgumentException(name + " is already used for a different type
of metric");
    }
```

经过前面几段代码的分析，我们分别看到了在 MetricSupplier 和 MetricBuilder 中都存在对应的 newMetric 方法，事实上，MetricSupplier 只是对外进行使用的，而 MetricBuilder 则是在内部进行工作的具体接口，MetricBuilder 方法代码如下。

```
    private interface MetricBuilder<T extends Metric> {
        MetricBuilder<Counter> COUNTERS = new MetricBuilder<Counter>() {
            @Override
            public Counter newMetric() {
                return new Counter();
            }

            @Override
            public boolean isInstance(Metric metric) {
                return Counter.class.isInstance(metric);
            }
        };

        MetricBuilder<Histogram> HISTOGRAMS = new MetricBuilder<Histogram>() {
            @Override
            public Histogram newMetric() {
                return new Histogram(new ExponentiallyDecayingReservoir());
            }

            @Override
            public boolean isInstance(Metric metric) {
                return Histogram.class.isInstance(metric);
            }
        };

        MetricBuilder<Meter> METERS = new MetricBuilder<Meter>() {
            @Override
            public Meter newMetric() {
                return new Meter();
            }

            @Override
            public boolean isInstance(Metric metric) {
                return Meter.class.isInstance(metric);
            }
        };

        MetricBuilder<Timer> TIMERS = new MetricBuilder<Timer>() {
            @Override
            public Timer newMetric() {
```

```
            return new Timer();
        }

        @Override
        public boolean isInstance(Metric metric) {
            return Timer.class.isInstance(metric);
        }
    };

    T newMetric();

    boolean isInstance(Metric metric);
}
```

MetricBuilder接口提供了newMetric方法和isInstance方法，并且提供了4种不同类型的Metric Builder可供直接使用。

MetricRegistry的源码虽然足够简单，但是这并不能掩饰它的优雅、简洁和清爽，一口气阅读下来会让人感觉像是在阅读散文诗集一样，作为一个老程序员，强烈建议大家培养阅读源码的习惯，尤其是优秀的开源项目的源码。

7.5.2 Reporter如何工作

在Metrics中，除了JmxReporter之外，其他的几个内置Reporter都具备定时输出注册表中对应Metric度量指标数据的功能。另外，Reporter也是在其他开源项目中被扩展最多的组件之一，比如，将Metric中的数据写入数据库，或者中间件，发送至远程的某个TCP端口等，都可以借助于自定义Reporter来实现。如图7-11所示的是Metrics内置Reporter之间的继承关系。

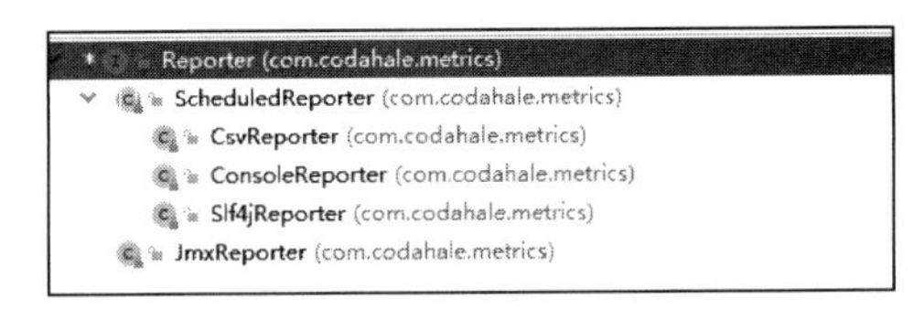

图7-11 Metrics之内置Reporter的继承关系

Reporter只是一个标记接口，并未提供任何方法，因此本节将主要讲解具有定时输出能力的Reporter。

在ScheduledReporter的执行过程中需要引入ScheduledExecutorService，这也是所有的指标度量信息能够根据某个特定的周期进行输出的关键，ScheduledReporter提供了对ScheduledExecutorService的定制，比如自定义ThreadFactory，示例代码如下。

```
private static class NamedThreadFactory implements ThreadFactory {
        private final ThreadGroup group;
        private final AtomicInteger threadNumber = new AtomicInteger(1);
        private final String namePrefix;

        private NamedThreadFactory(String name) {
            final SecurityManager s = System.getSecurityManager();
            this.group = (s != null) ? s.getThreadGroup() : Thread.currentThread().
getThreadGroup();
            this.namePrefix = "metrics-" + name + "-thread-";
        }

        @Override
```

```
            public Thread newThread(Runnable r) {
                final Thread t = new Thread(group, r, namePrefix + threadNumber.
getAndIncrement(), 0);
    // 注释①
                t.setDaemon(true);
                if (t.getPriority() != Thread.NORM_PRIORITY) {
                    t.setPriority(Thread.NORM_PRIORITY);
                }
                return t;
            }
        }
```

在注释①处，所有的线程将会被指定为守护线程，请大家思考一下，JVM 进程之所以能够正常退出，最主要的一个原因就是进程中没有正在运行的**非守护**线程，Metrics 的 Reporter 提供了定时线程服务，如果不将其内部的工作线程设定为守护线程，则会导致 JVM 永远无法停止，除非在应用程序中对 Reporter 进行手动管理。

调用 Reporter 的 start 方法，实际上是执行了 ScheduledExecutorService 的 scheduleAtFixedRate 方法。start 方法的实现代码具体如下。

```
    synchronized public void start(long initialDelay, long period, TimeUnit unit) {
            start(initialDelay, period, unit, new Runnable() {
                @Override
                public void run() {
                    try {
                        report();
                    } catch (Throwable ex) {
                        LOG.error("Exception thrown from {}#report. Exception was
suppressed.", ScheduledReporter.this.getClass().getSimpleName(), ex);
                    }
                }
            });
        }

    synchronized void start(long initialDelay, long period, TimeUnit unit, Runnable
runnable) {
            if (this.scheduledFuture != null) {
                throw new IllegalArgumentException("Reporter already started");
            }

            this.scheduledFuture = executor.scheduleAtFixedRate(runnable, initialDelay,
period, unit);
        }
```

scheduleAtFixedRate 的执行过程，实际上是按照固定的时间周期调用 report 方法，然后输出 MetricRegistry 中的所有指标度量数据，示例代码具体如下。

```
    public void report() {
            synchronized (this) {
                report(registry.getGauges(filter),
                        registry.getCounters(filter),
                        registry.getHistograms(filter),
                        registry.getMeters(filter),
                        registry.getTimers(filter));
            }
        }
```

有参的 report 方法则是一个抽象方法，需要具体的子类对其进行实现，比如，Console 或者 Logger，由于代码比较简单，因此这里将不再进行讲解，读者可以自行阅读。

7.5.3 拾遗补漏

关于 Metrics 的内容就写到这里了，事实上这已经基本上涵盖了绝大多数细节，但是有两个不是很常用的类还是有必要交代一下的。

1. MetricSet

MetricSet 不仅是一个特殊的 Metric，还是一个存放 Metric 的集合，之前的代码通过若干次的 register 方法调用将对应的 Metric 实例注册到 Metric Registry 中，这种方式会稍显麻烦，如果是通过 MetricSet 接口，那么注册的过程就会简洁很多，另外 MetricSet 的出现，可以便于对某些不同类型的 Metric 进行归类，下面来看一个比较有综合性的练习，同样还是以模拟度量网络磁盘的上传服务为例进行说明，示例代码如下。

程序代码：BusinessService.java

```
package com.wangwenjun.concurrent.metrics.metricset;

import com.codahale.metrics.*;

import java.util.HashMap;
import java.util.Map;
import java.util.concurrent.TimeUnit;

import static java.util.concurrent.ThreadLocalRandom.current;
// 业务类，除了继承 Thread 之外，还实现了 MetricSet
public class BusinessService extends Thread implements MetricSet
{
    private final Map<String, Metric> metrics = new HashMap<>();

    // 定义了若干个 Metric
    private final Counter totalBusiness = new Counter();
    private final Counter successBusiness = new Counter();
    private final Counter failBusiness = new Counter();
    private final Timer timer = new Timer();
    private final Histogram volumeHisto = new Histogram(new ExponentiallyDecayi
ngReservoir());
    private final RatioGauge successGauge = new RatioGauge()
    {
        @Override
        protected Ratio getRatio()
        {
            return Ratio.of(successBusiness.getCount(), totalBusiness.getCount());
        }
    };

    public BusinessService()
    {
       // 将所有的 Metric 存入 metrics 中
        metrics.put("cloud-disk-upload-total", totalBusiness);
        metrics.put("cloud-disk-upload-success", successBusiness);
        metrics.put("cloud-disk-upload-failure", failBusiness);
        metrics.put("cloud-disk-upload-frequency", timer);
        metrics.put("cloud-disk-upload-volume", volumeHisto);
        metrics.put("cloud-disk-upload-suc-rate", successGauge);
    }
```

```
    @Override
    public void run()
    {
        while (true)
        {
            upload(new byte[current().nextInt(10_000)]);
        }
    }

    private void upload(byte[] buffer)
    {
        totalBusiness.inc();
        Timer.Context context = timer.time();
        try
        {
            int x = 1 / current().nextInt(10);
            TimeUnit.MILLISECONDS.sleep(200);
            volumeHisto.update(buffer.length);
            successBusiness.inc();
        } catch (Exception e)
        {
            failBusiness.inc();
        } finally
        {
            context.close();
        }

    }

    // 实现 MetricSet 方法，返回所有的 metrics 集合 (Map)
    @Override
    public Map<String, Metric> getMetrics()
    {
        return metrics;
    }
}
```

- 我们的业务类不仅实现了 MetricSet 接口，而且还实现了 getMetrics 方法。
- 在该业务类中，将所有需要度量的 Metric 加入 metrics 中，并作为 getMetrics 方法的返回值。
- BusinessService 是一个 Metric，可以直接加入 MetricRegistry 中。

一切准备就绪，下面写一个简单的入口程序，启动云盘文件上传服务。

程序代码：Application.java

```
package com.wangwenjun.concurrent.metrics.metricset;

import com.codahale.metrics.JmxReporter;
import com.codahale.metrics.MetricRegistry;

import java.util.concurrent.TimeUnit;

public class Application
{
    // 定义 Metric Registry
    private final static MetricRegistry registry = new MetricRegistry();
    // 定义 Jmx Reporter
    private final static JmxReporter reporter = JmxReporter.forRegistry(registry)
```

```
            .convertRatesTo(TimeUnit.SECONDS)
            .convertDurationsTo(TimeUnit.SECONDS)
            .build();

    public static void main(String[] args) throws InterruptedException
    {
        //启动 Reporter
        reporter.start();
        BusinessService businessService = new BusinessService();
        //直接将 BusinessService 作为一个 Metric 加入注册表中，而不再逐个单独注册
        registry.registerAll(businessService);
        businessService.start();
    }
}
```

运行效果与 7.3.3 节中的结果一致，但是整个 Metric 的注册就显得简洁了许多。

2. SharedMetricRegistries

在你的应用程序中可能不止需要一个 Metric Registry 进行 Metric 的注册，如果将一些互不相干的 Metric 注册到一个 Metric Registry 中，那么对应的 reporter 在输出的时候就需要进行一些复杂的过滤操作，最好的一种方式就是将它们分别放在不同的 Metric Registry 中，这种方式又会引入另一个新的问题，那就是多个 Metric Registry 的管理。Metrics 官方已经提前想到了这一点，并且提供了一个全局的单实例，以及线程安全的类用于维护和管理多个 Metric Registry，即 SharedMetricRegistries，由于它的使用比较简单，本书将不再赘述，读者若有需要可以自行去官方网站查看文档，或者直接使用该 API 进行操作。

7.6 本章总结

Metrics 在 dropwizard 框架中大获成功之后，其迅速收获了大批的支持者和使用者，现阶段几乎所有新的框架平台都在内部嵌入 Metrics，比如 Apache Kafka 就是 Metrics 的重度使用者，Apache Storm、Apache Spark、Spring Cloud、Apache Flink 等中、都有对 Metrics 的使用或扩展，强烈建议大家在自己的应用程序开发中加入对 Metrics 的应用，它绝对不会让你失望的，正如 Metrics 所提倡的那样：Measure，Don't Guess（度量，别去猜测）！

推荐阅读

《中台战略》

超级畅销书，全面讲解企业如何建设各类中台，并利用中台以数字营销为突破口，最终实现数字化转型和商业创新。

云徙科技是国内双中台技术和数字商业云领域领先的服务提供商，在中台领域有雄厚的技术实力，也积累了丰富的行业经验，已经成功通过中台系统和数字商业云服务帮助良品铺子、珠江啤酒、富力地产、美的置业、长安福特、长安汽车等近40家国内外行业龙头企业实现了数字化转型。

《数据中台》

超级畅销书，数据中台领域的唯一著作和标准性著作。

系统讲解数据中台建设、管理与运营，旨在帮助企业将数据转化为生产力，顺利实现数字化转型。

本书由国内数据中台领域的领先企业数澜科技官方出品，几位联合创始人亲自执笔，7位作者都是资深的数据人，大部分作者来自原阿里巴巴数据中台团队。他们结合过去帮助百余家各行业头部企业建设数据中台的经验，系统总结了一套可落地的数据中台建设方法论。本书得到了包括阿里巴巴集团联合创始人在内的多位行业专家的高度评价和推荐。

推荐阅读

深入理解
Java虚拟机
第3版
JVM高级特性与最佳实践
Understanding the JVM
周志明 著

Java
并发编程的艺术
The Art of Java Concurrency Programming

Java
异步编程实战
Java Asynchronous Programming in Action

Serverless Inside Out
Architecture and Practice
深入浅出Serverless
技术原理与应用实践

OpenShift
开源容器云
OpenShift
构建基于Kubernetes的企业应用云平台

OpenShift在企业中的实践
PaaS DevOps 微服务

Cloud Native Architecture Based on OpenShift
Principle and Practice
OpenShift云原生架构
原理与实践

Service Mesh in Action
Service Mesh实战
基于Linkerd和Kubernetes的微服务实践

Advanced Kubernetes Practices
Kubernetes
进阶实战